Java基础入门

传智播客高教产品研发部　编著

清华大学出版社
北　京

内容简介

本书从初学者的角度详细讲解了 Java 开发中重点用到的多种技术。全书共 11 章，包括 Java 开发环境的搭建及其运行机制、基本语法、面向对象的思想，采用典型翔实的例子、通俗易懂的语言阐述面向对象中的抽象概念。在多线程、常用 API、集合、IO、GUI、网络编程章节中，通过剖析案例、分析代码结构含义、解决常见问题等方式，帮助初学者培养良好的编程习惯。最后，讲解了 Eclipse 开发工具，帮助初学者熟悉开发工具的使用。

本书附有配套视频、源代码、测试题、教学 PPT、教学实施案例、教学设计大纲等资源，并提供在线答疑平台。

本书既可作为高等院校本、专科计算机相关专业的程序设计课程教材，也可作为 Java 技术基础的培训教材，是一本适合广大计算机编程初学者的入门级教材。

图书在版编目(CIP)数据

Java 基础入门/传智播客高教产品研发部编著. —北京：清华大学出版社，2014(2021.2重印)
ISBN 978-7-302-35938-8

Ⅰ. ①J… Ⅱ. ①传… Ⅲ. ①JAVA 语言—程序设计 Ⅳ. ①TP312

中国版本图书馆 CIP 数据核字(2014)第 066024 号

责任编辑：沈　洁
封面设计：徐文海
责任校对：白　蕾
责任印制：沈　露

出版发行：清华大学出版社
网　　址：http://www.tup.com.cn，http://www.wqbook.com
地　　址：北京清华大学学研大厦 A 座　　**邮　　编**：100084
社 总 机：010-62770175　　**邮　　购**：010-83470235
投稿与读者服务：010-62776969，c-service@tup.tsinghua.edu.cn
质量反馈：010-62772015，zhiliang@tup.tsinghua.edu.cn
课件下载：http://www.tup.com.cn，010-83470236
印 装 者：三河市君旺印务有限公司
经　　销：全国新华书店
开　　本：185mm×260mm　　**印　　张**：27.75　　**字　　数**：640 千字
版　　次：2014 年 5 月第 1 版　　**印　　次**：2021 年 2月第 32 次印刷
定　　价：58.00 元

产品编号：058374-05

序 preface

作为本书的作者，江苏传智播客教育科技股份有限公司（简称“传智教育”）是一家培养高精尖数字化人才的公司，主要培养人工智能、大数据、智能制造、软件、互联网、区块链等数字化专业人才及数据分析、网络营销、新媒体等数字化应用人才。传智教育自成立以来紧随国家互联网科技战略及产业发展步伐，始终与软件、互联网、智能制造等前沿技术齐头并进，已持续向社会高科技企业输送数十万名高新技术人员，为企业数字化转型升级提供了强有力的人才支撑。

公司由一批拥有 10 年以上开发管理经验，且来自互联网或研究机构的 IT 精英组成，负责研究、开发教学模式和课程内容。公司具有完善的课程研发体系，一直走在整个行业发展的前端，在行业内树立起了良好的品质口碑。

一、黑马程序员——高端 IT 教育品牌

黑马程序员的学员多为大学毕业后，想从事 IT 行业，但各方面条件还不成熟的年轻人。“黑马程序员”的学员筛选制度非常严格，包括了严格的技术测试、自学能力测试，还包括性格测试、压力测试、品德测试等。百里挑一的残酷筛选制度确保学员质量，并降低企业的用人风险。

自“黑马程序员”成立以来，教学研发团队一直致力于打造精品课程资源，不断在产、学、研三个层面创新自己的执教理念与教学方针，并集中“黑马程序员”的优势力量，有针对性地出版了计算机系列教材百余种，制作教学视频数百套，发表各类技术文章数千篇。

二、院校邦——院校服务品牌

院校邦以“协万千名校育人、助天下英才圆梦”为核心理念，针对中国本科教育和职业教育改革的痛点，为高校提供健全的校企合作解决方案。主要包括原创教材、高校教辅平台、师资培训、院校公开课、实习实训、产学合作协同育人、专业建设、传智杯大赛等，每种

方式现已形成稳固的系统的高校合作模式，旨在深化教学改革，实现高校人才培养与企业发展的合作共赢。

1. 为大学生提供的配套服务

(1) 请同学们登录 http://stu.ityxb.com，进入“高校学习平台”，免费获取海量学习资源，平台可以帮助高校学生解决各类学习问题。

(2) 针对高校学生在学习过程中存在的压力等问题，我们面向大学生量身打造了IT学习小助手——“邦小苑”，可提供教材配套学习资源。同学们快来关注“邦小苑”微信公众号。

2. 为教师提供的配套服务

(1) 高校老师请登录 http://tch.ityxb.com，进入“高校教辅平台”，院校邦为IT系列教材精心设计了“教案+授课资源+考试系统+题库+教学辅助案例”的系列教学资源。

(2) 针对高校教师在教学过程中存在的授课压力等问题，我们专为教师打造了教学好帮手——“传智院校邦”，老师可添加“码大牛”老师微信/QQ:2011168841，或扫描下方二维码，获取最新的教学辅助资源。

三、意见与反馈

为了让老师和同学们有更好的教材使用体验，如有任何关于教材信息的意见或建议欢迎您扫码进行反馈，您的意见和建议对我们十分重要。

传智教育

2021年1月

前言 Foreword

Java是当前流行的一种程序设计语言，因其安全性、平台无关性、性能优异等特点，自问世以来便受到了广大编程人员的喜爱。在当下的网络时代中，Java技术应用十分广泛，从大型复杂的企业级系统到小型移动设备系统，随处都可以看到Java活跃的身影。对于一个想从事Java程序开发的人员来说，学好Java基础就变得尤为重要。

为什么要学习本书

作为一种技术入门的书籍，最重要也是最难的一件事就是要将一些非常复杂、难以理解的编程思想和问题简单化，让读者能够轻松理解并快速掌握。本书采用理论和案例相结合的编写方式，采用通俗易懂的语言和生动形象的比喻来讲解理论知识，并使用典型、翔实的案例来演示知识的运用，真正做到理论与实际相结合。书中知识点由浅入深、由易到难，初学者能够在逐渐深入的学习过程中，体会到编写Java程序的乐趣。

如何使用本书

本书共分为11个章节，接下来分别对每个章节进行简单的介绍，具体如下。

- 第1章主要介绍Java语言的特点和JDK的安装使用。通过本章的学习，学员需要掌握JDK的安装过程，动手实现属于自己的第一个Java程序。
- 第2章详细讲解Java语言的基本语法。不论任何一门语言，其基本语法都是最重要的内容。在学习基本语法时，一定要做到认真学习每一个知识点，切忌走马观花，将章节内容粗略地看一遍，这样达不到任何学习效果。
- 第3、第4章介绍Java语言最重要的特征——面向对象，这两章的内容以编程思想为主，初学者需要花很大的精力来理解这两章中所讲解的内容。可以这样讲，只有学明白面向对象的编程思想才算真正地认识Java这门语言。

- 从第5章到第10章都是针对JDK中提供的Java类进行讲解，要求初学者掌握书中所涉及的Java类的具体用法。在学习这些章节时，要认真地完成书中所提供的每个案例，从实践中学习每个类的具体用法。
- 第11章是对开发工具Eclipse的介绍，初学者应按照书中所讲解的步骤动手实践，从而熟悉该工具的使用。

在上面所提到的11章中，第1章和第11章比较特殊，是对语言和开发工具的介绍。学习这两章时要求初学者按照书中所描述的步骤进行动手练习。第2章中所讲解的知识点多而细，因此案例大多是以示例代码的形式呈现。第3章到第10章，每个小节在讲解完知识点后都会提供一个实用的案例，并在案例的后面对其进行详细的分析，初学者可以结合案例后的分析对案例进行学习，对于每一个案例都需要动手实践。在所有的章节中第7章和第8章是本书的重点内容，这两章所涉及的内容是实际开发中最常用的，初学者在学习这两章时应做到完全理解每个知识点，认真完成每一个案例。

在学习本书时，首先要做到对知识点理解透彻，其次一定要亲自动手去练习书中所提供的案例，因为在学习软件编程的过程中动手实践是非常重要的。对于一些非常难以理解的知识点也可以选择通过案例的练习来学习。如果实在无法理解书中所讲解的知识，建议初学者不要纠结于某一个知识点，可以先往后学习。通常来讲，看了后面一两个小节的内容后再回来学习之前不懂的知识点一般就都能理解了。

致谢

本书的编写和整理工作由传智播客教育科技股份有限公司完成，主要参与人员有徐文海、李安安、陈欢、高美云，研发小组全体成员在一年多的编写过程中付出了很多辛勤的汗水。除了研发小组成员，传智播客全体Java讲师参与了本书的试读和修订工作，参与本书试读工作的还有传智播客600多名学员，他们站在初学者的角度对本书提供了许多宝贵的修改意见，在此一并表示衷心的感谢。

意见反馈

尽管我们尽了最大的努力，但书中难免会有不妥之处，欢迎各界专家和读者朋友们来信来函给予宝贵意见，我们将不胜感激。您在阅读本书时，如发现任何问题或有不认同之处可以通过电子邮件或QQ与我们取得联系。

请发送电子邮件至itcast_book@vip.sina.com。

传智播客教育科技股份有限公司

2019年11月修订于北京

目录 Contents

第1章 chapter 1

Java 开发入门

本章重点

- Java 语言的特点
- Java 开发环境的搭建
- 环境变量的配置
- Java 的运行机制

Java 是一门程序设计语言,它自问世以来,受到了前所未有的关注,并成为计算机、移动电话、家用电器等领域中最受欢迎的开发语言之一。本章将对 Java 语言的特点、开发运行环境、运行机制以及如何编译并执行 Java 程序等内容进行介绍。

1.1 Java 概述

1.1.1 什么是 Java

在揭开 Java 语言的神秘面纱之前,先来认识一下什么是计算机语言。计算机语言(Computer Language)是人与计算机之间通信的语言,它主要由一些指令组成,这些指令包括数字、符号和语法等内容,程序员可以通过这些指令来指挥计算机进行各种工作。计算机语言的种类非常多,总的来说可以分成机器语言、汇编语言、高级语言三大类。计算机所能识别的语言只有机器语言,但通常人们编程时,不采用机器语言,这是因为机器语言都是由二进制的 0 和 1 组成的编码,不便于记忆和识别。目前通用的编程语言是汇编语言和高级语言,汇编语言采用了英文缩写的标识符,容易识别和记忆;而高级语言采用接近于人类的自然语言进行编程,进一步简化了程序编写的过程,所以,高级语言是目前绝大多数编程者的选择。

Java 是一种高级计算机语言,它是由 SUN 公司(已被 Oracle 公司收购)于 1995 年 5 月推出的一种可以编写跨平台应用软件、完全面向对象的程序设计语言。Java 语言简单易用、安全可靠,主要面向 Internet 编程,自问世以来,与之相关的技术和应用发展得非常快。在计算机、移动电话、家用电器等领域中,Java 技术无处不在。

为了使软件开发人员、服务提供商和设备生产商可以针对特定的市场进行开发,SUN 公司将 Java 划分为三个技术平台,它们分别是 JavaSE、JavaEE 和 JavaME。

- Java SE(Java Platform Standard Edition)标准版,是为开发普通桌面和商务应用程序提供的解决方案。JavaSE 是三个平台中最核心的部分,JavaEE 和 JavaME 都是从 JavaSE 的基础上发展而来的,JavaSE 平台中包括了 Java 最核心的类库,如集合、IO、数据库连接以及网络编程等。
- Java EE(Java Platform Enterprise Edition)企业版 ,是为开发企业级应用程序提供的解决方案。JavaEE 可以被看作一个技术平台,该平台用于开发、装配以及部署企业级应用程序,其中主要包括 Servlet、JSP、JavaBean、JDBC、EJB、Web Service 等技术。
- Java ME(Java Platform Micro Edition)小型版,是为开发电子消费产品和嵌入式设备提供的解决方案。JavaME 主要用于小型数字电子设备上软件程序的开发。例如,为家用电器增加智能化控制和联网功能,为手机增加新的游戏和通讯录管理功能。此外,Java ME 提供了 HTTP 等高级 Internet 协议,使移动电话能以 Client/Server 方式直接访问 Internet 的全部信息,提供最高效率的无线交流。

1.1.2 Java 语言的特点

Java 语言是一门优秀的编程语言,它之所以应用广泛,受到大众的欢迎,是因为它有众多突出的特点,其中最主要的特点有以下几个。

1. 简单

Java 语言是一种相对简单的编程语言,它通过提供最基本的方法来完成指定的任务,只需理解一些基本的概念,就可以用它编写出适合于各种情况的应用程序。Java 丢弃了 C++ 中很难理解的运算符重载、多重继承等模糊概念。特别是 Java 语言不使用指针,而是使用引用,并提供了自动的垃圾回收机制,使程序员不必为内存管理而担忧。

2. 面向对象

Java 语言提供了类、接口和继承等原语,为了简单起见,只支持类之间的单继承,但支持接口之间的多继承,并支持类与接口之间的实现机制(关键字为 implements)。Java 语言全面支持动态绑定,而 C++ 语言只对虚函数使用动态绑定。总之,Java 语言是一个纯粹的面向对象程序设计语言。

3. 安全

Java 语言不支持指针,一切对内存的访问都必须通过对象的实例变量来实现,从而使应用更安全。

4. 跨平台

用 Java 语言编写的程序可以运行在各种平台上,也就是说同一段程序既可以在 Windows 操作系统上运行,也可以在 Linux 操作系统上运行。

5. 支持多线程

Java语言是支持多线程的。所谓多线程可以简单理解为程序中有多个任务可以并发执行，这样可以在很大程度上提高程序的执行效率。

1.2 JDK的使用

1.2.1 什么是JDK

SUN公司提供了一套Java开发环境，简称JDK(Java Development Kit)，它是整个Java的核心，其中包括Java编译器、Java运行工具、Java文档生成工具、Java打包工具等。

为了满足用户日新月异的需求，JDK的版本也在不断地升级。在Java诞生的第二年年初，也就是1996年1月，Sun公司发布了Java的第一个开发工具包JDK1.0，随后相继推出了JDK1.1、JDK1.2、JDK1.3、JDK1.4、JDK5.0、JDK6.0、JDK7.0，本教材针对JDK7.0版本进行讲解。

SUN公司除了提供JDK，还提供了一种JRE(Java Runtime Environment)工具，它是Java运行环境，是提供给普通用户使用的。由于用户只需要运行事先编译好的程序，不需要自己动手编写程序，因此JRE工具中只包含Java运行工具，不包含Java编译工具。值得一提的是，为了方便使用，SUN公司在其JDK工具中自带了一个JRE工具，也就是说开发环境中包含运行环境，这样一来，开发人员只需要在计算机上安装JDK即可，不需要专门安装JRE工具了。

1.2.2 安装JDK

Oracle公司提供了多种操作系统的JDK，每种操作系统的JDK在使用上基本类似，初学者可以根据自己使用的操作系统，从Oracle官方网站下载相应的JDK安装文件。接下来以Windows XP系统为例来演示JDK7.0的安装过程，具体步骤如下。

1. 开始安装JDK

双击从Oracle官网下载的安装文件"jdk-7u10-windows-i586.exe"，进入JDK安装界面，如图1-1所示。

2. 自定义安装功能和路径

单击图1-1中安装界面的【下一步】按钮进入JDK的自定义安装界面，如图1-2所示。

在图1-2所示界面的左侧有三个功能模块可供选择，开发人员可以根据自己的需求来选择所要安装的模块，单击某个模块，在界面的右侧会出现对该模块功能的说明，具体如下。

图 1-1　JDK7.0 安装界面

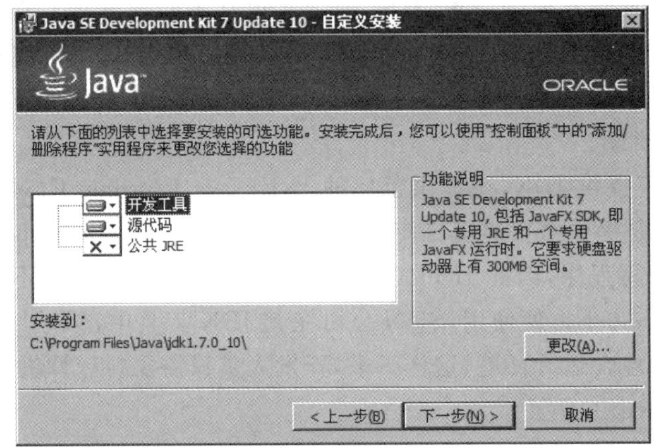

图 1-2　自定义安装功能和路径

- 开发工具：是 JDK 中的核心功能模块，其中包含一系列可执行程序，如 javac.exe、java.exe 等，还包含了一个专用的 JRE 环境。
- 源代码：是 Java 提供公共 API 类的源代码。
- 公共 JRE：是 Java 程序的运行环境。由于开发工具中已经包含了一个 JRE，因此没有必要再安装公共的 JRE 环境，此项可以不作选择。

在图 1-2 所示的界面右侧有一个【更改】按钮，单击该按钮会弹出选择安装目录的界面，如图 1-3 所示。

通过单击按钮进行选择或直接输入路径的方式确定 JDK 的安装目录，在这里采用默认的安装目录，因此，该步可以不作选择，直接单击【确定】按钮即可。

3. 完成 JDK 安装

在对所有的安装选项做出选择后，单击图 1-2 所示界面中的【下一步】按钮开始安装 JDK。安装完毕后会进入安装完成界面，如图 1-4 所示。

图 1-3 更改 JDK 的安装目录

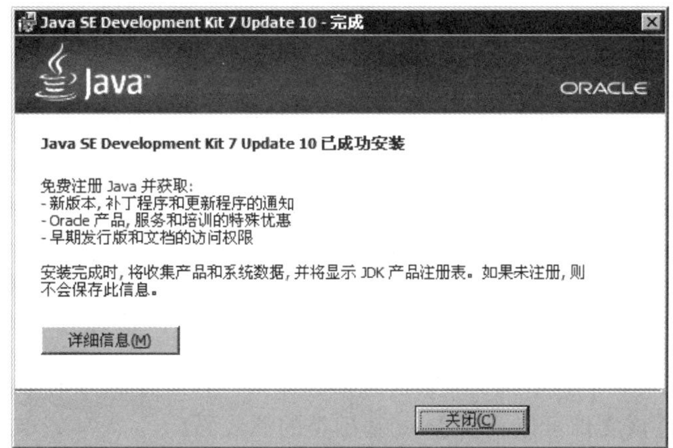

图 1-4 完成 JDK 安装

单击【关闭】按钮，关闭当前窗口，完成 JDK 安装。

1.2.3 JDK 目录介绍

JDK 安装完毕后，会在硬盘上生成一个目录，该目录被称为 JDK 安装目录，如图 1-5 所示。

为了更好地学习 JDK，初学者必须要对 JDK 安装目录下各个子目录的意义和作用有所了解，接下来分别对 JDK 安装目录下的子目录进行介绍。

- bin 目录：该目录用于存放一些可执行程序，如 javac.exe(Java 编译器)、java.exe(Java 运行工具)、jar.exe(打包工具)和 javadoc.exe(文档生成工具)等。
- db 目录：db 目录是一个小型的数据库。从 JDK 6.0 开始，Java 中引入了一个新的成员 JavaDB，这是一个纯 Java 实现、开源的数据库管理系统。这个数据库不仅很轻便，而且支持 JDBC 4.0 所有的规范，在学习 JDBC 时，不再需要额外地安

图 1-5 JDK 目录结构

装一个数据库软件，选择直接使用 JavaDB 即可。

- jre 目录："jre"是 Java Runtime Environment 的缩写，意为 Java 程序运行时环境。此目录是 Java 运行时环境的根目录，它包含 Java 虚拟机，运行时的类包、Java 应用启动器以及一个 bin 目录，但不包含开发环境中的开发工具。
- include 目录：由于 JDK 是通过 C 和 C++ 实现的，因此在启动时需要引入一些 C 语言的头文件，该目录就是用于存放这些头文件的。
- lib 目录：lib 是 library 的缩写，意为 Java 类库或库文件，是开发工具使用的归档包文件。
- src.zip 文件：src.zip 为 src 文件夹的压缩文件，src 中放置的是 JDK 核心类的源代码，通过该文件可以查看 Java 基础类的源代码。

值得一提的是，在 JDK 的 bin 目录下放着很多可执行程序，其中最重要的就是 javac.exe 和 java.exe，接下来分别对这两个程序进行详细地讲解。

- javac.exe 是 Java 编译器工具，它可以将编写好的 Java 文件编译成 Java 字节码文件(可执行的 Java 程序)。Java 源文件的扩展名为.java，如"HelloWorld.java"。编译后生成的 Java 字节码文件的扩展名为.class，如"HelloWorld.class"。
- java.exe 是 Java 运行工具，它会启动一个 Java 虚拟机(JVM)进程，Java 虚拟机相当于一个虚拟的操作系统，它专门负责运行由 Java 编译器生成的字节码文件(.class 文件)。

1.3 第一个 Java 程序

1.2 小节通过安装 JDK 搭建好了 Java 开发环境，下面就来体验一下如何开发 Java 程序。为了让初学者更好地完成第一个 Java 程序，接下来通过几个步骤进行逐一讲解。

1. 编写 Java 源文件

在 JDK 安装目录的 bin 目录下新建文本文档，重命名为 HelloWorld. java。然后用记事本方式打开，编写一段 Java 代码，如例 1-1 所示。

例 1-1 HelloWorld. java

```
class HelloWorld {
    public static void main(String[] args) {
        System.out.println("这是第一个 Java 程序!");
    }
}
```

例 1-1 中的代码实现了一个 Java 程序，下面对其中的代码进行简单地解释。

- class 是一个关键字，它用于定义一个类。在 Java 中，类就相当于一个程序，所有的代码都需要在类中书写。
- HelloWorld 是类的名称，简称类名。class 关键字与类名之间需要用空格、制表符、换行符等任意的空白字符进行分隔。类名之后要写一对大括号，它定义了当前这个类的管辖范围，所有的代码都需要写在这个大括号中。
- “public static void main(String [] args){}”定义了一个 main()方法，该方法是 Java 程序的执行入口。
- 在 main()方法中编写了一条执行语句“System. out. println("这是第一个 Java 程序!");”，它的作用是打印一段文本信息，执行完这条语句会在命令行窗口中打印“这是第一个 Java 程序!”。

在编写程序时，需要特别注意的是，程序中出现的空格、括号、分号等符号必须采用英文半角格式，否则程序会出错。

2. 打开命令行窗口

JDK 中提供的大多数可执行文件都在命令行窗口中运行，javac. exe 和 java. exe 两个可执行命令也不例外。对于不同版本的 Windows 操作系统，启动命令行窗口的方式也不尽相同，这里以 Windows XP 操作系统为例进行讲解。

单击【开始】菜单，在【运行】窗口中输入“cmd”，如图 1-6 所示。

图 1-6 运行窗口

然后单击图 1-6 中的【确定】按钮进入命令行窗口，如图 1-7 所示。

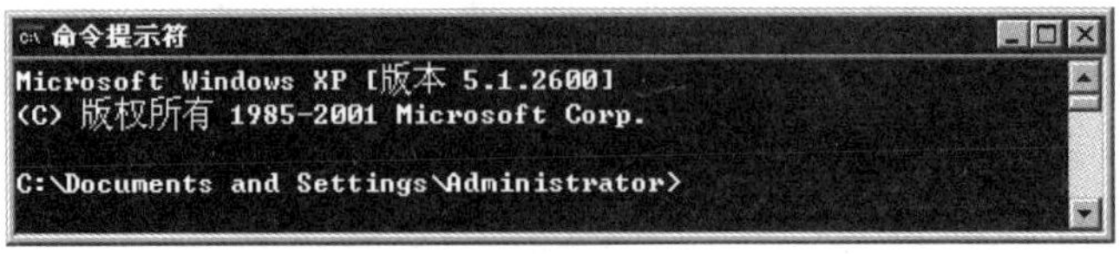
命令提示符
Microsoft Windows XP [版本 5.1.2600]
(C) 版权所有 1985-2001 Microsoft Corp.
C:\Documents and Settings\Administrator>

图 1-7　命令行窗口

3. 进入 JDK 安装目录的 bin 目录

要对编写好的 Java 程序进行编译和运行，首先需要进入 Java 文件所在的目录，即 JDK 安装目录下的 bin 目录。在命令行窗口输入下面的命令：

```
cd C:\Program Files\Java\jdk1.7.0_10\bin
```

进入指定的目录，如图 1-8 所示。

命令提示符
C:\Documents and Settings\Administrator>cd C:\Program Files\Java\jdk1.7.0_10\bin
C:\Program Files\Java\jdk1.7.0_10\bin>

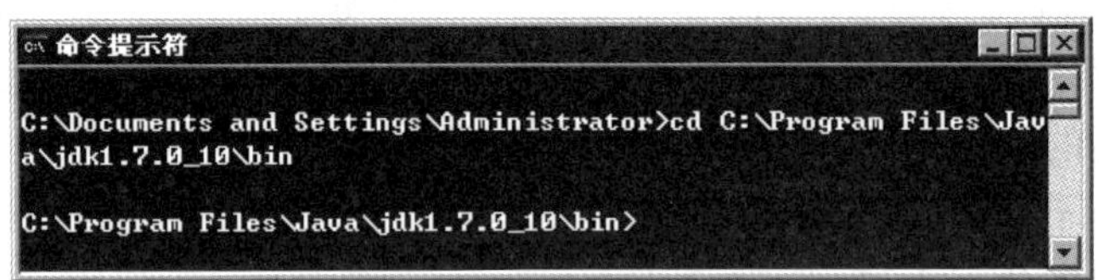

图 1-8　进入 bin 目录

4. 编译 Java 源文件

在命令行窗口中输入“javac HelloWorld.java”命令，对源文件进行编译，如图 1-9 所示。

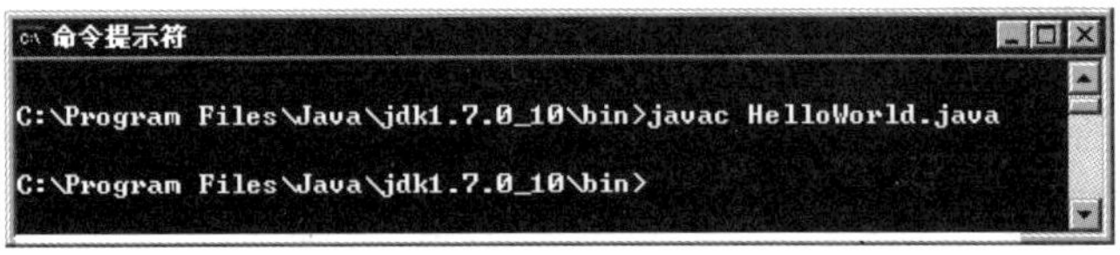
命令提示符
C:\Program Files\Java\jdk1.7.0_10\bin>javac HelloWorld.java
C:\Program Files\Java\jdk1.7.0_10\bin>

图 1-9　编译 HelloWorld.java 源文件

上面的 javac 命令执行完毕后，会在 bin 目录下生成一个字节码文件“HelloWorld.class”。

5. 运行 Java 程序

在命令行窗口中输入“java HelloWorld”命令，运行编译好的字节码文件，运行结果如图 1-10 所示。

上面的步骤演示了一个 Java 程序编写、编译以及运行的过程。其中有两点需要注意：第一，在使用 javac 命令进行编译时，需要输入完整的文件名，如上例中的程序在编译

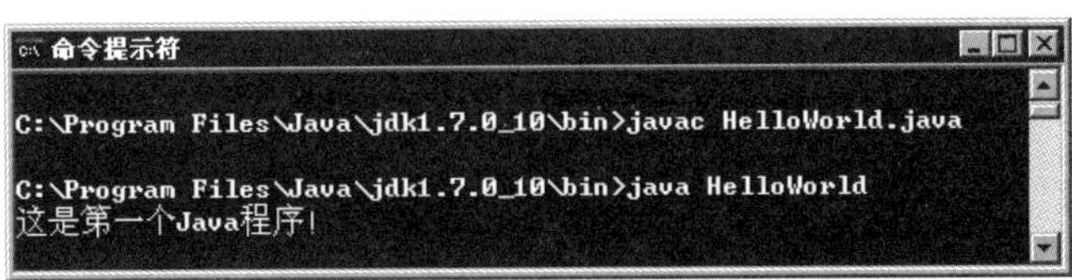

图 1-10　运行 HelloWorld 程序

时需要输入“javac HelloWorld. java”;第二,在使用 java 命令运行程序时,需要的是类名,而非完整的文件名,如上例中的程序在运行时,只需要输入“java HelloWorld”就可以了,后面千万不可加上“. class”,否则程序会报错。

脚下留心

在使用 javac 命令编译例 1-1 中的程序时,有可能会出现“找不到文件”的错误,如图 1-11 所示。

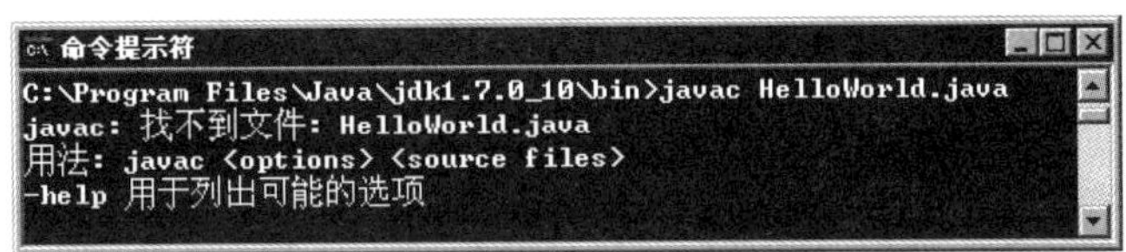

图 1-11　找不到文件错误

出现这样的错误很有可能是因为文件的扩展名被隐藏了,使文本文件在重命名为“HelloWorld. java”时,实际上该文件的真实文件名为“HelloWorld. java. txt”,文件类型并没有得到修改。为了解决这一问题,需要让文件显示扩展名,方法为打开 Windows 的【文件夹选项】,在高级设置一栏中将“隐藏已知文件类型的扩展名”选项前面的“√”取消,单击【确定】按钮,如图 1-12 所示。

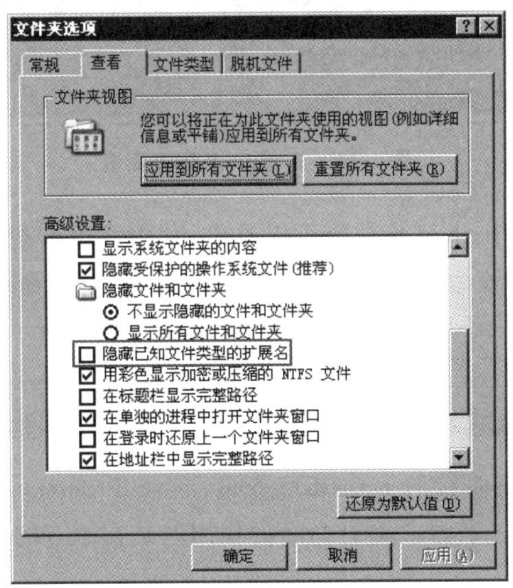

图 1-12　文件夹选项

文件显示出扩展名.txt后，将其重命名为HelloWorld.java即可。

1.4 系统环境变量

在计算机操作系统中可以定义一系列变量，这些变量可供操作系统上所有的应用程序使用，被称作系统环境变量。在学习Java的过程中，需要涉及两个系统环境变量path和classpath，接下来分别对它们进行讲解。

1.4.1 path环境变量

path环境变量是系统环境变量中的一种，它用于保存一系列的路径，每个路径之间以分号分隔。当在命令行窗口运行一个可执行文件时，操作系统首先会在当前目录下查找是否存在该文件，如果不存在会继续在path环境变量中定义的路径下寻找这个文件，如果仍未找到，系统会报错。例如，在命令行窗口输入“javac”命令，并按下回车，会看到错误提示，如图1-13所示。

图1-13 找不到javac.exe命令

从图1-13的错误提示可以看出系统没有找到javac命令。在命令行窗口输入“set path”命令，可以查看当前系统的path环境变量，如图1-14所示。

```
命令提示符
C:\Documents and Settings\Administrator>set path
PATH=c:\windows\system32
PATHEXT=.COM;.EXE;.BAT;.CMD;.VBS;.VBE;.JS;.JSE;.WSF;.WSH
```

图1-14 查看path环境变量

从图1-14中列出的path环境变量可以看出，其中并没有包含“javac”命令所在的目录，因此操作系统找不到该命令。为了解决这个问题，需要在命令行窗口输入一行命令，将“javac”命令所在的目录添加至path环境变量。命令如下所示：

```
set path=%path%;C:\Program Files\Java\jdk1.7.0_10\bin;
```

其中，“%path%”表示引用原有的path环境变量，“C:\ Program Files\Java\jdk1.7.0_10\bin”表示javac命令所在的目录。整行命令的作用就是在原有的path环境变量值中添加javac命令所在的目录。

再次输入“set path”命令查看path环境变量，结果如图1-15所示。

```
命令提示符
C:\>set path=%path%;C:\Program Files\Java\jdk1.7.0_10\bin;

C:\>set path
PATH=c:\windows\system32;C:\Program Files\Java\jdk1.7.0_10\bin;

PATHEXT=.COM;.EXE;.BAT;.CMD;.VBS;.VBE;.JS;.JSE;.WSF;.WSH
```

图 1-15 设置 path 环境变量

设置完 path 环境变量后，再次运行“javac”命令，图 1-13 的错误情况就不会再出现了，命令行中会显示“javac”命令的帮助信息，如图 1-16 所示。

```
命令提示符
C:\>javac
用法: javac <options> <source files>
其中, 可能的选项包括:
  -g                         生成所有调试信息
  -g:none                    不生成任何调试信息
  -g:{lines,vars,source}     只生成某些调试信息
  -nowarn                    不生成任何警告
  -verbose                   输出有关编译器正在执行的操作的消息

  -deprecation               输出使用已过时的 API 的源位置
  -classpath <路径>            指定查找用户类文件和注释处理程序
的位置
```

图 1-16 javac 命令帮助信息

由于“java”命令和“javac”命令位于同一个目录中，因此在配置完 path 环境变量后，同样可以在任意的路径下执行“java”命令。

重新打开一个新的命令行窗口，再次运行 javac 命令，又会出现和图 1-13 一样的错误，使用“set path”命令查看环境变量，会发现之前的设置无效了。出现这种现象的原因是在命令窗口对环境变量的任何修改只对当前窗口有效，一旦关闭窗口，所有的设置都会失效。因此，要想让环境变量永久生效，就需要在系统中对环境变量进行配置，让 Windows 系统永久性地记住所配置的环境变量。

配置系统环境变量步骤如下。

1. 查看 Windows 系统属性中的环境变量

右键单击【我的电脑】，从下拉菜单中选择【属性】，在出现的【系统属性】窗口中选择【高级】标签，然后单击【环境变量】按钮，打开【环境变量】窗口，如图 1-17 所示。

2. 设置 path 系统环境变量

在【环境变量】窗口中的【系统变量】区域选中名为“PATH”的系统变量，单击【编辑】按钮，打开【编辑系统变量】窗口，如图 1-18 所示。

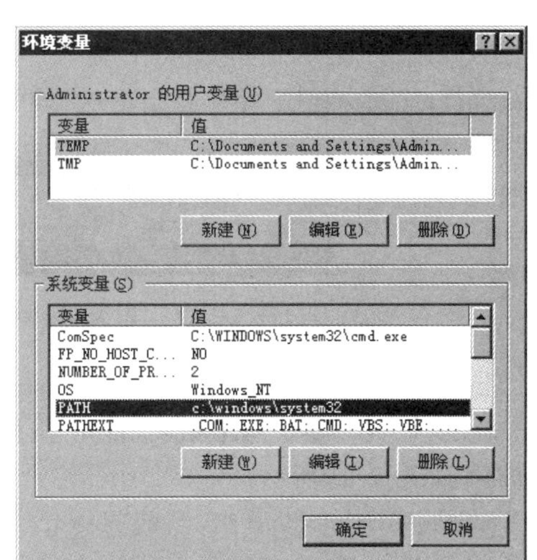

图 1-17 【环境变量】窗口

图 1-18 【编辑系统变量】窗口

在【变量值】文本区域开始处添加"javac"命令所在的目录"C:\Program Files\Java\jdk1.7.0_10\bin",末尾用英文半角分号(;)结束,与后面的路径隔开。然后依次单击打开窗口的【确定】按钮,完成设置。

3. 查看和验证设置的 path 系统环境变量

打开命令行窗口,执行"set path"命令,查看设置后的 path 变量的值,如图 1-19 所示。

图 1-19 查看 path 环境变量

在命令行窗口中执行 javac 命令,如果都能正常地显示帮助信息,说明系统 path 环境变量配置成功,这样系统就永久性地记住了 path 环境变量的设置。

1.4.2 classpath 环境变量

classpath 环境变量也用于保存一系列路径,它和 path 环境变量的查看与配置的方式完全相同。当 Java 虚拟机需要运行一个类时,会在 classpath 环境变量中所定义的路径下寻找所需的 class 文件。

打开命令提示行窗口,进入 C 盘根目录下,然后执行"java HelloWorld"命令,运行之前编译好的 Java 程序,结果会报错,如图 1-20 所示。

图 1-20 classpath 环境变量

出现图中所示错误的原因在于,Java 虚拟机在运行程序时无法找到"HelloWorld.class"文件。为了解决这个错误,首先通过"set classpath"命令查看当前 classpath 环境变量的值,如图 1-21 所示。

从图 1-21 中可以看出,当前 classpath 环境变量没有设置,为了让 Java 虚拟机能找到所需的 class 文件,就需要对 classpath 环境变量进行设置,在命令行窗口输入下面的命令:

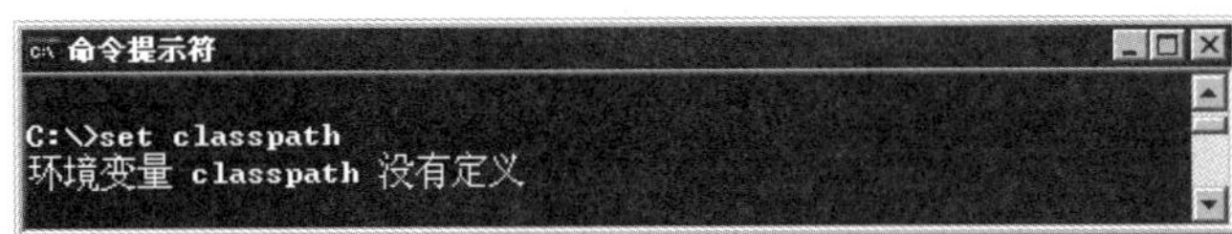

图 1-21 查看 classpath 环境变量

```
set classpath=C:\Program Files\Java\jdk1.7.0_10\bin
```

再次执行“java HelloWorld”命令运行程序，会看到正确的结果，如图 1-22 所示。

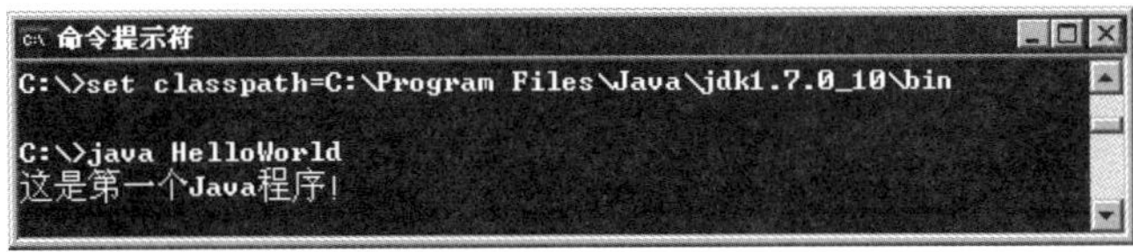

图 1-22 运行 HelloWorld 程序

值得注意的是，在 1.3 小节中并没有对 classpath 环境变量进行设置，但在“C:\Program Files\Java\jdk1.7.0_10\bin”目录下仍然可以使用“java”命令正常运行程序，而没有出现无法找到“HelloWorld.class”文件的错误。这是因为从 JDK5.0 开始，如果 classpath 环境变量没有进行设置，Java 虚拟机会自动将其设置为“.”，也就是当前目录。

1.5 Java 的运行机制

使用 Java 语言进行程序设计时，不仅要了解 Java 语言的显著特点，还需要了解 Java 程序的运行机制。Java 程序运行时，必须经过编译和运行两个步骤。首先将后缀名为 .java 的源文件进行编译，最终生成后缀名为 .class 的字节码文件。然后 Java 虚拟机将字节码文件进行解释执行，并将结果显示出来。

为了让初学者能更好地理解 Java 程序的运行过程，接下来以 1.3 小节中的例 1-1 为例，进行详细的分析，具体步骤如下。

① 编写一个 HelloWorld.java 的文件。

② 使用“Javac HelloWorld.java”命令开启 Java 编译器并进行编译。编译结束后，会自动生成一个 HelloWorld.class 的字节码文件。

③ 使用“Java HelloWorld”命令启动 Java 虚拟机运行程序，Java 虚拟机首先将编译好的字节码文件加载到内存，这个过程被称为类加载，它是由类加载器完成的，然后虚拟机针对加载到内存中的 Java 类进行解释执行，便可看到运行结果。

通过上面的分析不难发现，Java 程序是由虚拟机负责解释执行的，而并非操作系统。这样做的好处是可以实现跨平台性，也就是说针对不同的操作系统可以编写相同的程序，只需安装不同版本的虚拟机即可，如图 1-23 示。

从图 1-23 可以看出，不同的操作系统需要使用不同版本的虚拟机，这种方式使得 Java 语言具有“一次编写，到处运行(write once，run anywhere)”的特性，有效地解决了程

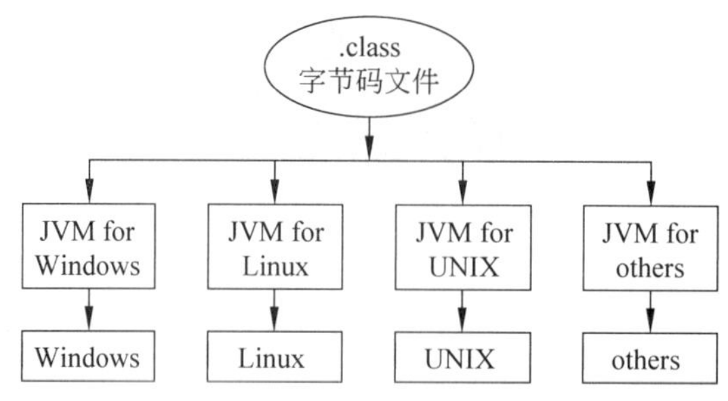

图 1-23　不同版本的虚拟机

序设计语言在不同操作系统编译时产生不同机器代码的问题，大大降低了程序开发和维护的成本。

需要注意的是，Java 程序通过 Java 虚拟机可以达到跨平台特性，但 Java 虚拟机并不是跨平台的。也就是说，不同操作系统上的 Java 虚拟机是不同的，即 Windows 平台上的 Java 虚拟机不能用在 Linux 平台上，反之亦然。

1.6　本章小结

本章首先介绍了 Java 语言的概念及其相关特性，然后介绍了在 Windows 系统平台中搭建 Java 开发环境和配置环境变量的方法，并演示了编写一个简单 Java 程序的步骤，最后介绍了 Java 的运行机制。

通过本章的学习，初学者能够对 Java 语言及其相关特性有一个概念上的认识，重点要掌握的是 Java 开发环境的搭建以及 Java 的运行机制，对于 Java 源文件的编写可以通过后面章节的学习逐渐掌握。

1.7　习　　题

一、填空题

1. Java 的三个技术平台分别是________、________、________。
2. Java 程序的运行环境简称之为________。
3. 编译 Java 程序需要使用________命令。
4. javac. exe 和 java. exe 两个可执行程序存放在 JDK 安装目录的________目录下。
5. ________环境变量用来存储 Java 的编译和运行工具所在的路径，而________环境变量则用来保存 Java 虚拟机要运行的“. class”文件路径。

二、选择题

1. 以下选项中，哪些属于 JDK 工具？（多选）(　　)

　A. Java 编译器　　　　B. Java 运行工具

C. Java 文档生成工具　　　　D. Java 打包工具

2. Java 属于以下哪种语言？（　　）

A. 机器语言　　B. 汇编语言　　C. 高级语言　　D. 以上都不对

3. 下面哪种类型的文件可以在 Java 虚拟机中运行？（　　）

A. .java　　B. .jre　　C. .exe　　D. .class

4. 安装好 JDK 后，在其 bin 目录下有许多 exe 可执行文件，其中“java.exe”命令的作用是以下哪一种？（　　）

A. Java 文档制作工具　　　　B. Java 解释器

C. Java 编译器　　　　D. Java 启动器

5. 如果 jdk 的安装路径为“d:\jdk”，若想在命令窗口中任何当前路径下，都可以直接使用 javac 和 java 命令，需要将环境变量 path 设置为以下哪个选项？（　　）

A. d:\jdk　　B. d:\jdk\bin　　C. d:\jre\bin　　D. d:\jre

三、思考题

1. 简述 Java 的特点。
2. 简述 JRE 与 JDK 的区别。
3. 简述 path 和 classpath 的区别。
4. 请说说你对 JVM 的理解。

四、编程题

使用记事本编写一个 HelloWorld 程序，在 dos 命令行窗口编译运行。请按照题目的要求编写程序并给出运行结果。

第2章 chapter 2

Java编程基础

本章重点

- Java的基本语法格式
- Java语言中的常量与变量
- Java语言运算符的使用
- Java程序的流程控制
- Java中方法的定义与使用
- Java中数组的定义与使用

学做任何事情，都要打好基础。同样地，要掌握并熟练使用Java语言，必须充分了解Java语言的基础知识。本章将针对Java的基本语法、变量、运算符、方法、结构语句以及数组进行详细地讲解。

2.1 Java的基本语法

每一种编程语言都有一套自己的语法规范，Java语言也不例外，同样需要遵从一定的语法规范，如代码的书写、标识符的定义、关键字的应用等。因此要学好Java语言，首先需要熟悉它的基本语法。

2.1.1 Java代码的基本格式

Java中的程序代码都必须放在一个类中，初学者可以简单地把类理解为一个Java程序。类需要使用class关键字定义，在class前面可以有一些修饰符，格式如下：

```
修饰符 class 类名{
    程序代码
}
```

在编写Java代码时，需要特别注意几个关键：

① Java中的程序代码可分为结构定义语句和功能执行语句，其中，结构定义语句用于声明一个类或方法，功能执行语句用于实现具体的功能。每条功能执行语句的最后都

必须用分号(;)结束。如下面的语句：

```
System.out.println("这是第一个 Java 程序!");
```

值得注意的是，在程序中不要将英文的分号(;)误写成中文的分号(；)，如果写成中文的分号，编译器会报告"Invalid character"(无效字符)这样的错误信息。

② Java 语言是严格区分大小写的。在定义类时，不能将 class 写成 Class，否则编译会报错。程序中定义一个 computer 的同时，还可以定义一个 Computer，computer 和 Computer 是两个完全不同的符号，在使用时务必注意。

③ 在编写 Java 代码时，为了便于阅读，通常会使用一种良好的格式进行排版，但这并不是必须的，我们也可以在两个单词或符号之间任意的换行，例如下面这段代码的编排方式也是可以的。

```
public class HelloWorld {public static void
    main(String [
] args){System.out.println("这是第一个 Java 程序!");}}
```

虽然 Java 没有严格要求用什么样的格式来编排程序代码，但是，出于可读性的考虑，应该让自己编写的程序代码整齐美观、层次清晰，通常会使用下面这种形式：

```
public class HelloWorld {
    public static void main(String[] args) {
        System.out.println("这是第一个 Java 程序!");
    }
}
```

④ Java 程序中一句连续的字符串不能分开在两行中书写，例如，下面这条语句在编译时将会出错：

```
System.out.println("这是第一个
    Java 程序!");
```

如果为了便于阅读，想将一个太长的字符串分在两行中书写，可以先将这个字符串分成两个字符串，然后用加号(+)将这两个字符串连起来，在加号(+)处断行。上面的语句可以修改成如下形式：

```
System.out.println("这是第一个"+
    "Java 程序!");
```

2.1.2 Java 中的注释

在编写程序时，为了使代码易于阅读，通常会在实现功能的同时为代码加一些注释。

注释是对程序的某个功能或者某行代码的解释说明，它只在 Java 源文件中有效，在编译程序时编译器会忽略这些注释信息，不会将其编译到 class 字节码文件中去。

Java 中的注释有三种类型，具体如下。

1. 单行注释

单行注释通常用于对程序中的某一行代码进行解释，用符号“//”表示，“//”后面为被注释的内容，具体示例如下：

```
int c=10;          //定义一个整型变量
```

2. 多行注释

多行注释顾名思义就是在注释中的内容可以为多行，它以符号“/*”开头，以符号“*/”结尾，多行注释具体示例如下：

```
/* int c=10;
   int x=5; */
```

3. 文档注释

文档注释是以“/**”开头，并在注释内容末尾以“*/”结束。文档注释是对一段代码概括的解释说明，可以使用 javadoc 命令将文档注释提取出来生成帮助文档，关于这点将在后面的章节做详细讲解。

脚下留心

在 Java 中，有的注释可以嵌套使用，有的则不可以，下面列出两种具体的情况。

① 多行注释“/*…*/”中可以嵌套单行注释“//”，例如：

```
/* int c=10;          //定义一个整型的 c
   int x=5; */
```

② 多行注释“/*…*/”中不能嵌套多行注释“/*…*/”，例如：

```
/*
    /* int c=10; */
    int x=5;
*/
```

上面的代码无法通过编译，原因在于第一个“/*”会和第一个“*/”进行配对，而第二个“*/”则找不到匹配。

2.1.3 Java 中的标识符

在编程过程中，经常需要在程序中定义一些符号来标记一些名称，如包名、类名、方法名、参数名、变量名等,这些符号被称为标识符。标识符可以由任意顺序的大小写字母、数字、下划线(_)和美元符号($)组成,但标识符不能以数字开头,不能是Java中的关键字。

下面的这些标识符都是合法的。

```
username
username123
user_name
_userName
$ username
```

注意,下面的这些标识符都是不合法的!

```
123username
class
98.3
Hello World
```

在Java程序中定义的标识符必须要严格遵守上面列出的规范,否则程序在编译时会报错。除了上面列出的规范,为了增强代码的可读性,建议初学者在定义标识符时还应该遵循以下规则:

① 包名所有字母一律小写,例如cn.itcast.test。

② 类名和接口名每个单词的首字母都要大写,例如ArrayList、Iterator。

③ 常量名所有字母都大写,单词之间用下划线连接,例如DAY_OF_MONTH。

④ 变量名和方法名的第一个单词首字母小写,从第二个单词开始每个单词首字母大写,例如lineNumber、getLineNumber。

⑤ 在程序中,应该尽量使用有意义的英文单词来定义标识符,使得程序便于阅读。例如使用userName表示用户名,passWord表示密码。

2.1.4 Java中的关键字

关键字是编程语言里事先定义好并赋予了特殊含义的单词,也称作保留字。和其他语言一样,Java中保留了许多关键字,例如,class、public等,下面列举的是Java中所有的关键字。

abstract	boolean	break	byte	case
catch	char	const	class	continue
default	do	double	else	extends
final	finally	float	for	goto
if	implements	import	instanceof	int
interface	long	native	new	package

private	protected	public	return	short
static	strictfp	super	switch	this
throw	throws	transient	try	void
volatile	while	synchronized		

上面列举的关键字中,每个关键字都有特殊的作用。例如 package 关键字用于包的声明,import 关键字用于引入包,class 关键字用于类的声明。在本书后面的章节将逐步对其他关键字进行讲解,在此没有必要对所有关键字进行记忆,只需要了解即可。

使用 Java 关键字时,有几个值得注意的地方:

- 所有的关键字都是小写的。
- 程序中的标识符不能以关键字命名。

2.1.5 Java 中的常量

常量就是在程序中固定不变的值,是不能改变的数据。例如数字 1、字符'a'、浮点数 3.2 等。在 Java 中,常量包括整型常量、浮点数常量、布尔常量、字符常量等。

1. 整型常量

整型常量是整数类型的数据,有二进制、八进制、十进制和十六进制 4 种表示形式,具体表示形式如下。

- 二进制:由数字 0 和 1 组成的数字序列。在 JDK7.0 中允许使用字面值来表示二进制数,前面要以 0b 或 0B 开头,目的是为了和十进制进行区分,如 0b01101100、0B10110101。
- 八进制:以 0 开头并且其后由 0~7 范围内(包括 0 和 7)的整数组成的数字序列,如 0342。
- 十进制:由数字 0~9 范围内(包括 0 和 9)的整数组成的数字序列。如 198。
- 十六进制:以 0x 或者 0X 开头并且其后由 0~9、A~F(包括 0 和 9、A 和 F)组成的数字序列,如 0x25AF。

需要注意的是,在程序中为了标明不同的进制,数据都有特定的标识,八进制必须以 0 开头,如 0711、0123;十六进制必须以 0x 或 0X 开头,如 0xaf3、0Xff;整数以十进制表示时,第一位不能是 0,0 本身除外。例如十进制的 127,用二进制表示为 01111111,用八进制表示为 0177,用十六进制表示为 0x7F 或者 0X7F。

2. 浮点数常量

浮点数常量就是在数学中用到的小数,分为 float 单精度浮点数和 double 双精度浮点数两种类型。其中,单精度浮点数后面以 F 或 f 结尾,而双精度浮点数则以 D 或 d 结尾。当然,在使用浮点数时也可以在结尾处不加任何的后缀,此时虚拟机会默认为 double 双精度浮点数。浮点数常量还可以通过指数形式来表示。具体示例如下:

```
2e3f  3.6d  0f  3.84d  5.022e+23f
```

上述列出的浮点数常量中用到的 e 和 f,初学者可能会感到困惑,在后面的 2.2.2 小节中将会详细介绍。

3. 字符常量

字符常量用于表示一个字符,一个字符常量要用一对英文半角格式的单引号' '引起来,它可以是英文字母、数字、标点符号以及由转义序列来表示的特殊字符。具体示例如下:

```
'a'  '1'  '&'  '\r'  '\u0000'
```

上面的示例中,'\u0000'表示一个空白字符,即在单引号之间没有任何字符。之所以能这样表示,是因为 Java 采用的是 Unicode 字符集,Unicode 字符以\u 开头,空白字符在 Unicode 码表中对应的值为'\u0000'。

4. 字符串常量

字符串常量用于表示一串连续的字符,一个字符串常量要用一对英文半角格式的双引号" "引起来,具体示例如下:

```
"HelloWorld"  "123"  "Welcome \n XXX" ""
```

一个字符串可以包含一个字符或多个字符,也可以不包含任何字符,即长度为零。

5. 布尔常量

布尔常量即布尔型的两个值 true 和 false,该常量用于区分一个事物的真与假。

6. null 常量

null 常量只有一个值 null,表示对象的引用为空。关于 null 常量将会在第 3 章中详细介绍。

**多学一招:特殊字符——反斜杠(\)**

在字符常量中,反斜杠(\)是一个特殊的字符,被称为转义字符,它的作用是用来转义后面一个字符。转义后的字符通常用于表示一个不可见的字符或具有特殊含义的字符,例如换行(\n)。下面列出一些常见的转义字符。

- \r 表示回车符,将光标定位到当前行的开头,不会跳到下一行。
- \n 表示换行符,换到下一行的开头。
- \t 表示制表符,将光标移到下一个制表符的位置,就像在文档中用 Tab 键一样。
- \b 表示退格符号,就像键盘上的 Backspace 键。

以下的字符都有特殊意义,无法直接表示,所以用反斜杠加上另外一个字符来表示。

- \'表示单引号字符,Java 代码中单引号表示字符的开始和结束,如果直接写单引号字符('),程序会认为前两个是一对,会报错,因此需要使用转义符(\')。
- \"表示双引号字符,Java 代码中双引号表示字符串的开始和结束,包含在字符串中的双引号需要转义,比如"he says,\"thank you\"."。
- \\表示反斜杠字符,由于在 Java 代码中的反斜杠(\)是转义字符,因此需要表示字面意义上的\,就需要使用双反斜杠(\\)。

多学一招:整型常量进制间的转换

通过前面的介绍可以知道,整型常量可以分别用二进制、八进制、十进制和十六进制表示,不同的进制并不影响数据本身,同一个整型常量可以在不同进制之间转换,具体转换方式如下。

1. 十进制和二进制之间的转换

(1) 十进制转二进制

十进制转换成二进制就是一个除以 2 取余数的过程。把要转换的数,除以 2,得到的商和余数,将商继续除以 2,直到商为 0。最后将所有余数倒序排列,得到的数就是转换结果。

以十进制的 6 转换为二进制为例进行说明,如图 2-1 所示。

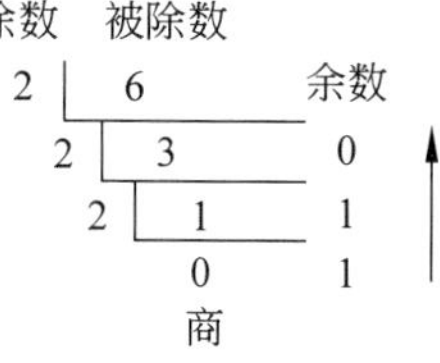

图 2-1 十进制转二进制

三次除以 2 计算得到余数依次是 0、1、1,将所有余数倒序排列是 110。所以十进制的 6 转换成二进制,结果是 110。

(2) 二进制转十进制

二进制转化成十进制要从右到左用二进制位上的每个数去乘以 2 的相应次方,例如,将最右边第一位的数乘以 2 的 0 次方,第二位的数乘以 2 的 1 次方,第 n 位的数乘以 2 的 $n-1$ 次方,然后把所有乘的结果相加,得到的结果就是转换后的十进制。

如把一个二进制数 0110 0100 转换为十进制,转换方式如下:

$$0\times2^0+0\times2^1+1\times2^2+0\times2^3+0\times2^4+1\times2^5+1\times2^6+0\times2^7=100$$

由于 0 乘以多少都是 0,所以上述表达式也可以简写为:

$$1\times2^2+1\times2^5+1\times2^6=100$$

上式得到的结果 100 就是二进制数 0110 0100 转化后的十进制值。

2. 二进制和八进制、十六进制之间的转换

编程中之所以要用八进制和十六进制,是因为它们与二进制之间的互相转换很方便,而且它们比一串长的二进制数方便书写和记忆。

(1) 二进制转八进制

二进制转八进制时,首先需要将二进制数自右向左每三位分成一段,然后将二进制

的每段的三位数转为八进制的一位，转换过程中数值的对应关系如表2-1所示。

表2-1 二进制和八进制数值对应表

二进制	八进制	二进制	八进制	二进制	八进制
000	0	011	3	110	6
001	1	100	4	111	7
010	2	101	5		

将一个二进制数100101010转为八进制，具体步骤如下：

① 每三位分成一段，结果为：100 101 010。

② 将每段的数值分别查表替换，结果如下：

100→4

101→5

010→2

③ 将替换的结果进行组合，转换的结果为0452(注意八进制必须以0开头)。

(2) 二进制转十六进制

将二进制转十六进制时，与转八进制类似，不同的是要将二进制数每四位分成一段，查表转换即可。二进制转十六进制过程中数值的对应关系如表2-2所示。

表2-2 二进制和十六进制数值对应表

二进制	十六进制	二进制	十六进制	二进制	十六进制	二进制	十六进制
0000	0	0100	4	1000	8	1100	C
0001	1	0101	5	1001	9	1101	D
0010	2	0110	6	1010	A	1110	E
0011	3	0111	7	1011	B	1111	F

要将一个二进制数101001010110转为十六进制，具体步骤如下：

① 每四位分成一段，结果为：1010 0101 0110。

② 将每段的数值分别查表替换，结果如下：

1010→A

0101→5

0110→6

③ 将替换的结果进行组合，转换的结果为0xA56或0XA56(注意十六进制必须以0x或者0X开头)。

2.2 Java中的变量

2.2.1 变量的定义

在程序运行期间，随时可能产生一些临时数据，应用程序会将这些数据保存在一些内存单元中，每个内存单元都用一个标识符来标识。这些内存单元被称为变量，定义的标识符就是变量名，内存单元中存储的数据就是变量的值。

接下来，通过具体的代码来学习变量的定义。

```
int x=0,y;
y=x+3;
```

上面的代码中，第一行代码的作用是定义了两个变量 x 和 y，也就相当于分配了两块内存单元，在定义变量的同时为变量 x 分配了一个初始值 0，而变量 y 没有分配初始值，变量 x 和 y 在内存中的状态如图 2-2 所示。

第二行代码的作用是为变量赋值，在执行第二行代码时，程序首先取出变量 x 的值，与 3 相加后，将结果赋值给变量 y，此时变量 x 和 y 在内存中的状态发生了变化，如图 2-3 所示。

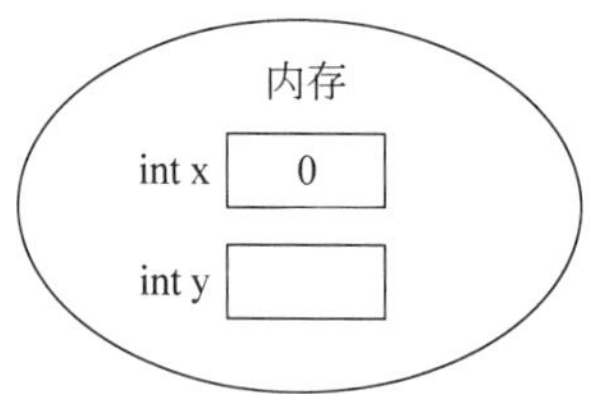

图 2-2　x、y 变量在内存中的状态

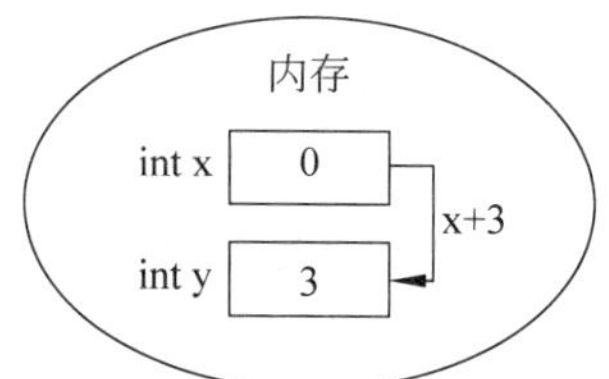

图 2-3　x、y 变量在内存中的状态

2.2.2　变量的数据类型

Java 是一门强类型的编程语言，它对变量的数据类型有严格的限定。在定义变量时必须声明变量的类型，在为变量赋值时必须赋予和变量同一种类型的值，否则程序会报错。

在 Java 中变量的数据类型分为两种，即基本数据类型和引用数据类型。Java 中所有的数据类型如图 2-4 所示。

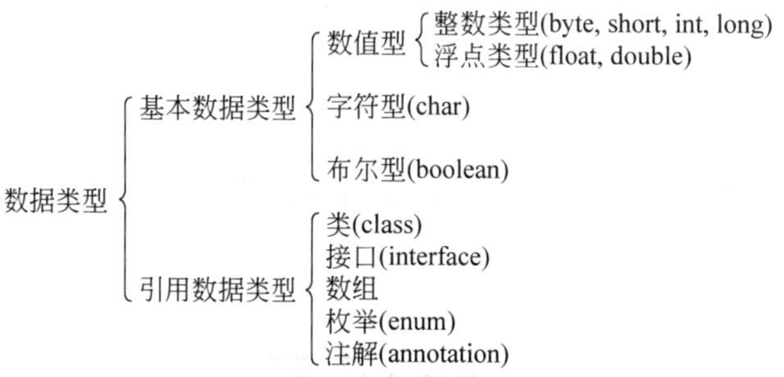

图 2-4　数据类型

其中，8 种基本数据类型是 Java 语言内嵌的，在任何操作系统中都具有相同大小和属性，而引用数据类型是在 Java 程序中由编程人员自己定义的变量类型。本章此处重点介绍的是 Java 中的基本数据类型，引用数据类型会在以后的章节中做详细的讲解。

1. 整数类型变量

整数类型变量用来存储整数数值，即没有小数部分的值。在 Java 中，为了给不同大小范围内的整数合理地分配存储空间，整数类型分为 4 种不同的类型：字节型(byte)、短整型(short)、整型(int)和长整型(long)，4 种类型所占存储空间的大小以及取值范围如表 2-3 所示。

表 2-3 整数类型

类型名	占用空间	取值范围	类型名	占用空间	取值范围
byte	8 位(1 个字节)	$-2^{7}\sim2^{7}-1$	int	32 位(4 个字节)	$-2^{31}\sim2^{31}-1$
short	16 位(2 个字节)	$-2^{15}\sim2^{15}-1$	long	64 位(8 个字节)	$-2^{63}\sim2^{63}-1$

表 2-3 中，列出了 4 种整数类型变量所占的空间大小和取值范围。其中，占用空间指的是不同类型的变量分别占用的内存大小，如一个 int 类型的变量会占用 4 个字节大小的内存空间。取值范围是变量存储的值不能超出的范围，如一个 byte 类型的变量存储的值必须是 $-2^{7}\sim2^{7}-1$ 之间的整数。

在为一个 long 类型的变量赋值时需要注意一点，所赋值的后面要加上一个字母 L(或小写 l)，说明赋值为 long 类型。如果赋的值未超出 int 型的取值范围，则可以省略字母 L(或小写 l)。具体示例如下：

```
long num=2200000000L;      //所赋的值超出了 int 型的取值范围,后面必须加上字母 L
long num=198L;             //所赋的值未超出 int 型的取值范围,后面可以加上字母 L
long num=198;              //所赋的值未超出 int 型的取值范围,后面可以省略字母 L
```

2. 浮点数类型变量

浮点数类型变量用来存储小数数值。在 Java 中，浮点数类型分为两种：单精度浮点数(float)和双精度浮点数(double)。double 型所表示的浮点数比 float 型更精确，两种浮点数所占存储空间的大小以及取值范围如表 2-4 所示。

表 2-4 浮点数类型

类型名	占用空间	取值范围
float	32 位(4 个字节)	1.4E−45～3.4E+38，−3.4E+38～−1.4E−45
double	64 位(8 个字节)	4.9E−324～1.7E+308，−1.7E+308～−4.9E−324

表 2-4 中，列出了两种浮点数类型变量所占的空间大小和取值范围，在取值范围中，E 表示以 10 为底的指数，E 后面的＋号和－号代表正指数和负指数，例如 1.4E−45 表示 $1.4*10^{-45}$。

在 Java 中，一个小数会被默认为 double 类型的值，因此在为一个 float 类型的变量赋值时需要注意一点，所赋值的后面一定要加上字母 F(或者小写 f)，而为 double 类型的

变量赋值时,可以在所赋值的后面加上字符 D(或小写 d),也可以不加。具体示例如下:

```
float f=123.4f;            //为一个 float 类型的变量赋值,后面必须加上字母 f
double d1=100.1;           //为一个 double 类型的变量赋值,后面可以省略字母 d
double d2=199.3d;          //为一个 double 类型的变量赋值,后面可以加上字母 d
```

在程序中也可以为一个浮点数类型变量赋予一个整数数值,例如下面的写法也是可以的。

```
float f=100;               //声明一个 float 类型的变量并赋整数值
double d=100;              //声明一个 double 类型的变量并赋整数值
```

3. 字符类型变量

字符类型变量用于存储一个单一字符,在 Java 中用 char 表示。Java 中每个 char 类型的字符变量都会占用 2 个字节。在给 char 类型的变量赋值时,需要用一对英文半角格式的单引号' '把字符括起来,如'a',也可以将 char 类型的变量赋值为 0～65 535 范围内的整数,计算机会自动将这些整数转化为所对应的字符,如数值 97 对应的字符为'a'。下面的两行代码可以实现同样的效果。

```
char c='a';                //为一个 char 类型的变量赋值字符 a
char ch=97;                //为一个 char 类型的变量赋值整数 97,相当于赋值字符 a
```

4. 布尔类型变量

布尔类型变量用来存储布尔值,在 Java 中用 boolean 表示,该类型的变量只有两个值,即 true 和 false。具体示例如下:

```
boolean flag=false;        //声明一个 boolean 类型的变量,初始值为 false
flag=true;                 //改变 flag 变量的值为 true
```

2.2.3 变量的类型转换

在程序中,当把一种数据类型的值赋给另一种数据类型的变量时,需要进行数据类型转换。根据转换方式的不同,数据类型转换可分为两种:自动类型转换和强制类型转换。

1. 自动类型转换

自动类型转换也叫隐式类型转换,指的是两种数据类型在转换的过程中不需要显式地进行声明。要实现自动类型转换,必须同时满足两个条件,第一是两种数据类型彼此兼容,第二是目标类型的取值范围大于源类型的取值范围。例如:

```
byte b=3;
int x=b;                //程序把 byte 类型的变量 b 转换成了 int 类型,无须特殊声明
```

上面的语句中,将 byte 类型的变量 b 的值赋给 int 类型的变量 x,由于 int 类型的取值范围大于 byte 类型的取值范围,编译器在赋值过程中不会造成数据丢失,所以编译器能够自动完成这种转换,在编译时不报告任何错误。

除了上述示例中演示的情况,还有很多类型之间可以进行自动类型转换,接下来就列出 3 种可以进行自动类型转换的情况,具体如下:

① 整数类型之间可以实现转换,如 byte 类型的数据可以赋值给 short、int、long 类型的变量,short、char 类型的数据可以赋值给 int、long 类型的变量,int 类型的数据可以赋值给 long 类型的变量。

② 整数类型转换为 float 类型,如 byte、char、short、int 类型的数据可以赋值给 float 类型的变量。

③ 其他类型转换为 double 类型,如 byte、char、short、int、long、float 类型的数据可以赋值给 double 类型的变量。

2. 强制类型转换

强制类型转换也叫显式类型转换,指的是两种数据类型之间的转换需要进行显式地声明。当两种类型彼此不兼容,或者目标类型取值范围小于源类型时,自动类型转换无法进行,这时就需要进行强制类型转换。先来看例 2-1。

例 2-1 Example01.java

```
1 public class Example01 {
2   public static void main(String[] args) {
3     int num=4;
4     byte b=num;
5     System.out.println(b);
6   }
7 }
```

编译程序报错,结果如图 2-5 所示。

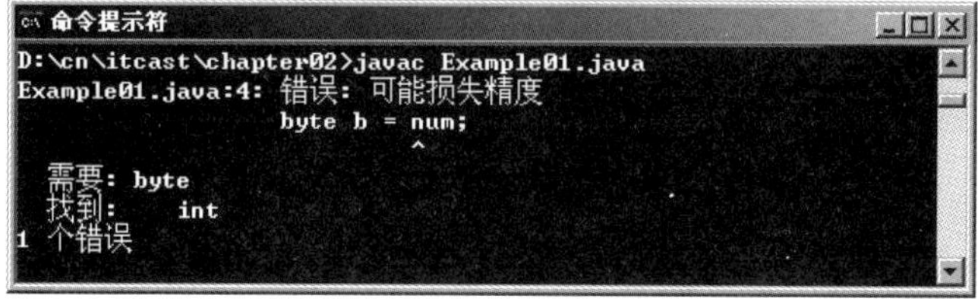

图 2-5 例 2-1 报错的运行结果

图 2-5 出现了编译错误,报告第 4 行代码可能损失精度。出现这样错误的原因是将一个 int 型的值赋给 byte 类型的变量 b 时,int 类型的取值范围大于 byte 类型的取值范

围，这样的赋值会导致数值溢出，也就是说一个字节的变量无法存储四个字节的整数值。

在这种情况下，就需要进行强制类型转换，具体格式如下：

```
目标类型  变量名=(目标类型)值
```

将例 2-1 中第 4 行代码修改为下面的代码：

```
byte b=(byte) num;
```

再次编译后，程序不会报错，运行结果如图 2-6 所示。

图 2-6　例 2-1 正确的运行结果

需要注意的是，在对变量进行强制类型转换时，会发生取值范围较大的数据类型向取值范围较小的数据类型的转换，如将一个 int 类型的数转为 byte 类型，这样做极容易造成数据精度的丢失。接下来通过一个案例来说明，如例 2-2 所示。

例 2-2　Example02.java

```
1 public class Example02 {
2   public static void main(String[] args) {
3     byte a;                            //定义 byte 类型的变量 a
4     int b=298;                         //定义 int 类型的变量 b
5     a=(byte) b;
6     System.out.println("b="+b);
7     System.out.println("a="+a);
8   }
9 }
```

运行结果如图 2-7 所示。

```
命令提示符
D:\cn\itcast\chapter02>java Example02
b=298
a=42
```

图 2-7　例 2-2 运行结果

例 2-2 中的第 5 行发生了强制类型转换，将一个 int 类型的变量 b 强制转换成 byte 类型，然后再将强转后的结果赋值给变量 a。从图 2-7 所示的运行结果可以看出变量 b 本身的值为 298，然而在赋值给变量 a 后，其值为 42，明显丢失了精度。出现这种现象的原因是，变量 b 为 int 类型，在内存中占用 4 个字节，byte 类型的数据在内存中占用 1 个字节。当将变量 b 的类型强转为 byte 类型后，前面 3 个高位字节的数据丢失，数值发生改变。int 类型转 byte 类型的过程如图 2-8 所示。

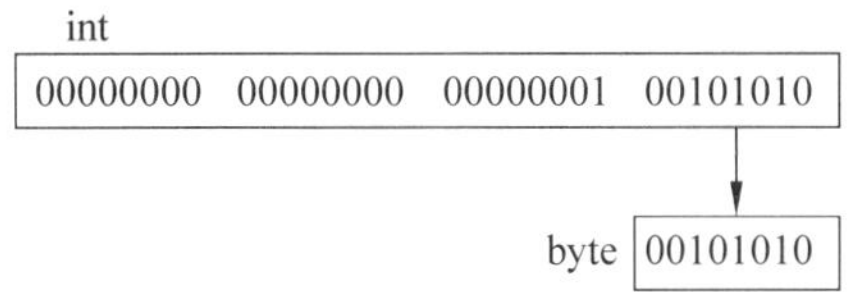

图 2-8　int 类型变量强制转换为 byte 类型

多学一招：表达式类型自动提升

所谓表达式是指由变量和运算符组成的一个算式。变量在表达式中进行运算时，也有可能发生自动类型转换，这就是表达式数据类型的自动提升，如一个 byte 型的变量在运算期间类型会自动提升为 int 型。先来看例 2-3。

例 2-3　Example03.java

```
1 public class Example03 {
2   public static void main(String[] args) {
3     byte b1=3;                    //定义一个 byte 类型的变量
4     byte b2=4;
5     byte b3=b1+b2;                //两个 byte 类型变量相加，赋值给一个 byte 类型变量
6     System.out.println("b3="+b3);
7   }
8 }
```

编译程序报错，结果如图 2-9 所示。

图 2-9　例 2-3 报错的运行结果

图 2-9 中出现了和图 2-5 相同的错误，这是因为在表达式 b1＋b2 运算期间，变量 b1 和 b2 都被自动提升为 int 型，表达式的运算结果也就成了 int 型，这时如果将该结果赋给 byte 型的变量就会报错，需要进行强制类型转换。

要解决例 2-3 中的错误，必须得将第 5 行的代码修改为：

```
byte b3= (byte) (b1+b2);
```

再次编译后，程序不会报错，运行结果如图 2-10 所示。

图 2-10　例 2-3 正确的运行结果

2.2.4　变量的作用域

在前面介绍过变量需要先定义后使用，但这并不意味着在变量定义之后的语句中一定可以使用该变量。变量需要在它的作用范围内才可以被使用，这个作用范围称为变量的作用域。在程序中，变量一定会被定义在某一对大括号中，该大括号所包含的代码区域便是这个变量的作用域。接下来通过一个代码片段来分析变量的作用域，具体如下：

```
public static void main(String[] args){          ┐
    inx x=4;                                      │
    {                         ┐                   │
        int y=9;              │                   │
        ⋮                     ├y 的作用域          ├x 的作用域
    }                         ┘                   │
        ⋮                                         │
}                                                 ┘
```

上面的代码中，有两层大括号。其中，外层大括号所标识的代码区域就是变量 x 的作用域，内层大括号所标识的代码区域就是变量 y 的作用域。

变量的作用域在编程中尤为重要，接下来通过一个案例进一步熟悉变量的作用域，如例 2-4 所示。

例 2-4　Example04.java

```
public class Example04 {
    public static void main(String[] args) {
        int x=12;                                //定义了变量 x
        {
            int y=96;                            //定义了变量 y
            System.out.println("x is "+x);       //访问变量 x
            System.out.println("y is "+y);       //访问变量 y
        }
        y=x;                                     //访问变量 x,为变量 y 赋值
        System.out.println("x is "+x);           //访问变量 x
    }
}
```

编译程序报错，结果如图 2-11 所示。

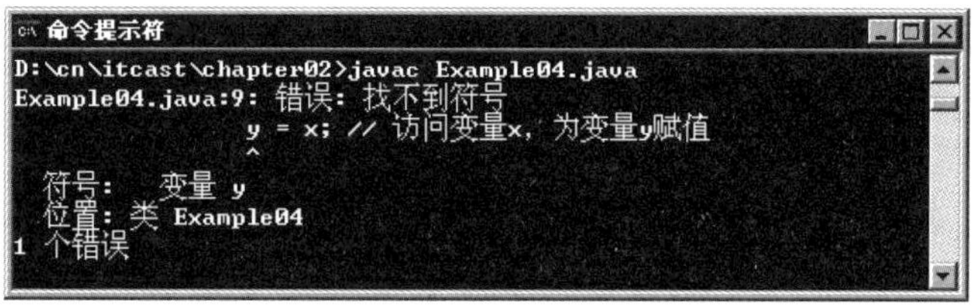

```
D:\cn\itcast\chapter02>javac Example04.java
Example04.java:9: 错误: 找不到符号
                y = x; // 访问变量x, 为变量y赋值
                ^
  符号:   变量 y
  位置: 类 Example04
1 个错误
```

图 2-11　例 2-4 报错的运行结果

图 2-11 出现了编译错误,报告例 2-4 中第 9 行代码"找不到符号"。出错的原因在于在给变量 y 赋值时超出了它的作用域。将第 9 行代码去掉,再次编译程序不再报错,运行结果如图 2-12 所示。

```
D:\cn\itcast\chapter02>java Example04
x is 12
y is 96
x is 12
```

图 2-12　例 2-4 正确的运行结果

例 2-4 修改后的代码中,变量 x、y 都在各自的作用域中,因此都可以被访问到。

2.3　Java 中的运算符

在程序中经常出现一些特殊符号,如＋、－、＊、＝、＞等,这些特殊符号称作运算符。运算符用于对数据进行算术运算、赋值和比较等操作。在 Java 中,运算符可分为算术运算符、赋值运算符、比较运算符、逻辑运算符和位运算符。

2.3.1　算术运算符

在数学运算中最常见的就是加减乘除,被称作四则运算。Java 中的算术运算符就是用来处理四则运算的符号,这是最简单、最常用的运算符号。表 2-5 列出了 Java 中的算术运算符及其用法。

表 2-5　算术运算符

运算符	运　　算	范　　例	结　　果
＋	正号	＋3	3
－	负号	b＝4;－b;	－4
＋	加	5＋5	10
－	减	6－4	2
＊	乘	3＊4	12
/	除	5/5	1
%	取模(即算术中的求余数)	7%5	2
＋＋	自增(前)	a＝2;b＝＋＋a;	a＝3;b＝3

续表

运算符	运　　算	范　　例	结　　果
＋＋	自增(后)	a=2;b=a＋＋;	a=3;b=2
－－	自减(前)	a=2;b=－－a;	a=1;b=1
－－	自减(后)	a=2;b=a－－;	a=1;b=2

算术运算符看上去都比较简单,也很容易理解,但在实际使用时还有很多需要注意的问题,具体如下:

① 在进行自增＋＋和自减－－的运算时,如果运算符＋＋或－－放在操作数的前面则是先进行自增或自减运算,再进行其他运算。反之,如果运算符放在操作数的后面则是先进行其他运算再进行自增或自减运算。

请仔细阅读下面的代码块,思考运行的结果。

```
int a=1;
int b=2;
int x=a+b++;
System.out.print("b="+b);
System.out.print("x="+x);
```

上面的代码块运行结果为:b=3、x=3,具体分析如下。

在上述代码中,定义了 3 个 int 类型的变量 a、b、x。其中 a=1、b=2。当进行"a＋b＋＋"运算时,由于运算符＋＋写在了变量 b 的后面,属于先运算再自增,因此变量 b 在参与加法运算时其值仍然为 2,x 的值应为 3。变量 b 在参与运算之后会进行自增,因此 b 的最终值为 3。

② 在进行除法运算时,当除数和被除数都为整数时,得到的结果也是一个整数。如果除法运算有小数参与,得到的结果会是一个小数。例如,2510/1000 属于整数之间相除,会忽略小数部分,得到的结果是 2,而 2.5/10 的结果为 0.25。

请思考一下下面表达式的结果是多少。

```
3500/1000*1000
```

结果为 3000。由于表达式的执行顺序是从左到右,所以先执行除法运算 3500/1000,得到结果为 3,再乘以 1000,得到的结果自然就是 3000 了。

③ 在进行取模(%)运算时,运算结果的正负取决于被模数(%左边的数)的符号,与模数(%右边的数)的符号无关。如,(－5)%3 的结果为－2,而 5%(－3)的结果为 2。

2.3.2 赋值运算符

赋值运算符的作用就是将常量、变量或表达式的值赋给某一个变量。接下来通过表 2-6 列出 Java 中的赋值运算符及其用法。

表 2-6 赋值运算符

运算符	运 算	范 例	结 果
=	赋值	a=3;b=2;	a=3;b=2;
+=	加等于	a=3;b=2;a+=b;	a=5;b=2;
-=	减等于	a=3;b=2;a-=b;	a=1;b=2;
*=	乘等于	a=3;b=2;a*=b;	a=6;b=2;
/=	除等于	a=3;b=2;a/=b;	a=1;b=2;
%=	模等于	a=3;b=2;a%=b;	a=1;b=2;

在赋值过程中，运算顺序从右往左，将右边表达式的结果赋值给左边的变量。在赋值运算符的使用中，需要注意以下几个问题：

① 在 Java 中可以通过一条赋值语句对多个变量进行赋值，具体示例如下：

```
int x, y, z;
x=y=z=5;           //为三个变量同时赋值
```

在上述代码中，一条赋值语句将变量 x,y,z 的值同时赋值为 5。需要特别注意的是，下面的这种写法在 Java 中是不可以的。

```
int x=y=z=5;         //这样写是错误的
```

② 在表 2-6 中，除了=，其他的都是特殊的赋值运算符，以+=为例，x+=3 就相当于 x=x+3，首先会进行加法运算 x+3，再将运算结果赋值给变量 x。-=、*=、/=、%=赋值运算符都可依此类推。

多学一招：赋值运算符中强制类型转换的自动实现

在 2.2.3 小节中介绍过，在为变量赋值时，当两种类型彼此不兼容，或者目标类型取值范围小于源类型时，需要进行强制类型转换。例如将一个 int 类型的值赋给一个 short 类型的变量，需要显式地进行强制类型转换。然而在使用+=、-=、*=、/=、%= 运算符进行赋值时，强制类型转换会自动完成，程序不需要做任何显式地声明，如例 2-5 所示。

例 2-5 Example05.java

```
public class Example05 {
    public static void main(String[] args) {
        short s=3;
        int i=5;
        s +=i;
        System.out.println("s="+s);
    }
}
```

运行结果如图 2-13 所示。

图 2-13　例 2-5 运行结果

例 2-5 中，第 5 行代码为赋值运算，虽然变量 s 和 i 相加的运算结果为 int 型，但通过运算符+=将结果赋值给了 short 型的变量 s 时，Java 虚拟机会自动完成类型转换，从而得到 s=8。

2.3.3　比较运算符

比较运算符用于对两个数值或变量进行比较，其结果是一个布尔值，即 true 或 false。接下来通过表 2-7 列出 Java 中的比较运算符及其用法。

表 2-7　比较运算符

运算符	运　算	范　例	结　果
==	相等于	4==3	false
!=	不等于	4!=3	true
<	小于	4<3	false
>	大于	4>3	true
<=	小于等于	4<=3	false
>=	大于等于	4>=3	true

比较运算符在使用时需要注意一个问题，不能将比较运算符==误写成赋值运算符=。

2.3.4　逻辑运算符

逻辑运算符用于对布尔型的数据进行操作，其结果仍是一个布尔型数据。接下来通过表 2-8 列出 Java 中的逻辑运算符及其用法。

表 2-8　逻辑运算符

运算符	运　算	范　例	结　果
&	与	true & true	true
		true & false	false
		false & false	false
		false &true	false
|	或	true | true	true
		true | false	true
		false| false	false
		false| true	true

续表

运算符	运　算	范　例	结　果
^	异或	true ^ true	false
		true ^ false	true
		false ^ false	false
		false ^ true	true
!	非	!true	false
		!false	true
&&	短路与	true && true	true
		true && false	false
		false && false	false
		false && true	false
||	短路或	true || true	true
		true || false	true
		false || false	false
		false || true	true

在使用逻辑运算符的过程中，需要注意以下几个细节：

① 逻辑运算符可以针对结果为布尔值的表达式进行运算。如：x>3&&y !=0。

② 运算符 & 和 && 都表示与操作，当且仅当运算符两边的操作数都为 true 时，其结果才为 true，否则结果为 false。当运算符 & 和 && 的右边为表达式时，两者在使用上还有一定的区别。在使用 & 进行运算时，不论左边为 true 或者 false，右边的表达式都会进行运算。如果使用 && 进行运算，当左边为 false 时，右边的表达式不会进行运算，因此 && 被称作短路与。接下来通过一个案例来深入了解一下两者的区别，如例 2-6 所示。

例 2-6　Example06.java

```
public class Example06 {
    public static void main(String[] args) {
        int x=0;                        //定义变量 x,初始值为 0
        int y=0;                        //定义变量 y,初始值为 0
        int z=0;                        //定义变量 z,初始值为 0
        boolean a, b;                   //定义 boolean 变量 a 和 b
        a=x>0 & y++>1;                  //逻辑运算符 & 对表达式进行运算
        System.out.println(a);
        System.out.println("y="+y);
        b=x>0 && z++>1;                 //逻辑运算符 && 对表达式进行运算
```

```
11         System.out.println(b);
12         System.out.println("z="+z);
13     }
14 }
```

运行结果如图 2-14 所示。

```
命令提示符
D:\cn\itcast\chapter02>java Example06
false
y = 1
false
z = 0
```

图 2-14 例 2-6 运行结果

例 2-6 中，定义了三个整型变量 x、y、z，初始值都为 0，同时定义了两个布尔类型的变量 a 和 b。例程中的第 7 行代码使用 & 运算符对两个表达式进行运算，左边表达式 x>0 的结果为 false，这时无论右边表达式 y++>0 的比较结果是什么，整个表达式 x>0 & y++>1 的结果都会是 false。由于使用的是单个的运算符 &，运算符两边的表达式都会进行运算，因此变量 y 会进行自增，整个表达式运算结束时 y 的值为 1。例 2-6 中的第 10 行代码也是与运算，运算结果和第 7 行代码一样为 false，区别在于在第 10 行中使用了短路与 && 运算符，当左边为 false 时，右边的表达式不进行运算，因此变量 z 的值仍为 0。

③ 运算符 | 和 || 都表示或操作，当运算符两边的操作数任何一边的值为 true 时，其结果为 true，当两边的值都为 false 时，其结果才为 false。同与操作类似，|| 表示短路或，当运算符 || 的左边为 true 时，右边的表达式不会进行运算，具体示例如下：

```
int x=0;
int y=0;
boolean b=x==0 || y++>0
```

上面的代码块执行完毕后，b 的值为 true，y 的值仍为 0。出现这样结果的原因是，运算符 || 的左边 x==0 结果为 true，那么右边表达式将不会进行运算，y 的值不发生任何变化。

④ 运算符^表示异或操作，当运算符两边的布尔值相同时(都为 true 或都为 false)，其结果为 false。当两边布尔值不相同时，其结果为 true。

2.3.5 位运算符

位运算符是针对二进制数的每一位进行运算的符号，它是专门针对数字 0 和 1 进行操作的。Java 中的位运算符及其范例如表 2-9 所示。

表 2-9 位运算符

运算符	运 算	范 例	结 果
&	按位与	0 & 0	0
		0 & 1	0
		1 & 1	1
		1 & 0	0
|	按位或	0 | 0	0
		0 | 1	1
		1 | 1	1
		1 | 0	1
~	取反	~0	1
		~1	0
^	按位异或	0 ^ 0	0
		0 ^ 1	1
		1 ^ 1	0
		1 ^ 0	1
<<	左移	00000010<<2	00001000
		10010011<<2	01001100
>>	右移	01100010>>2	00011000
		11100010>>2	11111000
>>>	无符号右移	01100010>>>2	00011000
		11…11100010>>>2	0011…111000

接下来通过一些具体示例对表 2-9 中描述的位运算符进行详细介绍，为了方便描述，下面的运算都是针对一个 byte 类型的数，也就是一个字节大小的数，具体如下：

① 与运算符 & 是将参与运算的两个二进制数进行与运算，如果两个二进制位都为 1，则该位的运算结果为 1，否则为 0。

例如将 6 与 11 进行与运算，一个 byte 类型的数字 6 对应的二进制数为 00000110，数字 11 对应的二进制数为 00001011，具体演算过程如下所示：

```
    00000110
&   00001011
------------
    00000010
```

运算结果为 00000010，对应数值 2。

② 位运算符|是将参与运算的两个二进制数进行“或”运算，如果二进制位上有一个值为 1，则该位的运行结果为 1，否则为 0。具体示例如下：

例如将 6 与 11 进行或运算，具体演算过程如下：

```
   00000110
|  00001011
-----------
   00001111
```

运算结果为 00001111，对应数值 15。

③ 位运算符～只针对一个操作数进行操作，如果二进制位是 0，则取反值为 1；如果是 1，则取反值为 0。

例如将 6 进行取反运算，具体演算过程如下：

```
～  00000110
------------
    11111001
```

运算结果为 11111001，对应数值－7。

④ 位运算符^是将参与运算的两个二进制数进行"异或"运算，如果二进制位相同，则值为 0，否则为 1。

例如将 6 与 11 进行异或运算，具体演算过程如下：

```
   00000110
^  00001011
-----------
   00001101
```

运算结果为 00001101，对应数值 13。

⑤ 位运算符<<就是将操作数所有二进制位向左移动一位。运算时，右边的空位补 0。左边移走的部分舍去。

例如一个 byte 类型的数字 11 用二进制表示为 00001011，将它左移一位，具体演算过程如下：

```
00001011   <<1
--------------
00010110
```

运算结果为 00010110，对应数值 22。

⑥ 位运算符>>就是将操作数所有二进制位向右移动一位。运算时，左边的空位根据原数的符号位补 0 或者 1(原来是负数就补 1，是正数就补 0)。

例如一个 byte 的数字 11 用二进制表示为 00001011，将它右移一位，具体演算过程如下：

```
00001011   >>1
--------------
00000101
```

运算结果为 00000101，对应数值 5。

⑦ 位运算符>>>就是将操作数所有二进制位向右移动一位。运算时，左边的空位补 0(不考虑原数正负)。

例如一个 byte 类型的数字 11 用二进制表示为 00001011，将它无符号右移一位，运行过程如下：

```
00001011   >>>1
---------------
00000101
```

运算结果为 00000101，对应数值 5。

2.3.6 运算符的优先级

在对一些比较复杂的表达式进行运算时，要明确表达式中所有运算符参与运算的先后顺序，我们把这种顺序称作运算符的优先级。接下来通过表 2-10 列出 Java 中运算符的优先级，数字越小优先级越高。

表 2-10 运算符优先级

优先级	运　算　符
1	.　[]　()
2	++　--　~　!　(数据类型)
3	*　/　%
4	+　-
5	<<　>>　>>>
6	<　><=　>=
7	==　!=
8	&
9	^
10	|
11	&&
12	||
13	?:
14	=　*=　/=　%=　+=　-=　<<=　>>=　>>>=　&=　^=　|=

根据表 2-10 所示的运算符优先级，分析下面代码的运行结果。

```
int a =2;
int b=a+3 * a;
System.out.println(b);
```

运行结果为 8，由于运算符 * 的优先级高于运算符+，因此先运算 3 * a，得到的结果是 6，再将 6 与 a 相加，得到最后的结果 8。

```
int a =2;
int b= (a+3) * a;
System.out.println(b);
```

运行结果为 10，由于运算符()的优先级最高，因此先运算括号内的 a+3，得到的结果是 5，再将 5 与 a 相乘，得到最后的结果 10。

其实没有必要去刻意记忆运算符的优先级。编写程序时，尽量使用括号()来实现想要的运算顺序，以免产生歧义。

2.4 选择结构语句

在实际生活中经常需要做出一些判断，比如开车来到一个十字路口，这时需要对红绿灯进行判断，如果前面是红灯，就停车等候，如果是绿灯，就通行。Java 中有一种特殊的语句叫做选择语句，它也需要对一些条件做出判断，从而决定执行哪一段代码。选择语句分为 if 条件语句和 switch 条件语句。接下来针对选择语句进行详细地讲解。

2.4.1 if 条件语句

if 条件语句分为三种语法格式，每一种格式都有其自身的特点，下面分别进行介绍。

1. if 语句

if 语句是指如果满足某种条件，就进行某种处理。例如，小明妈妈跟小明说“如果你考试得了 100 分，星期日就带你去游乐场玩”。这句话可以通过下面的一段伪代码来描述。

```
如果小明考试得了 100 分
    妈妈星期日带小明去游乐场
```

在上面的伪代码中，“如果”相当于 Java 中的关键字 if，“小明考试得了 100 分”是判断条件，需要用()括起来，“妈妈星期日带小明去游乐场”是执行语句，需要放在{}中。修改后的伪代码如下：

```
if (小明考试得了 100 分) {
    妈妈星期日带小明去游乐场
}
```

上面的例子就描述了 if 语句的用法，在 Java 中，if 语句的具体语法格式如下：

```
if (条件语句){
    代码块
}
```

上述格式中，判断条件是一个布尔值，当判断条件为 true 时，{}中的执行语句才会执行。if 语句的执行流程如图 2-15 所示。

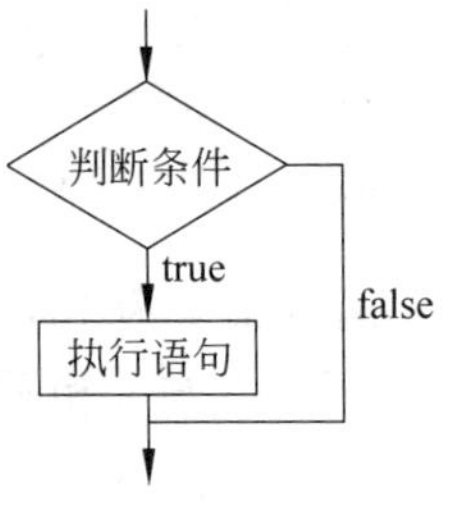

图 2-15 if 语句流程图

接下来通过一个案例来学习一下 if 语句的具体用法，如例 2-7 所示。

例 2-7 Example07. java

```java
public class Example07 {
    public static void main(String[] args) {
        int x=5;
        if (x < 10) {
            x++;
        }
        System.out.println("x="+x);
    }
}
```

运行结果如图 2-16 所示。

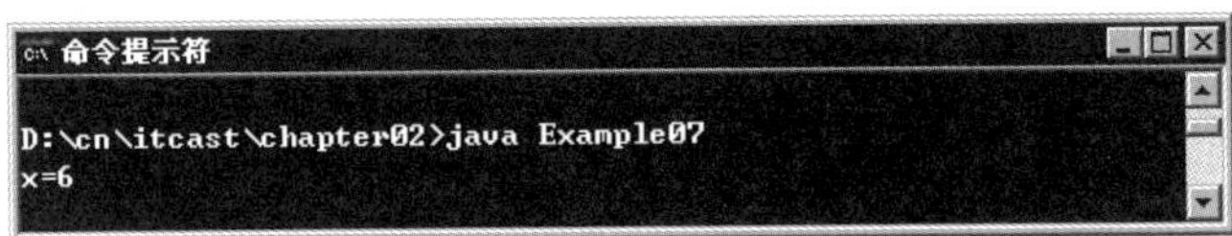

图 2-16　例 2-7 运行结果

例 2-7 中，定义了一个变量 x，其初始值为 5。在 if 语句的判断条件中判断 x 的值是否小于 10，很明显条件成立，{}中的语句会被执行，变量 x 的值将进行自增。从图 2-16 的运行结果可以看出，x 的值已由原来的 5 变成了 6。

2. if…else 语句

if…else 语句是指如果满足某种条件，就进行某种处理，否则就进行另一种处理。例如，要判断一个正整数的奇偶，如果该数字能被 2 整除则是一个偶数，否则该数字就是一个奇数。if…else 语句具体语法格式如下：

```
if (判断条件){
    执行语句 1
    ⋮
}else{
    执行语句 2
    ⋮
}
```

上述格式中，判断条件是一个布尔值。当判断条件为 true 时，if 后面{}中的执行语句 1 会执行。当判断条件为 false 时，else 后面{}中的执行语句 2 会执行。if…else 语句的执行流程如图 2-17 所示。

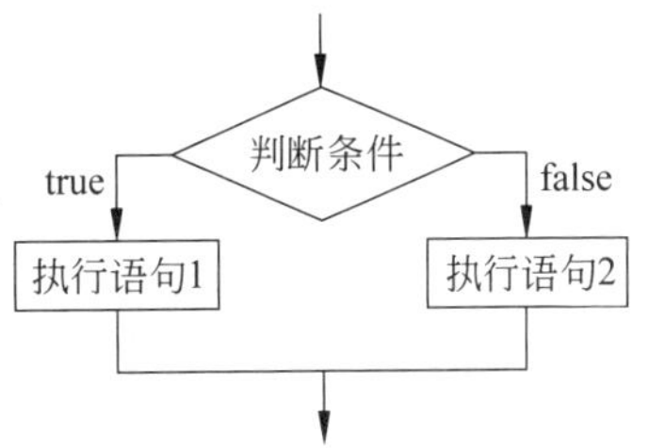

图 2-17　if…else 语句流程图

接下来通过一个案例来实现判断奇偶数的程序，如例 2-8 所示。

例 2-8 Example08. java

```
public class Example08 {
    public static void main(String[] args) {
        int num=19;
        if (num %2 ==0) {
            //判断条件成立,num 被 2 整除
            System.out.println("num 是一个偶数");
        } else {
            System.out.println("num 是一个奇数");
        }
    }
}
```

运行结果如图 2-18 所示。

图 2-18 例 2-8 运行结果

例 2-8 中，变量 num 的值为 19，模 2 的结果为 1，不等于 0，判断条件不成立。因此会执行 else 后面{}中的语句，打印“num 是一个奇数”。

多学一招

在 Java 中有一种特殊的运算叫做三元运算，它和 if…else 语句类似，语法如下：

```
判断条件 ? 表达式 1 : 表达式 2
```

三元运算会得到一个结果，通常用于对某个变量进行赋值，当判断条件成立时，运算结果为表达式 1 的值，否则结果为表达式 2 的值。

例如求两个数 x、y 中的较大者，如果用 if…else 语句来实现，具体代码如下：

```
int x=0;
int y=1;
int max;
if (x>y) {
    max=x;
} else {
    max=y;
}
```

上面的代码运行之后，变量 max 的值为 1。其中 3～8 行的代码可以使用下面的三元运算来替换。

```
int max=x>y ? x : y;
```

3. if…else if…else 语句

if…else if…else 语句用于对多个条件进行判断，进行多种不同的处理。例如，对一个学生的考试成绩进行等级的划分，如果分数大于 80 分等级为优，否则，如果分数大于 70 分等级为良，否则，如果分数大于 60 分等级为中，否则，等级为差。if…else if…else 语句具体语法格式如下：

```
if (判断条件 1) {
    执行语句 1
} else if (判断条件 2) {
    执行语句 2
}
⋮
else if (判断条件 n) {
    执行语句 n
} else {
    执行语句 n+1
}
```

上述格式中，判断条件是一个布尔值。当判断条件 1 为 true 时，if 后面{}中的执行语句 1 会执行。当判断条件 1 为 false 时，会继续执行判断条件 2，如果为 true 则执行语句 2，依此类推，如果所有的判断条件都为 false，则意味着所有条件均未满足，else 后面{}中的执行语句 n+1 会执行。if…else if…else 语句的执行流程如图 2-19 所示。

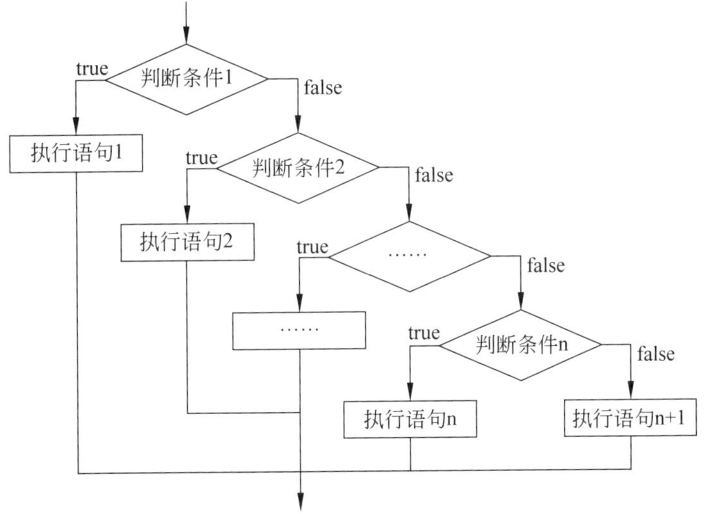

图 2-19 if…else if…else 语句的流程图

接下来通过一个案例来实现对学生考试成绩进行等级划分的程序，如例 2-9 所示。

例 2-9 Example09. java

```
public class Example09 {
    public static void main(String[] args) {
        int grade=75;              //定义学生成绩
        if (grade>80) {
            //满足条件 grade>80
            System.out.println("该成绩的等级为优");
        } else if (grade>70) {
            //不满足条件 grade>80,但满足条件 grade>70
            System.out.println("该成绩的等级为良");
        } else if (grade>60) {
            //不满足条件 grade>70,但满足条件 grade>60
            System.out.println("该成绩的等级为中");
        } else {
            //不满足条件 grade>60
            System.out.println("该成绩的等级为差");
        }
    }
}
```

运行结果如图 2-20 所示。

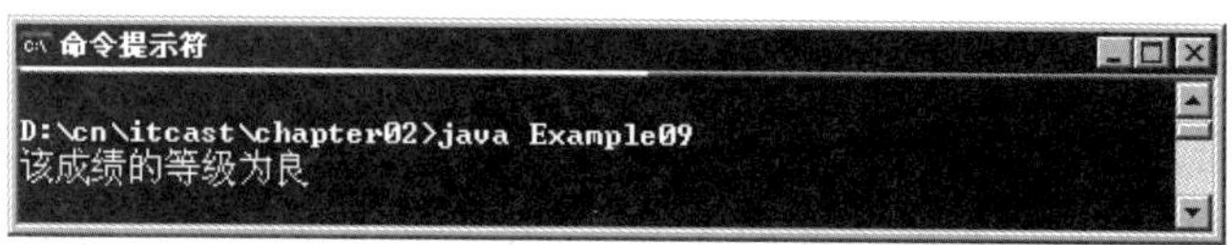

图 2-20　例 2-9 运行结果

例 2-9 中，定义了学生成绩 grade 为 75。它不满足第一个判断条件 grade>80，会执行第二个判断条件 grade>70，条件成立，因此会打印“该成绩的等级为良”。

2.4.2　switch 条件语句

switch 条件语句也是一种很常用的选择语句，和 if 条件语句不同，它只能针对某个表达式的值做出判断，从而决定程序执行哪一段代码。例如，在程序中使用数字 1～7 来表示星期一到星期日，如果想根据某个输入的数字来输出对应中文格式的星期值，可以通过下面的一段伪代码来描述：

```
用于表示星期的数字
    如果等于 1,则输出星期一
    如果等于 2,则输出星期二
    如果等于 3,则输出星期三
```

```
    如果等于 4,则输出星期四
    如果等于 5,则输出星期五
    如果等于 6,则输出星期六
    如果等于 7,则输出星期日
```

对于上面一段伪代码的描述，大家可能会立刻想到用刚学过得 if…else if…else 语句来实现，但是由于判断条件比较多，实现起来代码过长，不便于阅读。Java 中提供了一种 switch 语句来实现这种需求，在 switch 语句中使用 switch 关键字来描述一个表达式，使用 case 关键字来描述和表达式结果比较的目标值，当表达式的值和某个目标值匹配时，会执行对应 case 下的语句。具体实现伪代码如下：

```
switch(用于表示星期的数字) {
    case 1:
        输出星期一;
        break;
    case 2:
        输出星期二;
        break;
    case 3:
        输出星期三
        break;
    case 4:
        输出星期四;
        break;
    case 5:
        输出星期五;
        break;
    case 6:
        输出星期六;
        break;
    case 7:
        输出星期日;
        break;
}
```

上面改写后的伪代码便描述了 switch 语句的基本语法格式，具体如下：

```
switch (表达式){
    case 目标值 1:
        执行语句 1
        break;
    case 目标值 2:
        执行语句 2
```

```
        break;
    ⋮
    case 目标值 n:
        执行语句 n
        break;
    default:
        执行语句 n+1
        break;
}
```

在上面的格式中，switch 语句将表达式的值与每个 case 中的目标值进行匹配，如果找到了匹配的值，会执行对应 case 后的语句，如果没找到任何匹配的值，就会执行 default 后的语句。switch 语句中的 break 关键字将在后面的小节中做具体介绍，此处，初学者只需要知道 break 的作用是跳出 switch 语句即可。

需要注意的是，在 switch 语句中的表达式只能是 byte、short、char、int 类型的值，如果传入其他类型的值，程序会报错。但上述说法并不严谨，实际上在 JDK5.0 中引入的新特性 enum 枚举也可以作为 switch 语句表达式的值。在 JDK7.0 中也引入了新特性，switch 语句可以接收一个 String 类型的值。关于这两个新特性此处不便进行详细讲解，感兴趣的同学可以通过查阅官方资料进行自学。接下来通过一个案例演示根据数字来输出中文格式的星期，如例 2-10 所示。

例 2-10 Example10.java

```
public class Example10{
    public static void main(String[] args) {
        int week=5;
        switch (week) {
        case 1:
            System.out.println("星期一");
            break;
        case 2:
            System.out.println("星期二");
            break;
        case 3:
            System.out.println("星期三");
            break;
        case 4:
            System.out.println("星期四");
            break;
        case 5:
            System.out.println("星期五");
            break;
```

```
20          case 6:
21              System.out.println("星期六");
22              break;
23          case 7:
24              System.out.println("星期日");
25              break;
26          default:
27              System.out.println("输入的数字不正确……");
28              break;
29          }
30      }
31 }
```

运行结果如图 2-21 所示。

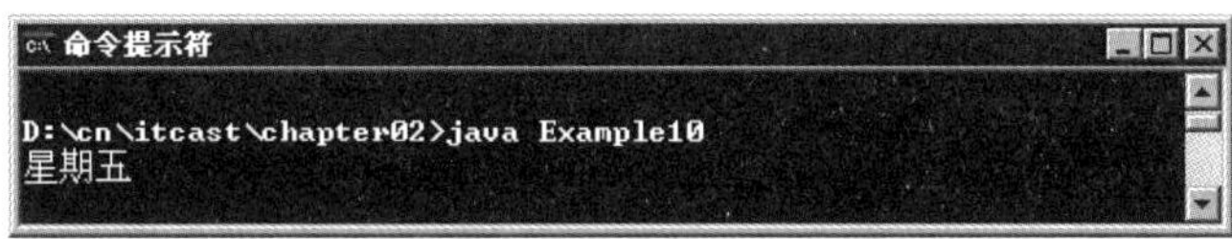

图 2-21 例 2-10 运行结果

例 2-10 中，由于变量 week 的值为 5，整个 switch 语句判断的结果满足第 17 行的条件，因此打印“星期五”，例 2-10 中的 default 语句用于处理和前面的 case 都不匹配的值，将第 3 行代码替换为 int week = 8，再次运行程序，输出结果如图 2-22 所示。

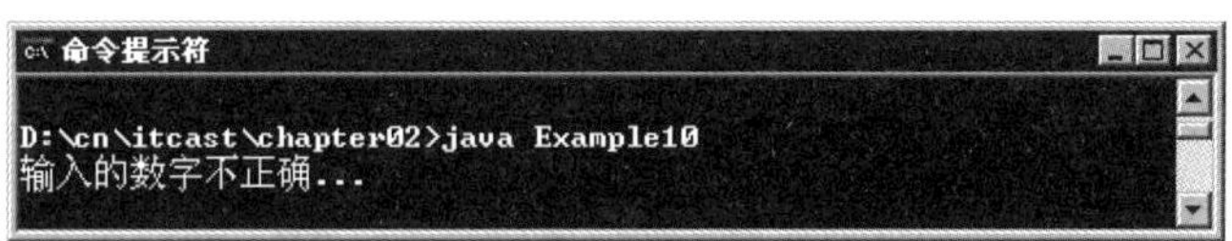

图 2-22 例 2-10 修改后运行结果

在使用 switch 语句的过程中，如果多个 case 条件后面的执行语句是一样的，则该执行语句只需书写一次即可，这是一种简写的方式。例如，要判断一周中的某一天是否为工作日，同样使用数字 1～7 来表示星期一到星期日，当输入的数字为 1、2、3、4、5 时就视为工作日，否则就视为休息日。接下来通过一个案例来实现上面描述的情况，如例 2-11 所示。

例 2-11 Example11. java

```
public class Example11 {
    public static void main(String[] args) {
        int week=2;
        switch (week) {
            case 1:
            case 2:
```

```
            case 3:
            case 4:
            case 5:
                //当 week 满足值 1、2、3、4、5 中任意一个时,处理方式相同
                System.out.println("今天是工作日");
                break;
            case 6:
            case 7:
                //当 week 满足值 6、7 中任意一个时,处理方式相同
                System.out.println("今天是休息日");
                break;
        }
    }
}
```

运行结果如图 2-23 所示。

图 2-23　例 2-11 运行结果

例 2-11 中,当变量 week 值为 1、2、3、4、5 中任意一个值时,处理方式相同,都会打印"今天是工作日"。同理,当变量 week 值为 6、7 中任意一个值时,打印"今天是休息日"。

2.5　循环结构语句

在实际生活中经常会将同一件事情重复做很多次。比如在做眼保健操的第四节轮刮眼眶时,会重复刮眼眶的动作;打乒乓球时,会重复挥拍的动作等。在 Java 中有一种特殊的语句叫做循环语句,它可以实现将一段代码重复执行,例如循环打印 100 位学生的考试成绩。循环语句分为 while 循环语句、do…while 循环语句和 for 循环语句三种。接下来针对这三种循环语句分别进行详细地讲解。

2.5.1　while 循环语句

while 循环语句和 2.4 节讲到的条件判断语句有些相似,都是根据条件判断来决定是否执行大括号内的执行语句。区别在于,while 语句会反复地进行条件判断,只要条件成立,{}内的执行语句就会执行,直到条件不成立,while 循环结束。while 循环语句的语法结构如下:

```
while(循环条件){
    执行语句
    ⋮
}
```

在上面的语法结构中,{}中的执行语句被称作循环体,循环体是否执行取决于循环条件。当循环条件为 true 时,循环体就会执行。循环体执行完毕时会继续判断循环条件,如条件仍为 true 则会继续执行,直到循环条件为 false 时,整个循环过程才会结束。

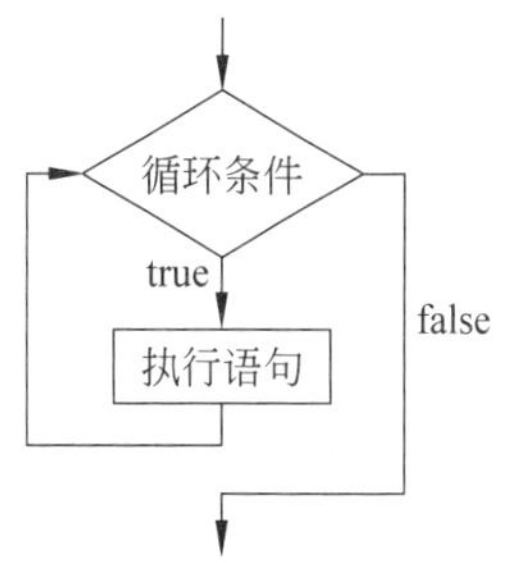

图 2-24 while 循环的流程图

while 循环的执行流程如图 2-24 所示。

接下来通过一个案例来实现打印 1～4 之间的自然数,如例 2-12 所示。

例 2-12 Example12.java

```
1 public class Example12 {
2     public static void main(String[] args) {
3         int x=1;                              //定义变量 x,初始值为 1
4         while (x<=4) {                        //循环条件
5             System.out.println("x="+x);       //条件成立,打印 x 的值
6             x++;                              //x 进行自增
7         }
8     }
9 }
```

运行结果如图 2-25 所示。

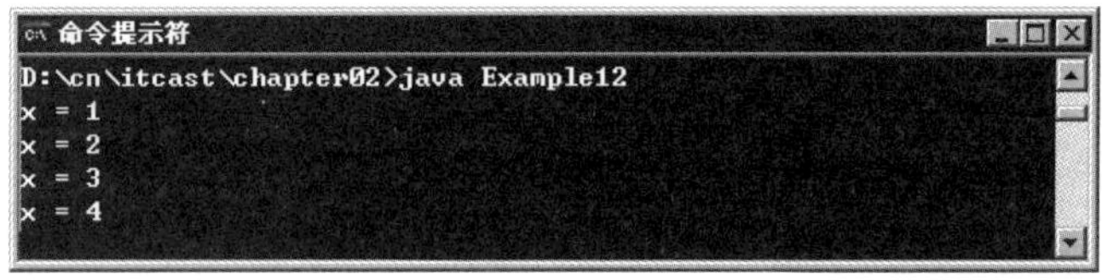

图 2-25 例 2-12 运行结果

例 2-12 中,x 初始值为 1,在满足循环条件 x <= 4 的情况下,循环体会重复执行,打印 x 的值并让 x 进行自增。因此打印结果中 x 的值分别为 1、2、3、4。值得注意的是,例程中第 6 行代码用于在每次循环时改变变量 x 的值,从而达到最终改变循环条件的目的。如果没有这行代码,整个循环会进入无限循环的状态,永远不会结束。

2.5.2 do…while 循环语句

do…while 循环语句和 while 循环语句功能类似,其语法结构如下:

```
do {
    执行语句
       ⋮
} while(循环条件);
```

在上面的语法结构中,关键字 do 后面{}中的执行语句是循环体。do…while 循环语句将循环条件放在了循环体的后面。这也就意味着,循环体会无条件执行一次,然后再根据循环条件来决定是否继续执行。

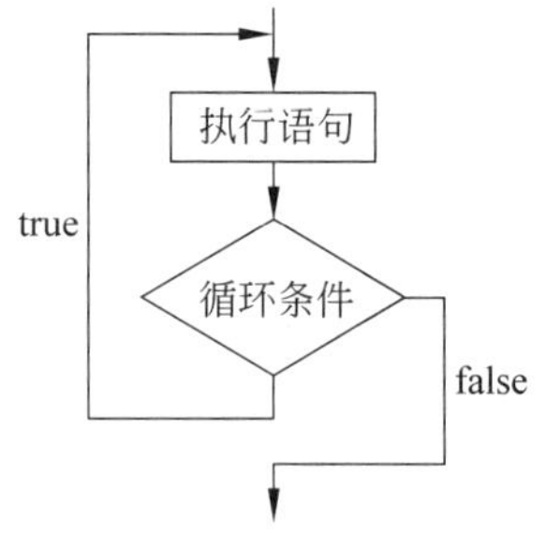

图 2-26　do…while 循环的执行流程

do…while 循环的执行流程如图 2-26 所示。

接下来使用 do…while 循环语句将例 2-12 进行改写,如例 2-13 所示。

例 2-13　Example13.java

```
public class Example13 {
    public static void main(String[] args) {
        int x=1;                                    //定义变量 x,初始值为 1
        do {
            System.out.println("x="+x);             //打印 x 的值
            x++;                                    //将 x 的值自增
        } while (x<=4);                             //循环条件
    }
}
```

运行结果如图 2-27 所示。

```
D:\cn\itcast\chapter02>java Example13
x = 1
x = 2
x = 3
x = 4
```

图 2-27　例 2-13 运行结果

例 2-13 和例 2-12 运行结果一致,这就说明 do…while 循环和 while 循环能实现同样的功能。然而在程序运行过程中,这两种语句还是有差别的。如果循环条件在循环语句开始时就不成立,那么 while 循环的循环体一次都不会执行,而 do…while 循环的循环体还是会执行一次。若将两个例题中的循环条件 x<=4 改为 x<1,例 2-13 会打印 x=1,而例 2-12 什么也不会打印。

2.5.3　for 循环语句

for 循环语句是最常用的循环语句,一般用在循环次数已知的情况下。for 循环语句的语法格式如下：

```
for(初始化表达式; 循环条件; 操作表达式){
    执行语句
    ⋮
}
```

在上面的语法结构中，for关键字后面()中包括了三部分内容：初始化表达式、循环条件和操作表达式，它们之间用英文分号(;)分隔，{}中的执行语句为循环体。

接下来分别用①表示初始化表达式，②表示循环条件，③表示操作表达式，④表示循环体，通过序号来具体分析for循环的执行流程。具体如下：

```
for(① ; ② ; ③){
    ④
}
第一步,执行①
第二步,执行②,如果判断结果为 true,执行第三步,如果判断结果为 false,执行第五步
第三步,执行④
第四步,执行③,然后重复执行第二步
第五步,退出循环
```

接下来通过一个案例对自然数1～4进行求和，如例2-14所示。

例 2-14 Example14.java

```java
public class Example14 {
    public static void main(String[] args) {
        int sum=0;                          //定义变量 sum,用于记住累加的和
        for (int i=1; i<=4; i++) {          //i 的值会在 1~4 之间变化
            sum +=i;                        //实现 sum 与 i 的累加
        }
        System.out.println("sum="+sum);     //打印累加的和
    }
}
```

运行结果如图2-28所示。

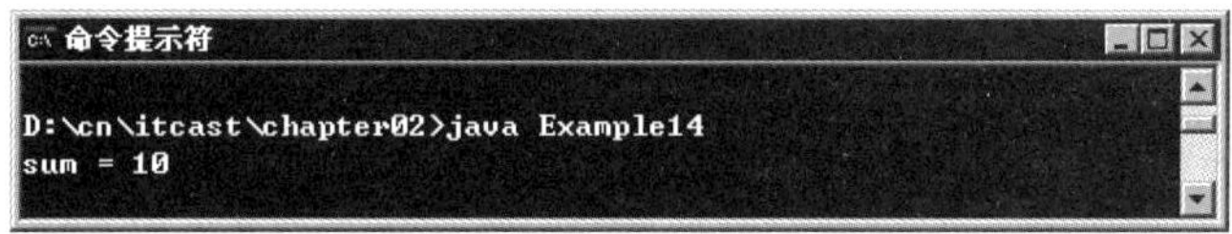

图 2-28 例 2-14 运行结果

例2-14中，变量i的初始值为1，在判断条件i<=4为true的情况下，会执行循环体sum+=i，执行完毕后，会执行操作表达式i++，i的值变为2，然后继续进行条件判断，

开始下一次循环，直到 i=5 时，条件 i<=4 为 false，结束循环，执行 for 循环后面的代码，打印“sum=10”。

为了让初学者能熟悉整个 for 循环的执行过程，现将例 2-14 运行期间每次循环中变量 sum 和 i 的值通过表 2-11 罗列出来。

表 2-11 sum 和 i 循环中的值

循环次数	sum	i	循环次数	sum	i
第一次	1	1	第三次	6	3
第二次	3	2	第四次	10	4

2.5.4 循环嵌套

嵌套循环是指在一个循环语句的循环体中再定义一个循环语句的语法结构。while、do…while、for 循环语句都可以进行嵌套，并且它们之间也可以互相嵌套，如最常见的在 for 循环中嵌套 for 循环，格式如下：

```
for(初始化表达式; 循环条件; 操作表达式) {
    ⋮
    for(初始化表达式; 循环条件; 操作表达式) {
        执行语句
        ⋮
    }
    ⋮
}
```

接下来通过一个案例来实现使用“*”打印直角三角形，如例 2-15 所示。

例 2-15 Example15. java

```
public class Example15 {
    public static void main(String[] args) {
        int i, j;                               //定义两个循环变量
        for (i=1; i<=9; i++) {                  //外层循环
            for (j=1; j<=i; j++) {              //内层循环
                System.out.print("*");          //打印*
            }
            System.out.print("\n");             //换行
        }
    }
}
```

运行结果如图 2-29 所示。

在例 2-15 中定义了两层 for 循环，分别为外层循环和内层循环，外层循环用于控制

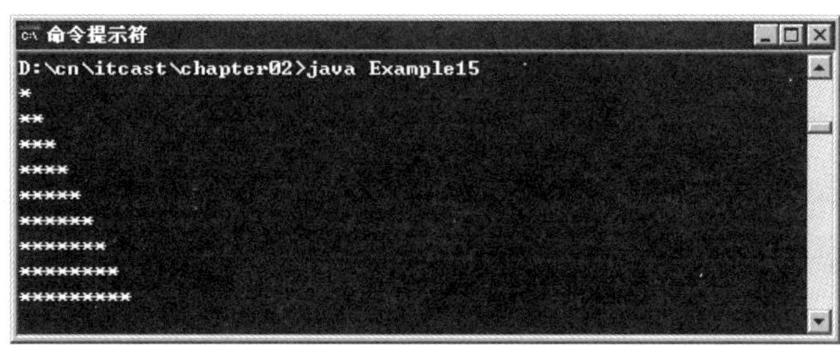

图 2-29 例 2-15 运行结果

打印的行数，内层循环用于打印"*"，每一行的"*"个数逐行增加，最后输出一个直角三角形。由于嵌套循环程序比较复杂，下面分步骤进行详细地讲解，具体如下：

第一步，在第 3 行代码定义了两个循环变量 i 和 j，其中 i 为外层循环变量，j 为内层循环变量。

第二步，在第 4 行代码将 i 初始化为 1，条件 i <= 9 为 true，首次进入外层循环的循环体。

第三步，在第 5 行代码将 j 初始化为 1，由于此时 i 的值为 1，条件 j <= i 为 true，首次进入内层循环的循环体，打印一个"*"。

第四步，执行第 5 行代码中内层循环的操作表达式 j++，将 j 的值自增为 2。

第五步，执行第 5 行代码中的判断条件 j<=i，判断结果为 false，内层循环结束。执行后面的代码，打印换行符。

第六步，执行第 4 行代码中外层循环的操作表达式 i++，将 i 的值自增为 2。

第七步，执行第 4 行代码中的判断条件 i<=9，判断结果为 true，进入外层循环的循环体，继续执行内层循环。

第八步，由于 i 的值为 2，内层循环会执行两次，即在第 2 行打印两个"*"。在内层循环结束时会打印换行符。

第九步，依此类推，在第 3 行会打印 3 个"*"，逐行递增，直到 i 的值为 10 时，外层循环的判断条件 i <= 9 结果为 false，外层循环结束，整个程序也就结束了。

2.5.5 跳转语句(break、continue)

跳转语句用于实现循环执行过程中程序流程的跳转，在 Java 中的跳转语句有 break 语句和 continue 语句。接下来分别进行详细地讲解。

1. break 语句

在 switch 条件语句和循环语句中都可以使用 break 语句。当它出现在 switch 条件语句中时，作用是终止某个 case 并跳出 switch 结构。当它出现在循环语句中，作用是跳出循环语句，执行后面的代码。关于在 switch 语句中使用 break，前面的例程已经用过了，接下来将例 2-12 稍作修改，当变量 x 的值为 3 时使用 break 语句跳出循环，修改后的代码如例 2-16 所示。

例 2-16 Example16.java

```
public class Example16 {
    public static void main(String[] args) {
        int x=1;                                //定义变量 x,初始值为 1
        while (x<=4) {                          //循环条件
            System.out.println("x="+x);         //条件成立,打印 x 的值
            if (x==3) {
                break;
            }
            x++;                                //x 进行自增
        }
    }
}
```

运行结果如图 2-30 所示。

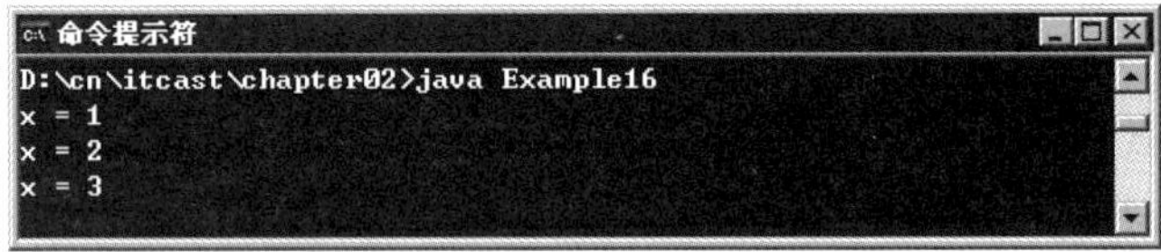

图 2-30　例 2-16 运行结果

例 2-16 中,通过 while 循环打印 x 的值,当 x 的值为 3 时使用 break 语句跳出循环。因此打印结果中并没有出现“x=4”。

当 break 语句出现在嵌套循环中的内层循环时,它只能跳出内层循环,如果想使用 break 语句跳出外层循环则需要对外层循环添加标记。接下来将例 2-15 稍作修改,控制程序只打印 4 行“*”,如例 2-17 所示。

例 2-17 Example17.java

```
public class Example17 {
    public static void main(String[] args) {
        int i, j;                               //定义两个循环变量
        itcast: for (i=1; i<=9; i++) {          //外层循环
            for (j=1; j<=i; j++) {              //内层循环
                if (i>4) {                      //判断 i 的值是否大于 4
                    break itcast;               //跳出外层循环
                }
                System.out.print("*");          //打印 *
            }
            System.out.print("\n");             //换行
        }
    }
}
```

运行结果如图 2-31 所示。

```
命令提示符
D:\cn\itcast\chapter02>java Example17
*
**
***
****
```

图 2-31　例 2-17 运行结果

例 2-17 与例 2-15 实现原理类似，只是在外层 for 循环前面增加了标记“itcast”。当 i>4 时，使用 break itcast;语句跳出外层循环。因此程序只打印了 4 行“＊”。

2. continue 语句

continue 语句用在循环语句中，它的作用是终止本次循环，执行下一次循环。接下来对 1～100 之内的奇数求和，如例 2-18 所示。

例 2-18　Example18. java

```
public class Example18 {
    public static void main(String[] args) {
        int sum=0;                              //定义变量 sum,用于记住和
        for (int i=1; i<=100; i++) {
            if (i %2==0) {                      //i 是一个偶数,不累加
                continue;                       //结束本次循环
            }
            sum +=i;                            //实现 sum 和 i 的累加
        }
        System.out.println("sum="+sum);
    }
}
```

运行结果如图 2-32 所示。

图 2-32　例 2-18 运行结果

例 2-18 使用 for 循环让变量 i 的值在 1～100 之间循环，在循环过程中，当 i 的值为偶数时，将执行 continue 语句结束本次循环，进入下一次循环。当 i 的值为奇数时，sum 和 i 进行累加，最终得到 1～100 之间所有奇数的和，打印“sum=2500”。

在嵌套循环语句中，continue 语句后面也可以通过使用标记的方式结束本次外层循环，用法与 break 语句相似，在此不再举例说明。

2.6 方法

2.6.1 什么是方法

假设有一个游戏程序,程序在运行过程中,要不断地发射炮弹。发射炮弹的动作需要编写 100 行的代码,在每次实现发射炮弹的地方都需要重复地编写这 100 行代码,这样程序会变得很臃肿,可读性也非常差。为了解决代码重复编写的问题,可以将发射炮弹的代码提取出来放在一个{}中,并为这段代码起个名字,这样在每次发射炮弹的地方通过这个名字来调用发射炮弹的代码就可以了。上述过程中,所提取出来的代码可以被看作是程序中定义的一个方法,程序在需要发射炮弹时调用该方法即可。

接下来通过一些案例来介绍方法在程序中起到的作用,先来看一下在不使用方法时如何实现打印三个长宽不同的矩形,如例 2-19 所示。

例 2-19 Example19.java

```
public class Example19 {
    public static void main(String[] args) {
        //下面的循环是使用*打印一个宽为 5、高为 3 的矩形
        for (int i=0; i<3; i++) {
            for (int j=0; j<5; j++) {
                System.out.print("*");
            }
            System.out.print("\n");
        }
        System.out.print("\n");
        //下面的循环是使用*打印一个宽为 4、高为 2 的矩形
        for (int i=0; i<2; i++) {
            for (int j=0; j<4; j++) {
                System.out.print("*");
            }
            System.out.print("\n");
        }
        System.out.print("\n");
        //下面的循环是使用*打印一个宽为 10、高为 6 的矩形
        for (int i=0; i<6; i++) {
            for (int j=0; j<10; j++) {
                System.out.print("*");
            }
            System.out.print("\n");
        }
        System.out.print("\n");
    }
}
```

运行结果如图 2-33 所示。

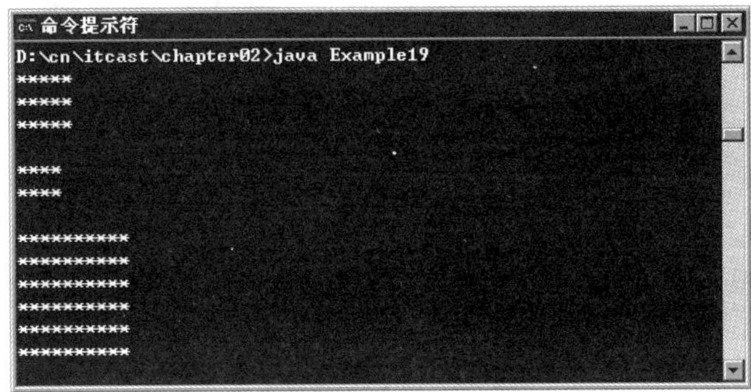

图 2-33 例 2-19 运行结果

在例 2-19 中，分别使用三个嵌套 for 循环完成了三个矩形的打印，仔细观察会发现，这三个嵌套 for 循环的代码是重复的，都在做一样的事情。此时，就可以将使用"*"打印矩形的功能定义为方法，在程序中调用三次即可，修改后的代码如例 2-20 所示。

例 2-20 Example20.java

```
1 public class Example20 {
2     public static void main(String[] args) {
3         printRectangle(3, 5);      //调用 printRectangle()方法实现打印矩形
4         printRectangle(2, 4);
5         printRectangle(6, 10);
6     }
7     //下面定义了一个打印矩形的方法，接收两个参数，其中 height 为高，width 为宽
8     public static void printRectangle(int height, int width) {
9         //下面是使用嵌套 for 循环实现 * 打印矩形
10        for (int i=0; i<height; i++) {
11            for (int j=0; j<width; j++) {
12                System.out.print("* ");
13            }
14            System.out.print("\n");
15        }
16        System.out.print("\n");
17    }
18 }
```

运行结果同例 2-19 的运行结果相同，如图 2-34 所示。

例 2-20 中的第 8～17 行代码就定义了一个方法。其中{}内实现打印矩形的代码是方法体，printRectangle()是方法名，第 8 行()中的 height 和 width 是方法的参数，方法名前面的 void 是方法的返回值类型。

在 Java 中，声明一个方法的具体语法格式如下：

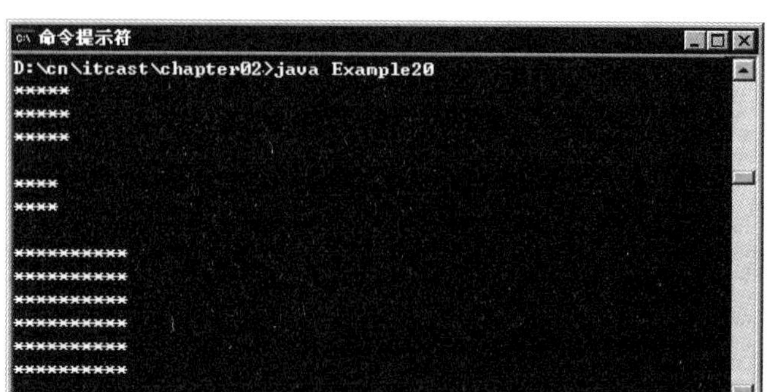

图 2-34 例 2-20 运行结果

```
修饰符 返回值类型 方法名([参数类型 参数名 1,参数类型 参数名 2,…]){
    执行语句
    ⋮
    return 返回值;
}
```

对于上面的语法格式具体说明如下：

- 修饰符：方法的修饰符比较多，有对访问权限进行限定的，有静态修饰符 static，还有最终修饰符 final 等，这些修饰符在后面的学习过程中会逐步介绍。
- 返回值类型：用于限定方法返回值的数据类型。
- 参数类型：用于限定调用方法时传入参数的数据类型。
- 参数名：是一个变量，用于接收调用方法时传入的数据。
- return 关键字：用于结束方法以及返回方法指定类型的值。
- 返回值：被 return 语句返回的值，该值会返回给调用者。

需要特别注意的是，方法中的“参数类型 参数名 1，参数类型 参数名 2”被称作参数列表，它用于描述方法在被调用时需要接收的参数，如果方法不需要接收任何参数，则参数列表为空，即()内不写任何内容。方法的返回值必须为方法声明的返回值类型，如果方法中没有返回值，返回值类型要声明为 void，此时，方法中 return 语句可以省略。

由于例 2-20 中的 printRectangle()方法没有返回值，接下来通过一个案例来演示方法中有返回值的情况，如例 2-21 所示。

例 2-21 Example21.java

```
public class Example21 {
    public static void main(String[] args) {
        int area=getArea(3, 5);                //调用 getArea 方法
        System.out.println(" The area is "+area);
    }
    //下面定义了一个求矩形面积的方法，接收两个参数，其中 x 为高，y 为宽
    public static int getArea(int x, int y) {
```

```
        int temp=x * y;         //使用变量 temp 记住运算结果
        return temp;            //将变量 temp 的值返回
    }
}
```

运行结果如图 2-35 所示。

图 2-35　例 2-21 运行结果

在例 2-21 中，定义了一个 getArea()方法用于求矩形的面积，参数 x 和 y 分别用于接收调用方法时传入的高和宽，return 语句用于返回计算所得的面积。在 main()方法中通过调用 getArea()方法，获得矩形的面积，并将结果打印。

接下来通过一个图例演示 getArea()方法的整个调用过程，如图 2-36 所示。

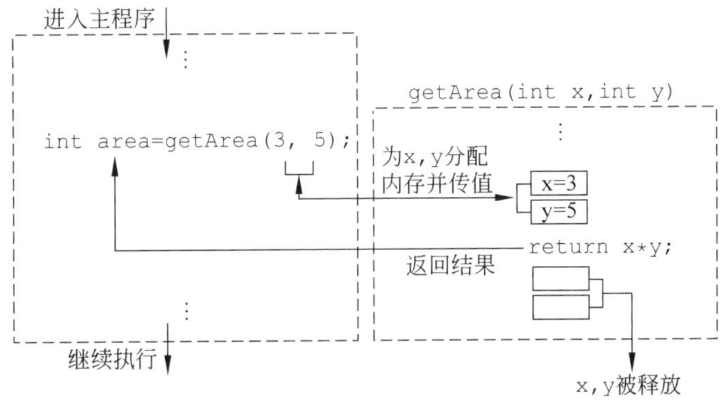

图 2-36　getArea()方法的调用过程

从图 2-36 可以看出，在程序运行期间，参数 x 和 y 相当于在内存中定义的两个变量。当调用 getArea()方法时，传入的参数 3 和 5 分别赋值给变量 x 和 y，并将 x＊y 的结果通过 return 语句返回，整个方法的调用过程结束，变量 x 和 y 被释放。

2.6.2　方法的重载

假设要在程序中实现一个对数字求和的方法，由于参与求和数字的个数和类型都不确定，因此要针对不同的情况去设计不同的方法。接下来通过一个案例来实现对两个整数相加、对三个整数相加以及对两个小数相加的功能，具体实现如例 2-22 所示。

例 2-22　Example22.java

```
public class Example22 {
    public static void main(String[] args) {
```

```
        //下面是针对求和方法的调用
        int sum1=add01(1, 2);
        int sum2=add02(1, 2, 3);
        double sum3=add03(1.2, 2.3);
        //下面的代码是打印求和的结果
        System.out.println("sum1="+sum1);
        System.out.println("sum2="+sum2);
        System.out.println("sum3="+sum3);
    }
    //下面的方法实现了两个整数相加
    public static int add01(int x, int y) {
        return x+y;
    }
    //下面的方法实现了三个整数相加
    public static int add02(int x, int y, int z) {
        return x+y+z;
    }
    //下面的方法实现了两个小数相加
    public static double add03(double x, double y) {
        return x+y;
    }
}
```

运行结果如图 2-37 所示。

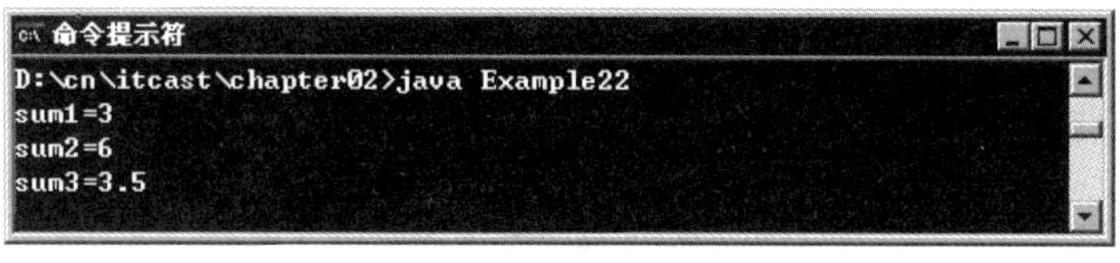

图 2-37　例 2-22 运行结果

从例 2-22 中的代码不难看出，程序需要针对每一种求和的情况都定义一个方法，如果每个方法的名称都不相同，在调用时就很难分清哪种情况该调用哪个方法。为了解决这个问题，Java 允许在一个程序中定义多个名称相同的方法，但是参数的类型或个数必须不同，这就是方法的重载。接下来通过方法重载的方式对例 2-22 进行修改，如例 2-23 所示。

例 2-23　Example23.java

```
public class Example23 {
    public static void main(String[] args) {
        //下面是针对求和方法的调用
        int sum1=add(1, 2);
        int sum2=add(1, 2, 3);
```

```
        double sum3=add(1.2, 2.3);
        //下面的代码是打印求和的结果
        System.out.println("sum1="+sum1);
        System.out.println("sum2="+sum2);
        System.out.println("sum3="+sum3);
    }
    //下面的方法实现了两个整数相加
    public static int add(int x, int y) {
        return x+y;
    }
    //下面的方法实现了三个整数相加
    public static int add(int x, int y, int z) {
        return x+y+z;
    }
    //下面的方法实现了两个小数相加
    public static double add(double x, double y) {
        return x+y;
    }
}
```

例2-23的运行结果和例2-22一样,如图2-37所示。例2-23中定义了三个同名的add()方法,它们的参数个数或类型不同,从而形成了方法的重载。在main()方法中调用add()方法时,通过传入不同的参数便可以确定调用哪个重载的方法,如add(1,2)调用的是两个整数求和的方法。值得注意的是,方法的重载与返回值类型无关,它只需要满足两个条件,一是方法名相同,二是参数个数或参数类型不相同。

2.6.3 方法的递归

方法的递归是指在一个方法的内部调用自身的过程,递归必须要有结束条件,不然就会陷入无限递归的状态,永远无法结束调用。接下来通过一个案例来学习如何使用递归算法计算自然数之和,如例2-24所示。

例2-24 Example24.java

```
public class Example24 {
    public static void main(String[] args) {
        int sum=getSum(4);                        //调用递归方法,获得1~4的和
        System.out.println("sum="+sum);     //打印结果
    }
    //下面的方法使用递归实现 求1~n的和
    public static int getSum(int n) {
        if (n==1) {
            //满足条件,递归结束
```

```
9                return 1;
10           }
11           int temp=getSum(n -1);
12           return temp+n;
13       }
14 }
```

运行结果如图 2-38 所示。

图 2-38　例 2-24 运行结果

例 2-24 中，定义了一个 getSum()方法用于计算 1～n 之间自然数之和。例程中的第 11 行代码相当于在 getSum()方法的内部调用了自身，这就是方法的递归，整个递归过程在 n==1 时结束。由于方法的递归调用过程很复杂，接下来通过一个图例来分析整个调用过程，如图 2-39 所示。

```
int sum=getSum(4);
    第一次递归 n=4
    if (4 == 1){
        return 1;
    }
    int temp = getSum(4 - 1);
    return temp + 4;              (return 10)
        第二次递归 n=3
        if (3 == 1){
            return 1;
        }
        int temp = getSum(3 - 1);
        return temp + 3;          (return 6)
            第三次递归 n=2
            if (2 == 1){
                return 1;
            }
            int temp = getSum(2 - 1);
            return temp + 2;      (return 3)
                第四次递归 n=1
                if (1 == 1){
                    return 1;     (return 1)
                }
```

图 2-39　递归调用过程

图 2-39 描述了例 2-24 的递归调用过程，整个递归过程中 getSum()方法被调用了 4 次，每次调用时，n 的值都会递减。当 n 的值为 1 时，所有递归调用的方法都会以相反的顺序相继结束，所有的返回值会进行累加，最终得到结果 10。

2.7　数　　组

现在需要统计某公司员工的工资情况，例如计算平均工资、最高工资等。假设该公司有 50 名员工，用前面所学的知识，程序首先需要声明 50 个变量来分别记住每位员工的工资,这样做会显得很麻烦。在 Java 中,可以使用一个数组来记住这 50 名员工的工资。数组是指一组数据的集合,数组中的每个数据被称作元素。在数组中可以存放任意类型的元素,但同一个数组里存放的元素类型必须一致。数组可分为一维数组和多维数组,本节将围绕数组进行详细地讲解。

2.7.1 数组的定义

在 Java 中,可以使用以下格式来定义一个数组:

```
int[] x=new int[100];
```

上述语句就相当于在内存中定义了 100 个 int 类型的变量,第一个变量的名称为 x[0],第二个变量的名称为 x[1],依此类推,第 100 个变量的名称为 x[99],这些变量的初始值都是 0。为了更好地理解数组的这种定义方式,可以将上面的一句代码分成两句来写,具体如下:

```
int[] x;                         //声明一个 int[]类型的变量
x=new int[100];                  //创建一个长度为 100 的数组
```

接下来,通过两张内存图来详细地说明数组在创建过程中内存的分配情况。

第一行代码 int[] x;声明了一个变量 x,该变量的类型为 int[],即一个 int 类型的数组。变量 x 会占用一块内存单元,它没有被分配初始值。内存中的状态如图 2-40 所示。

第二行代码 x = new int[100],创建了一个数组,将数组的地址赋值给变量 x。这时内存中的状态会发生变化,如图 2-41 所示。

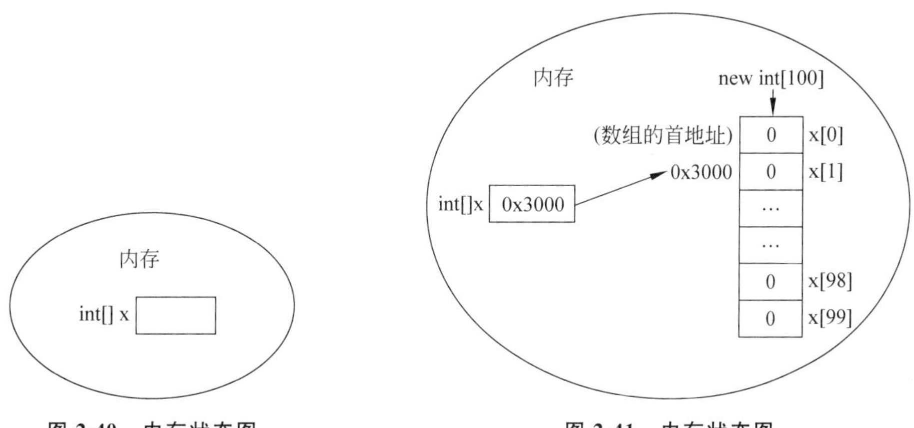

图 2-40　内存状态图　　　图 2-41　内存状态图

在图 2-41 中描述了变量 x 引用数组的情况。该数组中有 100 个元素,初始值都为 0。数组中的每个元素都有一个索引(也可称为角标),要想访问数组中的元素可以通过 x[0]、x[1]…x[98]、x[99]的形式。需要注意的是,数组中最小的索引是 0,最大的索引是"数组的长度-1"。在 Java 中,为了方便我们获得数组的长度,提供了一个 length 属性,在程序中可以通过"数组名. length"的方式来获得数组的长度,即元素的个数。

接下来，通过一个案例来演示如何定义数组以及访问数组中的元素，如例 2-25 所示。

例 2-25　Example25. java

```
1 public class Example25 {
2     public static void main(String[] args) {
3         int[] arr;                                    //声明变量
4         arr=new int[3];                               //创建数组对象
5         System.out.println("arr[0]="+arr[0]);      //访问数组中的第一个元素
6         System.out.println("arr[1]="+arr[1]);      //访问数组中的第二个元素
7         System.out.println("arr[2]="+arr[2]);      //访问数组中的第三个元素
8         System.out.println("数组的长度是："+arr.length);  //打印数组长度
9     }
10 }
```

运行结果如图 2-42 所示。

图 2-42　例 2-25 运行结果

在例 2-25 中声明了一个 int[]类型变量 arr，并将数组在内存中的地址赋值给它。在 5～7 行代码中通过角标来访问数组中的元素，在第 8 行代码中通过 length 属性访问数组中元素的个数。从打印结果可以看出，数组中的三个元素初始值都为 0，这是因为当数组被成功创建后，数组中元素会被自动赋予一个默认值，根据元素类型的不同，默认初始化的值也是不一样的。具体如表 2-12 所示。

表 2-12　元素默认值

数据类型	默认初始化值	数据类型	默认初始化值
byte、short、int、long	0	boolean	false
float、double	0.0	引用数据类型	null，表示变量不引用任何对象
char	一个空字符，即'\u0000'		

如果在使用数组时，不想使用这些默认初始值，也可以显式地为这些元素赋值。接下来通过一个案例来学习如何为数组的元素赋值，如例 2-26 所示。

例 2-26　Example26. java

```
public class Example26 {
    public static void main(String[] args) {
        int[] arr=new int[4];            //定义可以存储 4 个整数的数组
        arr[0]=1;                        //为第 1 个元素赋值 1
```

```
5          arr[1]=2;           //为第 2 个元素赋值 2
6          //下面的代码是打印数组中每个元素的值
7          System.out.println("arr[0]="+arr[0]);
8          System.out.println("arr[1]="+arr[1]);
9          System.out.println("arr[2]="+arr[2]);
10         System.out.println("arr[3]="+arr[3]);
11     }
12 }
```

运行结果如图 2-43 所示。

图 2-43　例 2-26 运行结果

在例 2-26 中，第 3 行代码定义了一个数组，此时数组中每个元素都为默认初始值 0。第 2、3 行代码通过赋值语句将数组中的元素 arr[0]和 arr[1]分别赋值为 1 和 2，而元素 arr[2]和 arr[3]没有赋值，其值仍为 0，因此打印结果中四个元素的值依次为 1、2、0、0。在定义数组时只指定数组的长度，由系统自动为元素赋初值的方式称作动态初始化。在初始化数组时还有一种方式叫做静态初始化，就是在定义数组的同时就为数组的每个元素赋值。数组的静态初始化有两种方式，具体格式如下：

```
1. 类型[] 数组名=new 类型[]{元素,元素,……};
2. 类型[] 数组名={元素,元素,元素,……};
```

上面的两种方式都可以实现数组的静态初始化，但是为了简便，建议采用第二种方式。接下来通过一个案例来演示数组静态初始化的效果，如例 2-27 所示。

例 2-27　Example27.java

```
public class Example27 {
    public static void main(String[] args) {
        int[] arr={ 1, 2, 3, 4 };           //静态初始化
        //下面的代码是依次访问数组中的元素
        System.out.println("arr[0]="+arr[0]);
        System.out.println("arr[1]="+arr[1]);
        System.out.println("arr[2]="+arr[2]);
        System.out.println("arr[3]="+arr[3]);
    }
}
```

运行结果如图 2-44 所示。

```
命令提示符
D:\cn\itcast\chapter02>java Example27
arr[0] = 1
arr[1] = 2
arr[2] = 3
arr[3] = 4
```

图 2-44 例 2-21 运行结果

例 2-27 采用静态初始化的方式为每个元素赋予初值，分别是 1、2、3、4。值得注意的是，例题中的第 3 行代码千万不可写成 int[] x = new int[4]{1,2,3,4};，这样写编译器会报错。原因在于编译器会认为数组限定的元素个数[4]与实际存储的元素{1,2,3,4}个数有可能不一致，存在一定的安全隐患。

脚下留心

1. 每个数组的索引都有一个范围，即 0～length－1。在访问数组的元素时，索引不能超出这个范围，否则程序会报错，如例 2-28 所示。

例 2-28 Example28.java

```
1 public class Example28 {
2     public static void main(String[] args) {
3         int[] arr=new int[4];                          //定义一个长度为 4 的数组
4         System.out.println("arr[0]="+arr[4]);          //通过角标 4 访问数组元素
5     }
6 }
```

运行结果如图 2-45 所示。

```
命令提示符
D:\cn\itcast\chapter02>java Example28
Exception in thread "main" java.lang.ArrayIndexOutOfBoundsException: 4
        at Example28.main(Example28.java:4)

D:\cn\itcast\chapter02>
```

图 2-45 例 2-28 运行结果

图 2-45 运行结果中所提示的错误信息是数组越界异常 ArrayIndexOutOfBoundsException，出现这个异常的原因是数组的长度为 4，其索引范围为 0～3，例 2-28 中的第 4 行代码使用索引 4 来访问元素时超出了数组的索引范围。所谓异常指程序中出现的错误，它会报告出错的异常类型、出错的行号以及出错的原因，关于异常在后面的章节会有详细地讲解。

2. 在使用变量引用一个数组时，变量必须指向一个有效的数组对象，如果该变量的值为 null，则意味着没有指向任何数组，此时通过该变量访问数组的元素会出现空指针异常，接下来通过一个案例来演示这种异常，如例 2-29 所示。

例 2-29 Example29.java

```
1 public class Example29 {
2     public static void main(String[] args) {
3         int[] arr=new int[3];                          //定义一个长度为 3 的数组
4         arr[0]=5;                                      //为数组的第一个元素赋值
5         System.out.println("arr[0]="+arr[0]);          //访问数组的元素
6         arr=null;                                      //将变量 arr 置为 null
7         System.out.println("arr[0]="+arr[0]);          //访问数组的元素
8     }
9 }
```

运行结果如图 2-46 所示。

```
命令提示符
D:\cn\itcast\chapter02>java Example29
arr[0]=5
Exception in thread "main" java.lang.NullPointerException
        at Example29.main(Example29.java:7)
```

图 2-46 例 2-29 运行结果

通过图 2-46 所示的运行结果可以看出，例 2-29 的第 4、5 行代码都能通过变量 arr 正常地操作数组。第 6 行代码将变量置为 null，当第 7 行代码再次访问数组时就出现了空指针异常 NullPointerException。

2.7.2 数组的常见操作

数组在编写程序时应用非常广泛，灵活地使用数组对实际开发很重要。接下来，本节将针对数组的常见操作进行详细地讲解，如数组的遍历、最值的获取、数组的排序等。

1. 数组遍历

在操作数组时，经常需要依次访问数组中的每个元素，这种操作称作数组的遍历。接下来通过一个案例来学习如何使用 for 循环来遍历数组，如例 2-30 所示。

例 2-30 Example30.java

```
public class Example30 {
    public static void main(String[] args) {
        int[] arr={ 1, 2, 3, 4, 5 };             //定义数组
        //使用 for 循环遍历数组的元素
        for (int i=0; i<arr.length; i++) {
            System.out.println(arr[i]);         //通过索引访问元素
        }
    }
}
```

运行结果如图 2-47 所示。

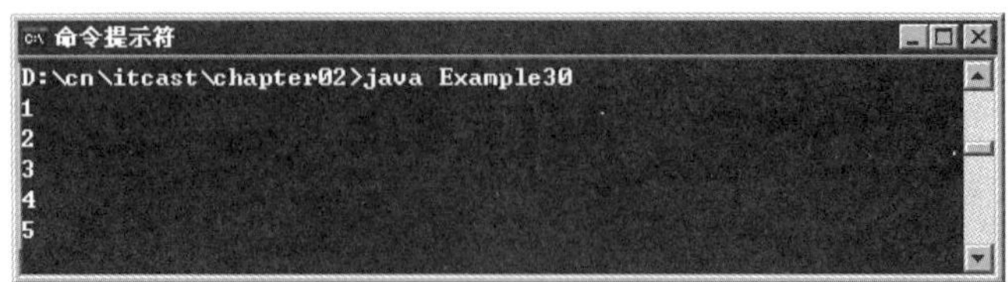

图 2-47　例 2-30 运行结果

例 2-30 中，定义一个长度为 5 的数组 arr，数组的角标为 0～4。由于 for 循环中定义的变量 i 的值在循环过程中为 0～4，因此可以作为索引，依次去访问数组中的元素，并将元素的值打印出来。

2. 数组最值

在操作数组时，经常需要获取数组中元素的最值。接下来通过一个案例来演示如何获取数组中元素的最大值，如例 2-31 所示。

例 2-31　Example31.java

```
public class Example31 {
    public static void main(String[] args) {
        int[] arr={ 4,1,6,3,9,8 };              //定义一个数组
        int max=getMax(arr);                     //调用获取元素最大值的方法
        System.out.println("max="+max);          //打印最大值
    }
    static int getMax(int[] arr) {
        int max=arr[0];    //定义变量 max 用于记住最大数,首先假设第一个元素为最大值
        //下面通过一个 for 循环遍历数组中的元素
        for (int x=1; x<arr.length; x++) {
            if (arr[x]>max) {                    //比较 arr[x]的值是否大于 max
                max=arr[x];                      //条件成立,将 arr[x]的值赋给 max
            }
        }
        return max;                              //返回最大值 max
    }
}
```

运行结果如图 2-48 所示。

图 2-48　例 2-31 运行结果

例 2-31 的 getMax()方法用于求数组中的最大值，该方法中定义了一个临时变量 max，用于记住数组的最大值。首先假设数组中第一个元素 arr[0]为最大值，然后使用 for 循环对数组进行遍历，在遍历的过程中只要遇到比 max 值还大的元素，就将该元素赋值给 max。这样一来，变量 max 就能够在循环结束时记住数组中的最大值。需要注意的是，for 循环中的变量 x 是从 1 开始的，这样写的原因是程序已经假设第一个元素为最大值，for 循环只需要从第二个元素开始比较，从而提高程序的运行效率。

3. 数组排序

在操作数组时，经常需要对数组中的元素进行排序。接下来为大家介绍一种比较常见的排序算法——冒泡排序。在冒泡排序的过程中，不断地比较数组中相邻的两个元素，较小者向上浮，较大者往下沉，整个过程和水中气泡上升的原理相似。

接下来通过几个步骤来具体分析一下冒泡排序的整个过程，具体如下：

第一步，从第一个元素开始，将相邻的两个元素依次进行比较，直到最后两个元素完成比较。如果前一个元素比后一个元素大，则交换它们的位置。整个过程完成后，数组中最后一个元素自然就是最大值，这样也就完成了第一轮比较。

第二步，除了最后一个元素，将剩余的元素继续进行两两比较，过程与第一步相似，这样就可以将数组中第二大的数放在倒数第二个位置。

第三步，依此类推，持续对越来越少的元素重复上面的步骤，直到没有任何一对元素需要比较为止。

了解了冒泡排序的原理之后，接下来通过一个案例来实现冒泡排序，如例 2-32 所示。

例 2-32 Example32. java

```
public class Example32 {
    public static void main(String[] args) {
        int[] arr={ 9,8,3,5,2 };
        System.out.print("冒泡排序前 : ");
        printArray(arr);                                //打印数组元素
        bubbleSort(arr);                                //调用排序方法
        System.out.print("冒泡排序后 : ");
        printArray(arr);                                //打印数组元素
    }
    //定义打印数组方法
    public static void printArray(int[] arr) {
        //循环遍历数组的元素
        for (int i=0; i<arr.length; i++) {
            System.out.print(arr[i]+" ");       //打印元素和空格
        }
        System.out.print("\n");
    }
    //定义对数组排序的方法
```

```
    public static void bubbleSort(int[] arr) {
        //定义外层循环
        for (int i=0; i<arr.length -1; i++) {
            //定义内层循环
            for (int j=0; j<arr.length -i -1; j++) {
                if (arr[j]>arr[j+1]) {      //比较相邻元素
                    //下面的三行代码用于交换两个元素
                    int temp=arr[j];
                    arr[j]=arr[j+1];
                    arr[j+1]=temp;
                }
            }
            System.out.print("第"+(i+1)+"轮排序后: ");
            printArray(arr);                //每轮比较结束打印数组元素
        }
    }
}
```

运行结果如图 2-49 所示。

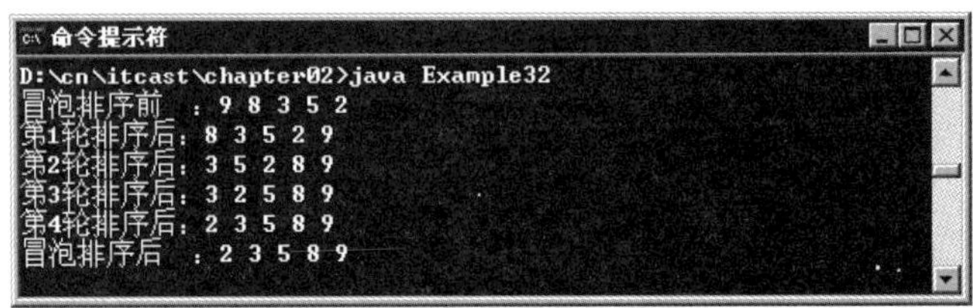

图 2-49 例 2-32 运行结果

例 2-32 中,bubbleSort()方法中通过一个嵌套 for 循环实现了冒泡排序。其中,外层循环用来控制进行多少轮比较,每一轮比较都可以确定一个元素的位置,由于最后一个元素不需要进行比较,因此外层循环的次数为 arr.length−1。内层循环的循环变量用于控制每轮比较的次数,它被作为角标去比较数组的元素,由于变量在循环过程中是自增的,这样就可以实现相邻元素依次进行比较,在每次比较时如果前者小于后者,就交换两个元素的位置,具体执行过程如图 2-50 所示。

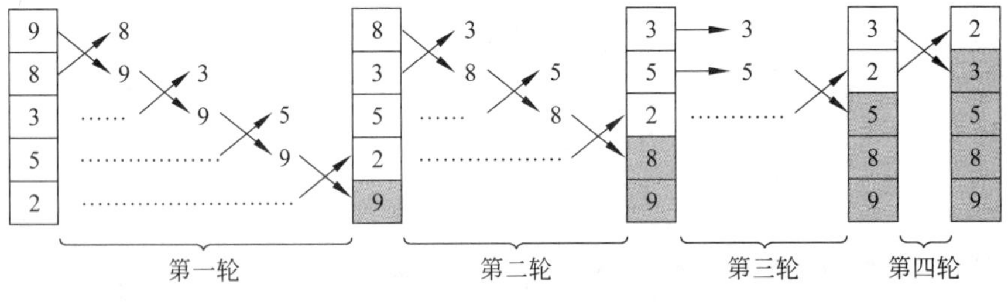

图 2-50 冒泡排序

在图 2-50 的第一轮比较中，第一个元素“9”为最大值，因此它在每次比较时都会发生位置的交换，被放到最后一个位置。第二轮比较与第一轮过程类似，元素“8”被放到倒数第二个位置。第三轮比较中，第一次比较没有发生位置的交换，在第二次比较时才发生位置交换，元素“5”被放到倒数第三个位置。第四轮比较只针对最后两个元素，它们比较后发生了位置的交换，元素“3”被放到第二个位置。通过四轮比较，很明显，数组中的元素已经完成了排序。

值得一提的是，例 2-32 中第 26～28 行代码实现了数组中两个元素的交换。首先定义了一个变量 temp 用于记住数组元素 arr[j]的值，然后将 arr[j＋1]的值赋给 arr[j]，最后再将 temp 的值赋给 arr[j＋1]，这样便完成了两个元素的交换。整个交换过程如图 2-51 所示。

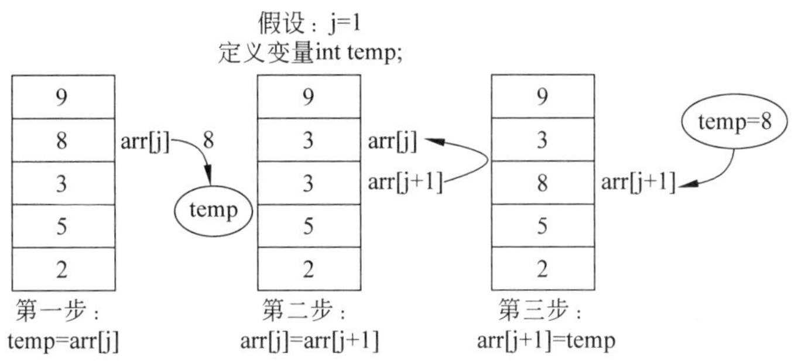

图 2-51　交换步骤

2.7.3　多维数组

在程序中可以通过一个数组来保存某个班级学生的考试成绩，试想一下，如果要统计一个学校各个班级学生的考试成绩，又该如何实现呢？这时就需要用到多维数组，多维数组可以简单地理解为在数组中嵌套数组。在程序中比较常见的就是二维数组，接下来针对二维数组进行详细地讲解。

二维数组的定义有很多方式，接下来针对几种常见的方式进行详细地讲解，具体如下：

第一种方式：

```
int[][] arr=new int[3][4];
```

上面的代码相当于定义了一个 3＊4 的二维数组，即二维数组的长度为 3，每个二维数组中的元素又是一个长度为 4 的数组，接下来通过一个图来表示这种情况，如图 2-52 所示。

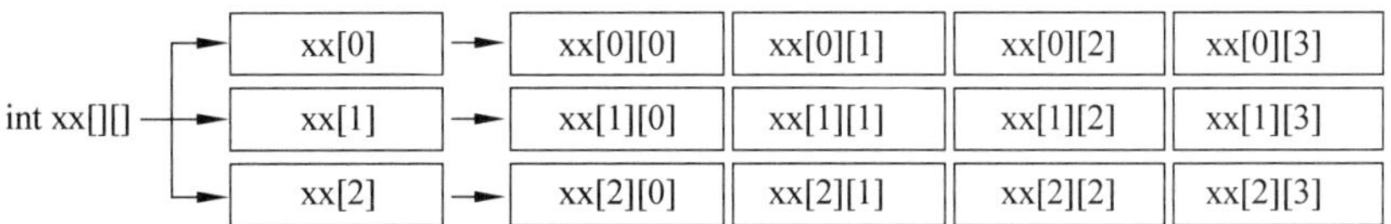

图 2-52　二维数组

第二种方式：

```
int[][] arr=new int[3][];
```

第二种方式和第一种类似，只是数组中每个元素的长度不确定，接下来通过一个图来表示这种情况，如图 2-53 所示。

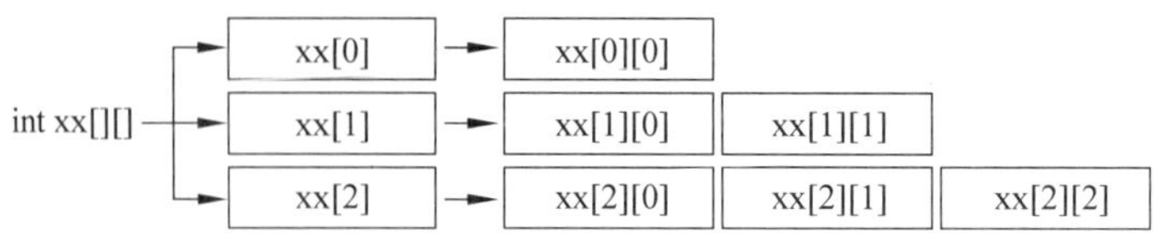

图 2-53　二维数组

第三种方式：

```
int[][] arr={{1,2},{3,4,5,6},{7,8,9}};
```

上面的二维数组中定义了三个元素，这三个元素都是数组，分别为{1,2}、{3,4,5,6}、{7,8,9}，接下来通过一个图来表示这种情况，如图 2-54 所示。

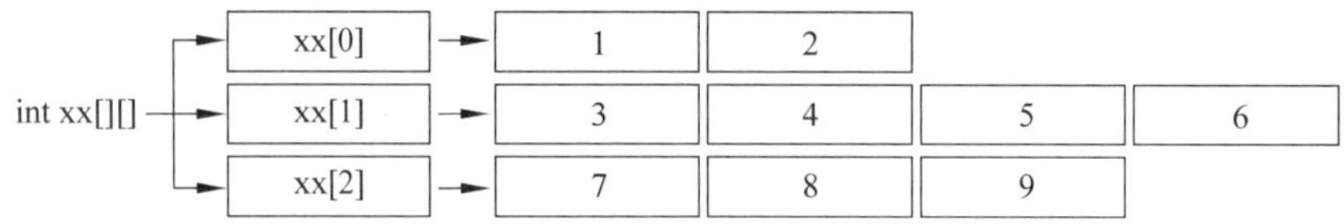

图 2-54　二维数组

对二维数组中元素的访问也是通过角标的方式，如需访问二维数组中第一个元素数组的第二个元素，具体代码如下：

```
arr[0][1];
```

接下来通过一个案例来熟悉二维数组的使用，例如要统计一个公司三个销售小组中每个小组的总销售额以及整个公司的销售额，如例 2-33 所示。

例 2-33　Example33.java

```
public class Example33 {
    public static void main(String[] args) {
        int[][] arr=new int[3][];                    //定义一个长度为 3 的二维数组
        arr[0]=new int[] { 11,12 };                  //为数组的元素赋值
        arr[1]=new int[] { 21,22,23 };
        arr[2]=new int[] { 31,32,33,34 };
        int sum=0;                                   //定义变量记录总销售额
        for (int i=0; i<arr.length; i++) {           //遍历数组元素
            int groupSum=0;                          //定义变量记录小组销售总额
```

```
10          for (int j=0; j<arr[i].length; j++) {      //遍历小组内每个人的销售额
11              groupSum=groupSum+arr[i][j];
12          }
13          sum=sum+groupSum;                          //累加小组销售额
14          System.out.println("第"+(i+1)+"小组销售额为: "+groupSum+" 万元。");
15      }
16      System.out.println("总销售额为: "+sum+" 万元。");
17  }
18 }
```

运行结果如图 2-55 所示。

```
命令提示符
D:\cn\itcast\chapter02>java Example33
第1小组销售额为: 23 万元。
第2小组销售额为: 66 万元。
第3小组销售额为: 130 万元。
总销售额为: 219 万元。
```

图 2-55 例 2-33 运行结果

在例 2-33 中,第 3 行代码定义了一个长度为 3 的二维数组,并在 4～6 行代码中为数组的每个元素赋值。例 2-33 中还定义了两个变量 sum 和 groupSum,其中 sum 用来记录公司的总销售额,groupSum 用来记录每个销售小组的销售额。当通过嵌套 for 循环统计销售额时,外层循环对三个销售小组进行遍历,内层循环对每个小组员工的销售额进行遍历,内层循环每循环一次就相当于将一个小组员工的销售总额统计完毕,赋值给 groupSum,然后把 groupSum 的值与 sum 的值相加赋值给 sum。当外层循环结束时,三个销售小组的销售总额 groupSum 都累加到 sum 中,即统计出了整个公司的销售总额。

2.8 本章小结

本章主要介绍了学习 Java 所需的基础知识。首先介绍了 Java 语言的基本语法、常量、变量的定义以及一些常见运算符的使用,然后介绍了条件选择结构语句和循环结构语句的概念和使用,最后介绍了方法的知识以及数组的相关操作。

通过本章的学习,能够掌握 Java 程序的基本语法、格式以及变量和运算符的使用;能够掌握几种流程控制语句的使用,以及方法的定义、方法调用过程中参数的传递,数组声明、初始化以及数组的使用等。

2.9 习　　题

一、填空题

1. Java 中的程序代码都必须在一个类中定义,类使用________关键字来定义。

2. 布尔常量即布尔类型的两个值，分别是________和________。

3. Java 中的注释可分为三种类型，分别是________、________、________。

4. Java 中的变量可分为两种数据类型，分别是________和________。

5. 在 Java 中，byte 类型数据占________个字节，short 类型数据占________个字节，int 类型数据占________个字节，long 类型数据占________个字节。

6. 在逻辑运算符中，运算符________和________用于表示逻辑与，________和________表示逻辑或。

7. 若 x=2，则表达式(x++)/3 的值是________。

8. 若 int a =2; a+=3;执行后，变量 a 的值为________。

9. 若 int []a={12,45,34,46,23}，则 a[2]=________。

10. 若 int a[3][2]={{123,345},{34,56},{34,56}}，则 a[2][1]=________。

二、判断题

1. Java 语言不区分大小写。(　　)

2. 0xC5 表示的是一个十六进制整数。(　　)

3. continue 语句只用于循环语句中，它的作用是跳出循环。(　　)

4. /*…*/中可以嵌套//注释，但不能嵌套/*…*/注释。(　　)

5. -5%3 的运算结果是 2。(　　)

三、选择题

1. 以下选项中，哪些属于合法的标识符？(多选)(　　)

A. Hello_World　　B. class　　C. 123username　　D. username123

2. 关于方法重载的描述，以下选项中哪些是正确的？(多选)(　　)

A. 方法名必须一致　　B. 返回值类型必须不同

C. 参数个数必须一致　　D. 参数的个数或类型不一致

3. 以下关于变量的说法错误的是？(　　)

A. 变量名必须是一个有效的标识符

B. 变量在定义时可以没有初始值

C. 变量一旦被定义，在程序中的任何位置都可以被访问

D. 在程序中，可以将一个 byte 类型的值赋给一个 int 类型的变量，不需要特殊声明

4. 以下选项中，switch 语句判断条件可以接收的数据类型有哪些？(多选)(　　)

A. int　　B. byte　　C. char　　D. short

5. 假设 int x = 2，三元表达式 x>0? x+1:5 的运行结果是以下哪一个？(　　)

A. 0　　B. 2　　C. 3　　D. 5

6. 下面的运算符中，用于执行除法运算是哪个？(　　)

A. /　　B. \　　C. %　　D. *

7. 下列语句哪些属于循环语句？(多选)(　　)

A. for 语句　　B. if 语句　　C. while 语句　　D. switch 语句

8. 下面哪种写法可以实现访问数组 arr 的第 1 个元素？(　　)

A. arr[0]　　B. arr(0)　　C. arr[1]　　D. arr(1)

9. 以下哪个选项可以正确创建一个长度为 3 的二维数组？(　　)

A. new int [2][3];　　B. new int[3][];

C. new int[][3];　　D. 以上答案皆不对

10. 请先阅读下面的代码。

```
int x=1;
int y=2;
if (x %2==0) {
    y++;
} else {
    y--;
}
System.out.println("y="+y);
```

上面一段程序运行结束时，变量 y 的值为下列哪一项？(　　)

A. 1　　B. 2　　C. 3　　D. switch 语句

四、程序分析题

阅读下面的程序，分析代码是否能够编译通过，如果能编译通过，请列出运行的结果。否则请说明编译失败的原因。

1. 代码一：

```
public class Test01 {
    public static void main(String[] args) {
        byte b=3;
        b=b+4;
        System.out.println("b="+b);
    }
}
```

2. 代码二：

```
public class Test02 {
    public static void main(String[] args){
        int x=12;
        {
            int y=96;
            System.out.println("x is "+x);
            System.out.println("y is "+y);
        }
```

```
        y=x;
        System.out.println("x is "+x);
    }
}
```

3. 代码三：

```
public class Test03 {
    public static void main(String args[]) {
        int x=4,j=0;
        switch (x) {
        case 1:
            j++;
        case 2:
            j++;
        case 3:
            j++;
        case 4:
            j++;
        case 5:
            j++;
        default:
            j++;
        }
        System.out.println(j);
    }
}
```

4. 代码四：

```
public class Test04 {
    public static void main(String args[]) {
        int n=9;
        while (n>6) {
            System.out.println(n);
            n--;
        }
    }
}
```

五、思考题

1. 请列举Java语言中的八种基本数据类型,并说明每种数据类型所占用的空间大小。

2. 简述 && 与 & 的区别并举例说明。

3. 什么是方法重载?

4. char 型变量中能不能存储一个中文汉字? 请说出理由。

5. 简述 break、continue 和 return 语句的区别。

六、编程题

请按照题目的要求编写程序并给出运行结果。

1. 请编写程序,实现计算“1+3+5+7+…+99”的值。

提示:

① 使用循环语句实现自然数 1~99 的遍历。

② 在遍历过程中,通过条件判断当前遍历的数是否为奇数,如果是就累加,否则不加。

2. 已知函数

$$y=\begin{cases}x+3 & (x>0)\\0 & (x=0)\\x^2-1 & (x<0)\end{cases}$$

请设计一个方法实现上面的函数,根据传入的值 x 的不同,返回对应的 y 值。

提示:

① 定义一个 static 修饰符修饰的方法,方法接收一个 int 类型的参数 x,返回值为 int 类型。

② 在方法中使用 if…else if…else 语句针对 x 的值进行三种情况的判断。

③ 根据判断结果分别执行不同的表达式,并将结果赋予变量 y。

④ 在方法的最后返回 y 的值。

⑤ 在 main 方法中调用设计好的方法,传入一个 int 型的值,将方法的返回值打印。

3. 请编写程序,实现对数组{25,24,12,76,101,96,28} 的排序。

提示:使用冒泡排序算法。

第3章 chapter 3

面向对象(上)

本章重点

- 面向对象的概念
- 类与对象
- 构造方法
- this和static关键字
- 内部类

Java是一种面向对象的程序设计语言,了解面向对象的编程思想对于学习Java开发相当重要。在接下来的两个章节中,将为大家详细讲解如何使用面向对象的思想开发Java应用。

3.1 面向对象的概念

面向对象是一种符合人类思维习惯的编程思想。现实生活中存在各种形态不同的事物,这些事物之间存在着各种各样的联系。在程序中使用对象来映射现实中的事物,使用对象的关系来描述事物之间的联系,这种思想就是面向对象。

提到面向对象,自然会想到面向过程,面向过程就是分析解决问题所需要的步骤,然后用函数把这些步骤一一实现,使用的时候一个一个依次调用就可以了。面向对象则是把解决的问题按照一定规则划分为多个独立的对象,然后通过调用对象的方法来解决问题。当然,一个应用程序会包含多个对象,通过多个对象的相互配合来实现应用程序的功能,这样当应用程序功能发生变动时,只需要修改个别的对象就可以了,从而使代码更容易得到维护。面向对象的特点主要可以概括为封装性、继承性和多态性,接下来针对这三种特性进行简单介绍。

1. 封装性

封装是面向对象的核心思想,将对象的属性和行为封装起来,不需要让外界知道具体实现细节,这就是封装思想。例如,用户使用电脑,只需要使用手指敲键盘就可以了,无须知道电脑内部是如何工作的,即使用户可能碰巧知道电脑的工作原理,但在使用时,并不完全依赖电脑工作原理这些细节。

2. 继承性

继承性主要描述的是类与类之间的关系，通过继承，可以在无须重新编写原有类的情况下，对原有类的功能进行扩展。例如，有一个汽车的类，该类中描述了汽车的普通特性和功能，而轿车的类中不仅应该包含汽车的特性和功能，还应该增加轿车特有的功能，这时，可以让轿车类继承汽车类，在轿车类中单独添加轿车特性的方法就可以了。继承不仅增强了代码复用性，提高了开发效率，而且为程序的修改补充提供了便利。

3. 多态性

多态性指的是在程序中允许出现重名现象，它指在一个类中定义的属性和方法被其他类继承后，它们可以具有不同的数据类型或表现出不同的行为，这使得同一个属性和方法在不同的类中具有不同的语义。例如，当听到"Cut" 这个单词时，理发师的行为是剪发，演员的行为是停止表演，不同的对象，所表现的行为是不一样的。

面向对象的思想光靠上面的介绍是无法真正理解的，只有通过大量的实践去学习和理解，才能将面向对象真正领悟。接下来的第 3 章、第 4 章将围绕着面向对象的三个特征(封装、继承、多态)来讲解 Java 这门编程语言。

3.2 类与对象

面向对象的编程思想力图在程序中对事物的描述与该事物在现实中的形态保持一致。为了做到这一点，面向对象的思想中提出两个概念，即类和对象。其中，类是对某一类事物的抽象描述，而对象用于表示现实中该类事物的个体。接下来通过一个图例来描述类与对象的关系，如图 3-1 所示。

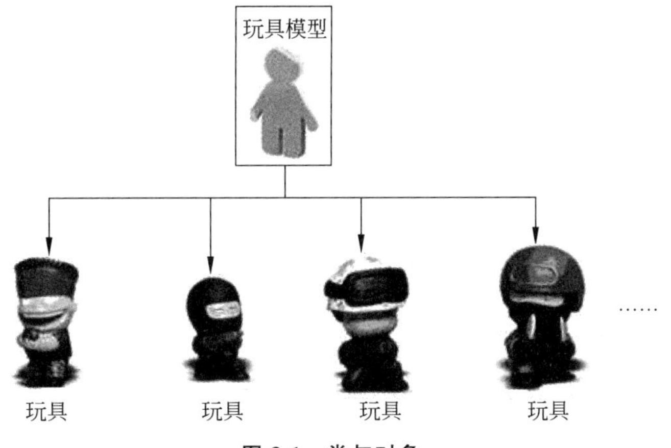

图 3-1 类与对象

在图 3-1 中，可以将玩具模型看作一个类，将一个个玩具看作对象，从玩具模型和玩具之间的关系便可以看出类与对象之间的关系。类用于描述多个对象的共同特征，它是对象的模板。对象用于描述现实中的个体，它是类的实例。从图 3-1 可以明显看出对象是根据类创建的，并且通过一个类可以创建多个对象。

3.2.1 类的定义

在面向对象的思想中最核心的就是对象，为了在程序中创建对象，首先需要定义一个类。类是对象的抽象，它用于描述一组对象的共同特征和行为。类中可以定义成员变量和成员方法，其中成员变量用于描述对象的特征，也被称作属性，成员方法用于描述对象的行为，可简称为方法。接下来通过一个案例来学习如何定义一个类，如例 3-1 所示。

例 3-1 Person.java

```
class Person {
    int age;                //定义 int 类型的变量 age
    //定义 speak() 方法
    void speak() {
        System.out.println("大家好,我今年"+age+"岁!");
    }
}
```

例 3-1 中定义了一个类。其中，Person 是类名，age 是成员变量，speak()是成员方法。在成员方法 speak()中可以直接访问成员变量 age。

脚下留心

在 Java 中，定义在类中的变量被称为成员变量，定义在方法中的变量被称为局部变量。如果在某一个方法中定义的局部变量与成员变量同名，这种情况是允许的，此时方法中通过变量名访问到的是局部变量，而并非成员变量，请阅读下面的示例代码：

```
class Person {
    int age=10;             //类中定义的变量被称作成员变量
    void speak() {
        int age=60;         //方法内部定义的变量被称作局部变量
        System.out.println("大家好,我今年"+age+"岁!");
    }
}
```

上面的代码中，在 Person 类的 speak()方法中有一条打印语句，访问了变量 age，此时访问的是局部变量 age，也就是说当有另外一个程序来调用 speak()方法时，输出的值为 60，而不是 10。

3.2.2 对象的创建与使用

应用程序想要完成具体的功能，仅有类是远远不够的，还需要根据类创建实例对象。

在 Java 程序中可以使用 new 关键字来创建对象，具体格式如下：

```
类名 对象名称=new 类名();
```

例如，创建 Person 类的实例对象代码如下：

```
Person p=new Person();
```

上面的代码中，“new Person()”用于创建 Person 类的一个实例对象，“Person p”则是声明了一个 Person 类型的变量 p。中间的等号用于将 Person 对象在内存中的地址赋值给变量 p，这样变量 p 便持有了对象的引用。本书接下来的章节为了便于描述，通常会将变量 p 引用的对象简称为 p 对象。在内存中变量 p 和对象之间的引用关系如图 3-2 所示。

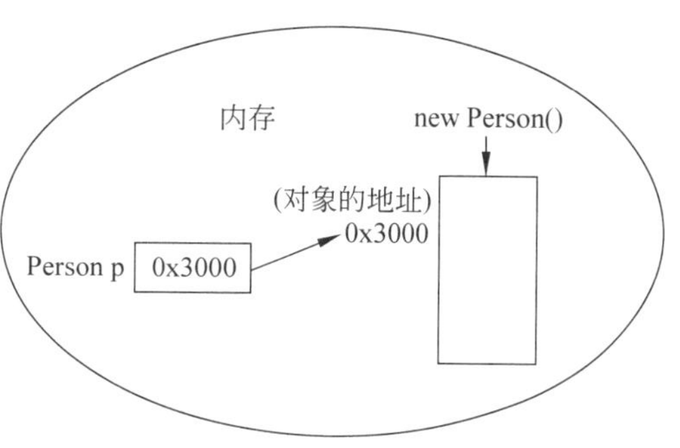

图 3-2 内存分析

在创建 Person 对象后，可以通过对象的引用来访问对象所有的成员，具体格式如下：

```
对象引用.对象成员
```

接下来通过一个案例来学习如何访问对象的成员，如例 3-2 所示。

例 3-2 Example01.java

```
class Example01 {
    public static void main(String[] args) {
        Person p1=new Person();         //创建第一个 Person 对象
        Person p2=new Person();         //创建第二个 Person 对象
        p1.age=18;                      //为 age 属性赋值
        p1.speak();                     //调用对象的方法
        p2.speak();
    }
}
```

运行结果如图 3-3 所示。

图 3-3 例 3-2 运行结果

例 3-2 中，p1、p2 分别引用了 Person 类的两个实例对象。从图 3-3 所示的运行结果可以看出，p1 和 p2 对象在调用 speak()方法时，打印的 age 值不相同。这是因为 p1 对象和 p2 对象是两个完全独立的个体，它们分别拥有各自的 age 属性，对 p1 对象的 age 属性进行赋值并不会影响到 p2 对象 age 属性的值。程序运行期间 p1、p2 引用的对象在内存中的状态如图 3-4 所示。

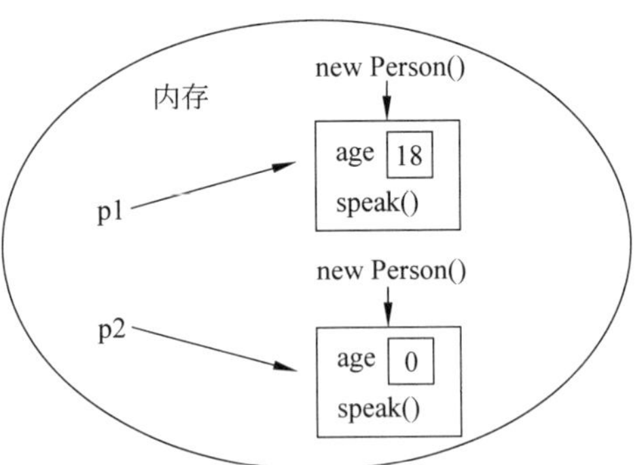

图 3-4　p1、p2 对象在内存中的状态

在例 3-2 中，通过“p1. age＝18”将 p1 对象的 age 属性赋值为 18，但并没有对 p2 对象的 age 属性进行赋值，按理说 p2 对象的 age 属性应该是没有值的。但从图 3-3 所显示的运行结果可以看出 p2 对象的 age 属性也是有值的，其值为 0。这是因为在实例化对象时，Java 虚拟机会自动为成员变量进行初始化，针对不同类型的成员变量，Java 虚拟机会赋予不同的初始值，如表 3-1 所示。

表 3-1　成员变量的初始化值

成员变量类型	初始值	成员变量类型	初始值
byte	0	double	0.0D
short	0	char	空字符，'\u0000'
int	0	boolean	false
long	0L	引用数据类型	null
float	0.0F		

当对象被实例化后，在程序中可以通过对象的引用变量来访问该对象的成员。需要注意的是，当没有任何变量引用这个对象时，它将成为垃圾对象，不能再被使用。接下来通过两段程序代码来分析对象是如何成为垃圾的。

第一段程序代码：

```
{
    Person p1=new Person();
    ......
}
```

上面的代码中使用变量 p1 引用了一个 Person 类型的对象，当这段代码运行完毕时，变量 p1 就会超出其作用域而被销毁，这时 Person 类型的对象就没有被任何变量引用，变成垃圾。

第二段程序代码，如例 3-3 所示。

例 3-3 Example02.java

```
1  class Person {
2      void say() {                                    //创建 say()方法,输出一句话
3          System.out.println("我是一个人!");
4      }
5  }
6  class Example02 {
7      public static void main(String[] args) {
8          Person p2=new Person();                     //创建 Person 对象
9          p2.say();                                   //调用 say()方法
10         p2=null;                                    //将 Person 对象置为 null
11         p2.say();
12     }
13 }
```

运行结果如图 3-5 所示。

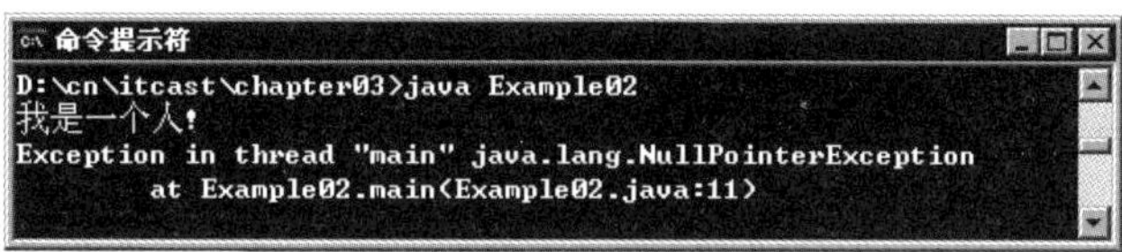

图 3-5 例 3-3 运行结果

在例 3-3 中,创建了一个 Person 类的实例对象,并两次调用了该对象的 say()方法。第一次调用 say()方法时可以正常打印,但在第 10 行代码中将变量 p2 的值置为 null,当再次调用 say()方法时抛出了空指针异常。在 Java 中,null 是一种特殊的常量,当一个变量的值为 null 时,则表示该变量不指向任何一个对象。当把变量 p2 置为 null 时,被 p2 所引用的 Person 对象就会失去引用,成为垃圾对象,其过程如图 3-6 所示。

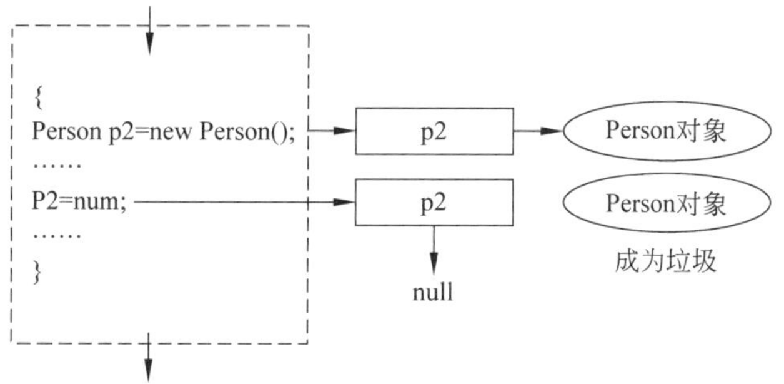

图 3-6 垃圾对象

3.2.3 类的设计

在 Java 中,对象是通过类创建出来的。因此,在程序设计时,最重要的就是类的设计。接下来通过一个具体的案例来学习如何设计一个类。

假设要在程序中描述一个学校所有学生的信息，可以先设计一个学生类(Student)，在这个类中定义两个属性 name、age 分别表示学生的姓名和年龄，定义一个方法 introduce()表示学生做自我介绍。根据上面的描述设计出来的 Student 类如例 3-4 所示。

例 3-4 Student. java

```
public class Student {
    String name;
    int age;
    public void introduce() {
        //方法中打印属性 name 和 age 的值
        System.out.println("大家好,我叫"+name+",我今年"+age+"岁!");
    }
}
```

在例 3-4 的 Student 类中，定义了两个属性 name 和 age。其中的 name 属性为 String 类型，在 Java 中使用 String 类的实例对象表示一个字符串，例如：

```
String name="李芳";
```

关于字符串的相关知识在本书的第 6 章将会进行详细地讲解，在此处可简单地将字符串理解为一连串的字符。

3.2.4 类的封装

接下来针对例 3-4 中设计的 Student 类创建对象，并访问该对象的成员，如例 3-5 所示。

例 3-5 Example03. java

```
public class Example03 {
    public static void main(String[] args) {
        Student stu=new Student();          //创建学生对象
        stu.name="李芳";                    //为对象的 name 属性赋值
        stu.age=-30;                        //为对象的 age 属性赋值
        stu.introduce();                    //调用对象的方法
    }
}
```

运行结果如图 3-7 所示。

图 3-7 例 3-5 运行结果

在例 3-5 的第 5 行代码中，将年龄赋值为一个负数－30，这在程序中不会有任何问题，但在现实生活中明显是不合理的。为了解决年龄不能为负数的问题，在设计一个类时，应该对成员变量的访问做出一些限定，不允许外界随意访问。这就需要实现类的封装。

所谓类的封装是指在定义一个类时，将类中的属性私有化，即使用 private 关键字来修饰，私有属性只能在它所在类中被访问。为了能让外界访问私有属性，需要提供一些使用 public 修饰的公有方法，其中包括用于获取属性值的 getXxx()方法和设置属性值的 setXxx()方法。接下来通过一个案例来实现类的封装，如例 3-6 所示。

例 3-6 Example04 .java

```
class Student {
    private String name;                  //将 name 属性私有化
    private int age;                      //将 age 属性私有化
    //下面是公有的 getXxx()和 setXxx()方法
    public String getName() {
        return name;
    }
    public void setName(String stuName) {
        name=stuName;
    }
    public int getAge() {
        return age;
    }
    public void setAge(int stuAge) {
        //下面是对传入的参数进行检查
        if (stuAge<=0) {
            System.out.println("年龄不合法……");
        } else {
            age=stuAge;                   //对属性赋值
        }
    }
    public void introduce() {
        System.out.println("大家好,我叫"+name+",我今年"+age+"岁!");
    }
}
public class Example04 {
    public static void main(String[] args) {
        Student stu=new Student();
        stu.setAge(-30);
        stu.setName("李芳");
        stu.introduce();
    }
}
```

运行结果如图 3-8 所示。

图 3-8　例 3-6 运行结果

在例 3-6 的 Student 类中，使用 private 关键字将属性 name 和 age 声明为私有，对外界提供了几个公有的方法，其中 getName()方法用于获取 name 属性的值，setName()方法用于设置 name 属性的值，同理，getAge()和 setAge()方法用于获取和设置 age 属性的值。在 main()方法中创建 Student 对象，并调用 setAge()方法传入一个负数－30，在 setAge()方法中对参数 stuAge 的值进行检查，由于当前传入的值小于 0，因此会打印“年龄不合法”的信息，age 属性没有被赋值，仍为默认初始值 0。

3.3　构造方法

从前面所学到的知识可以发现，实例化一个类的对象后，如果要为这个对象中的属性赋值，则必须要通过直接访问对象的属性或调用 setXxx()方法的方式才可以。如果需要在实例化对象的同时就为这个对象的属性进行赋值，可以通过构造方法来实现。构造方法是类的一个特殊成员，它会在类实例化对象时被自动调用。接下来学习构造方法的具体用法。

3.3.1　构造方法的定义

在一个类中定义的方法如果同时满足以下三个条件，该方法称为构造方法，具体如下：

① 方法名与类名相同。

② 在方法名的前面没有返回值类型的声明。

③ 在方法中不能使用 return 语句返回一个值。

接下来通过一个案例来演示如何在类中定义构造方法，如例 3-7 所示。

例 3-7　Example05.java

```
class Person {
    //下面是类的构造方法
    public Person() {
        System.out.println("无参的构造方法被调用了……");
    }
}
public class Example05 {
```

```
8        public static void main(String[] args) {
9            Person p=new Person();              //实例化 Person 对象
10       }
11 }
```

运行结果如图 3-9 所示。

图 3-9　例 3-7 运行结果

在例 3-7 的 Person 类中定义了一个无参的构造方法 Person()。从运行结果可以看出，Person 类中无参的构造方法被调用了。这是因为第 9 行代码在实例化 Person 对象时会自动调用类的构造方法，“new Person()”语句的作用除了会实例化 Person 对象，还会调用构造方法 Person()。

在一个类中除了定义无参的构造方法，还可以定义有参的构造方法，通过有参的构造方法就可以实现对属性的赋值。接下来对例 3-7 进行改写，改写后的代码如例 3-8 所示。

例 3-8　Example06.java

```
1  class Person {
2      int age;
3      //定义有参的构造方法
4      public Person(int a) {
5          age=a;                              //为 age 属性赋值
6      }
7      public void speak() {
8          System.out.println("I am "+age+" years old.!");
9      }
10 }
11 public class Example06 {
12     public static void main(String[] args) {
13         Person p=new Person(20);            //实例化 Person 对象
14         p.speak();
15     }
16 }
```

运行结果如图 3-10 所示。

例 3-8 的 Person 类中定义了有参的构造方法 Person(int a)。第 13 行代码中的“new Person(20)”会在实例化对象的同时调用有参的构造方法，并传入了参数 20。在构造方法 Person(int a)中将 20 赋值给对象的 age 属性。通过运行结果可以看出，Person 对象

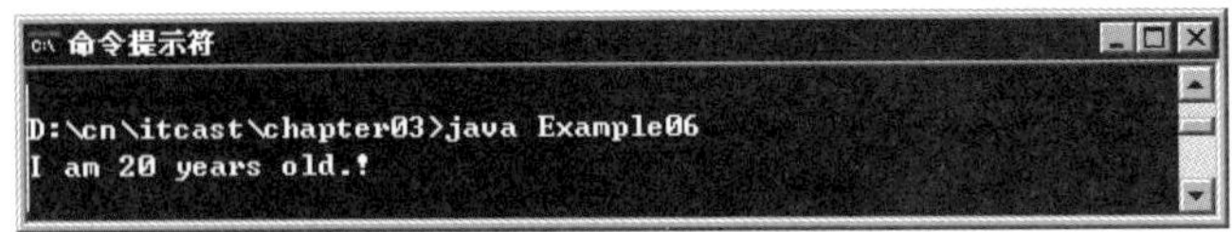

图 3-10　例 3-8 运行结果

在调用 speak()方法时，其 age 属性已经被赋值为 20。

3.3.2　构造方法的重载

与普通方法一样，构造方法也可以重载，在一个类中可以定义多个构造方法，只要每个构造方法的参数类型或参数个数不同即可。在创建对象时，可以通过调用不同的构造方法为不同的属性赋值。接下来通过一个案例来学习构造方法的重载，如例 3-9 所示。

例 3-9　Example07.java

```
class Person {
    String name;
    int age;
    //定义两个参数的构造方法
    public Person(String con_name,int con_age) {
        name=con_name;                //为 name 属性赋值
        age=con_age;                  //为 age 属性赋值
    }
    //定义一个参数的构造方法
    public Person(String con_name) {
        name=con_name;                //为 name 属性赋值
    }
    public void speak() {
        //打印 name 和 age 的值
        System.out.println("大家好,我叫"+name+",我今年"+age+"岁!");
    }
}
public class Example07 {
    public static void main(String[] args) {
        //分别创建两个对象 p1 和 p2
        Person p1=new Person("陈杰");
        Person p2=new Person("李芳",18);
        //通过对象 p1 和 p2 调用 speak()方法
        p1.speak();
        p2.speak();
    }
}
```

运行结果如图 3-11 所示。

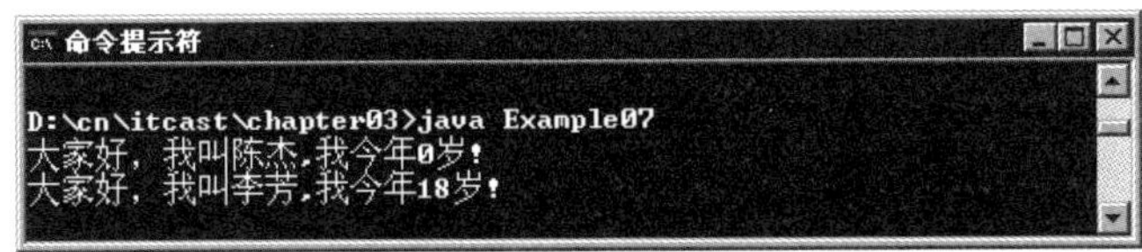

图 3-11 例 3-9 运行结果

例 3-9 的 Person 类中定义了两个构造方法，它们构成了重载。在创建 p1 对象和 p2 对象时，根据传入参数的不同，分别调用不同的构造方法。从程序的运行结果可以看出，两个构造方法对属性赋值的情况是不一样的，其中一个参数的构造方法只针对 name 属性进行赋值，这时 age 属性的值为默认值 0。

脚下留心

① 在 Java 中的每个类都至少有一个构造方法，如果在一个类中没有定义构造方法，系统会自动为这个类创建一个默认的构造方法，这个默认的构造方法没有参数，在其方法体中没有任何代码，即什么也不做。

下面程序中 Person 类的两种写法效果是完全一样的。

第一种写法：

```
class Person
{
}
```

第二种写法：

```
class Person {
    public Person() {
    }
}
```

对于第一种写法，类中虽然没有声明构造方法，但仍然可以用 new Person()语句来创建 Person 类的实例对象。由于系统提供的构造方法往往不能满足需求，因此，我们可以自己在类中定义构造方法，一旦为该类定义了构造方法，系统就不再提供默认的构造方法了，具体代码如下所示。

```
class Person {
    int age;
    public Person(int x) {
        age=x;
    }
}
```

上面的 Person 类中定义了一个对成员变量赋初值的构造方法，该构造方法有一个参数，这时系统就不再提供默认的构造方法，接下来再编写一个测试程序调用上面的 Person 类，如例 3-10 所示。

例 3-10 Example08.java

```
public class Example08 {
    public static void main(String[] args) {
        Person p=new Person();      //实例化 Person 对象
    }
}
```

编译程序报错，结果如图 3-12 所示。

图 3-12　例 3-10 运行结果

从图 3-12 可以看出程序在编译时报错，其原因是调用 new Person()创建 Person 类的实例对象时，需要调用无参的构造方法，而我们并没有定义无参的构造方法，只是定义了一个有参的构造方法，系统将不再自动生成无参的构造方法。为了避免出现上面的错误，在一个类中如果定义了有参的构造方法，最好再定义一个无参的构造方法。

② 思考一下，声明构造方法时，可以使用 private 访问修饰符吗？下面就来运行一下例 3-11，看看会出现什么结果。

例 3-11 Example09.java

```
class Person {
    //定义构造方法
    private Person() {
        System.out.println("调用无参的构造方法");
    }
}
public class Example09 {
    public static void main(String[] args) {
        Person p=new Person();
    }
}
```

编译程序报错，结果如图 3-13 所示。

从图 3-13 中可以看出，程序在编译时出现了错误，错误提示为 private 关键字修饰的

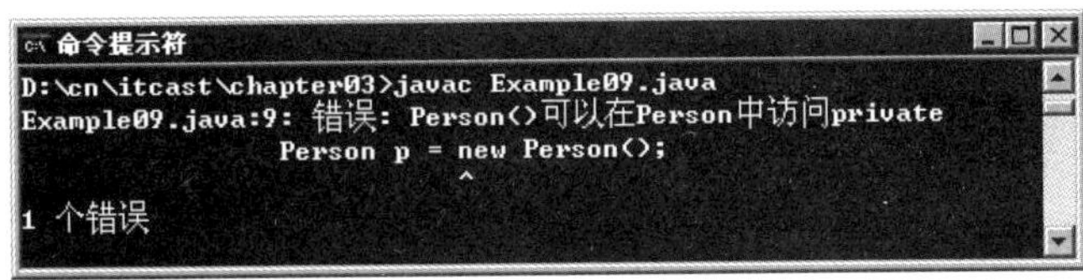

图 3-13 例 3-11 运行结果

构造方法 Person()只能在 Person 类中被访问。也就是说 Person()构造方法是私有的,不可以被外界调用,也就无法在类的外部创建该类的实例对象。因此,为了方便实例化对象,构造方法通常会使用 public 来修饰。

3.4 this 关键字

在例 3-9 中使用变量表示年龄时,构造方法中使用的是 con_age,成员变量使用的是 age,这样的程序可读性很差。这时需要将一个类中表示年龄的变量进行统一的命名,例如都声明为 age。但是这样做又会导致成员变量和局部变量的名称冲突,在方法中将无法访问成员变量 age。为了解决这个问题,Java 中提供了一个关键字 this,用于在方法中访问对象的其他成员。接下来将为大家详细地讲解 this 关键字在程序中的三种常见用法,具体如下:

① 通过 this 关键字可以明确地去访问一个类的成员变量,解决与局部变量名称冲突问题。具体示例代码如下:

```
class Person {
    int age;
    public Person(int age) {
        this.age=age;
    }
    public int getAge() {
        return this.age;
    }
}
```

在上面的代码中,构造方法的参数被定义为 age,它是一个局部变量,在类中还定义了一个成员变量,名称也是 age。在构造方法中如果使用“age”,则是访问局部变量,但如果使用“this. age”则是访问成员变量。

② 通过 this 关键字调用成员方法,具体示例代码如下:

```
class Person {
    public void openMouth() {
        ⋮
    }
```

```
    public void speak() {
        this.openMouth();
    }
}
```

在上面的 speak()方法中，使用 this 关键字调用 openMouth()方法。注意，此处的 this 关键字可以省略不写，也就是说上面的第 6 行代码写成“this. openMouth()”和“openMouth()”，效果是完全一样的。

③ 构造方法是在实例化对象时被 Java 虚拟机自动调用的，在程序中不能像调用其他方法一样去调用构造方法，但可以在一个构造方法中使用“this([参数 1，参数 2…])”的形式来调用其他的构造方法。接下来通过一个案例来演示，如例 3-12 所示。

例 3-12 Example10.java

```
1  class Person {
2      public Person() {
3          System.out.println("无参的构造方法被调用了……");
4      }
5      public Person(String name) {
6          this();                              //调用无参的构造方法
7          System.out.println("有参的构造方法被调用了……");
8      }
9  }
10 public class Example10 {
11     public static void main(String[] args) {
12         Person p=new Person("itcast");       //实例化 Person 对象
13     }
14 }
```

运行结果如图 3-14 所示。

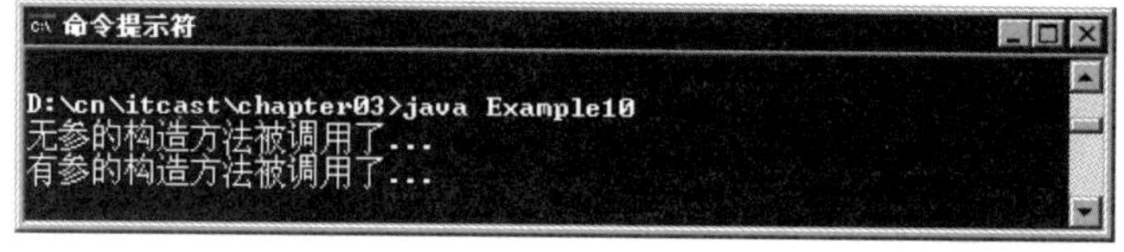

图 3-14 例 3-12 运行结果

例 3-12 中第 12 行代码在实例化 Person 对象时，调用了有参的构造方法，在该方法中通过 this()调用了无参的构造方法，因此运行结果中显示两个构造方法都被调用了。

在使用 this 调用类的构造方法时，应注意以下几点。

① 只能在构造方法中使用 this 调用其他的构造方法，不能在成员方法中使用。

② 在构造方法中，使用 this 调用构造方法的语句必须位于第一行，且只能出现一次。下面的写法是非法的。

```
public Person() {
    String name="小芳";
    this(name);              //调用有参的构造方法。由于不在第一行,编译错误!
}
```

③ 不能在一个类的两个构造方法中使用 this 互相调用,下面的写法编译会报错。

```
class Person {
    public Person() {
        this("小芳");                              //调用有参的构造方法
        System.out.println("无参的构造方法被调用了……");
    }
    public Person(String name) {
        this();                                   //调用无参的构造方法
        System.out.println("有参的构造方法被调用了……");
    }
}
```

3.5 垃圾回收

在 Java 中,当一个对象成为垃圾后仍会占用内存空间,时间一长,就会导致内存空间的不足。针对这种情况,Java 中引入了垃圾回收机制。程序员不需要过多关心垃圾对象回收的问题,Java 虚拟机会自动回收垃圾对象所占用的内存空间。

一个对象在成为垃圾后会暂时地保留在内存中,当这样的垃圾堆积到一定程度时,Java 虚拟机就会启动垃圾回收器将这些垃圾对象从内存中释放,从而使程序获得更多可用的内存空间。除了等待 Java 虚拟机进行自动垃圾回收,也可以通过调用 System.gc()方法来通知 Java 虚拟机立即进行垃圾回收。当一个对象在内存中被释放时,它的 finalize()方法会被自动调用,因此可以在类中通过定义 finalize()方法来观察对象何时被释放。接下来通过一个案例来演示 Java 虚拟机进行垃圾回收的过程,如例 3-13 所示。

例 3-13 Example11.java

```
class Person {
    //下面定义的 finalize 方法会在垃圾回收前被调用
    public void finalize() {
        System.out.println("对象将被作为垃圾回收……");
    }
}
public class Example11{
    public static void main(String[] args) {
        //下面是创建了两个 Person 对象
```

```
        Person p1=new Person ();
        Person p2=new Person ();
        //下面将变量置为 null,让对象成为垃圾
        p1=null;
        p2=null;
        //调用方法进行垃圾回收
        System.gc();
        for (int i=0; i<1000000; i++) {
            //为了延长程序运行的时间
        }
    }
}
```

运行结果如图 3-15 所示。

```
命令提示符
D:\cn\itcast\chapter03>java Example11
对象将被作为垃圾回收...
对象将被作为垃圾回收...
```

图 3-15 例 3-13 运行结果

在例 3-13 的 Person 类中定义了一个 finalize()方法,该方法的返回值必须为 void,并且要使用 public 来修饰。在 main()方法中创建了两个对象 p1 和 p2,然后将两个变量置为 null,这意味着新创建的两个对象成为垃圾了,紧接着通过"System. gc()"语句通知虚拟机进行垃圾回收。从运行结果可以看出,虚拟机针对两个垃圾对象进行了回收,并在回收之前分别调用两个对象的 finalize()方法。

需要注意的是,Java 虚拟机的垃圾回收操作是在后台完成的,程序结束后,垃圾回收的操作也将终止。因此,在程序的最后使用了一个 for 循环,延长程序运行的时间,从而能够更好地看到垃圾对象被回收的过程。

3.6 static 关键字

在 Java 中,定义了一个 static 关键字,它用于修饰类的成员,如成员变量、成员方法以及代码块等,被 static 修改的成员具备一些特殊性,接下来将对这些特殊性进行逐一地讲解。

3.6.1 静态变量

在定义一个类时,只是在描述某类事物的特征和行为,并没有产生具体的数据。只有通过 new 关键字创建该类的实例对象后,系统才会为每个对象分配空间,存储各自的数据。有时候,我们希望某些特定的数据在内存中只有一份,而且能够被一个类的所有

实例对象所共享。例如某个学校所有学生共享同一个学校名称，此时完全不必在每个学生对象所占用的内存空间中都定义一个变量来表示学校名称，而可以在对象以外的空间定义一个表示学校名称的变量让所有对象来共享。具体内存中的分配情况如图 3-16 所示。

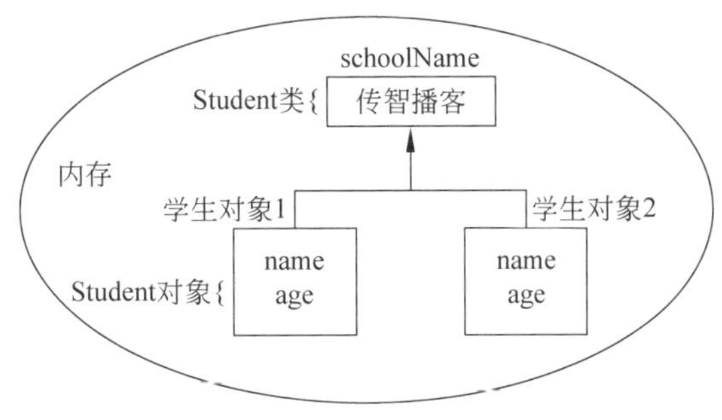

图 3-16 内存分配图

在一个 Java 类中，可以使用 static 关键字来修饰成员变量，该变量被称作静态变量。静态变量被所有实例共享，可以使用“类名.变量名”的形式来访问。接下来通过一个案例来实现图 3-16 描述的情况，如例 3-14 所示。

例 3-14 Example12.java

```
class Student {
    static String schoolName;                   //定义静态变量 schoolName
}
public class Example12 {
    public static void main(String[] args) {
        Student stu1=new Student();             //创建学生对象
        Student stu2=new Student();
        Student.schoolName="传智播客";          //为静态变量赋值
        System.out.println("我的学校是"+stu1.schoolName);     //打印第一个学生对象的学校
        System.out.println("我的学校是"+stu2.schoolName);     //打印第二个学生对象的学校
    }
}
```

运行结果如图 3-17 所示。

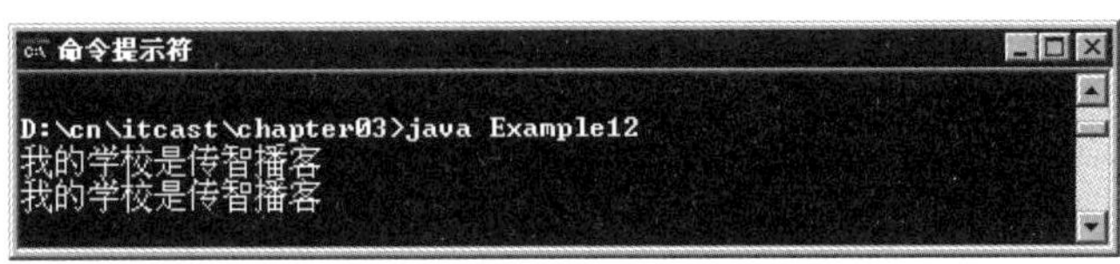

图 3-17 例 3-14 运行结果

例 3-14 的 Student 类中定义了一个静态变量 schoolName，用于表示学生所在的学校，它被所有的实例所共享。由于 schoolName 是静态变量，因此可以直接使用

Student.schoolName 的方式进行调用，也可以通过 Student 的实例对象进行调用，如 stu2.schoolName。第 8 行代码将变量 schoolName 赋值为“传智播客”，通过运行结果可以看出学生对象 stu1 和 stu2 的 schoolName 属性均为“传智播客”。

注意：static 关键字只能用于修饰成员变量，不能用于修饰局部变量，否则编译会报错，下面的代码是非法的。

```
public class Student {
    public void study() {
        static int num=10;     //这行代码是非法的,编译会报错
    }
}
```

3.6.2 静态方法

有时我们希望在不创建对象的情况下就可以调用某个方法，换句话说也就是使该方法不必和对象绑在一起。要实现这样的效果，只需要在类中定义的方法前加上 static 关键字即可，我们称这种方法为静态方法。同静态变量一样，静态方法可以使用“类名.方法名”的方式来访问，也可以通过类的实例对象来访问。接下来通过一个案例来学习静态方法的使用，如例 3-15 所示。

例 3-15 Example13.java

```
1  class Person {
2      public static void sayHello() {          //定义静态方法
3          System.out.println("hello");
4      }
5  }
6  class Example13 {
7      public static void main(String[] args) {
8          Person.sayHello();                    //调用静态方法
9      }
10 }
```

运行结果如图 3-18 所示。

图 3-18 例 3-15 运行结果

例 3-15 的 Person 类中定义了静态方法 sayHello()，在第 8 行代码处通过“Person.sayHello()”的形式调用了静态方法，由此可见静态方法不需要创建对象就可以调用。

注意：在一个静态方法中只能访问用 static 修饰的成员，原因在于没有被 static 修饰的成员需要先创建对象才能访问，而静态方法在被调用时可以不创建任何对象。

3.6.3　静态代码块

在 Java 类中，使用一对大括号包围起来的若干行代码被称为一个代码块，用 static 关键字修饰的代码块称为静态代码块。当类被加载时，静态代码块会执行，由于类只加载一次，因此静态代码块只执行一次。在程序中，通常会使用静态代码块来对类的成员变量进行初始化。接下来通过一个案例来学习静态代码块的使用，如例 3-16 所示。

例 3-16　Example14.java

```
class Example14 {
    //静态代码块
    static {
        System.out.println("测试类的静态代码块执行了");
    }
    public static void main(String[] args) {
        //下面的代码创建了两个 Person 对象
        Person p1=new Person();
        Person p2=new Person();
    }
}
class Person {
    static String country;
    //下面是一个静态代码块
    static {
        country="china";
        System.out.println("Person 类中的静态代码块执行了");
    }
}
```

运行结果如图 3-19 所示。

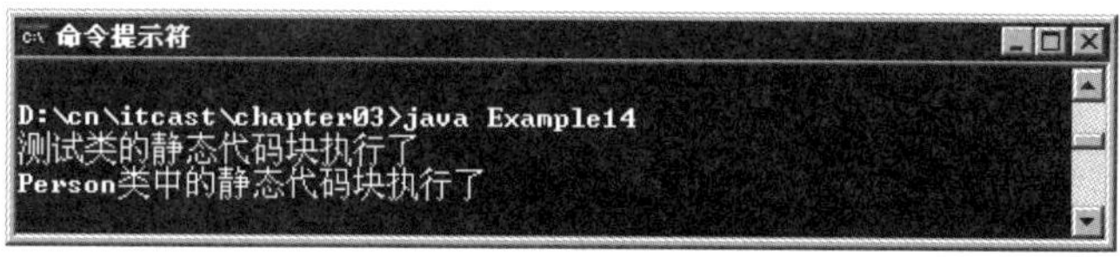

图 3-19　例 3-16 运行结果

从图 3-19 所示的运行结果可以看出，程序中的两段静态代码块都执行了。在命令行窗口输入“java Example14”后，虚拟机首先会加载类 Example14，在加载类的同时就会执行该类的静态代码块，紧接着会调用 main()方法。在该方法中创建了两个 Person 对象，但在两次实例化对象的过程中，静态代码块只执行一次，这就说明类在第一次使用时才会被加载，并且只会加载一次。

3.6.4 单例模式

在编写程序时经常会遇到一些典型的问题或需要完成某种特定需求，设计模式就是针对这些问题和需求，在大量的实践中总结和理论化之后优选的代码结构、编程风格以及解决问题的思考方式。设计模式就像是经典的棋谱，不同的棋局，我们用不同的棋谱，免得自己再去思考和摸索。

单例模式是 Java 中的一种设计模式，它是指在设计一个类时，需要保证在整个程序运行期间针对该类只存在一个实例对象。就好像我们生存的世界只有一个月亮，假设现在要设计一个类表示月亮，该类只能有一个实例对象，否则就违背了事实。接下来通过一个案例实现单例模式，如例 3-17 所示。

例 3-17 Single.java

```
class Single {
    //自己创建一个对象
    private static Single INSTANCE=new Single();
    private Single() {}                              //私有化构造方法
    public static Single getInstance() {             //提供返回该对象的静态方法
        return INSTANCE;
    }
}
```

例 3-17 中的 Single 类就实现了单例模式，它具备如下的特点：

- 类的构造方法使用 private 修饰，声明为私有，这样就不能在类的外部使用 new 关键字来创建实例对象了。
- 在类的内部创建一个该类的实例对象，并使用静态变量 INSTANCE 引用该对象，由于变量应该禁止外界直接访问，因此使用 private 修饰，声明为私有成员。
- 为了让类的外部能够获得类的实例对象，需要定义一个静态方法 getInstance()，用于返回该类实例 INSTANCE。由于方法是静态的，外界可以通过“类名.方法名”的方式来访问。

接下来通过一个案例来对 Single 类进行测试，如例 3-18 所示。

例 3-18 Example15.java

```
class Example15 {
    public static void main(String[] args) {
        Single s1=Single.getInstance();
        Single s2=Single.getInstance();
        System.out.println(s1==s2);
    }
}
```

运行结果如图3-20所示。

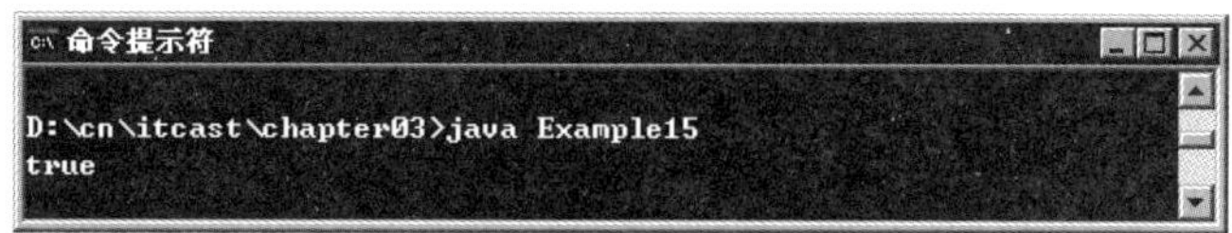

图3-20 例3-18运行结果

从图3-20的运行结果可以看出,变量s1和s2值相等,这说明变量s1和s2引用同一个对象。也就是说两次调用getInstance()方法获得的是同一个对象,而getInstance()方法是获得Single类实例对象的唯一途径,因此Single类是一个单例的类。

**多学一招**

单例模式也可以写成以下形式,如例3-19所示。

例3-19 Single.java

```
class Single {
    private Single() {}
    public static final Single INSTANCE=new Single();
}
```

在例3-19中,首先将类的构造方法私有,防止外界创建该类的实例。在类的内部创建了该类的实例对象,并使用静态变量INSTANCE来引用。变量INSTANCE的前面有三个修饰符,其中,public的作用是允许外部直接访问该变量,static的作用是让外部可以使用"类名.变量名"的方式来访问变量,final的作用是禁止外部对该变量进行修改。由于访问变量INSTANCE是获得Single类实例对象的唯一途径,因此该类实现了单例。

被关键字final修饰的变量为常量,其值不可改变,关于final的用法将在第4章中进行详细地讲解。

3.7 内部类

在Java中,允许在一个类的内部定义类,这样的类称作内部类,这个内部类所在的类称作外部类。根据内部类的位置、修饰符和定义的方式可分为成员内部类、静态内部类、方法内部类。接下来针对这些内部类分别进行讲解。

3.7.1 成员内部类

在一个类中除了可以定义成员变量、成员方法,还可以定义类,这样的类被称作成员内部类。在成员内部类中可以访问外部类的所有成员,接下来通过一个案例来学习如何定义成员内部类,如例3-20所示。

例 3-20 Example16.java

```
class Outer {
    private int num=4;                        //定义类的成员变量
    //下面的代码定义了一个成员方法,方法中访问内部类
    public void test() {
        Inner inner=new Inner();
        inner.show();
    }
    //下面的代码定义了一个成员内部类
    class Inner {
        void show() {
            //在成员内部类的方法中访问外部类的成员变量
            System.out.println("num="+num);
        }
    }
}
public class Example16 {
    public static void main(String[] args) {
        Outer outer=new Outer();              //创建外部类对象
        outer.test();                         //调用 test() 方法
    }
}
```

运行结果如图 3-21 所示。

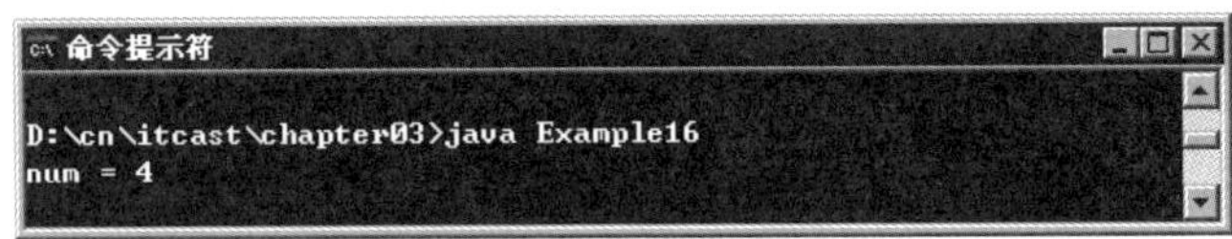

图 3-21 例 3-20 运行结果

例 3-20 中,Outer 类是一个外部类,在该类中定义了一个内部类 Inner 和一个 test()方法,其中,Inner 类有一个 show()方法,在 show()方法中访问外部类的成员变量 num,test()方法中创建了内部类 Inner 的实例对象,并通过该对象调用 show()方法,将 num 值进行打印。从运行结果可以看出,内部类可以在外部类中被使用,并能访问外部类的成员。

如果想通过外部类去访问内部类,则需要通过外部类对象去创建内部类对象,创建内部类对象的具体语法格式如下:

```
外部类名.内部类名 变量名=new 外部类名().new 内部类名();
```

接下来针对例 3-20 中定义的 Outer 类写一个测试程序,如例 3-21 所示。

例 3-21 Example17.java

```
public class Example17 {
    public static void main(String[] args) {
        Outer.Inner inner=new Outer().new Inner();      //创建内部类对象
        inner.show();                                   //调用 show()方法
    }
}
```

运行结果同例 3-20 一样，如图 3-21 所示。需要注意的是，如果内部类被声明为私有，外界将无法访问。如将例 3-20 中的内部类 Inner 使用 private 修饰，则例 3-21 编译会报错。

3.7.2 静态内部类

可以使用 static 关键字来修饰一个成员内部类，该内部类被称作静态内部类，它可以在不创建外部类对象的情况下被实例化。创建静态内部类对象的具体语法格式如下：

```
外部类名.内部类名 变量名=new 外部类名.内部类名();
```

接下来通过一个案例来演示静态内部类的用法，如例 3-22 所示。

例 3-22 Example18.java

```
1  class Outer {
2      private static int num=6;
3      //下面的代码定义了一个静态内部类
4      static class Inner {
5          void show() {
6              System.out.println("num="+num);
7          }
8      }
9  }
10 class Example18 {
11     public static void main(String[] args) {
12         Outer.Inner inner=new Outer.Inner();     //创建内部类对象
13         inner.show();                            //调用内部类的方法
14     }
15 }
```

运行结果如图 3-22 所示。

例 3-22 中，内部类 Inner 使用 static 关键字来修饰，是一个静态内部类。第 12 行代码创建了内部类对象，可以看出静态内部类的实例化方式与非静态的成员内部类的实例化方式是不一样的。

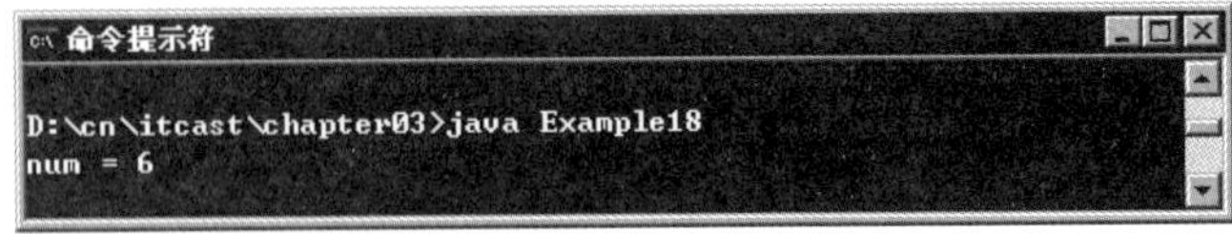

图 3-22 例 3-22 运行结果

注意：

① 在静态内部类中只能访问外部类的静态成员，如将第 2 行代码定义的变量 num 前面的 static 去掉，程序编译会出错。

② 在静态内部类中可以定义静态的成员，而在非静态的内部类中不允许定义静态的成员。下面的代码是非法的，编译会报错。

```
class Outer {
    class Inner {
        static int num=10;          //不能定义静态成员,编译报错
        void show() {
            System.out.println("num="+num);
        }
    }
}
```

3.7.3 方法内部类

方法内部类是指在成员方法中定义的类，它只能在当前方法中被使用。接下来通过一个案例来学习方法内部类的用法，如例 3-23 所示。

例 3-23 Example19.java

```
class Outer {
    private int num=4;                              //定义成员变量
    public void test() {
        //下面是在方法中定义的内部类
        class Inner {
            void show() {
                System.out.println("num="+num);     //访问外部类的成员变量
            }
        }
        Inner in=new Inner();                       //创建内部类对象
        in.show();                                  //调用内部类的方法
    }
}
public class Example19 {
    public static void main(String[] args) {
```

```
        Outer outer=new Outer();     //创建外部类对象
        outer.test();                //调用 test() 方法
    }
}
```

编译结果如图 3-23 所示。

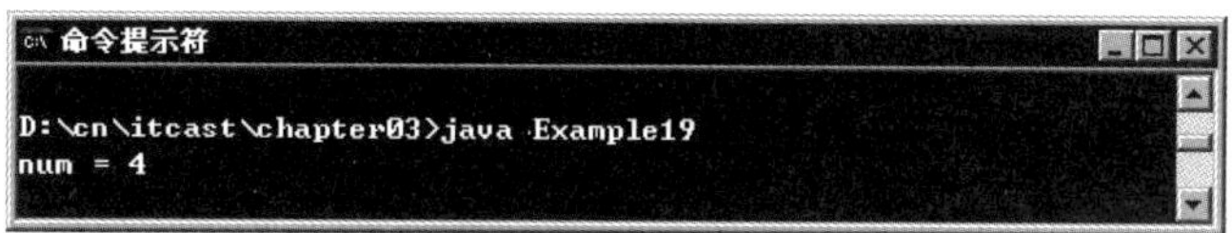

图 3-23 例 3-23 运行结果

例 3-23 中,在 Outer 类的 test()方法中定义了一个内部类 Inner。由于 Inner 是方法内部类,因此程序只能在方法中创建该类的实例对象并调用 show()方法。从运行结果可以看出,方法内部类也可以访问外部类的成员变量 num。

3.8 Java 的帮助文档

3.8.1 Java 的文档注释

Java 语言支持三种方式的注释,其中一种被称为文档注释,它以/ * * 开头,以 * /标志结束。文档注释是嵌入到程序中的帮助信息,用于说明如何使用当前程序。Java 中提供了 javadoc 命令,它可以将这些帮助信息提取出来,自动生成 HTML 格式的帮助文档,从而实现程序的文档化。开发者可以查看帮助文档来了解程序的功能,而不需要查看程序的源代码,因此可以大大地提高开发效率。

接下来就为大家演示如何使用 javadoc 命令生成帮助文档。首先需要定义一个 Person 类,在 Person 类中定义一个构造方法和一个 read()方法,如例 3-24 所示。

例 3-24 Person. java

```
class Person {
    public String name;
    public Person(String name){
    }
    public int read(String bookName,int time){
        //执行语句;
        ⋮
    }
}
```

接下来在定义好的 Person 类中加入文档注释,修改后的代码如例 3-25 所示。

例 3-25 Person.java

```
/**
 * Title: Person 类<br>
 * Description: 通过 Person 类来说明 Java 中的文档注释<br>
 * Company: Itcast
 * @author Itcast
 * @version 1.0
 */
public class Person {
    public String name;
    /**
     * 这是 Person 类的构造方法
     * @param name Person 的名字
     */
    public Person(String name){
        //执行语句;
    }
    /**
     * 这是 read()方法的说明
     * @param bookName 读的书的名字
     * @param time 读书所需的时间
     * @return 读的书的数量
     */
    public int read(String bookName,int time){
        //执行语句;
    }
}
```

在例 3-25 中添加了很多文档注释，其中包括对整个类的说明、构造方法的说明以及成员方法的说明。在文档注释中出现的@标记都是有特殊作用的，具体解释如下。

@author：用于对类的说明，表示这个程序的作者。

@version：用于对类说明，表示这个程序的开发版本号。

@param：用于对方法的说明，表示方法定义的参数以及参数对应的说明。

@return：用于对方法的说明，表示方法的返回值代表的意义。

为程序添加文档注释后，便可以使用 javadoc 命令生成 Person 类的帮助文档。打开命令行窗口，进入程序所在的目录，输入生成文档的命令，具体如下所示：

```
javadoc -d . -version -author Person.java
```

其中：

- -d 用来指定输出文档存放的目录。
- . 表示当前的目录。

- -version 用来指定输出文档中需包含版本信息。
- -author 用来指定输出文档中需包含作者信息。

通过 javadoc 命令会在指定目录下生成许多 html 格式的文件，这些文件就是程序的帮助文档，如图 3-24 所示。

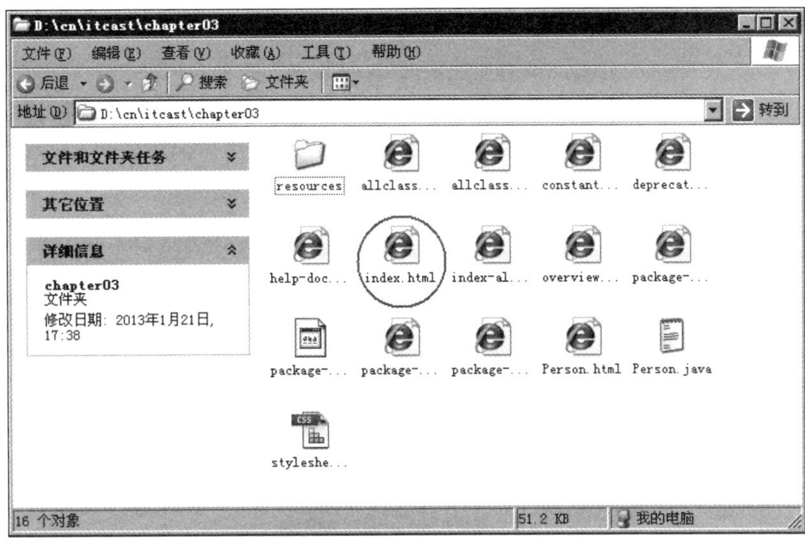

图 3-24　HTML 文档结构

目录下的 index.html 文件是整个帮助文档的首页，双击打开这个文件，便可以看到 Person 类的帮助文档，如图 3-25 所示。

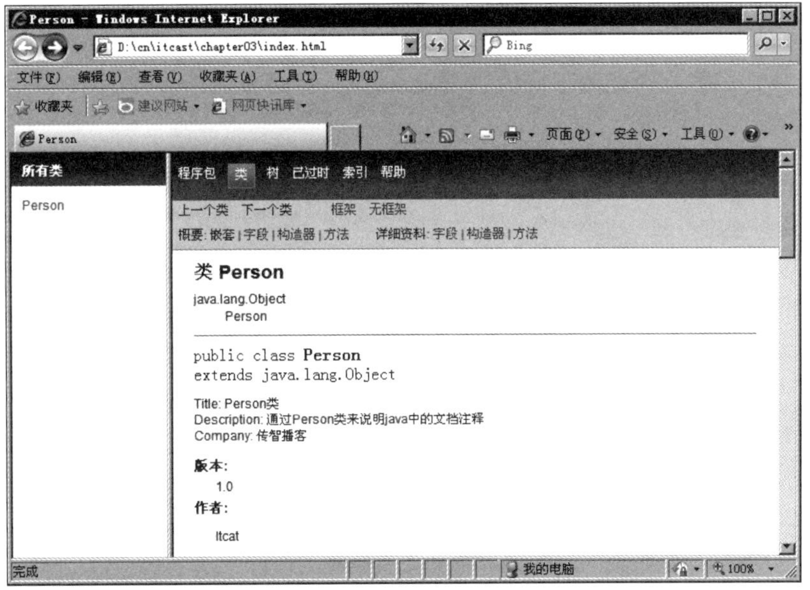

图 3-25　Person 帮助文档

3.8.2 JDK帮助文档的使用

Oracle公司针对JDK中所有的Java类也提供了一整套帮助文档，习惯称为JDK帮助文档。JDK帮助文档详细介绍了所有Java类的属性、方法、继承关系和示例用法等内容。

JDK帮助文档通常有两种，一种是Oracle公司官方发布的HTML格式的JDK帮助文档，可以从Oracle公司的官方网站http://www.oracle.com下载。通常下载的HTML文档都是一个ZIP压缩文件，只需把它解压后，打开其中的index.html文件即可查看，如图3-26所示。

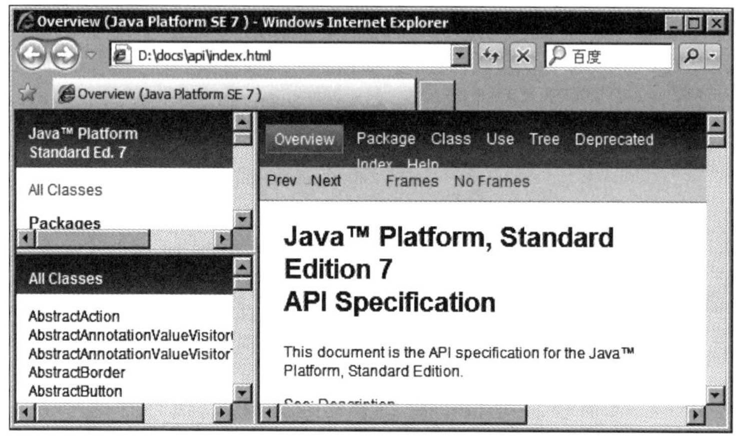

图3-26 Oracle官方JDK帮助文档

另一种是由一些Java爱好者根据官方文档制作而成的CHM格式的JDK帮助文档，它具有独特的搜索功能和不同的语言版本，被许多开发者所钟爱。CHM格式的JDK帮助文档如图3-27所示。

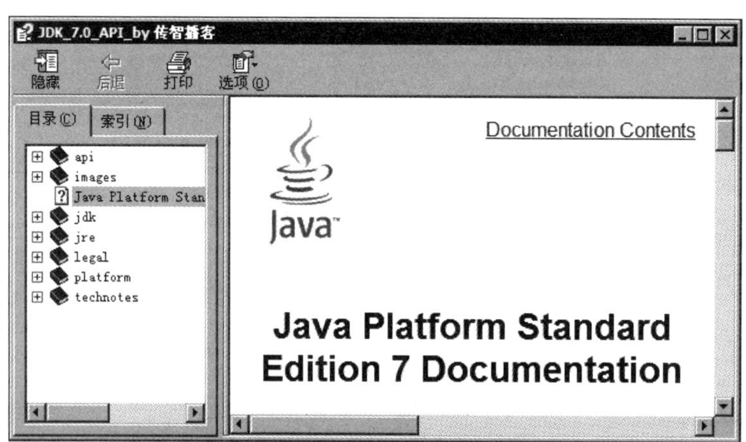

图3-27 CHM格式JDK帮助文档

JDK 帮助文档对所有的 Java 类提供了详细全面的说明，开发人员在开发过程中通常会把它作为一种文档查阅工具来使用。例如在 3.5 节中，使用了 System 类中的 gc()方法，如果想了解 Oracle 官方对 gc()方法的使用说明，就可以查阅 JDK 帮助文档。打开 CHM 格式的 JDK 帮助文档，在左边的【索引】栏中输入类名“System”，然后按下回车键，在右边的页面中就会显示出 System 类所有的信息，包括 System 类的继承体系、类的介绍、属性、方法概要和详细信息等内容，如图 3-28 所示。

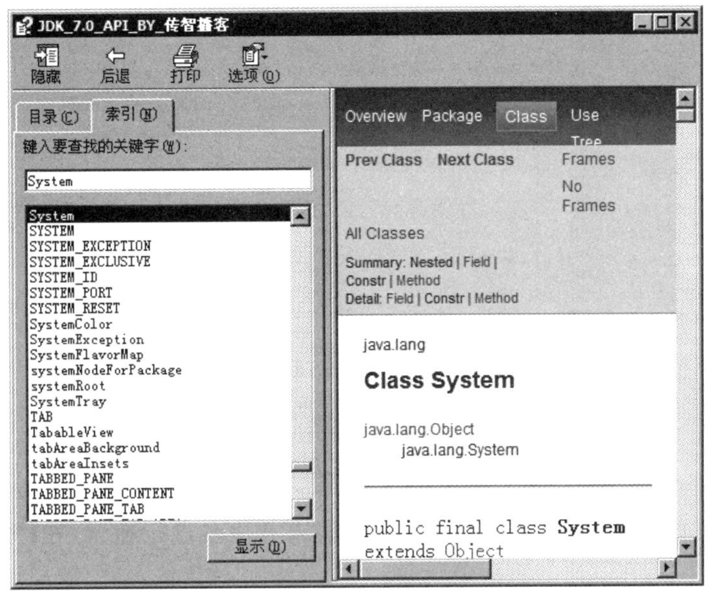

图 3-28 JDK 帮助文档中的 System 类

下拉窗口右边的滚动条，可以看到 System 类的方法列表，gc()方法包含在其中，如图 3-29 所示。

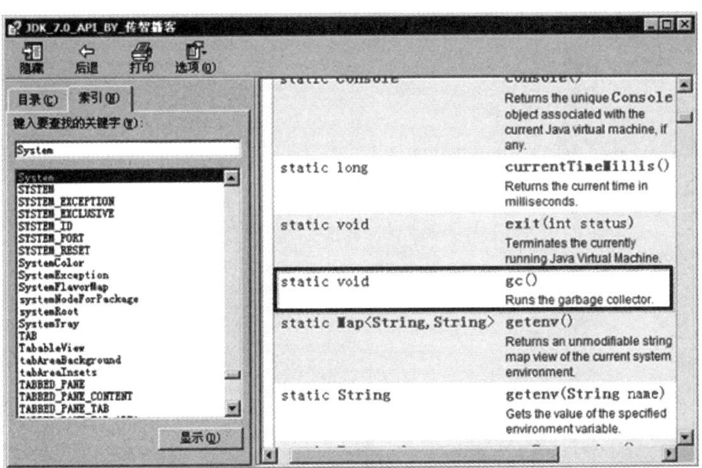

图 3-29 System 类的方法列表

单击 gc()方法的链接,就可以进入到该方法的详细信息页面,如图 3-30 所示。

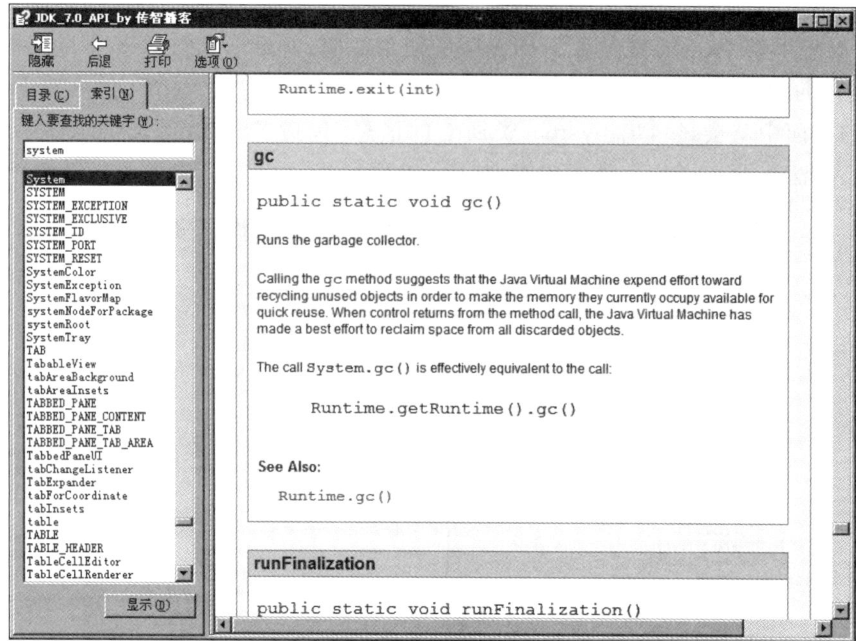

图 3-30 gc()方法详细信息

CHM 格式的 JDK 帮助文档也支持直接输入方法名进行检索,在【索引】栏中输入"gc"并按下回车后,在右边的页面中会列出与"gc"相关的方法,如图 3-31 所示。

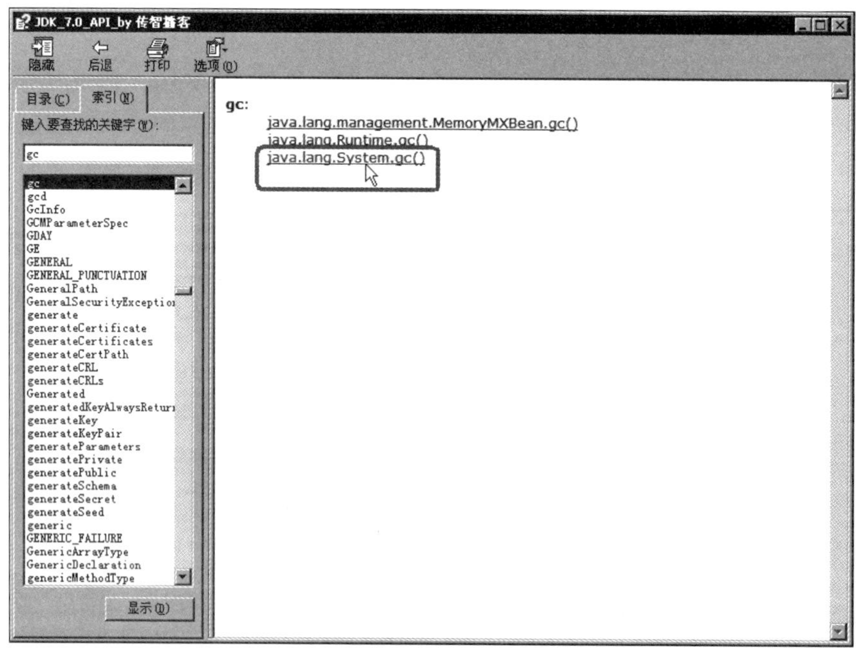

图 3-31 gc()方法列表

单击“java.lang.System.gc()”链接，就可以直接查看 System 类中 gc()方法的详细信息。

3.9 本章小结

本章详细介绍了面向对象的基础知识。首先介绍了什么是面向对象的思想，然后介绍了类与对象之间的关系，类的封装与使用；其次介绍了构造方法的定义与重载，this 和 static 关键字的使用；最后介绍了三种内部类的定义以及应用场景等。熟练掌握好这些知识，有助于学习下一章的内容。深入理解面向对象的思想，对以后的实际开发也是大有裨益的。

3.10 习题

一、填空题

1. 面向对象的三大特征是________、________和________。
2. 在 Java 中，可以使用关键字________来创建类的实例对象。
3. 定义在类中的变量被称为________，定义在方法中的变量被称为________。
4. 面向对象程序设计的重点是________的设计，________是用来创建对象的模板。
5. 在非静态成员方法中，可以使用关键字________访问类的其他非静态成员。
6. 当一个对象被当成垃圾从内存中释放时，它的________方法会被自动调用。
7. 被 static 关键字修饰的成员变量被称为________，它可以被该类所有的实例对象共享。
8. 在一个类中，除了可以定义属性、方法，还可以定义类，这样的类被称为________。
9. 在 Java 中，提供了一个________命令，用于将程序中的文档注释提取出来，生成 HTML 格式的帮助文档。
10. 所谓类的封装是指在定义一个类时，将类中的属性私有化，即使用________关键字来修饰。

二、判断题

1. 在定义一个类的时候，如果类的成员被 private 所修饰，该成员不能在类的外部被直接访问。(　　)
2. Java 中的每个类都至少有一个构造方法，一个类中如果没有定义构造方法，系统会自动为这个类创建一个默认的构造方法。(　　)
3. 声明构造方法时，不能使用 private 关键字修饰。(　　)
4. 类中 static 修饰的变量或方法，可以使用类名或对象的引用变量访问。(　　)
5. 方法内部类中不能访问外部类的成员变量。(　　)

三、选择题

1. 类的定义必须包含在以下哪种符号之间？（　　）

A. 方括号[]　　B. 花括号{}　　C. 双引号“”　　D. 圆括号()

2. 下面哪一个是正确的类的声明？（　　）

A. public void HH{…}　　B. public class Move(){…}

C. public class void number{}　　D. public class Car{…}

3. 在以下什么情况下，构造方法会被调用？（　　）

A. 类定义时　　B. 创建对象时

C. 调用对象方法时　　D. 使用对象的变量时

4. 下面对于构造方法的描述，正确的有哪些？（多选）（　　）

A. 方法名必须和类名相同

B. 方法名的前面没有返回值类型的声明

C. 在方法中不能使用 return 语句返回一个值

D. 当定义了带参数的构造方法，系统默认的不带参数的构造方法依然存在

5. 使用 this 调用类的构造方法，下面的说法正确的是？（多选）（　　）

A. 使用 this 调用构造方法的格式为 this([参数 1,参数 2…])

B. 只能在构造方法中使用 this 调用其他的构造方法

C. 使用 this 调用其他构造方法的语句必须放在第一行

D. 不能在一个类的两个构造方法中使用 this 互相调用

6. 下面哪些可以使用 static 关键字修饰？（多选）（　　）

A. 成员变量　　B. 局部变量　　C. 成员方法　　D. 成员内部类

7. 关于内部类，下面说法正确的是？（多选）（　　）

A. 成员内部类是外部类的一个成员，可以访问外部类的其他成员

B. 外部类可以访问成员内部类的成员

C. 方法内部类只能在其定义的当前方法中进行实例化

D. 静态内部类中可以定义静态成员，也可以定义非静态成员

8. 下面对于单例设计模式的描述，正确的是？（多选）（　　）

A. 类中定义一个无参的构造方法，并且声明为私有

B. 在内部创建一个该类的实例对象，使用静态变量引用该实例对象

C. 使用 private 修饰静态变量，禁止外界直接访问

D. 定义静态方法返回该类实例

9. 请先阅读下面的代码

```
public class Test {
    public Test(){
        System.out.println("构造方法一被调用了");
    }
```

```
    public Test(int x){
        this();
        System.out.println("构造方法二被调用了");
    }
    public Test(boolean b){
        this(1);
        System.out.println("构造方法三被调用了");
    }
    public static void main(String[] args) {
        Test test=new Test(true);
    }
}
```

上面程序的运行结果为下列哪一项？(　　)

A. 构造方法一被调用了　　　　B. 构造方法二被调用了

C. 构造方法三被调用了　　　　D. 以上三个选项之和

10. Outer类中定义了一个成员内部类Inner,需要在main()方法中创建Inner类实例对象,以下四种方式哪一种是正确的？(　　)

A. Inner in = new Inner()

B. Inner in = new Outer. Inner();

C. Outer. Inner in = new Outer. Inner();

D. Outer. Inner in = new Outer(). new Inner();

四、程序分析题

阅读下面的程序,分析代码是否能够编译通过,如果能编译通过,请列出运行的结果,否则说明编译失败的原因。

1. 代码一：

```
class A {
    private int secret=5;
}
public class Test1 {
    public static void main(String[] args) {
        A a=new A();
        System.out.println(a.secret++);
    }
}
```

2. 代码二：

```
public class Test2 {
    int x=50;
```

```
    static int y=200 ;
    public static void method() {
        System.out.println(x+y);
    }
    public static void main(String[] args) {
        Test2.method();
    }
}
```

3. 代码三：

```
public class Outer {
    public String name="Outer";
    private class Inner {
        String name="inner";
        void showName(){
            System.out.println(name);
        }
    }
    public static void main(String[] args) {
        Inner inner=new Outer().new Inner();
        System.out.println(inner.name);
    }
}
```

五、思考题

1. 构造方法和普通的成员方法有什么区别？
2. 单例设计模式具备哪些特点？
3. 请简述垃圾回收的优点和原理。
4. 请说说你所知道的Java中的代码块。

六、编程题

1. 请按照以下要求设计一个学生类Student，并进行测试。

要求如下：

① Student类中包含姓名、成绩两个属性。

② 分别给这两个属性定义两个方法，一个方法用于设置值，另一个方法用于获取值。

③ Student类中定义一个无参的构造方法和一个接收两个参数的构造方法，两个参数分别为姓名和成绩属性赋值。

④ 在测试类中创建两个Student对象，一个使用无参的构造方法，然后调用方法给

姓名和成绩赋值，另一个使用有参的构造方法，在构造方法中给姓名和成绩赋值。

2. 定义一个 Father 和 Child 类，并进行测试。

要求如下：

① Father 类为外部类，类中定义一个私有的 String 类型的属性 name，name 的值为"zhangjun"。

② Child 类为 Father 类的内部类，其中定义一个 introFather()方法，方法中调用 Father 类的 name 属性。

③ 定义一个测试类 Test，在 Test 类的 main()方法中，创建 Child 对象，并调用 introFather()方法。

第4章 chapter 4

面向对象(下)

本章重点

- 类的继承
- final 关键字
- 多态
- 接口
- 异常
- 包的定义与使用

在上一章中,介绍了类和对象的基本用法,在本章中将继续讲解面向对象的一些高级特性,如继承、多态等。

4.1 类的继承

4.1.1 继承的概念

在现实生活中,继承一般指的是子女继承父辈的财产。在程序中,继承描述的是事物之间的所属关系,通过继承可以使多种事物之间形成一种关系体系。例如猫和狗都属于动物,程序中便可以描述为猫和狗继承自动物,同理,波斯猫和巴厘猫继承自猫,而沙皮狗和斑点狗继承自狗。这些动物之间会形成一个继承体系,具体如图 4-1 所示。

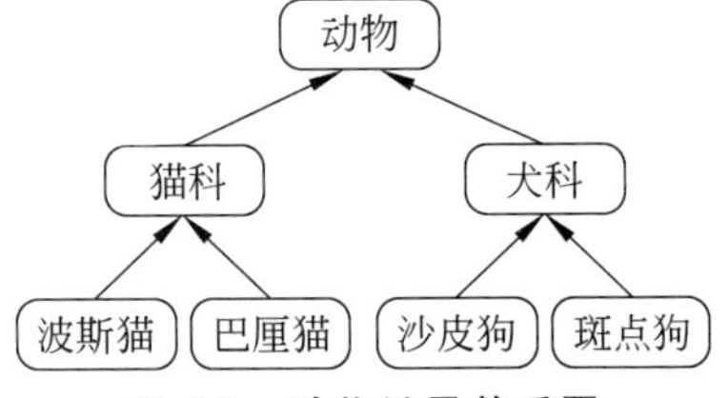

图 4-1 动物继承关系图

在 Java 中,类的继承是指在一个现有类的基础上去构建一个新的类,构建出来的新类被称作子类,现有类被称作父类,子类会自动拥有父类所有可继承的属性和方法。在程序中,如果想声明一个类继承另一个类,需要使用 extends 关键字,接下来通过一个案例来学习子类是如何继承父类的,如例 4-1 所示。

例 4-1 Example01.java

```
//定义 Animal 类
```

```
class Animal {
    String name;                            //定义 name 属性
    //定义动物叫的方法
    void shout() {
        System.out.println("动物发出叫声");
    }
}
//定义 Dog 类继承 Animal 类
class Dog extends Animal {
    //定义一个打印 name 的方法
    public void printName() {
        System.out.println("name="+name);
    }
}
//定义测试类
public class Example01 {
    public static void main(String[] args) {
        Dog dog=new Dog();                  //创建一个 Dog 类的实例对象
        dog.name="沙皮狗";                  //为 Dog 类的 name 属性进行赋值
        dog.printName();                    //调用 Dog 类的 printName()方法
        dog.shout();                        //调用 Dog 类继承来的 shout()方法
    }
}
```

运行结果如图 4-2 所示。

图 4-2　例 4-1 运行结果

在例 4-1 中,Dog 类通过 extends 关键字继承了 Animal 类,这样 Dog 类便是 Animal 类的子类。从运行结果不难看出,子类虽然没有定义 name 属性和 shout()方法,但是却能访问这两个成员。这就说明,子类在继承父类的时候,会自动拥有父类所有的成员。

在类的继承中,需要注意一些问题,具体如下:

① 在 Java 中,类只支持单继承,不允许多重继承,也就是说一个类只能有一个直接父类,例如下面这种情况是不合法的。

```
class A{}
class B{}
class C extends A,B{}             //C 类不可以同时继承 A 类和 B 类
```

② 多个类可以继承一个父类,例如下面这种情况是允许的。

```
class A{}
class B extends A{}
class C extends A{}            //类 B 和类 C 都可以继承类 A
```

③ 在 Java 中,多层继承是可以的,即一个类的父类可以再去继承另外的父类,例如 C 类继承自 B 类,而 B 类又可以去继承 A 类,这时,C 类也可称作 A 类的子类。下面这种情况是允许的。

```
class A{}
class B extends A{}            //类 B 继承类 A,类 B 是类 A 的子类
class C extends B{}            //类 C 继承类 B,类 C 是类 B 的子类,同时也是类 A 的子类
```

④ 在 Java 中,子类和父类是一种相对概念,也就是说一个类是某个类父类的同时,也可以是另一个类的子类。例如上面的示例中,B 类是 A 类的子类,同时又是 C 类的父类。

4.1.2 重写父类方法

在继承关系中,子类会自动继承父类中定义的方法,但有时在子类中需要对继承的方法进行一些修改,即对父类的方法进行重写。需要注意的是,在子类中重写的方法需要和父类被重写的方法具有相同的方法名、参数列表以及返回值类型。

例 4-1 中,Dog 类从 Animal 类继承了 shout()方法,该方法在被调用时会打印“动物发出叫声”,这明显不能描述一种具体动物的叫声,Dog 类对象表示犬类,发出的叫声应该是“汪汪”。为了解决这个问题,可以在 Dog 类中重写父类 Animal 中的 shout()方法,具体代码如例 4-2 所示。

例 4-2 Example02.java

```
//定义 Animal 类
class Animal {
    //定义动物叫的方法
    void shout() {
        System.out.println("动物发出叫声");
    }
}
//定义 Dog 类继承动物类
class Dog extends Animal {
    //定义狗叫的方法
    void shout() {
        System.out.println("汪汪……");
    }
}
```

```
//定义测试类
public class Example02 {
    public static void main(String[] args) {
        Dog dog=new Dog();              //创建 Dog 类的实例对象
        dog.shout();                    //调用 dog 重写的 shout()方法
    }
}
```

运行结果如图 4-3 所示。

图 4-3　例 4-2 运行结果

例 4-2 中，定义了 Dog 类并且继承自 Animal 类。在子类 Dog 中定义了一个 shout()方法对父类的方法进行重写。从运行结果可以看出，在调用 Dog 类对象的 shout()方法时，只会调用子类重写的该方法，并不会调用父类的 shout()方法。

注意：子类重写父类方法时，不能使用比父类中被重写的方法更严格的访问权限，如父类中的方法是 public 的，子类的方法就不能是 private 的，关于访问权限中更多的知识，我们将在本章结尾进行详细讲解，在这里大家只要有个印象就行了。

4.1.3　super 关键字

从例 4-2 的运行结果可以看出，当子类重写父类的方法后，子类对象将无法访问父类被重写的方法，为了解决这个问题，在 Java 中专门提供了一个 super 关键字用于访问父类的成员。例如访问父类的成员变量、成员方法和构造方法。接下来分两种情况来学习一下 super 关键字的具体用法。

① 使用 super 关键字调用父类的成员变量和成员方法。具体格式如下：

```
super.成员变量
super.成员方法([参数 1,参数 2…])
```

接下来通过一个案例来学习，如例 4-3 所示。

例 4-3　Example03. java

```
//定义 Animal 类
class Animal {
    String name="动物";
    //定义动物叫的方法
    void shout() {
        System.out.println("动物发出叫声");
```

```
    }
}
//定义 Dog 类继承动物类
class Dog extends Animal {
    String name="犬类";
    //重写父类的 shout()方法
    void shout() {
        super.shout();                              //访问父类的成员方法
    }
    //定义打印 name 的方法
    void printName() {
        System.out.println("name="+super.name);     //访问父类的成员变量
    }
}
//定义测试类
public class Example03{
    public static void main(String[] args) {
        Dog dog=new Dog();                  //创建一个 Dog 对象
        dog.shout();                        //调用 dog 对象重写的 shout()方法
        dog.printName();                    //调用 dog 对象的 printName()方法
    }
}
```

运行结果如图 4-4 所示。

图 4-4　例 4-3 运行结果

例 4-3 中，定义了一个 Dog 类继承 Animal 类，并重写了 Animal 类的 shout()方法。在子类 Dog 的 shout()方法中使用“super. shout()”调用了父类被重写的方法，在 printName()方法中使用“super. name”访问父类的成员变量。从运行结果可以看出，子类通过 super 关键字可以成功地访问父类成员变量和成员方法。

② 使用 super 关键字调用父类的构造方法。具体格式如下：

```
super([参数 1,参数 2…])
```

接下来通过一个案例来学习，如例 4-4 所示。

例 4-4　Example04. java

```
//定义 Animal 类
```

```
2  class Animal {
3      //定义 Animal 类有参的构造方法
4      public Animal(String name) {
5          System.out.println("我是一只"+name);
6      }
7  }
8  //定义 Dog 类继承 Animal 类
9  class Dog extends Animal {
10     public Dog() {
11         super("沙皮狗");                    //调用父类有参的构造方法
12     }
13 }
14 //定义测试类
15 public class Example04 {
16     public static void main(String[] args) {
17         Dog dog=new Dog();                  //实例化子类 Dog 对象
18     }
19 }
```

运行结果如图 4-5 所示。

图 4-5 例 4-4 运行结果

根据前面所学的知识,例 4-4 在实例化 Dog 对象时一定会调用 Dog 类的构造方法。从运行结果可以看出,Dog 类的构造方法被调用时父类的构造方法也被调用了。需要注意的是,通过 super 调用父类构造方法的代码必须位于子类构造方法的第一行,并且只能出现一次。

将例 4-4 第 11 行代码去掉,再次编译程序会报错,如图 4-6 所示。

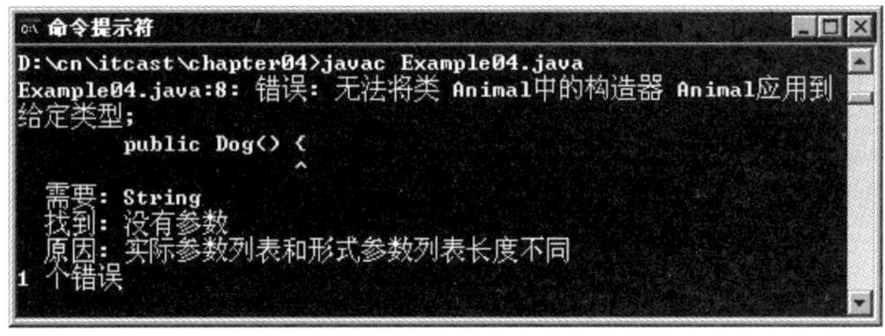

图 4-6 例 4-4 修改后运行结果

出错的原因是,在子类的构造方法中一定会调用父类的某个构造方法。这时可以在子类的构造方法中通过 super 指定调用父类的哪个构造方法,如果没有指定,在实例化子类对象时，会自动调用父类无参的构造方法。

为了解决上述程序的编译错误，可以在子类中显式地调用父类中已有的构造方法，当然也可以选择在父类中定义无参的构造方法，现将例 4-4 中的 Animal 类进行修改，如例 4-5 所示。

例 4-5 Example05.java

```
//定义 Animal 类
class Animal {
    //定义 Animal 无参的构造方法
    public Animal() {
        System.out.println("我是一只动物");
    }
    //定义 Animal 有参的构造方法
    public Animal(String name) {
        System.out.println("我是一只"+name);
    }
}
//定义 Dog 类,继承自 Animal 类
class Dog extends Animal {
    //定义 Dog 类无参的构造方法
    public Dog() {
        //方法体中无代码
    }
}
//定义测试类
public class Example05 {
    public static void main(String[] args) {
        Dog dog=new Dog();          //创建 Dog 类的实例对象
    }
}
```

运行结果如图 4-7 所示。

图 4-7 例 4-5 运行结果

从运行结果可以看出，子类在实例化时默认调用了父类无参的构造方法。通过这个案例还可以得出一个结论，那就是在定义一个类时，如果没有特殊需求，尽量在类中定义一个无参的构造方法，避免被继承时出现错误。

4.2 final 关键字

final 关键字可用于修饰类、变量和方法，它有“这是无法改变的”或者“最终”的含义，因此被 final 修饰的类、变量和方法将具有以下特性：

- final 修饰的类不能被继承。
- final 修饰的方法不能被子类重写。
- final 修饰的变量(成员变量和局部变量)是常量，只能赋值一次。

接下来对这些特性进行逐一地讲解。

4.2.1 final 关键字修饰类

Java 中的类被 final 关键字修饰后，该类将不可以被继承，也就是不能够派生子类。接下来通过一个案例来验证，如例 4-6 所示。

例 4-6 Example06.java

```
//使用 final 关键字修饰 Animal 类
final class Animal {
    //方法体为空
}
//Dog 类继承 Animal 类
class Dog extends Animal {
    //方法体为空
}
//定义测试类
class Example06 {
    public static void main(String[] args) {
        Dog dog=new Dog();          //创建 Dog 类的实例对象
    }
}
```

编译程序报错，如图 4-8 所示。

```
命令提示符
D:\cn\itcast\chapter04>javac Example06.java
Example06.java:4: 错误: 无法从最终Animal进行继承
class Dog extends Animal{
                  ^
1 个错误
```

图 4-8 例 4-6 运行结果

例 4-6 中，由于 Animal 类被 final 关键字所修饰，因此，当 Dog 类继承 Animal 类时，编译出现了“无法从最终 Animal 进行继承”的错误。由此可见，被 final 关键字修饰的类为最终类，不能被其他类继承。

4.2.2 final 关键字修饰方法

当一个类的方法被 final 关键字修饰后，这个类的子类将不能重写该方法。接下来通过一个案例来验证，如例 4-7 所示。

例 4-7 Example07.java

```
//定义 Animal 类
class Animal {
    //使用 final 关键字修饰 shout()方法
    public final void shout() {
        //程序代码
    }
}
//定义 Dog 类继承 Animal 类
class Dog extends Animal {
    //重写 Animal 类的 shout()方法
    public void shout() {
        //程序代码
    }
}
//定义测试类
class Example07 {
    public static void main(String[] args) {
        Dog dog=new Dog();          //创建 Dog 类的实例对象
    }
}
```

编译程序报错，如图 4-9 所示。

图 4-9 例 4-7 运行结果

例 4-7 中，Dog 类重写父类 Animal 中的 shout()方法后，编译报错。这是因为 Animal 类的 shout()方法被 final 所修饰。由此可见，被 final 关键字修饰的方法为最终方法，子类不能对该方法进行重写。正是由于 final 的这种特性，当在父类中定义某个方法时，如果不希望被子类重写，就可以使用 final 关键字修饰该方法。

4.2.3 final 关键字修饰变量

Java 中被 final 修饰的变量为常量,它只能被赋值一次,也就是说 final 修饰的变量一旦被赋值,其值不能改变。如果再次对该变量进行赋值,则程序会在编译时报错。接下来通过一个案例来演示这种错误,如例 4-8 所示。

例 4-8 Example08. java

```
1 public class Example08 {
2     public static void main(String[] args) {
3         final int num=2;                //第一次可以赋值
4         num=4;                          //再次赋值会报错
5     }
6 }
```

编译程序报错,如图 4-10 所示。

图 4-10 例 4-8 运行结果

例 4-8 中,当第 4 行对 num 赋值时,编译报错。原因在于变量 num 被 final 修饰。由此可见,被 final 修饰的变量为常量,它只能被赋值一次,其值不可改变。

例 4-8 中,被 final 关键字修饰的变量为局部变量。接下来通过一个案例来演示 final 修饰成员变量的情况,如例 4-9 所示。

例 4-9 Example09. java

```
//定义 Student 类
class Student {
    final String name;                    //使用 final 关键字修饰 name 属性
    //定义 introduce()方法,打印学生信息
    public void introduce() {
        System.out.println("我是一个学生,我叫"+name);
    }
}
//定义测试类
public class Example09 {
    public static void main(String[] args) {
        Student stu=new Student();        //创建 Student 类的实例对象
        stu.introduce();                  //调用 Student 的 introduce()方法
```

```
14      }
15 }
```

编译出错，如图 4-11 所示。

```
命令提示符
D:\cn\itcast\chapter04>javac Example09.java
Example09.java:1: 错误: 可能尚未初始化变量name
class Student {
^
1 个错误
```

图 4-11　例 4-9 运行结果

图 4-11 中出现了编译错误，提示变量 name 没有初始化。这是因为使用 final 关键字修饰成员变量时，虚拟机不会对其进行初始化。因此使用 final 修饰成员变量时，需要在定义变量的同时赋予一个初始值，下面将第 3 行代码修改为：

```
final String name="李芳";              //为 final 关键字修饰的 name 属性赋值
```

再次编译程序，程序将不会发生错误，运行结果如图 4-12 所示。

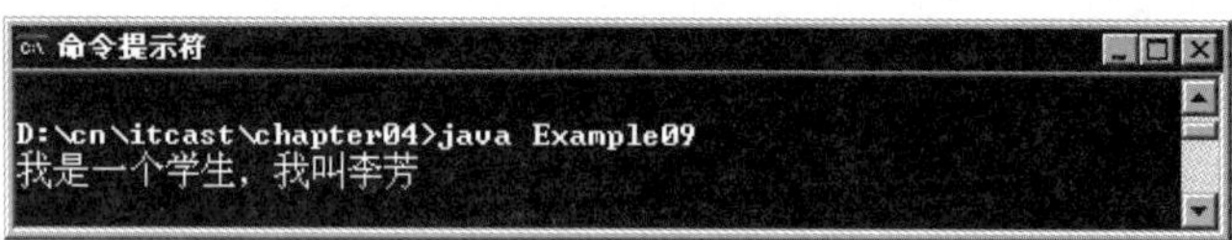

图 4-12　例 4-9 修改后运行结果

4.3　抽象类和接口

4.3.1　抽象类

当定义一个类时，常常需要定义一些方法来描述该类的行为特征，但有时这些方法的实现方式是无法确定的。例如前面在定义 Animal 类时，shout()方法用于表示动物的叫声，但是针对不同的动物，叫声也是不同的，因此在 shout()方法中无法准确描述动物的叫声。

针对上面描述的情况，Java 允许在定义方法时不写方法体，不包含方法体的方法为抽象方法，抽象方法必须使用 abstract 关键字来修饰，具体示例如下：

```
abstract void shout();           //定义抽象方法 shout()
```

当一个类中包含了抽象方法，该类必须使用 abstract 关键字来修饰，使用 abstract 关键字修饰的类为抽象类，具体示例如下：

```
//定义抽象类 Animal
abstract class Animal {
    //定义抽象方法 shout()
    abstract int shout();
}
```

在定义抽象类时需要注意，包含抽象方法的类必须声明为抽象类，但抽象类可以不包含任何抽象方法，只需使用abstract关键字来修饰即可。另外，抽象类是不可以被实例化的，因为抽象类中有可能包含抽象方法，抽象方法是没有方法体的，不可以被调用。如果想调用抽象类中定义的方法，则需要创建一个子类，在子类中将抽象类中的抽象方法进行实现。接下来通过一个案例来学习如何实现抽象类中的方法，如例4-10所示。

例4-10　Example10.java

```
//定义抽象类 Animal
abstract class Animal {
    //定义抽象方法 shout()
    abstract void shout();
}
//定义 Dog 类继承抽象类 Animal
class Dog extends Animal {
    //实现抽象方法 shout()
    void shout() {
        System.out.println("汪汪……");
    }
}
//定义测试类
public class Example10 {
    public static void main(String[] args) {
        Dog dog=new Dog();          //创建 Dog 类的实例对象
        dog.shout();                //调用 dog 对象的 shout()方法
    }
}
```

运行结果如图4-13所示。

图4-13　例4-10运行结果

从运行结果可以看出，子类实现了父类的抽象方法后，可以正常进行实例化，并通过实例化对象调用方法。

4.3.2 接口

如果一个抽象类中的所有方法都是抽象的，则可以将这个类用另外一种方式来定义，即接口。在定义接口时，需要使用 interface 关键字来声明，具体示例如下：

```
interface Animal {
    int ID=1;                //定义全局常量
    void breathe();          //定义抽象方法
    void run();
}
```

上面的代码中，Animal 即为一个接口。从示例中会发现抽象方法 breathe()并没有使用 abstract 关键字来修饰，这是因为接口中定义的方法和变量都包含一些默认修饰符。接口中定义的方法默认使用“public abstract”来修饰，即抽象方法。接口中的变量默认使用“public static final”来修饰，即全局常量。

由于接口中的方法都是抽象方法，因此不能通过实例化对象的方式来调用接口中的方法。此时需要定义一个类，并使用 implements 关键字实现接口中所有的方法。接下来通过一个案例来学习，如例 4-11 所示。

例 4-11 Example11.java

```
//定义了 Animal 接口
interface Animal {
    int ID=1;                      //定义全局常量
    void breathe();                //定义抽象方法 breathe()
    void run();                    //定义抽象方法 run()
}

//Dog 类实现了 Animal 接口
class Dog implements Animal {
    //实现 breathe()方法
    public void breathe() {
        System.out.println("狗在呼吸");
    }
    //实现 run()方法
    public void run() {
        System.out.println("狗在跑");
    }
}
//定义测试类
public class Example11 {
    public static void main(String[] args) {
        Dog dog=new Dog();    //创建 Dog 类的实例对象
```

```
        dog.breathe();          //调用 Dog 类的 breathe()方法
        dog.run();              //调用 Dog 类的 run()方法
    }
}
```

运行结果如图 4-14 所示。

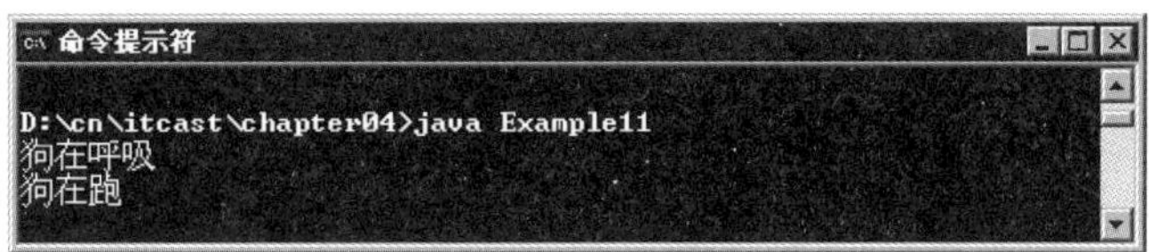

图 4-14 例 4-11 运行结果

从运行结果可以看出,类 Dog 在实现了 Animal 接口后是可以被实例化的。

例 4-11 演示的是类与接口之间的实现关系,在程序中,还可以定义一个接口使用 extends 关键字去继承另一个接口,接下来对例 4-11 稍加修改,演示接口之间的继承关系,修改后的代码如例 4-12 所示。

例 4-12 Example12.java

```
//定义了 Animal 接口
interface Animal {
    int ID=1;                                 //定义全局常量
    void breathe();                           //定义抽象方法 breathe()
    void run();                               //定义抽象方法 run()
}
//定义了 LandAnimal 接口,并继承了 Animal 接口
interface LandAnimal extends Animal {        //接口继承接口
    void liveOnland();                        //定义抽象方法 liveOnLand()
}
//定义 Dog 类实现 LandAnimal 接口
class Dog implements LandAnimal {
    //实现 breathe()方法
    public void breathe() {
        System.out.println("狗在呼吸");
    }
    //实现 run()方法
    public void run() {
        System.out.println("狗在跑");
    }
    //实现 liveOnland()方法
    public void liveOnland() {
        //TODO Auto-generated method stub
        System.out.println("狗生活在陆地上");
```

```
    }
}
//定义测试类
public class Example12 {
    public static void main(String[] args) {
        Dog dog=new Dog();              //创建 Dog 类的实例对象
        dog.breathe();                  //调用 Dog 类的 breathe()方法
        dog.run();                      //调用 Dog 类的 run()方法
        dog.liveOnland();               //调用 Dog 类的 liveOnland()方法
    }
}
```

运行结果如图 4-15 所示。

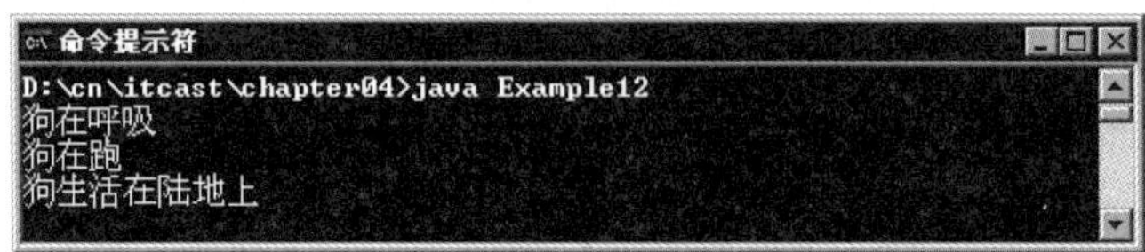

图 4-15 例 4-12 运行结果

例 4-12 中，定义了两个接口，其中 LandAnimal 接口继承了 Animal 接口，因此 LandAnimal 接口包含了三个抽象方法。当 Dog 类实现 LandAnimal 接口时，需要实现两个接口中定义的三个方法。从运行结果看出，程序可以针对 Dog 类实例化对象并调用类中的方法。

为了加深初学者对接口的认识，接下来对接口的特点进行归纳，具体如下：

- 接口中的方法都是抽象的，不能实例化对象。
- 当一个类实现接口时，如果这个类是抽象类，则实现接口中的部分方法即可，否则需要实现接口中的所有方法。
- 一个类通过 implements 关键字实现接口时，可以实现多个接口，被实现的多个接口之间要用逗号隔开。具体示例如下：

```
interface Run {
    程序代码……
}
interface Fly {
    程序代码……
}
class Bird implements Run,Fly {
    程序代码……
}
```

- 一个接口可以通过 extends 关键字继承多个接口，接口之间用逗号隔开。具体示例如下：

```
interface Running {
    程序代码……
}
interface Flying {
    程序代码……
}
Interface Eating extends Running,Flying {
    程序代码……
}
```

- 一个类在继承另一个类的同时还可以实现接口，此时，extends 关键字必须位于 implements 关键字之前。具体示例如下：

```
class Dog extends Canidae implements Animal {      //先继承,再实现
    程序代码……
}
```

4.4 多态

4.4.1 多态概述

在设计一个方法时，通常希望该方法具备一定的通用性。例如要实现一个动物叫的方法，由于每种动物的叫声是不同的，因此可以在方法中接收一个动物类型的参数，当传入猫类对象时就发出猫类的叫声，传入犬类对象时就发出犬类的叫声。在同一个方法中，这种由于参数类型不同而导致执行效果各异的现象就是多态。

在 Java 中为了实现多态，允许使用一个父类类型的变量来引用一个子类类型的对象，根据被引用子类对象特征的不同，得到不同的运行结果。接下来通过一个案例来演示，如例 4-13 所示。

例 4-13　Example13.java

```
//定义接口 Animal
interface Animal {
    void shout();                    //定义抽象 shout()方法
}
//定义 Cat 类实现 Animal 接口
class Cat implements Animal {
    //实现 shout()方法
    public void shout() {
        System.out.println("喵喵……");
```

```
10     }
11 }
12 //定义 Dog 类实现 Animal 接口
13 class Dog implements Animal {
14     //实现 shout()方法
15     public void shout() {
16         System.out.println("汪汪……");
17     }
18 }
19 //定义测试类
20 public class Example13 {
21     public static void main(String[] args) {
22         Animal an1=new Cat();      //创建 Cat 对象,使用 Animal 类型的变量 an1 引用
23         Animal an2=new Dog();      //创建 Dog 对象,使用 Animal 类型的变量 an2 引用
24         animalShout(an1);          //调用 animalShout()方法,将 an1 作为参数传入
25         animalShout(an2);          //调用 animalShout()方法,将 an2 作为参数传入
26     }
27     //定义静态的 animalShout()方法,接收一个 Animal 类型的参数
28     public static void animalShout(Animal an) {
29         an.shout();                //调用实际参数的 shout()方法
30     }
31 }
```

运行结果如图 4-16 所示。

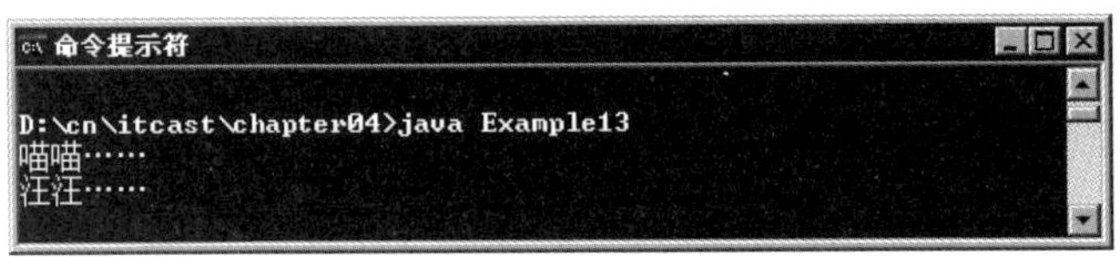

图 4-16　例 4-13 运行结果

在例 4-13 中,第 22 行、第 23 行代码实现了父类类型变量引用不同的子类对象,当第 24 行、第 25 行代码调用 animalShout()方法时,将父类引用的两个不同子类对象分别传入,结果打印出了"喵喵"和"汪汪"。由此可见,多态不仅解决了方法同名的问题,而且还使程序变得更加灵活,从而有效地提高程序的可扩展性和可维护性。

4.4.2　对象的类型转换

在多态的学习中,涉及到将子类对象当作父类类型使用的情况,例如下面两行代码:

```
Animal an1=new Cat();      //将 Cat 对象当作 Animal 类型来使用
Animal an2=new Dog();      //将 Dog 对象当作 Animal 类型来使用
```

将子类对象当作父类使用时不需要任何显式地声明,需要注意的是,此时不能通过

父类变量去调用子类中的某些方法，接下来通过一个案例来演示，如例 4-14 所示。

例 4-14　Example14. java

```
1  //定义 Animal 接口
2  interface Animal {
3      void shout();                //定义抽象方法 shout()
4  }
5  //定义 Cat 类实现 Animal 接口
6  class Cat implements Animal {
7      //实现抽象方法 shout()
8      public void shout() {
9          System.out.println("喵喵……");
10     }
11     //定义 sleep()方法
12     void sleep() {
13         System.out.println("猫睡觉……");
14     }
15 }
16 //定义测试类
17 public class Example14 {
18     public static void main(String[] args) {
19         Cat cat=new Cat();    //创建 Cat 类的实例对象
20         animalShout(cat);     //调用 animalShout()方法,将 cat 作为参数传入
21     }
22     //定义静态方法 animalShout(),接收一个 Animal 类型的参数
23     public static void animalShout(Animal animal) {
24         animal.shout();       //调用传入参数 animal 的 shout()方法
25         animal.sleep();       //调用传入参数 animal 的 sleep()方法
26     }
27 }
```

编译程序报错，结果如图 4-17 所示。

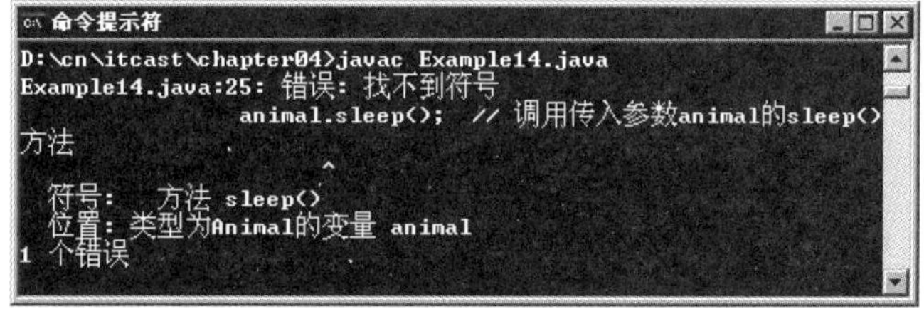

图 4-17　例 4-14 运行结果

在例 4-14 的 main 方法中，调用 animalShout()方法时传入了 Cat 类型的对象，而方法的参数类型为 Animal 类型，这便将 Cat 对象当作父类 Animal 类型使用。当编译器检查到第 25 行代码时，发现 Animal 类中没有定义 sleep()方法，从而出现图 4-17 中所提示

的错误信息，报告找不到 sleep()方法。由于传入的对象是 Cat 类型，在 Cat 类中定义了 sleep()方法，通过 Cat 类型的对象调用 sleep()方法是可行的，因此可以在 animalShout()方法中将 Animal 类型的变量强转为 Cat 类型。将例 4-14 中的 animalShout()方法进行修改，具体代码如下：

```
public static void animalShout(Animal animal) {
    Cat cat= (Cat) animal;          //将 animal 对象强制转换为 Cat 类型
    cat.shout();                    //调用 cat 的 shout()方法
    cat.sleep();                    //调用 cat 的 sleep()方法
}
```

修改后再次编译，程序没有报错，运行结果如图 4-18 所示。

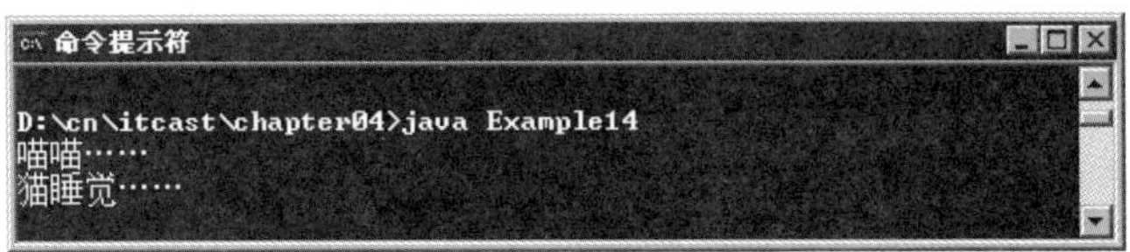

图 4-18 例 4-14 修改后运行结果

通过运行结果可以看出，将传入的对象由 Animal 类型转为 Cat 类型后，程序可以成功调用 shout()和 sleep()方法。需要注意的是，在进行类型转换时也可能出现错误，例如在例 4-14 中调用 animalShout()方法时传入一个 Dog 类型的对象，这时进行强制类型转换就会出现出错，如例 4-15 所示。

例 4-15 Example15.java

```
//定义 Animal 类接口
interface Animal {
    void shout();                   //定义抽象方法 shout()
}
//定义 Cat 类实现 Animal 接口
class Cat implements Animal {
    //实现 shout()方法
    public void shout() {
        System.out.println("喵喵……");
    }
    //定义 sleep()方法
    void sleep() {
        System.out.println("猫睡觉……");
    }
}
//定义 Dog 类实现 Animal 接口
class Dog implements Animal {
    //实现 shout()方法
```

```
    public void shout() {
        System.out.println("汪汪……");
    }
}
//创建测试类
public class Example15 {
    public static void main(String[] args) {
        Dog dog=new Dog();            //创建 Dog 类型的实例对象
        animalShout(dog);             //调用 animalShout()方法,将 dog 作为参数传入
    }
    //定义静态方法 animalShout(),接收一个 Animal 类型的参数
    public static void animalShout(Animal animal) {
            Cat cat=(Cat)animal;      //将 Animal 对象强制转换成 Cat 类型
            cat.sleep();              //调用 cat 的 sleep()方法
            cat.shout();              //调用 cat 的 shout()方法
    }
}
```

程序运行出错,如图 4-19 所示。

```
命令提示符
D:\cn\itcast\chapter04>java Example15.java
Exception in thread "main" java.lang.ClassCastException: Dog ca
nnot be cast to Cat
        at Example15.animalShout(Example17.java:23)
        at Example15.main(Example17.java:20)
```

图 4-19　例 4-15 运行结果

例 4-15 在运行时报错,提示 Dog 类型不能转换成 Cat 类型。出错的原因是,在调用 animalShout()方法时,传入一个 Dog 对象,在强制类型转换时,Animal 类型的变量无法强转为 Cat 类型。

针对这种情况,Java 提供了一个关键字 instanceof,它可以判断一个对象是否为某个类(或接口)的实例或者子类实例,语法格式如下:

```
对象(或者对象引用变量) instanceof 类(或接口)
```

接下来对例 4-15 的 animalShout()方法进行修改,具体代码如下:

```
public static void animalShout(Animal animal) {
    if (animal instanceof Cat) {        //判断 animal 是否是 Cat 类的实例对象
        Cat cat=(Cat)animal;            //将 animal 强转为 Cat 类型
        cat.sleep();                    //调用 cat 的 sleep()方法
        cat.shout();                    //调用 cat 的 shout()方法
    } else {
        System.out.println("this animal is not a cat");
```

```
    }
}
```

运行结果如图 4-20 所示。

```
命令提示符
D:\cn\itcast\chapter04>java Example15
this animal is not a cat
```

图 4-20　例 4-15 修改后运行结果

在对例 4-15 修改的代码中，使用 instanceof 关键字判断 animalShout()方法中传入的对象是否为 Cat 类型，如果是 Cat 类型就进行强制类型转换，否则就打印"this animal is not a cat"。该例程中，由于传入的对象为 Dog 类型，因此出现图 4-20 的运行结果。

4.4.3　Object 类

在 JDK 中提供了一个 Object 类，它是所有类的父类，即每个类都直接或间接继承自该类。先来看一个例子，如例 4-16 所示。

例 4-16　Example16.java

```
//定义 Animal 类
class Animal {
    //定义动物叫的方法
    void shout() {
        System.out.println("动物叫!");
    }
}
//定义测试类
public class Example16 {
    public static void main(String[] args) {
        Animal animal=new Animal();                  //创建 Animal 类对象
        System.out.println(animal.toString());   //调用 toString()方法并打印
    }
}
```

运行结果如图 4-21 所示。

```
命令提示符
D:\cn\itcast\chapter04>java Example16
Animal@2c1e6b
```

图 4-21　例 4-16 运行结果

在例4-16中，第12行代码调用了Animal对象的toString()方法，虽然例4-16的Animal类并没有定义这个方法，但程序并没有报错。这是因为Animal默认继承自Object类，在Object类中定义了toString()方法，在该方法中输出了对象的基本信息。Object类的toString()方法中的代码具体如下：

```
getClass().getName()+"@"+Integer.toHexString(hashCode());
```

为了方便初学者理解上面的代码，接下来分别对其中用到的方法进行解释，具体如下：

- getClass().getName()代表返回对象所属类的类名，即Animal。
- hashCode()代表返回该对象的哈希值。
- Integer.toHexString(hashCode())代表将对象的哈希值用16进制表示。

其中，hashCode()是Object类中定义的一个方法，这个方法将对象的内存地址进行哈希运算，返回一个int类型的哈希值。

在实际开发中，通常希望对象的toString()方法返回的不仅仅是基本信息，而是一些特有的信息，这时重写Object的toString()方法便可以实现，如例4-17所示。

例4-17 Example17.java

```
//定义Animal类
class Animal {
    //重写Object类的toString()方法
    public String toString() {
        return "I am an animal";
    }
}
//定义测试类
public class Example17 {
    public static void main(String[] args) {
        Animal animal=new Animal();          //创建Animal对象
        System.out.println(animal.toString()); //打印animal的toString()方法的返回值
    }
}
```

运行结果如图4-22所示。

图4-22 例4-17运行结果

在例4-17的Animal类中重写了Object类的toString()方法，当在main()方法中调用toString()方法时，就打印出了Animal类的描述信息"I am an animal"。

4.4.4 匿名内部类

在前面多态的讲解中，如果方法的参数被定义为一个接口类型，那么就需要定义一个类来实现接口，并根据该类进行对象实例化。除此之外，还可以使用匿名内部类来实现接口。为了让初学者能更好地理解什么是匿名内部类，接下来将例 4-13 改为内部类的方式进行实现，如例 4-18 所示。

例 4-18 Example18.java

```
//定义 Animal 接口
interface Animal {
    void shout();                       //定义抽象方法 shout()
}
//定义测试类
public class Example18 {
    public static void main(String[] args) {
        //定义一个内部类 Cat 实现 Animal 接口
        class Cat implements Animal {
            //实现 shout()方法
            public void shout() {
                System.out.println("喵喵……");
            }
        }
        animalShout(new Cat());         //调用 animalShout()方法并传入 Cat 对象
    }
    //定义静态方法 animalShout()
    public static void animalShout(Animal an) {
        an.shout();                     //调用传入对象 an 的 shout()方法
    }
}
```

运行结果如图 4-23 所示。

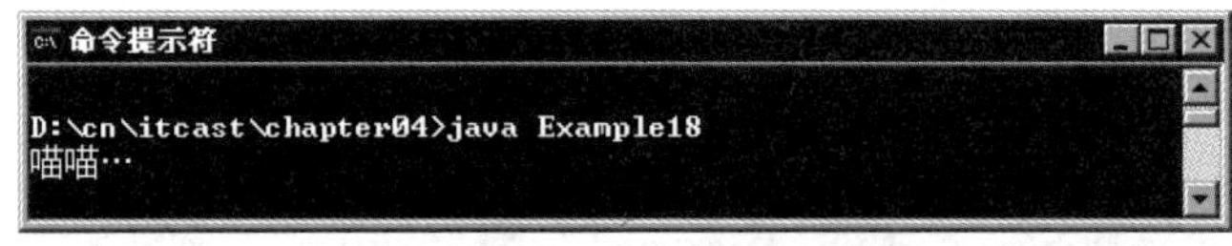

图 4-23 例 4-18 运行结果

在例 4-18 中，内部类 Cat 实现了 Animal 接口，在调用 animalShout ()方法时，将 Cat 类的实例对象作为参数传入。接下来，通过匿名内部类的方式来实现例 4-18 中的效果。为了便于初学者的理解，首先看一下匿名内部类的格式，具体如下：

```
new 父类(参数列表) 或 父接口(){
    //匿名内部类实现部分
}
```

接下来对例 4-18 进行改写,如例 4-19 所示。

例 4-19 Example19. java

```
//定义动物类接口
interface Animal {                    //定义动物类接口
    void shout();                     //定义方法 shout()
}
public class Example19 {
    public static void main(String[] args) {
        //定义匿名内部类作为参数传递给 animalShout()方法
        animalShout(new Animal() {
            //实现 shout()方法
            public void shout() {
                System.out.println("喵喵……");
            }
        });
    }
        //定义静态方法 animalShout()
    public static void animalShout(Animal an) {
        an.shout();                   //调用传入对象 an 的 shout()方法
    }
}
```

运行结果如图 4-24 所示。

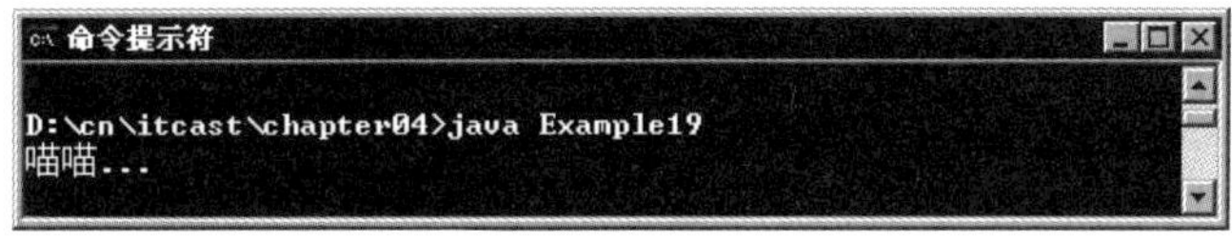

图 4-24　例 4-19 运行结果

例 4-19 中使用匿名内部类实现了 Animal 接口。对于初学者而言,可能会觉得匿名内部类的写法比较难理解,接下来分两步来编写匿名内部类,具体如下:

① 在调用 animalShout()方法时,在方法的参数位置写上 new Animal(){},这相当于创建了一个实例对象,并将对象作为参数传给 animalShout()方法。在 new Animal()后面有一对大括号,表示创建的对象为 Animal 的子类实例,该子类是匿名的。具体代码如下:

```
animalShout(new Animal(){});
```

② 在大括号中编写匿名子类的实现代码，具体如下：

```
animalShout(new Animal()
{
    public void shout() {
        System.out.println("喵喵……");
    }
});
```

至此便完成了匿名内部类的编写。匿名内部类是实现接口的一种简便写法，在程序中不一定非要使用匿名内部类。对于初学者而言不要求完全掌握这种写法，只需尽量理解语法就可以了。

多学一招：加深对接口类的认识

接口在面向对象的设计与编程中应用的非常广泛，特别是实现软件模块间的插接方面有着巨大的优势。其实，我们生活中也经常碰到接口的概念，大家想一想，我们在北京中关村的电子市场随便挑选了一块计算机主板和一块 PCI 卡（网卡、声卡等），结果，这块 PCI 卡能够很好利用在这块主板上，这是什么原因呢？主板厂商和 PCI 卡厂商都是同一家吗？他们互相认识吗？答案是否定的。但他们都知道同一个标准，那就是 PCI 规范。做 PCI 卡的厂商严格按照 PCI 规范去实现他们的 PCI 卡，也就是与主板卡槽的连接处是固定的格式，包括卡的尺寸与连接电路线的排列顺序，但卡内部如何制造，就无所谓了，可以做成网卡，也可以做成声卡。做主板的厂商也要知道 PCI 规范，他们只要保留一个能使用 PCI 卡的插槽，也就是按照 PCI 卡的尺寸与连接电路线的排列顺序去使用可能插进来的 PCI 卡，而不必知道 PCI 卡的内部具体实现。

我们通过编写一段程序来模拟上述过程的实现，PCI 卡中的每个方法名称（相当于 PCI 卡的尺寸与连接电路线的排列顺序）必须是固定的，主板才能根据自己想执行的命令找到 PCI 卡中对应的方法，PCI 卡也必须具有主板可能用到的所有命令方法。这正是“调用者和被调用者必须共同遵守某一限定，调用者按照这个限定进行方法调用，被调用者按照这个限定进行方法实现”的应用情况，在面向对象的编程语言中，这种限定就是通过接口类来表示的。主板和各种 PCI 卡就是按照 PCI 接口进行约定的。接下来通过一个案例进行学习，如例 4-20 所示。

例 4-20　Assembler. java

```
//定义 PCI 接口
interface PCI {
    void start();                          //定义抽象方法 start()
    void stop();                           //定义抽象方法 stop()
}
//定义 NetWorkCard 类实现 PCI 接口
class NetWorkCard implements PCI {
    //实现 start()方法
```

```
    public void start() {
        System.out.println("Send…");
    }
    //实现 stop()方法
    public void stop() {
        System.out.println("NetWork Stop");
    }
}
//定义 SoundCard 类实现 PCI 接口
class SoundCard implements PCI {
    //实现 start()方法
    public void start() {
        System.out.println("Du du…");
    }
    //实现 stop()方法
    public void stop() {
        System.out.println("Sound Stop");
    }
}
//定义 MainBoard 类
class MainBoard {
    //定义一个 userPCICard()方法,接收 PCI 类型的参数
    public void usePCICard(PCI p) {
        p.start();                              //调用传入对象的 start()方法
        p.stop();                               //调用传入对象的 stop()方法
    }
}
//定义 Assembler 类
class Assembler {
    public static void main(String[] args) {
        MainBoard mb=new MainBoard();           //创建 MainBoard 类的实例对象
        NetWorkCard nc=new NetWorkCard();       //创建 NetWorkCard 类的实例对象 nc
        mb.usePCICard(nc);         //调用 MainBoard 对象的 usePCICard()方法,将 nc 作为参数传入
        SoundCard sc=new SoundCard();           //创建 NetWorkCard 类的实例对象 sc
        mb.usePCICard(sc);         //调用 MainBoard 对象的 usePCICard()方法,将 sc 作为参数传入
    }
}
```

运行结果如图 4-25 所示。

例 4-20 中,类 Assembler 就是计算机组装者,他买了一块主板 mb 和一块网卡 nc,一块声卡 sc,由于 NetWorkCard 与 SoundCard 都是 PCI 接口的子类,所以,它们的对象能直接传递给 usePCICard()方法中 PCI 接口类型的引用变量 p,在参数传递的过程中发生了隐式自动类型转换。通过这个例子大家应该明白了一个类必须实现接口中的所有方

```
C:\WINDOWS\system32\cmd.exe
D:\cn\itcast\chapter04>java Assembler
Send...
NetWork Stop
Du du...
Sound Stop
```

图 4-25 例 4-20 运行结果

法的原因，因为调用者可能会用到接口中的每个方法，所以，被调用者必须实现这些方法。

4.5 异　常

4.5.1 什么是异常

尽管人人希望自己身体健康，处理的事情都能顺利进行，但在实际生活中总会遇到各种状况，比如感冒发烧，工作时电脑蓝屏、死机等。同样在程序运行的过程中，也会发生各种非正常状况，比如程序运行时磁盘空间不足，网络连接中断，被装载的类不存在。针对这种情况，在Java语言中，引入了异常，以异常类的形式对这些非正常情况进行封装，通过异常处理机制对程序运行时发生的各种问题进行处理。接下来通过一个案例来认识一下什么是异常，如例4-21所示。

例 4-21 Example20.java

```
public class Example20 {
    public static void main(String[] args) {
        int result=divide(4,0);          //调用 divide()方法
        System.out.println(result);
    }
    //下面的方法实现了两个整数相除
    public static int divide(int x,int y) {
        int result=x / y;              //定义一个变量 result 记录两个数相除的结果
        return result;                 //将结果返回
    }
}
```

运行结果如图4-26所示。

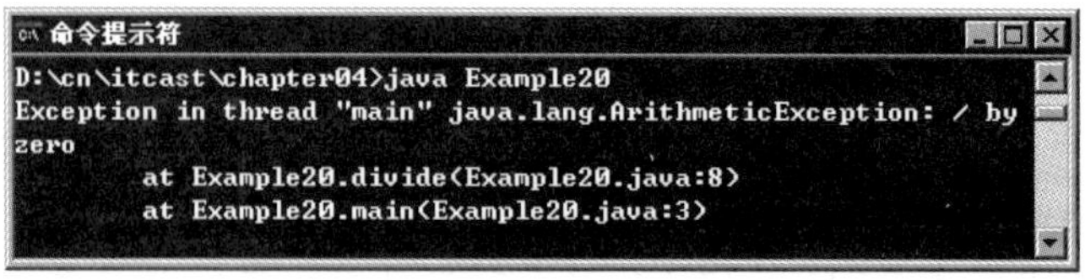

```
命令提示符
D:\cn\itcast\chapter04>java Example20
Exception in thread "main" java.lang.ArithmeticException: / by
zero
        at Example20.divide(Example20.java:8)
        at Example20.main(Example20.java:3)
```

图 4-26 例 4-21 运行结果

从图4-26的运行结果可以看出，程序发生了算数异常(ArithmeticException)，这个异常是由于程序中的第3行代码调用divide()方法时传入了参数0，在方法中的第8行代码的运算中出现了被0除的错误。在这个异常发生后，程序会立即结束，无法继续向下执行。

在例4-21中产生了一个ArithmeticException异常，ArithmeticException异常只是Java异常类中的一种，在Java中还提供了大量的异常类，这些类都继承自java.lang.Throwable类。接下来通过一张图来展示Throwable类的继承体系，如图4-27所示。

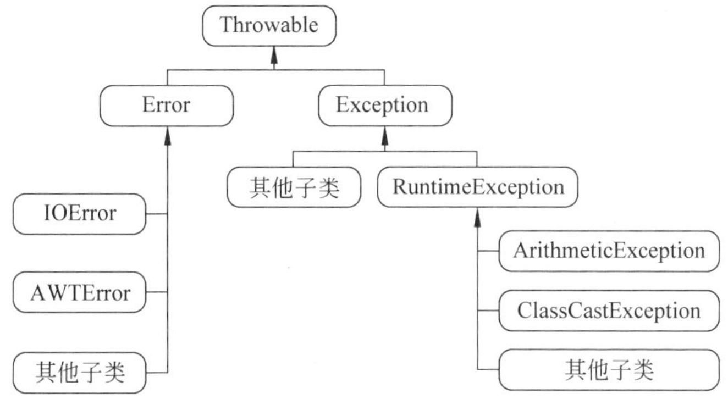

图4-27 Throwable体系架构图

通过图4-27可以看出，Throwable有两个直接子类Error和Exception，其中Error代表程序中产生的错误，Exception代表程序中产生的异常。接下来就对这两个直接子类进行详细讲解。

- Error类称为错误类，它表示Java运行时产生的系统内部错误或资源耗尽的错误，是比较严重的，仅靠修改程序本身是不能恢复执行的。举一个生活中的例子，在盖楼的过程中因偷工减料，导致大楼坍塌，这就相当于一个Error。使用java命令去运行一个不存在的类就会出现Error错误，如图4-28所示。

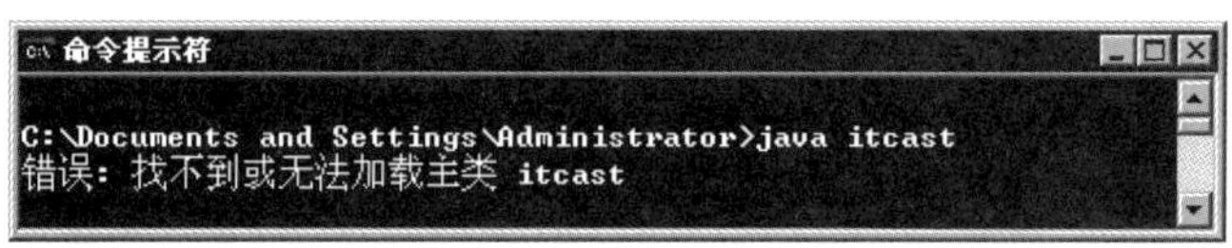

图4-28 错误的运行结果

图4-28是在命令行窗口直接执行"java itcast"命令，由于虚拟机无法找到itcast这个类，就会抛出"找不到或者无法加载主类"的错误。

- Exception类称为异常类，它表示程序本身可以处理的错误，在开发Java程序中进行的异常处理，都是针对Exception类及其子类。在Exception类的众多子类中有一个特殊的RuntimeException类，该类及其子类用于表示运行时异常，除了此类，Exception类下所有其他的子类都用于表示编译时异常。本节主要针对Exception类及其子类进行讲解。

通过前面的学习我们已经了解了Throwable类，为了方便后面的学习，接下来将

Throwable 类中的常用方法罗列出来，如表 4-1 所示。

表 4-1　Throwable 常用方法

方法声明	功能描述
String getMessage()	返回此 throwable 的详细消息字符串
void printStackTrace()	将此 throwable 及其追踪输出至标准错误流
void printStackTrace(PrintStream s)	将此 throwable 及其追踪输出到指定的输出流

表 4-1 中的这些方法都用于获取异常信息。由于 Error 和 Exception 继承自 Throwable 类，所以它们都拥有这些方法，在后面的异常学习中会逐渐接触到这些方法的使用。

4.5.2　try…catch 和 finally

例 4-21 由于发生了异常，程序立即终止，无法继续向下执行。为了解决这样的问题，Java 中提供了一种对异常进行处理的方式——异常捕获。异常捕获通常使用 try…catch 语句，具体语法格式如下：

```
try{
    //程序代码块
}catch(ExceptionType(Exception 类及其子类) e){
    //对 ExceptionType 的处理
}
```

其中，在 try 代码块中编写可能发生异常的 Java 语句，catch 代码块中编写针对异常进行处理的代码。当 try 代码块中的程序发生了异常，系统会将这个异常的信息封装成一个异常对象，并将这个对象传递给 catch 代码块。catch 代码块需要一个参数指明它所能够接收的异常类型，这个参数的类型必须是 Exception 类或其子类。

接下来使用 try…catch 语句对例 4-21 中出现的异常进行捕获，如例 4-22 所示。

例 4-22　Example21.java

```
public class Example21 {
    public static void main(String[] args) {
        //下面的代码定义了一个 try…catch 语句用于捕获异常
        try {
            int result=divide(4,0);     //调用 divide()方法
            System.out.println(result);
        } catch (Exception e) {         //对异常进行处理
            System.out.println("捕获的异常信息为: "+e.getMessage());
        }
        System.out.println("程序继续向下执行……");
    }
```

```
12     //下面的方法实现了两个整数相除
13     public static int divide(int x,int y) {
14         int result=x / y;              //定义一个变量 result 记录两个数相除的结果
15         return result;                 //将结果返回
16     }
17 }
```

运行结果如图 4-29 所示。

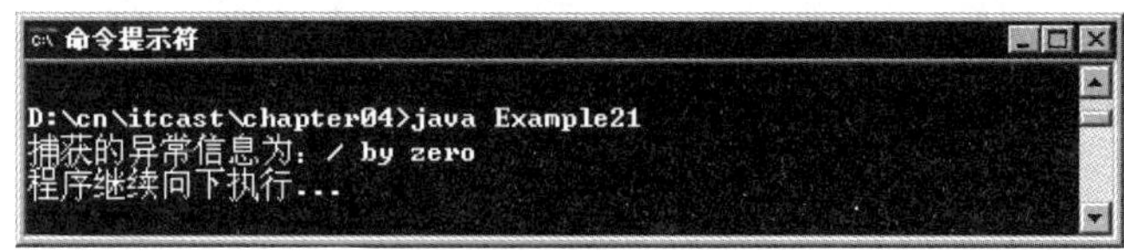

图 4-29　例 4-22 运行结果

例 4-22 中,对可能发生异常的代码用 try…catch 语句进行了处理。在 try 代码块中发生被 0 除异常,程序会转而执行 catch 中的代码,通过调用 Exception 对象的 getMessage()方法,返回异常信息“/ by zero”。catch 代码块对异常处理完毕后,程序仍会向下执行,而不会异常终止。

需要注意的是,在 try 代码块中,发生异常语句后面的代码是不会被执行的,如本例中第 6 行代码的打印语句就没有执行。

在程序中,有时候我们希望有些语句无论程序是否发生异常都要执行,这时就可以在 try…catch 语句后,加一个 finally 代码块。接下来对例 4-22 进行修改,演示一下 finally 代码块的用法,如例 4-23 所示。

例 4-23　Example22. java

```
public class Example22 {
    public static void main(String[] args) {
        //下面的代码定义了一个 try…catch…finally 语句用于捕获异常
        try {
            int result=divide(4,0);     //调用 divide()方法
            System.out.println(result);
        } catch (Exception e) {         //对捕获到的异常进行处理
            System.out.println("捕获的异常信息为: "+e.getMessage());
            return;                     //用于结束当前语句
        } finally {
            System.out.println("进入 finally 代码块");
        }
        System.out.println("程序继续向下执行……");
    }
    //下面的方法实现了两个整数相除
    public static int divide(int x,int y) {
```

```
17         int result=x / y;                //定义一个变量 result 记录两个数相除的结果
18         return result;                   //将结果返回
19     }
20 }
```

运行结果如图 4-30 所示。

图 4-30 例 4-23 运行结果

在例 4-23 的 catch 代码块中增加了一个 return 语句，用于结束当前方法，此时程序第 13 行代码就不会执行了，而 finally 中的代码仍会执行，并不会被 return 语句所影响，也就是说不论程序是发生异常还是使用 return 语句结束，finally 中的语句都会执行，正是由于这种特殊性，在程序设计时，经常会在 try…catch 后使用 finally 代码块来完成必须做的事情，例如释放系统资源。

需要注意的是，finally 中的代码块有一种情况下是不会执行的，那就是在 try…catch 中执行了 System. exit(0)语句。System. exit(0)表示退出当前的 Java 虚拟机，Java 虚拟机停止了，任何代码都不能再执行了。

4.5.3 throws 关键字

在前面学习的例 4-23 中，由于调用的是自己写的 divide()方法，因此很清楚该方法可能会发生异常。试想一下，如果去调用一个别人写的方法时，是否能知道别人写的方法是否会有异常呢？这是很难做出判断的。针对这种情况，Java 中允许在方法的后面使用 throws 关键字对外声明该方法有可能发生的异常，这样调用者在调用方法时，就明确地知道该方法有异常，并且必须在程序中对异常进行处理，否则编译无法通过。

throws 关键字声明抛出异常的语法格式如下：

```
修饰符 返回值类型 方法名([参数 1,参数 2…])throws ExceptionType1[,ExceptionType2…]{
}
```

从上述语法格式中可以看出，throws 关键字需要写在方法声明的后面，throws 后面需要声明方法中发生异常的类型，通常将这种做法称为方法声明抛出一个异常。接下来对例 4-23 进行修改，在 devide()方法上声明抛出异常，如例 4-24 所示。

例 4-24 Example23. java

```
public class Example23 {
    public static void main(String[] args) {
        int result=divide(4,2);  //调用 divide()方法
```

```
4           System.out.println(result);
5       }
6       //下面的方法实现了两个整数相除,并使用 throws 关键字声明抛出异常
7       public static int divide(int x,int y) throws Exception {
8           int result=x / y;             //定义一个变量 result 记录两个数相除的结果
9           return result;                //将结果返回
10      }
11 }
```

编译程序报错,结果如图 4-31 所示。

图 4-31 例 4-24 运行结果

在例 4-24 中第 3 行代码调用 divide()方法时传入的第二个参数为 2,程序在运行时不会发生被 0 除的异常,但是由于定义 divide()方法时声明抛出了异常,调用者在调用 divide()方法时就必须进行处理,否则就会发生编译错误。下面对例 4-24 进行修改,在调用 divide()方法时对其进行 try…catch 处理,如例 4-25 所示。

例 4-25 Example24.java

```
public class Example24 {
    public static void main(String[] args) {
        //下面的代码定义了一个 try…catch 语句用于捕获异常
        try {
            int result=divide(4,2);   //调用 divide()方法
            System.out.println(result);
        } catch (Exception e) {       //对捕获到的异常进行处理
            e.printStackTrace();      //打印捕获的异常信息
        }
    }
    //下面的方法实现了两个整数相除,并使用 throws 关键字声明抛出异常
    public static int divide(int x,int y) throws Exception {
        int result=x / y;             //定义一个变量 result 记录两个数相除的结果
        return result;                //将结果返回
    }
}
```

运行结果如图 4-32 所示。

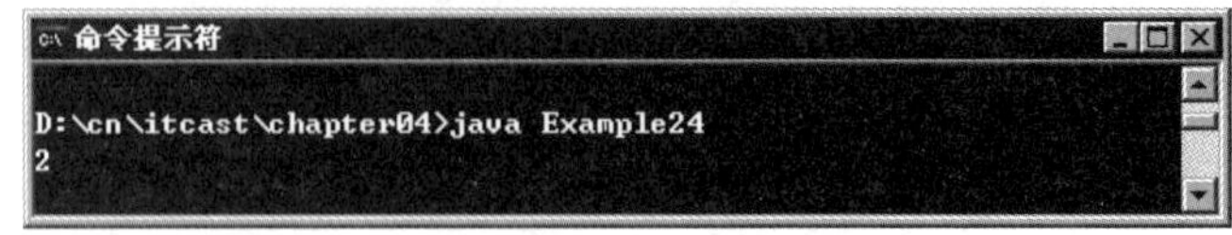

图 4-32　例 4-25 运行结果

例 4-25 中，由于使用了 try…catch 对 divide()方法进行了异常处理，所以程序可以编译通过，正确地打印出了运行结果 2。

当在调用 divide()方法时，如果不知道如何处理声明抛出的异常，也可以使用 throws 关键字继续将异常抛出，这样程序也能编译通过，但需要注意的是，程序一旦发生异常，如果没有被处理，程序就会非正常终止。下面将例 4-25 进行修改，如例 4-26 所示。

例 4-26　Example25.java

```
public class Example25 {
    public static void main(String[] args)throws Exception {
        int result=divide(4,0);   //调用 divide()方法
        System.out.println(result);
    }
    //下面的方法实现了两个整数相除，并使用 throws 关键字声明抛出异常
    public static int divide(int x,int y) throws Exception {
        int result=x / y;            //定义一个变量 result 记录两个数相除的结果
        return result;               //将结果返回
    }
}
```

运行结果如图 4-33 所示。

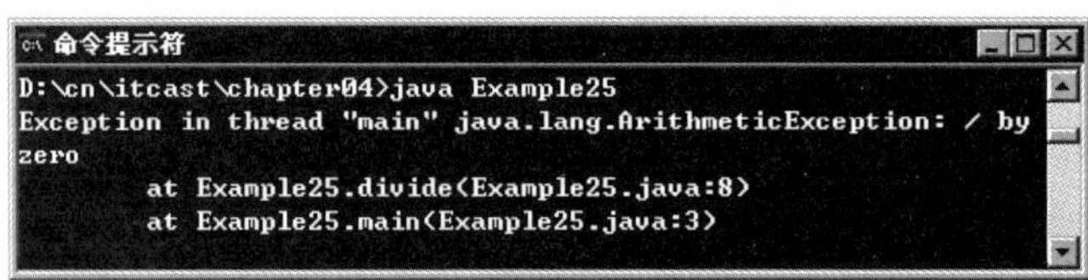

图 4-33　例 4-26 运行结果

例 4-26 中，在使用 main()方法调用 divide()方法时，并没有对异常进行处理而是继续使用 throws 关键字将 Exception 抛出，从运行结果可以看出，程序虽然可以通过编译，但在运行时由于没有对“/by zero”的异常进行处理，最终导致程序终止运行。

4.5.4　运行时异常与编译时异常

在实际开发中，经常会在程序编译时产生一些异常，而这些异常必须要进行处理，这种异常被称为编译时异常，也称为 checked 异常。另外还有一种异常是在程序运行时产生的，这种异常即使不编写异常处理代码，依然可以通过编译，因此称为运行时异常，也称为 unchecked 异常。接下来就分别对这两种异常进行详细的讲解。

1. 编译时异常

在 Java 中,Exception 类中除了 RuntimeException 类及其子类都是编译时异常。编译时异常的特点是 Java 编译器会对其进行检查,如果出现异常就必须对异常进行处理,否则程序无法通过编译。

处理编译时期的异常有两种方式,具体如下:

- 使用 try…catch 语句对异常进行捕获。
- 使用 throws 关键字声明抛出异常,调用者对其处理。

2. 运行时异常

RuntimeException 类及其子类都是运行时异常。运行时异常的特点是 Java 编译器不会对其进行检查,也就是说,当程序中出现这类异常时,即使没有使用 try…catch 语句捕获或使用 throws 关键字声明抛出,程序也能编译通过。运行时异常一般是由程序中的逻辑错误引起的,在程序运行时无法恢复。比如通过数组的角标访问数组的元素时,如果超过了数组的最大角标,就会发生运行时异常,代码如下所示:

```
int [] arr=new int[5];
System.out.println(arr[6]);
```

上面代码中,由于数组 arr 的 length 为 5,最大角标应为 4,当使用 arr[6]访问数组中的元素就会发生数组角标越界的异常。

4.5.5 自定义异常

JDK 中定义了大量的异常类,虽然这些异常类可以描述编程时出现的大部分异常情况,但是在程序开发中有时可能需要描述程序中特有的异常情况,例如在设计 divide()方法时不允许被除数为负数。为了解决这个问题,在 Java 中允许用户自定义异常,但自定义的异常类必须继承自 Exception 或其子类。接下来通过一个案例来学习,如例 4-27 所示。

例 4-27 DivideByMinusException. java

```
//下面的代码是自定义一个异常类继承自 Exception
public class DivideByMinusException extends Exception{
    public DivideByMinusException (){
        super();                        //调用 Exception 无参的构造方法
    }
    public DivideByMinusException (String message){
        super(message);                 //调用 Exception 有参的构造方法
    }
}
```

在实际开发中，如果没有特殊的要求，自定义的异常类只需继承 Exception 类，在构造方法中使用 super()语句调用 Exception 的构造方法即可。

既然自定义了异常，那么该如何使用呢？这时就需要用到 throw 关键字，throw 关键字用于在方法中声明抛出异常的实例对象，其语法格式如下：

```
throw Exception 异常对象
```

接下来重新对例 4-26 中的 divide()方法进行改写，在 divide()方法中判断被除数是否为负数，如果为负数，就使用 throw 关键字在方法中向调用者抛出自定义的 DivideByMinusException 异常对象，如例 4-28 所示。

例 4-28 Example26.java

```
public class Example26 {
    public static void main(String[] args) {
        //调用 divide()方法,传入一个负数作为除数
        int result=divide(4,-2);
        System.out.println(result);
    }
    //下面的方法实现了两个整数相除,
    public static int divide(int x,int y) {
        if(y<0){
            //使用 throw 关键字声明异常对象
            throw new DivideByMinusException("除数是负数");
        }
        int result=x / y;           //定义一个变量 result 记录两个数相除的结果
        return result;              //将结果返回
    }
}
```

编译程序出错，结果如图 4-34 所示。

图 4-34 例 4-28 运行结果

从运行结果可以看出，程序在编译时就发生了异常。这是因为在一个方法内使用 throw 关键字抛出异常对象时，需要使用 try…catch 语句对抛出的异常进行处理，或者在 divide()方法上使用 throws 关键字声明抛出异常，由该方法的调用者负责处理。

为了上面的问题，可以对例 4-28 进行修改，在 divide()方法上，使用 throws 关键字声明抛出 DivideByMinusException 异常，并在调用该方法时使用 try…catch 语句对异常

进行处理,如例 4-29 所示。

例 4-29 Example27.java

```
public class Example27 {
    public static void main(String[] args) {
            //下面的代码定义了一个 try…catch 语句用于捕获异常
        try {
            //调用 divide()方法,传入一个负数作为除数
            int result=divide(4,-2);
            System.out.println(result);
        } catch (DivideByMinusException e) {          //对捕获到的异常进行处理
            System.out.println(e.getMessage());    //打印捕获的异常信息
        }
    }
    //下面的方法实现了两个整数相除,并使用 throws 关键字声明抛出自定义异常
    public static int divide(int x,int y) throws DivideByMinusException {
        if (y<0) {
            //使用 throw 关键字声明异常对象
            throw new DivideByMinusException("除数是负数");
        }
        int result=x / y;                    //定义一个变量 result 记录两个数相除的结果
        return result;                       //将结果返回
    }
}
```

运行结果如图 4-35 所示。

图 4-35 例 4-29 运行结果

例 4-29 的 main()方法中,定义了一个 try…catch 语句用于捕获 divide()方法抛出的异常。在调用 divide()方法时由于传入的被除数不能为负数,程序会抛出一个自定义异常 DivideByMinusException,该异常被捕获后最终被 catch 代码块处理,并打印出异常信息。

4.6 包

4.6.1 包的定义与使用

为了便于对硬盘上的文件进行管理,通常都会将文件分目录进行存放。同理,在程序开发中,也需要将编写的类分目录存放便于管理,为此,Java 引入了包(package)机制,

程序可以通过声明包的方式对 Java 类定义目录。

Java 中的包是专门用来存放类的，通常功能相同的类存放在相同的包中。在声明包时，使用 package 语句，具体示例如下：

```
package cn.itcast.chapter04;        //使用 package 关键字声明包
public class Example01{…}
```

需要注意的是，包的声明只能位于 Java 源文件的第一行。

当编译一个声明了包的 Java 源文件，需要使用命令生成与包名对应的目录，具体示例如下：

```
javac -d . Example01.java
```

其中，-d 用来指定生成的类文件的位置，. 表示在当前目录，整行命令表示生成带包目录的. class 文件并存放在当前目录下，当然，生成的类文件还可以存放在其他目录下，这时只需要将. 用其他路径替换即可。具体示例如下：

```
javac -d D:\cn\itcast\chapter04 Example01.java
```

接下来以 HelloWorld 为例，分步骤讲解如何使用包机制管理 Java 的类文件。

① 编写 HelloWorld 类，在类名之前声明当前类所在的包为“cn. itcast”，如例 4-30 所示。

例 4-30 HelloWorld. java

```
package cn.itcast;                  //定义该类在 cn.itcast 包下
public class HelloWorld {
    public static void main(String[] args) {
        System.out.println("Hello World!");
    }
}
```

② 使用“javac -d . HelloWorld. java”命令编译源文件，如图 4-36 所示。

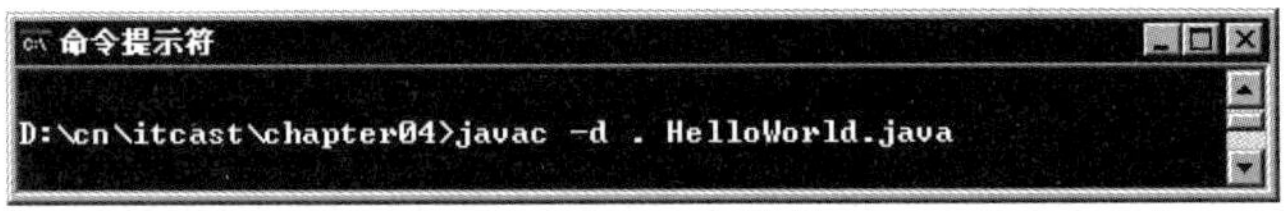

图 4-36 例 4-30 运行结果

按下回车键，在当前目录下查看包名“cn. itcast”对应的“cn\itcast”目录，发现该目录下存放了 HelloWorld. class 文件，如图 4-37 所示。

③ 使用“java cn. itcast. HelloWorld”命令运行图 4-37 所示的 class 文件，需要注意的是，在运行. class 文件时，需要跟上包名，运行结果如图 4-38 所示。

由此可见，包机制的引入，可以对. class 文件进行集中管理。如果没有显式地声明 package 语句，类则处于默认包下，在实际开发中，这种情况是不会出现的，但是本教材为

图 4-37 HelloWorld.class 文件

图 4-38 例 4-30 修改后运行结果

了简单起见,在定义类时都没有为其指定包名。

4.6.2 import 语句

在程序开发中,位于不同包中的类经常需要互相调用。例如,目录"D:\packageTest"下有两个源文件,分别是 Student.java 和 Test.java,如例 4-31 和例 4-32 所示。

例 4-31 Student.java

```
package cn.itcast;            //使用 package 关键字声明包
public class Student{
    public void introduce() {
        System.out.println("我今年 18 岁");
    }
}
```

例 4-32 Test.java

```
package cn.itcast.example;                  //使用 package 关键字声明包
public class Test{
    public static void main(String args[]){
        Student stu=new Student();          //创建一个 Student 对象
        stu.introduce();                    //调用 Student 对象的 introduce()方法
    }
}
```

首先需要使用“javac -d . Student. java”编译 Student 类，编译通过后，会生产“cn. itcast”包，如图 4-39 所示。

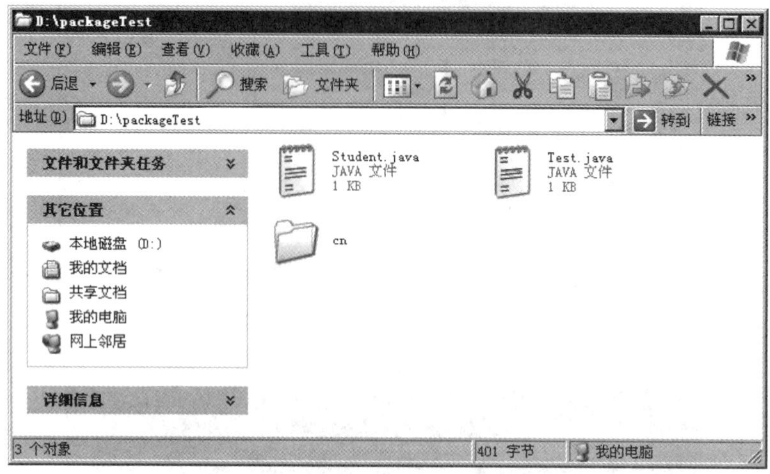

图 4-39 产生 cn. itcast 包

接下来使用“javac -d . Test. java”命令编译 Test. java 源文件，这时会编译出错，如图 4-40 所示。

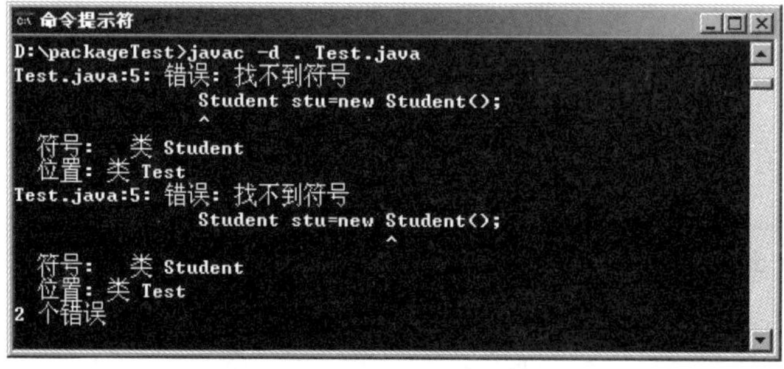

图 4-40 编译结果

从图 4-40 中可以看出，报错信息是找不到类 Student。这是因为类 Student 位于 cn. itcast 包下，而 Test 类位于 cn. itcast. example 包下，两者不处于同一个包中，因此若要在 Test 类中访问 Student 类就需要使用该类的完整类名 cn. itcast. Student，即包名加上类名。为了解决图 4-40 所示的编译错误，将例 4-32 的第 4 行进行修改，修改后代码如下所示：

```
cn.itcast.Student stu=new cn.itcast.Student();
```

重新编译 Test 类，这时编译通过，使用“java cn. itcast. example. Test”命令运行 Test 类，运行结果如图 4-41 所示。

在实际开发中，定义的类都是含有包名的，而且还有可能定义很长的包名。为了简化代码，Java 中提供了 import 关键字，使用 import 可以在程序中一次导入某个指定包下

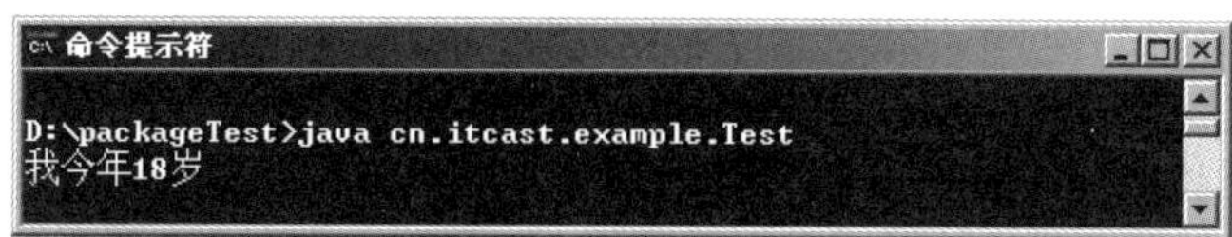

图 4-41　运行结果

的类，这样就不必在每次用到该类时都书写完整类名了，具体格式如下：

```
import 包名.类名;
```

需要注意的是，import 通常出现在 package 语句之后，类定义之前。接下来对例 4-32 修改，修改后的 Test 类如例 4-33 所示。

例 4-33　Test.java

```
package cn.itcast.example;            //使用 package 关键字声明包
import cn.itcast.Student;             //使用 import 关键字导入包
public class Test{
    public static void main(String args[]){
        Student stu=new Student();
        stu.introduce();
    }
}
```

编译运行，结果如图 4-42 所示。

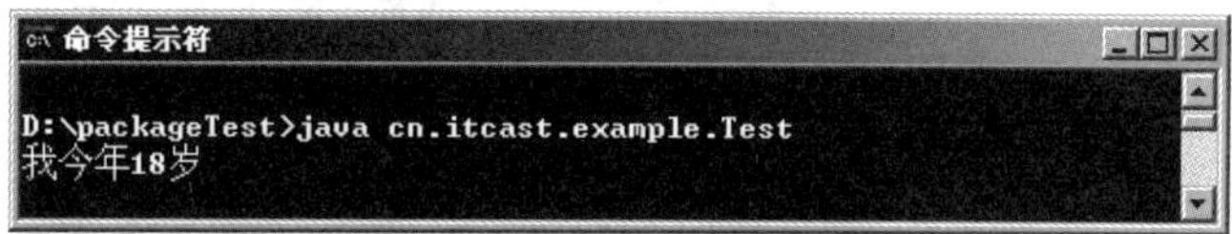

图 4-42　例 4-33 运行结果

例 4-33 中使用 import 语句导入了 cn.itcast 包中的 Student 类，这时使用 Student 类时就无须使用包名.类名的方式了。如果有时候需要用到一个包中的许多类，则可以使用“import 包名.*;”来导入该包下所有类。

在 JDK 中，不同功能的类都放在不同的包中，其中 Java 的核心类主要放在 java 这个包及其子包下，Java 扩展的大部分类都放在 javax 包及其子包下。为了便于后面的学习，接下来简单介绍 Java 语言中的常用包。

- java.lang：包含 Java 语言的核心类，如 String、Math、System 和 Thread 类等，使用这个包中的类无须使用 import 语句导入，系统会自动导入这个包下的所有类。
- java.util：包含 Java 中大量工具类、集合类等，例如 Arrays、List、Set 等。
- java.net：包含 Java 网络编程相关的类和接口。
- java.io：包含了 Java 输入、输出有关的类和接口。
- java.awt：包含用于构建图形界面(GUI)的相关类和接口。

除了上面提到的常用包，JDK 中还有很多其他的包，比如数据库编程的 java. sql 包，编写 GUI 的 javax. swing 包等，JDK 中所有包中的类构成了 Java 类库。在以后的章节中，这些包中的类和接口将逐渐介绍，现在只需要有个大致印象即可。

4.6.3 给 Java 应用打包

在实际开发中，经常需要开发一些类提供给别人使用，为了能够更好地管理这些类，在 JDK 中提供了一个 jar 命令，使用这个命令能够将这些类打包成一个文件，这个文件的扩展名为. jar，被称为 jar 文件。jar 文件的全称是 Java Archive File，意思是 Java 档案文件，它是一种压缩文件，独立于任何操作系统平台，习惯上也将 jar 文件称为 jar 包。在使用 jar 包时，只需要在 classpath 环境变量中包含这个 jar 文件的路径（配置 classpath 环境变量请查阅第一章），Java 虚拟机就能自动在内存中解压这个 jar 文件，根据包名所对应的目录结构去寻找所需要的类。下面通过一个图来形象描述 jar 包中的内部结构，如图 4-43 所示。

给 Java 应用打包有很多好处，如下所示：

- 安全：可以对 jar 文件进行数字签名，让能够识别数字签名的用户使用。
- 节省空间：当把. class 文件打包成 jar 压缩文件，会节省空间，如果将 jar 文件在网络上传输，也会加快传输速率。
- 可移植性：只要有 Java 虚拟机，jar 包就可以在任何平台上运行。

接下来在命令行窗口输入 jar 命令，查看 jar 命令的用法帮助，如图 4-44 所示。

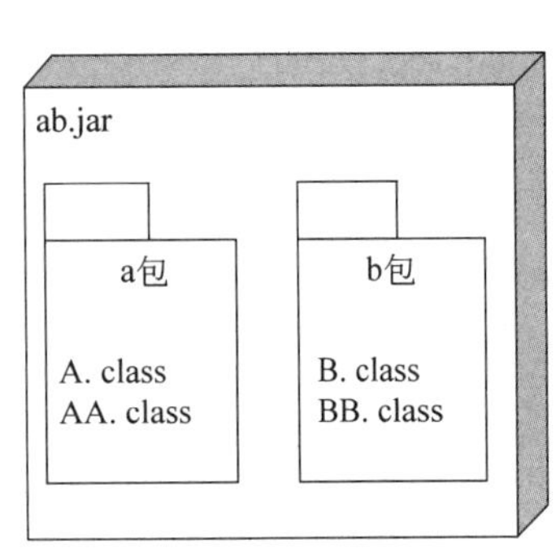

图 4-43　jar 包结构

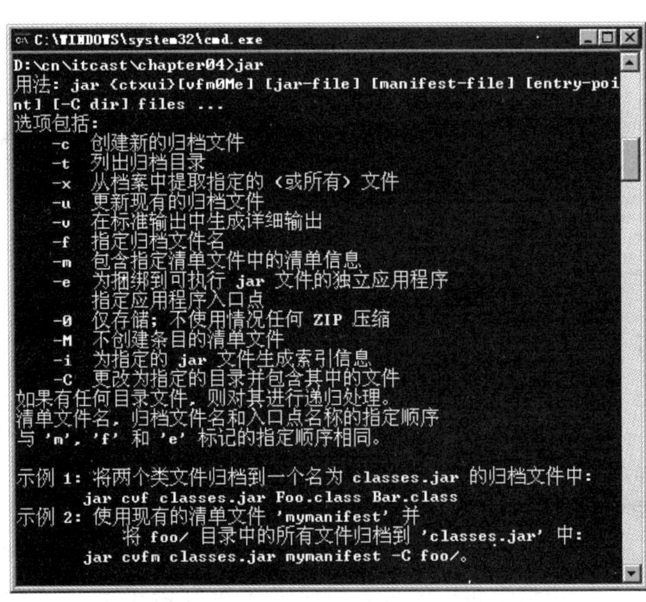

图 4-44　jar 命令

图 4-44 列出了 jar 命令所有的参数选项以及使用说明，接下来以例 4-30 的 HelloWorld 为例，分步骤学习如何压缩 jar 文件以及如何运行 jar 包。

① 打开命令提示符，进入 D:\cn\itcast\chapter04 目录，输入命令：

```
jar -cvf helloworld.jar cn
```

- -c 代表创建归档的文件。
- -v 代表在标准输出中生成详细输出。
- -f 代表指定归档文件名。

上面的命令用于把 cn 目录下的全部内容生成一个 helloworld.jar 文件。注意，如果当前目录已经存在 helloworld.jar，那么该文件将被覆盖。在命令提示符窗口中显示的压缩 jar 文件的过程和在 D:\cn\itcast\chapter04 目录下生成的 jar 文件如图 4-45 和图 4-46 所示。

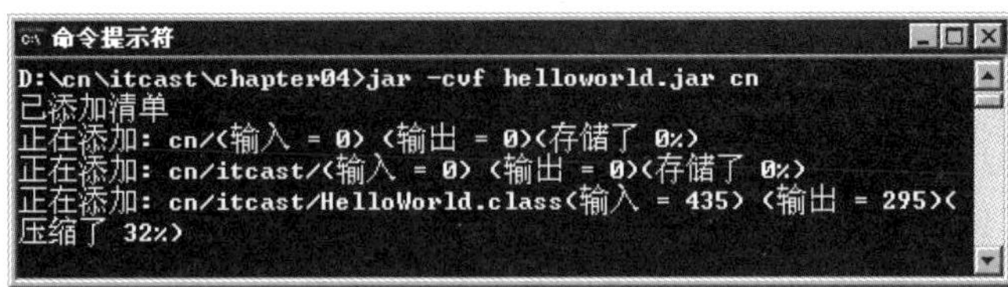

图 4-45 压缩 jar 文件的过程

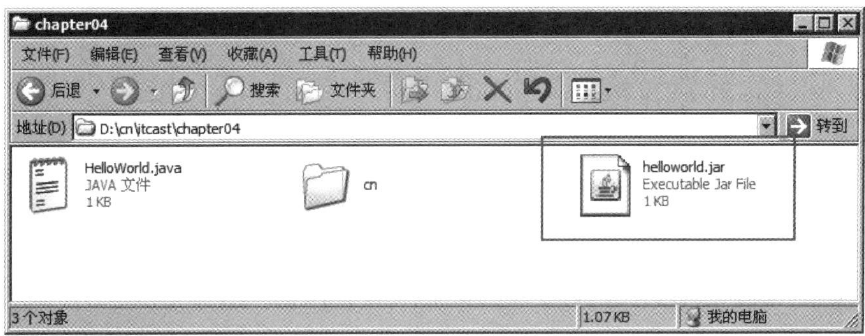

图 4-46 生成的 jar 文件

用 winRAR 软件打开 helloworld.jar 文件，可以看到里面包含了两个目录 cn 和 META-INF，cn 目录就是有完整包名的 HelloWorld.class 文件，META-INF 目录下有一个 MANIFEST.MF 文件，如图 4-47 所示。

图 4-47 jar 文件的目录

② 在命令行窗口输入如下命令，运行 helloworld. jar 文件。

```
java -jar helloworld.jar
```

在命令行窗口出现了“helloworld. jar 中没有主清单属性”错误提示信息，如图 4-48 所示。

图 4-48 运行结果

这是因为在执行 jar 文件时，没有指定 jar 包中的主类，也就是没有指定作为程序入口的 main()函数在哪个 Java 类中。图 4-47 中显示的 MANIFEST. MF 文件就是用来指定 jar 包主类的文件。

接下来把 MANIFEST. MF 文件从压缩文件中拉出来，用记事本打开，在已经存在的两行内容下面再增加一行内容，如图 4-49 所示。

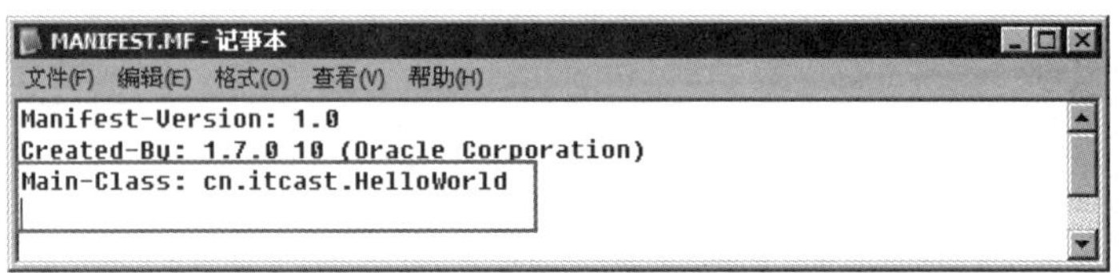

图 4-49 MANIFEST. MF 文件

在图 4-49 中，Main-Class: cn. itcast. HelloWorld 这行内容就指定了 helloworld. jar 文件的主类是 cn. itcast. HelloWorld(需要带完整的包名)，然后把 MANIFEST. MF 文件保存，拖入 helloworld. jar 的 META-INF 目录下覆盖原来的 MANIFEST. MF 文件，然后再次执行 java -jar helloworld. jar 命令，就得到了 HelloWorld 类正确的执行结果，如图 4-50 所示。

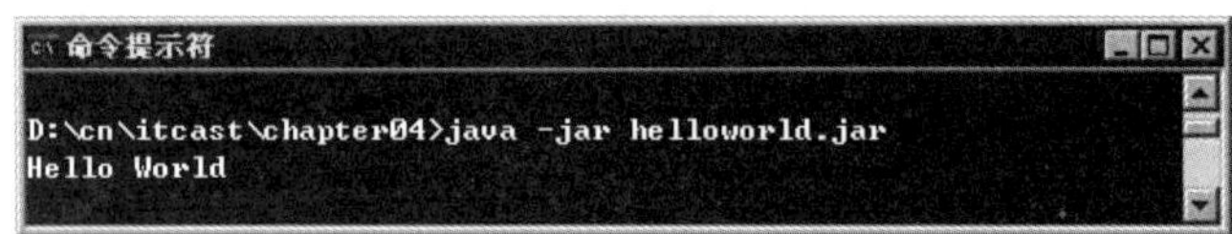

图 4-50 运行结果

③ 如果想要解压 helloworld. jar 文件，可以使用如下命令：

```
jar -xvf helloworld.jar
```

从图 4-44 中可以看到，jar 命令的参数-x 代表从档案中提取指定的(或所有)文件。这个命令就会把 jar 包中的 cn 和 META-INF 目录解压到当前文件夹，如图 4-51 和图 4-52 所示。

```
命令提示符
D:\cn\itcast\chapter04>jar -xvf helloworld.jar
  已创建: META-INF/
  已解压: META-INF/MANIFEST.MF
  已创建: cn/
  已创建: cn/itcast/
  已解压: cn/itcast/HelloWorld.class
```

图 4-51 Jar 文件的解压过程

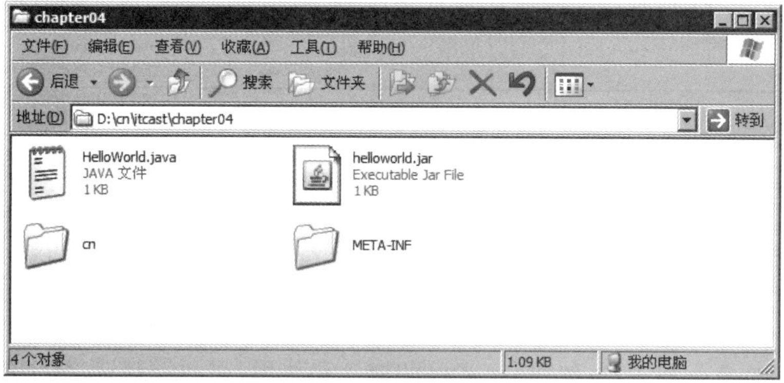

图 4-52 解压后的 jar 文件

4.7 访问控制

了解了包的概念，就可以系统地介绍 Java 中的访问控制级别。在 Java 中，针对类、成员方法和属性提供了四种访问级别，分别是 private、default、protected 和 public。接下来通过一个图将这四种控制级别由小到大依次列出，如图 4-53 所示。

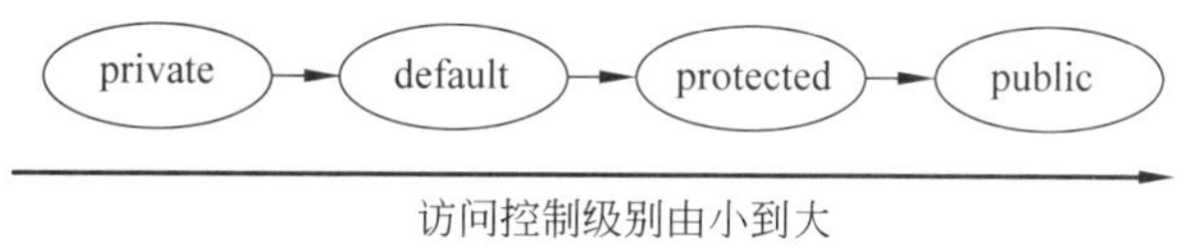

图 4-53 访问级别

图 4-53 中展示了 Java 中的四种访问控制级别，具体介绍如下：

- private(类访问级别)：如果类的成员被 private 访问控制符来修饰，则这个成员只能被该类的其他成员访问，其他类无法直接访问。类的良好封装就是通过 private 关键字来实现的。
- default(包访问级别)：如果一个类或者类的成员不使用任何访问控制符修饰，则称它为默认访问控制级别，这个类或者类的成员只能被本包中的其他类访问。
- protected(子类访问级别)：如果一个类的成员被 protected 访问控制符修饰，那么这个成员既能被同一包下的其他类访问，也能被不同包下该类的子类访问。
- public(公共访问级别)：这是一个最宽松的访问控制级别，如果一个类或者类的成员被 public 访问控制符修饰，那么这个类或者类的成员能被所有的类访问，不管访问类与被访问类是否在同一个包中。

接下来通过一个表将这四种访问级别更加直观的表示出来，如表 4-2 所示。

表 4-2 访问控制级别

访问范围	private	default	protected	public
同一类中	√	√	√	√
同一包中		√	√	√
子类中			√	√
全局范围				√

4.8 本章小结

本章主要介绍了面向对象的继承、多态特性，这与第 3 章学习的面向对象的封装性构成了面向对象程序设计的三大特性，这是学习 Java 语言的精髓所在。本章还介绍了 final 关键字、抽象类和接口、包和 jar 文件的概念和使用、访问控制符、异常的概念、处理机制和使用。

本章和上一章，是本书最重要的两章，熟练掌握这两章内容，能够更快速、更高效地学习其他章节。

4.9 习题

一、填空题

1. 在 Java 语言中，允许使用已存在的类作为基础创建新的类，这种技术称为________。

2. 一个类如果实现一个接口，那么它就需要实现接口中定义的全部________，否则该类就必须定义成________。

3. 在程序开发中，要想将一个包中的类导入到当前程序中，可以使用________关键字。

4. 一个类可以从其他的类派生出来，派生出来的类称为________，用于派生的类称为________或者________。

5. JDK 中定义了大量的异常类，这些类都是________类的子类或者间接子类。

6. 定义一个 Java 类时，如果前面使用________关键字修饰，那么该类不可以被继承。

7. 如果子类想使用父类中的成员，可以通过关键字________引用父类的成员。

8. 在 Java 语言中，所有的类都直接或间接继承自________类。

9. 异常的捕获通常由 try、catch 两部分组成，________代码块用来存放可能发生的异常，________代码块用来处理产生的异常。

10. 在 Java 语言中，要想将一个已编译的类打包成 jar 文件，可以使用的命令是________,要想在命令行窗口运行 jar 文件,可以使用的命令是________。

二、判断题

1. 抽象方法必须定义在抽象类中,所以抽象类中的方法都是抽象方法。(   )
2. Java 中被 final 关键字修饰的变量,不能被重新赋值。(   )
3. 不存在继承关系的情况下,也可以实现方法重写。(   )
4. package 声明语句应当为 Java 源文件中的第一条语句。(   )
5. 接口中只能定义常量和抽象方法。(   )

三、选择题

1. 在类的继承关系中,需要遵循以下哪个继承原则?(   )
   A. 多重　　B. 单一　　C. 双重　　D. 不能继承
2. 在 Java 语言中,以下哪个关键字用于在方法上声明抛出异常?(   )
   A. try　　B. catch　　C. throws　　D. throw
3. 关于 super 关键字以下说法哪些是正确的?(多选)(   )
   A. super 关键字可以调用父类的构造方法
   B. super 关键字可以调用父类的普通方法
   C. super 与 this 不能同时存在于同一个构造方法中
   D. super 与 this 可以同时存在于同一个构造方法中
4. 以下说法哪些是正确的?(多选)(   )
   A. Java 语言中允许一个类实现多个接口
   B. Java 语言中不允许一个类继承多个类
   C. Java 语言中允许一个类同时继承一个类并实现一个接口
   D. Java 语言中允许一个接口继承一个接口
5. 类中的一个成员方法被下面哪个修饰符修饰时,该方法只能在本类被访问?(   )
   A. public　　B. protected　　C. private　　D. default
6. 关于抽象类的说法哪些是正确的?(多选)(   )
   A. 抽象类中可以有非抽象方法
   B. 如果父类是抽象类,则子类必须重写父类所有的抽象方法
   C. 不能用抽象类去创建对象
   D. 接口和抽象类是同一个概念
7. 在 Java 中,要想让一个类继承另一个类,可以使用以下哪个关键字?(   )
   A. inherits　　B. implements　　C. extends　　D. modifies
8. System 类位于以下哪个包中?(   )
   A. java.io　　B. java.util　　C. java.awt　　D. java.lang
9. 已知类的继承关系如下:

```
class Employee;
class Manager extends Employeer;
```

```
class Director extends Employee;
```

则以下语句能通过编译的有哪些？（　　）

A. Employee e=new Manager()；　　B. Director d=new Manager()；

C. Director d=new Employee()；　　D. Manager m=new Director()；

10. 编译运行下面的程序，结果是什么？（　　）

```
public class A {
    public static void main(String[] args) {
        B b=new B();
        b.test();
    }
    void test() {
        System.out.print("A");
    }
}
class B extends A {
    void test() {
        super.test();
        System.out.print("B");
    }
}
```

A. 产生编译错误　　B. 代码可以编译运行，并输出结果 AB

C. 代码可以编译运行，但没有输出　　D. 编译没有错误，但会产生运行时异常

四、分析题

阅读下面的程序，分析代码是否能编译通过，如果能编译通过，请列出运行的结果。如果不能编译通过，请说明原因。

1. 代码一：

```
public class Test01 {
    public static void main(String[] args) {
        try {
            int x=2 / 0;
            System.out.println(x);
        } catch (Exception e) {
            System.out.println("进入 catch 代码块");
        } finally {
            System.out.println("进入 finally 代码块");
        }
    }
}
```

2. 代码二：

```
final class Animal {
    public final void shout() {
        //程序代码
    }
}
class Dog extends Animal {
    public void shout() {
        //程序代码
    }
}
class Test02 {
    public static void main(String[] args) {
        Dog dog=new Dog();
    }
}
```

3. 代码三：

```
class Animal {
    void shout() {
        System.out.println("动物叫!");
    }
}
class Dog extends Animal {
    void shout() {
        super.shout();
        System.out.println("汪汪……");
    }
}
public class Test03 {
    public static void main(String[] args) {
        Animal animal=new Dog();
        animal.shout();

    }
}
```

4. 代码四：

```
interface Animal {
    void breathe();
    void run();
```

```
    void eat(){};
}
class Dog implements Animal {
    public void breathe() {
        System.out.println("I'm breathing")
    }
    public void eat() {
        System.out.println("I'm eathing")
    }
}
public class test04 {
    public static void main(String [] args) {
        Dog dog=new Dog();
        dog.breathe();
        dog.eat();
    }
}
```

五、思考题

1. 什么是方法重写?
2. 什么是多态?
3. 抽象类和接口的区别有哪些?
4. 请简述方法重写和方法重载的区别。
5. 请简述 Error 和 Exception 有什么区别。

六、编程题

请按照题目的要求编写程序并给出运行结果。

1. 设计一个学生类 Student 和它的一个子类 Undergraduate,要求如下:

① Student 类有 name(姓名)和 age(年龄)属性,一个包含两个参数的构造方法,用于给 name 和 age 属性赋值,一个 show()方法打印 Student 的属性信息。

② 本科生类 Undergraduate 增加一个 degree(学位)属性。有一个包含三个参数的构造方法,前两个参数用于给继承的 name 和 age 属性赋值,第三个参数给 degree 专业赋值,一个 show()方法用于打印 Undergraduate 的属性信息。

③ 在测试类中分别创建 Student 对象和 Undergraduate 对象,调用它们的 show()。

2. 设计一个 Shape 接口和它的两个实现类 Square 和 Circle,要求如下:

① Shape 接口中有一个抽象方法 area(),方法接收一个 double 类型的参数,返回一个 double 类型的结果。

② Square 和 Circle 中实现了 Shape 接口的 area()抽象方法,分别求正方形和圆形的面积并返回。

在测试类中创建 Square 和 Circle 对象，计算边长为 2 的正方形面积和半径为 3 的圆形面积。

3. 自定义一个异常类 NoThisSoundException 和 Player 类，在 Player 的 play()方法中使用自定义异常，要求如下：

① NoThisSongException 继承 Exception 类，类中有一个无参和一个接收一个 String 类型参数的构造方法，构造方法中都使用 super 关键字调用父类的构造方法。

② Player 类中定义一个 play(int index)方法，方法接收一个 int 类型的参数，表示播放歌曲的索引，当 index>10 时，paly()方法用 throw 关键字抛出 NoThisSongException 异常，创建异常对象时，调用有参的构造方法，传入“您播放的歌曲不存在”。

③ 在测试类中创建 Player 对象，并调用 play()方法测试自定义的 NoThisSongException 异常，使用 try…catch 语句捕获异常，调用 NoThisSongException 的 getMessage()方法打印出异常信息。

第 5 章 chapter 5

多 线 程

本章重点

- 多线程的概念
- 线程创建的两种方式
- 线程的生命周期及状态转换
- 线程的调度
- 线程的安全和同步
- 多线程通信

在日常生活中，很多事情都是同时进行的。例如，人可以同时进行呼吸、血液循环、思考问题等活动。在使用计算机的过程中，应用程序也可以同时运行，用户可以使用计算机一边听歌，一边玩游戏。在应用程序中，不同的程序块也是可以同时运行的，这种多个程序块同时运行的现象被称作并发执行。

多线程就是指一个应用程序中有多条并发执行的线索，每条线索都被称作一个线程，它们会交替执行，彼此间可以进行通信。本章将针对 Java 线程的相关知识进行详细地讲解，其中包括线程的创建、线程的生命周期、线程的优先级、线程的同步以及线程的通信等。

5.1 线程概述

5.1.1 进程

在学习线程之前，需要先了解一下什么是进程。在一个操作系统中，每个独立执行的程序都可称为一个进程，也就是“正在运行的程序”。目前大部分计算机上安装的都是多任务操作系统，即能够同时执行多个应用程序，最常见的有 Windows、Linux、UNIX 等。在本教材使用的 Windows 操作系统下，鼠标右键点击任务栏，选择【任务管理器】选项可以打开任务管理器面板，在窗口的【进程】选项卡中可以看到当前正在运行的程序，也就是系统所有的进程，如 QQ.exe、SogouExplorer.exe 等。任务管理器的窗口如图 5-1 所示。

图 5-1 任务管理器

在多任务操作系统中，表面上看是支持进程并发执行的，例如可以一边听音乐一边聊天。但实际上这些进程并不是同时运行的。在计算机中，所有的应用程序都是由 CPU 执行的，对于一个 CPU 而言，在某个时间点只能运行一个程序，也就是说只能执行一个进程。操作系统会为每一个进程分配一段有限的 CPU 使用时间，CPU 在这段时间中执行某个进程，然后会在下一段时间切换到另一个进程中去执行。由于 CPU 运行速度很快，能在极短的时间内在不同的进程之间进行切换，所以给人以同时执行多个程序的感觉。

5.1.2 线程

通过 5.1.1 小节的学习可以知道，每个运行的程序都是一个进程，在一个进程中还可以有多个执行单元同时运行，这些执行单元可以看作程序执行的一条条线索，被称为线程。操作系统中的每一个进程中都至少存在一个线程。当一个 Java 程序启动时，就会产生一个进程，该进程会默认创建一个线程，在这个线程上会运行 main()方法中的代码。

在前面章节所接触过的程序中，代码都是按照调用顺序依次往下执行，没有出现两段程序代码交替运行的效果，这样的程序称作单线程程序。如果希望程序中实现多段程序代码交替运行的效果，则需要创建多个线程，即多线程程序。多线程程序在运行时，每个线程之间都是独立的，它们可以并发执行，如图 5-2 所示。

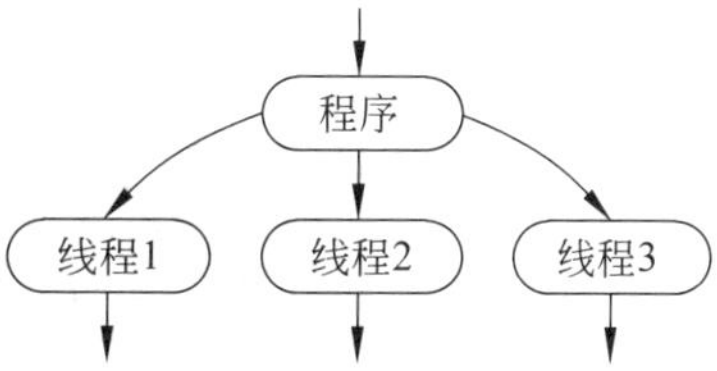

程序
线程1 线程2 线程3

图 5-2 多线程

图 5-2 所示的多条线程，看似是同时执行的，其实不然，它们和进程一样，也是由 CPU 轮流执行的，只不过 CPU 运行速度很快，故而给人同时执行的感觉。

5.2 线程的创建

上一小节介绍了什么是多线程，接下来为大家讲解在Java程序中如何实现多线程。Java提供了两种多线程实现方式，一种是继承java.lang包下的Thread类，覆写Thread类的run()方法，在run()方法中实现运行在线程上的代码；另一种是实现java.lang.Runnable接口，同样是在run()方法中实现运行在线程上的代码。接下来就对创建多线程的两种方式分别进行讲解，并比较它们的优缺点。

5.2.1 继承Thread类创建多线程

在学习多线程之前，先来看看我们所熟悉的单线程程序，如例5-1所示。

例5-1 Example01.java

```
public class Example01 {
    public static void main(String[] args) {
        MyThread myThread=new MyThread();   //创建MyThread实例对象
        myThread.run();                     //调用MyThread类的run()方法
        while (true) {                      //该循环是一个死循环，打印输出语句
            System.out.println("Main方法在运行");
        }
    }
}
class MyThread {
    public void run() {
        while (true) {                      //该循环是一个死循环，打印输出语句
            System.out.println("MyThread类的run()方法在运行");
        }
    }
}
```

运行结果如图5-3所示。

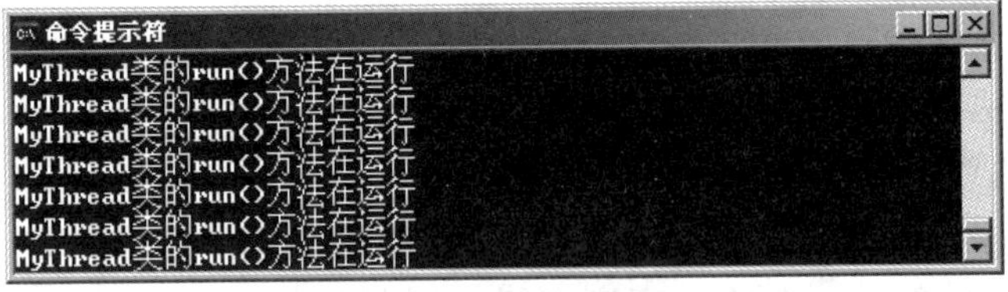

图5-3 例5-1运行结果

从图5-3所示的运行结果可以看出，程序一直打印的是“MyThread类的run()方法在运行”，这是因为该程序是一个单线程程序，当调用MyThread类的run()方法时，遇到

死循环，循环会一直进行。因此，MyThread 类的打印语句将永远执行，而 main()方法中的打印语句无法得到执行。

如果希望例 5-1 中两个 while 循环中的打印语句能够并发执行，就需要实现多线程。为此 JDK 中提供了一个线程类 Thread，通过继承 Thread 类，并重写 Thread 类中的 run()方法便可实现多线程。在 Thread 类中，提供了一个 start()方法用于启动新线程，线程启动后，系统会自动调用 run()方法。接下来通过一个案例来演示如何通过继承 Thread 类的方式来实现多线程，如例 5-2 所示。

例 5-2 Example02. java

```
public class Example02 {
    public static void main(String[] args) {
        MyThread myThread=new MyThread();     //创建线程 MyThread 的线程对象
        myThread.start();                     //开启线程
        while (true) {                        //通过死循环语句打印输出
            System.out.println("main()方法在运行");
        }
    }
}
class MyThread extends Thread {
    public void run() {
        while (true) {                        //通过死循环语句打印输出
            System.out.println("MyThread类的 run()方法在运行");
        }
    }
}
```

运行结果如图 5-4 所示。

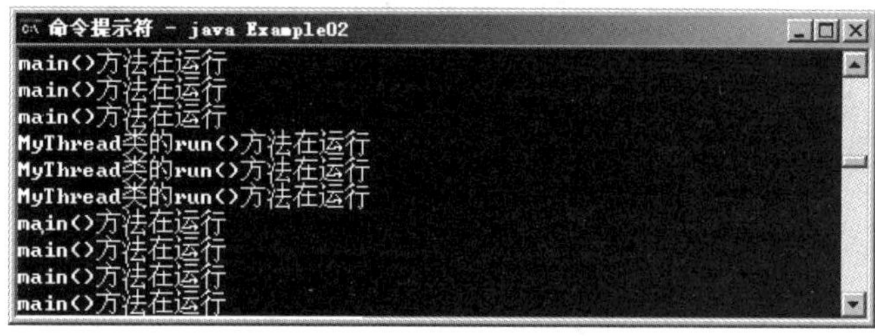

图 5-4 例 5-2 运行结果

从图 5-4 所示的运行结果可以看到，两个 while 循环中的打印语句轮流执行了，说明该例程实现了多线程。为了使大家更好地理解单线程和多线程的执行过程，接下来通过一个图例分析一下单线程和多线程的运行流程，如图 5-5 所示。

从图 5-5 可以看出，单线程的程序在运行时，会按照代码的调用顺序进行执行。而在多线程中，main()方法和 MyThread 类的 run()方法却可以同时运行，互不影响，这正是单线程和多线程的区别。

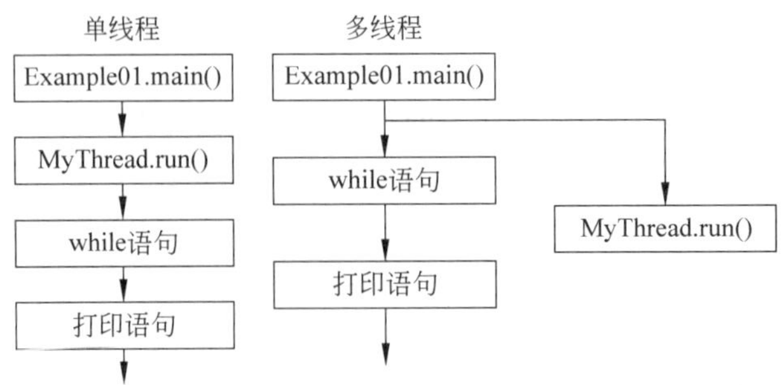

图 5-5 单线程和多线程区别

5.2.2 实现 Runnable 接口创建多线程

在例 5-2 中通过继承 Thread 类实现了多线程，但是这种方式有一定的局限性。因为 Java 中只支持单继承，一个类一旦继承了某个父类就无法再继承 Thread 类，比如学生类 Student 继承了 Person 类，就无法通过继承 Thread 类创建线程。为了克服这种弊端，Thread 类提供了另外一个构造方法 Thread(Runnable target)，其中 Runnable 是一个接口，它只有一个 run()方法。当通过 Thread(Runnable target)构造方法创建线程对象时，只需为该方法传递一个实现了 Runnable 接口的实例对象，这样创建的线程将调用实现了 Runnable 接口中的 run()方法作为运行代码，而不需要调用 Thread 类中的 run()方法，接下来通过一个案例来演示如何通过实现 Runnable 接口的方式来创建多线程，如例 5-3 所示。

例 5-3 Example03.java

```
public class Example03 {
    public static void main(String[] args) {
        MyThread myThread=new MyThread();    //创建 MyThread 的实例对象
        Thread thread=new Thread(myThread);  //创建线程对象
        thread.start();                      //开启线程,执行线程中的 run()方法
        while (true) {
            System.out.println("main()方法在运行");
        }
    }
}
class MyThread implements Runnable {
    public void run() {    //线程的代码段,当调用 start()方法时,线程从此处开始执行
        while (true) {
            System.out.println("MyThread类的 run()方法在运行");
        }
    }
}
```

运行结果如图 5-6 所示。

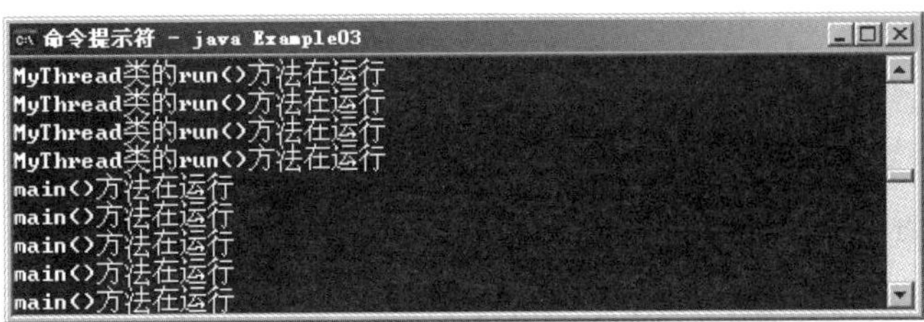

图 5-6 例 5-3 运行结果

例 5-3 中,MyThread 类实现了 Runnable 接口,并重写了 Runnable 接口中的 run()方法,通过 Thread 类的构造方法将 MyThread 类的实例对象作为参数传入。从运行结果可以看出,main()方法和 run()方法中的打印语句都执行了,说明例程实现了多线程。

5.2.3 两种实现多线程方式的对比分析

既然直接继承 Thread 类和实现 Runnable 接口都能实现多线程,那么这两种实现多线程的方式在实际应用中又有什么区别呢?接下来通过一种应用场景来分析。

假设售票厅有四个窗口可发售某日某次列车的 100 张车票,这时,100 张车票可以看作共享资源,四个售票窗口需要创建四个线程。为了更直观显示窗口的售票情况,可以通过 Thread 的 currentThread()方法得到当前的线程的实例对象,然后调用 getName()可以获取到线程的名称。接下来,首先通过继承 Thread 类的方式来实现多线程的创建,如例 5-4 所示。

例 5-4 Example04.java

```
public class Example04 {
    public static void main(String[] args) {
        new TicketWindow().start();  //创建一个线程对象 TicketWindow 并开启
        new TicketWindow().start();  //创建一个线程对象 TicketWindow 并开启
        new TicketWindow().start();  //创建一个线程对象 TicketWindow 并开启
        new TicketWindow().start();  //创建一个线程对象 TicketWindow 并开启
    }
}
class TicketWindow extends Thread {
    private int tickets=100;
    public void run() {
        while (true) {                     //通过死循环语句打印语句
            if (tickets>0) {
                Thread th=Thread.currentThread();   //获取当前线程
                String th_name=th.getName();        //获取当前线程的名字
                System.out.println(th_name+" 正在发售第 "+tickets--+" 张票 ");
```

```
            }
        }
    }
}
```

运行结果如图 5-7 所示。

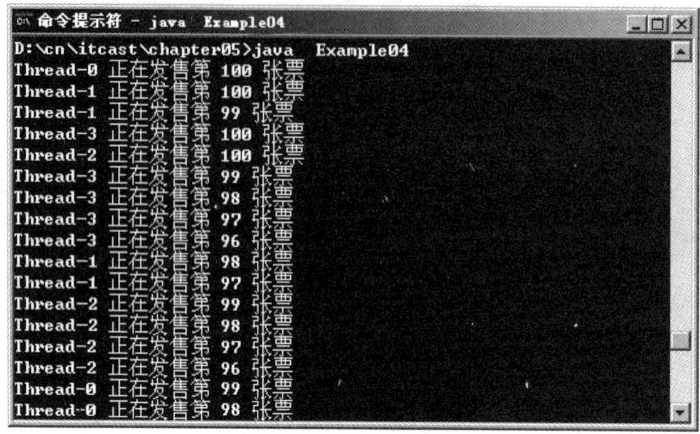

图 5-7 例 5-4 运行结果

从图 5-7 所示的运行结果可以看出，每张票都被打印了四次。出现这种现象的原因是四个线程没有共享 100 张票，而是各自出售了 100 张票。在程序中创建了四个 TicketWindow 对象，就等于创建了四个售票程序，每个程序中都有 100 张票，每个线程在独立地处理各自的资源。需要注意的是，例 5-4 中每个线程都有自己的名字，主线程默认的名字是“main”，用户创建的第一个线程默认的名字为“Thread-0”，第二个线程的默认名字为“Thread-1”，依此类推。如果希望指定线程的名称，则可以通过调用 setName (String name)为线程设置名称。

由于现实中铁路系统中的票资源是共享的，因此上面的运行结果显然不合理。为了保证资源共享，在程序中只能创建一个售票对象，然后开启多个线程去运行同一个售票对象的售票方法，简单来说就是四个线程运行同一个售票程序，这时就需要用到多线程的第二种实现方式。将例 5-4 进行修改，并使用构造方法 Thread(Runnable target, String name)在创建线程对象的同时指定线程的名称，如例 5-5 所示。

例 5-5 Example05.java

```
public class Example05 {
    public static void main(String[] args) {
        TicketWindow tw=new TicketWindow();  //创建 TicketWindow 实例对象 tw
        new Thread(tw,"窗口 1").start();//创建线程对象并命名为窗口 1,开启线程
        new Thread(tw,"窗口 2").start();//创建线程对象并命名为窗口 2,开启线程
        new Thread(tw,"窗口 3").start();//创建线程对象并命名为窗口 3,开启线程
        new Thread(tw,"窗口 4").start();//创建线程对象并命名为窗口 4,开启线程
```

```
    }
}
class TicketWindow implements Runnable {
    private int tickets=100;
    public void run() {
        while (true) {
            if (tickets>0) {
                Thread th=Thread.currentThread();    //获取当前线程
                String th_name=th.getName();         //获取当前线程的名字
                System.out.println(th_name+" 正在发售第 "+tickets--+" 张票 ");
            }
        }
    }
}
```

运行结果如图 5-8 所示。

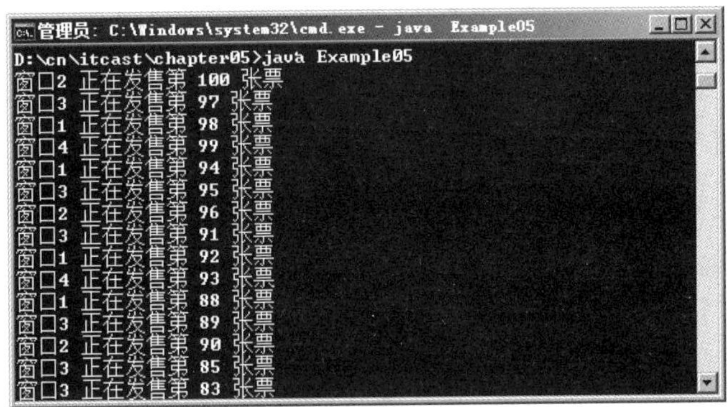

图 5-8 例 5-5 运行结果

例 5-5 中只创建了一个 TicketWindow 对象，然后创建了四个线程，在每个线程上都去调用这个 TicketWindow 对象中的 run()方法，这样就可以确保四个线程访问的是同一个 tickets 变量，共享 100 张车票。

通过上面的两个例程可以看出，实现 Runnable 接口相对于继承 Thread 类来说，有如下显著的好处：

① 适合多个相同程序代码的线程去处理同一个资源的情况，把线程同程序代码、数据有效的分离，很好地体现了面向对象的设计思想。

② 可以避免由于 Java 的单继承带来的局限性。在开发中经常碰到这样一种情况，就是使用一个已经继承了某一个类的子类创建线程，由于一个类不能同时有两个父类，所以不能用继承 Thread 类的方式，那么就只能采用实现 Runnable 接口的方式。

事实上，大部分的应用程序都会采用第二种方式来创建多线程，即实现 Runnable 接口。

5.2.4 后台线程

在上面的售票案例中，当 main()方法中创建并启动四个新的线程后，main()方法中的代码执行完毕，这时方法会结束，main 线程也就随之结束了。通过程序的运行结果可以看出，虽然 main 线程结束了，但整个 Java 程序却没有随之结束，仍然在执行售票的代码。对 Java 程序来说，只要还有一个前台线程在运行，这个进程就不会结束，如果一个进程中只有后台线程运行，这个进程就会结束。这里提到的前台线程和后台线程是一种相对的概念，新创建的线程默认都是前台线程，如果某个线程对象在启动之前调用了 setDaemon(true)语句，这个线程就变成一个后台线程。接下来通过一个案例来演示当程序只有后台线程时就会结束的情况，如例 5-6 所示。

例 5-6 Example06.java

```
class DamonThread implements Runnable {          //创建 DamonThread 类，实现 Runnable 接口
    public void run() {                          //实现接口中的 run()方法
        while (true) {
            System.out.println(Thread.currentThread().getName()
                    +"---is running.");
        }
    }
}
public class Example06 {
    public static void main(String[] args) {
        System.out.println("main 线程是后台线程吗?"+Thread.currentThread().isDaemon());
        DamonThread dt=new DamonThread();        //创建一个 DamonThread 对象 dt
        Thread t=new Thread(dt,"后台线程");       //创建线程 t 共享 dt 资源
        System.out.println("t 线程默认是后台线程吗? "+t.isDaemon());   //判断是否为后台线程
        t.setDaemon(true);                       //将线程 t 设置为后台线程
        t.start();                               //调用 start()方法开启线程 t
        for(int i=0;i<10;i++){
            System.out.println(i);
        }
    }
}
```

运行结果如图 5-9 所示。

例 5-6 演示了一个后台线程结束的过程。当开启线程 t 后，会执行死循环中的打印语句，但我们将线程 t 设置为后台线程后，当前台线程死亡后，JVM 会通知后台线程。由于后台线程从接受指令，到做出响应，需要一定的时间，因此，打印了几次“后台线程---is running.”语句后，后台线程也结束了。由此说明进程中只有后台线程运行时，进程就会结束。

```
命令提示符
D:\cn\itcast\chapter05>java Example06
main线程是后台线程吗? false
t线程默认是后台线程吗? false
0
后台线程---is running.
1
2
3
4
5
6
7
8
9
后台线程---is running.
后台线程---is running.
后台线程---is running.
后台线程---is running.
后台线程---is running.
```

图 5-9 例 5-6 运行结果

注意：要将某个线程设置为后台线程，必须在该线程启动之前，也就是说 setDaemon()方法必须在 start()方法之前调用，否则会引发 IllegalThreadStateException 异常。

5.3 线程的生命周期及状态转换

在 Java 中，任何对象都有生命周期，线程也不例外，它也有自己的生命周期。当 Thread 对象创建完成时，线程的生命周期便开始了。当 run()方法中代码正常执行完毕或者线程抛出一个未捕获的异常(Exception)或者错误(Error)时，线程的生命周期便会结束。线程整个生命周期可以分为五个阶段，分别是新建状态(New)、就绪状态(Runnable)、运行状态(Running)、阻塞状态(Blocked)和死亡状态(Terminated)，线程的不同状态表明了线程当前正在进行的活动。在程序中，通过一些操作，可以使线程在不同状态之间转换，如图 5-10 所示。

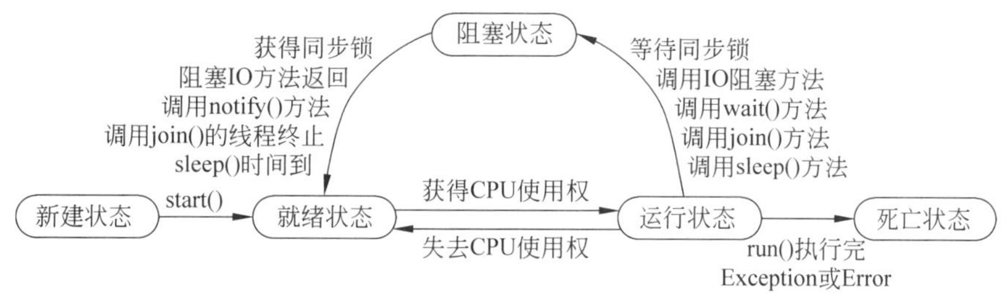

图 5-10 线程状态转换图

图 5-10 展示了线程各种状态的转换关系，箭头表示可转换的方向，其中，单箭头表示状态只能单向转换，例如线程只能从新建状态转换到就绪状态，反之则不能；双箭头表示两种状态可以互相转换，例如就绪状态和运行状态可以互相转换。通过一张图还不能完全描述清楚线程各状态之间的区别，接下来针对线程生命周期中的五种状态分别进行详细讲解。

1. 新建状态(New)

创建一个线程对象后,该线程对象就处于新建状态,此时它不能运行,和其他 Java 对象一样,仅仅由 Java 虚拟机为其分配了内存,没有表现出任何线程的动态特征。

2. 就绪状态(Runnable)

当线程对象调用了 start()方法后,该线程就进入就绪状态(也称可运行状态)。处于就绪状态的线程位于可运行池中,此时它只是具备了运行的条件,能否获得 CPU 的使用权开始运行,还需要等待系统的调度。

3. 运行状态(Running)

如果处于就绪状态的线程获得了 CPU 的使用权,开始执行 run()方法中的线程执行体,则该线程处于运行状态。当一个线程启动后,它不可能一直处于运行状态(除非它的线程执行体足够短,瞬间就结束了),当使用完系统分配的时间后,系统就会剥夺该线程占用的 CPU 资源,让其他线程获得执行的机会。需要注意的是,只有处于就绪状态的线程才可能转换到运行状态。

4. 阻塞状态(Blocked)

一个正在执行的线程在某些特殊情况下,如执行耗时的输入/输出操作时,会放弃 CPU 的使用权,进入阻塞状态。线程进入阻塞状态后,就不能进入排队队列。只有当引起阻塞的原因被消除后,线程才可以转入就绪状态。

下面就列举一下线程由运行状态转换成阻塞状态的原因,以及如何从阻塞状态转换成就绪状态。

- 当线程试图获取某个对象的同步锁时,如果该锁被其他线程所持有,则当前线程会进入阻塞状态,如果想从阻塞状态进入就绪状态必须得获取到其他线程所持有的锁。
- 当线程调用了一个阻塞式的 IO 方法时,该线程就会进入阻塞状态,如果想进入就绪状态就必须要等到这个阻塞的 IO 方法返回。
- 当线程调用了某个对象的 wait()方法时,也会使线程进入阻塞状态,如果想进入就绪状态就需要使用 notify()方法唤醒该线程。
- 当线程调用了 Thread 的 sleep(long millis)方法时,也会使线程进入阻塞状态,在这种情况下,只需等到线程睡眠的时间到了以后,线程就会自动进入就绪状态。
- 当在一个线程中调用了另一个线程的 join()方法时,会使当前线程进入阻塞状态,在这种情况下,需要等到新加入的线程运行结束后才会结束阻塞状态,进入就绪状态。

需要注意的是,线程从阻塞状态只能进入就绪状态,而不能直接进入运行状态,也就是说结束阻塞的线程需要重新进入可运行池中,等待系统的调度。

5. 死亡状态(Terminated)

线程的 run()方法正常执行完毕或者线程抛出一个未捕获的异常(Exception)、错误(Error),线程就进入死亡状态。一旦进入死亡状态,线程将不再拥有运行的资格,也不能再转换到其他状态。

5.4 线程的调度

在前面的小节介绍过,程序中的多个线程是并发执行的,某个线程若想被执行必须要得到 CPU 的使用权。Java 虚拟机会按照特定的机制为程序中的每个线程分配 CPU 的使用权,这种机制被称作线程的调度。

在计算机中,线程调度有两种模型,分别是分时调度模型和抢占式调度模型。所谓分时调度模型是指让所有的线程轮流获得 CPU 的使用权,并且平均分配每个线程占用的 CPU 的时间片。抢占式调度模型是指让可运行池中优先级高的线程优先占用 CPU,而对于优先级相同的线程,随机选择一个线程使其占用 CPU,当它失去了 CPU 的使用权后,再随机选择其他线程获取 CPU 使用权。Java 虚拟机默认采用抢占式调度模型,大多数情况下程序员不需要去关心它,但在某些特定的需求下需要改变这种模式,由程序自己来控制 CPU 的调度。本节将围绕线程调度的相关知识进行详细地讲解。

5.4.1 线程的优先级

在应用程序中,如果要对线程进行调度,最直接的方式就是设置线程的优先级。优先级越高的线程获得 CPU 执行的机会越大,而优先级越低的线程获得 CPU 执行的机会越小。线程的优先级用 1～10 之间的整数来表示,数字越大优先级越高。除了可以直接使用数字表示线程的优先级,还可以使用 Thread 类中提供的三个静态常量表示线程的优先级,如表 5-1 所示。

表 5-1 Thread 类的优先级常量

Thread 类的静态常量	功能描述
static int MAX_PRIORITY	表示线程的最高优先级,相当于值 10
static int MIN_PRIORITY	表示线程的最低优先级,相当于值 1
static int NORM_PRIORITY	表示线程的普通优先级,相当于值 5

程序在运行期间,处于就绪状态的每个线程都有自己的优先级,例如 main 线程具有普通优先级。然而线程优先级不是固定不变的,可以通过 Thread 类的 setPriority(int newPriority)方法对其进行设置,该方法中的参数 newPriority 接收的是 1～10 之间的整数或者 Thread 类的三个静态常量。接下来通过一个案例来演示不同优先级的两个线程在程序中的运行情况,如例 5-7 所示。

例 5-7 Example07.java

```
//定义类 MaxPriority 实现 Runnable 接口
class MaxPriority implements Runnable {
    public void run() {
        for (int i=0; i<10; i++) {
            System.out.println(Thread.currentThread().getName()+"正在输出: "+i);
        }
    }
}
//定义类 MinPriority 实现 Runnable 接口
class MinPriority implements Runnable {
    public void run() {
        for (int i=0; i<10; i++) {
            System.out.println(Thread.currentThread().getName()+"正在输出: "+i);
        }
    }
}
public class Example07 {
    public static void main(String[] args) {
        //创建两个线程
        Thread minPriority=new Thread(new MinPriority(),"优先级较低的线程");
        Thread maxPriority=new Thread(new MaxPriority(),"优先级较高的线程");
        minPriority.setPriority(Thread.MIN_PRIORITY); //设置线程的优先级为 1
        maxPriority.setPriority(10);                  //设置线程的优先级为 10
        //开启两个线程
        maxPriority.start();
        minPriority.start();
    }
}
```

运行结果如图 5-11 所示。

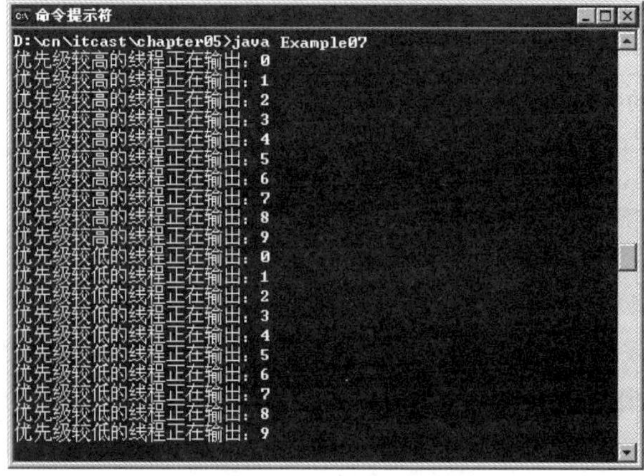

图 5-11　例 5-7 运行结果

例 5-7 中，创建了两个线程 minPriority 和 maxPriority，分别将线程的优先级设置为 1 和 10，从运行结果可以看出，优先级较高的 maxPriority 线程会先运行，运行完毕后优先级较低的 minPriority 线程才开始运行。

需要注意的是，虽然 Java 中提供了 10 个线程优先级，但是这些优先级需要操作系统的支持，不同的操作系统对优先级的支持是不一样的，不能很好的和 Java 中线程优先级一一对应，因此，在设计多线程应用程序时，其功能的实现一定不能依赖于线程的优先级，而只能把线程优先级作为一种提高程序效率的手段。

5.4.2 线程休眠

在前面我们讲过线程的优先级，优先级高的程序先执行的几率大，而优先级低的程序可能会后执行。如果希望人为地控制线程，使正在执行的线程暂停，将 CPU 让给别的线程，这时可以使用静态方法 sleep(long millis)，该方法可以让当前正在执行的线程暂停一段时间，进入休眠等待状态。当前线程调用 sleep(long millis)方法后，在指定时间(参数 millis)内是不会执行的，这样其他的线程就可以得到执行的机会了。

sleep(long millis)方法声明抛出 InterruptedException 异常，因此在调用该方法时应该捕获异常，或者声明抛出该异常。接下来通过一个案例来演示一下 sleep(long millis)方法在程序中的使用，如例 5-8 所示。

例 5-8 Example08.java

```
public class Example08 {
    public static void main(String[] args) throws Exception {
        //创建一个线程
        new Thread(new SleepThread()).start();
        for (int i=1; i<=10; i++) {
            if (i==5) {
                Thread.sleep(2000);         //当前线程休眠 2 秒
            }
            System.out.println("主线程正在输出:"+i);
            Thread.sleep(500);              //当前线程休眠 500 毫秒
        }
    }
}
//定义 SleepThread 类实现 Runnable 接口
class SleepThread implements Runnable {
    public void run() {
        for (int i=1; i<=10; i++) {
            if (i==3) {
                try {
                    Thread.sleep(2000);         //当前线程休眠 2 秒
```

```
21                 } catch (InterruptedException e) {
22                     e.printStackTrace();
23                 }
24             }
25             System.out.println("线程一正在输出:"+i);
26             try {
27                 Thread.sleep(500);            //当前线程休眠500毫秒
28             } catch (Exception e) {
29                 e.printStackTrace();
30             }
31         }
32     }
33 }
```

运行结果如图 5-12 所示。

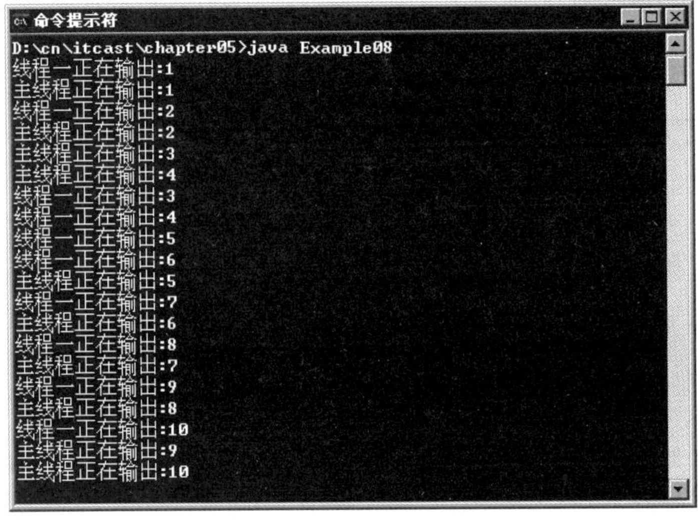

图 5-12　例 5-8 运行结果

例 5-8 中开启了两个线程，在这两个线程中分别调用了 Thread 的 sleep(500)方法(代码的第 10 行和第 27 行)，目的是让一个线程在打印一次后休眠 500ms，从而使另一个线程获得执行的机会，这样就可以实现两个线程的交替执行。

在线程一的 for 循环中，当 i=3 时，调用了 Thread 的 sleep(2000)方法(代码的第 20 行)，使线程休眠 2s。从运行结果可以看出，主线程输出 2 后，线程一没有交替输出 3，而是主线程接着输出了 3 和 4，这说明了线程一进入了休眠等待状态。

在主线程的 for 循环中，当 i=5 时，也调用了 Thread 的 sleep(2000)方法(代码的第 7 行)，使线程休眠 2s。从运行结果可以看出，在主线程输出 4 后，下面连续 4 句话都是线程一输出的。只有当主线程 2s 休眠完毕后，两个线程才会恢复交替执行。

需要注意的是，sleep()是静态方法，只能控制当前正在运行的线程休眠，而不能控制其他线程休眠。当休眠时间结束后，线程就会返回到就绪状态，而不是立即开始运行。

5.4.3 线程让步

在校园中，我们经常会看到同学互相抢篮球，当某个同学抢到篮球后就可以拍一会，之后他会把篮球让出来，大家重新开始抢篮球，这个过程就相当于 Java 程序中的线程让步。线程让步可以通过 yield()方法来实现，该方法和 sleep()方法有点相似，都可以让当前正在运行的线程暂停，区别在于 yield()方法不会阻塞该线程，它只是将线程转换成就绪状态，让系统的调度器重新调度一次。当某个线程调用 yield()方法之后，只有与当前线程优先级相同或者更高的线程才能获得执行的机会。接下来通过一个案例来演示一下 yield()方法的使用，如例 5-9 所示。

例 5-9 Example09. java

```
//定义 YieldThread 类继承 Thread 类
class YieldThread extends Thread {
    //定义一个有参的构造方法
    public YieldThread(String name) {
        super(name);                  //调用父类的构造方法
    }
    public void run() {
        for (int i=0; i<5; i++) {
            System.out.println(Thread.currentThread().getName()+"---"+i);
            if (i==3) {
                System.out.print("线程让步:");
                Thread.yield();   //线程运行到此,做出让步
            }
        }
    }
}
public class Example09 {
    public static void main(String[] args) {
        //创建两个线程
        Thread t1=new YieldThread("线程 A");
        Thread t2=new YieldThread("线程 B");
        //开启两个线程
        t1.start();
        t2.start();
    }
}
```

运行结果如图 5-13 所示。

例 5-9 中创建了两个线程 t1 和 t2，它们的优先级相同。两个线程在循环变量 i=3

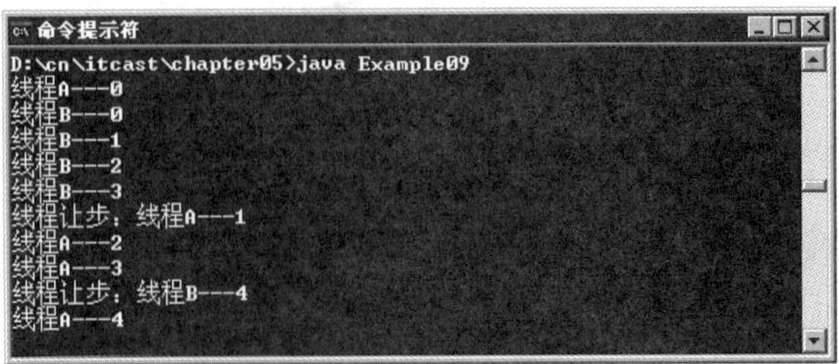

图 5-13　例 5-9 运行结果

时，都会调用 Thread 的 yield()方法，使当前线程暂停，这时另一个线程就会获得执行，从运行结果可以看出，当线程 B 输出 3 以后，会做出让步，线程 A 继续执行，同样，线程 A 输出 3 后，也会做出让步，线程 B 继续执行。

5.4.4　线程插队

现实生活中经常能碰到“插队”的情况，同样，在 Thread 类中也提供了一个 join()方法来实现这个“功能”。当在某个线程中调用其他线程的 join()方法时，调用的线程将被阻塞，直到被 join()方法加入的线程执行完成后它才会继续运行。接下来通过一个案例来演示一下 join()方法的使用，如例 5-10 所示。

例 5-10　Example10.java

```
public class Example10{
    public static void main(String[] args) throws Exception {
        //创建线程
        Thread t=new Thread(new EmergencyThread(),"线程一");
        t.start();                         //开启线程
        for (int i=1; i<6; i++) {
            System.out.println(Thread.currentThread().getName()+"输入: "+i);
            if (i==2) {
                t.join();                  //调用 join()方法
            }
            Thread.sleep(500);             //线程休眠 500 毫秒
        }
    }
}
class EmergencyThread implements Runnable {
    public void run() {
        for (int i=1; i<6; i++) {
            System.out.println(Thread.currentThread().getName()+"输入: "+i);
            try {
                Thread.sleep(500);         //线程休眠 500 毫秒
```

```
            } catch (InterruptedException e) {
                e.printStackTrace();
            }
        }
    }
}
```

运行结果如图 5-14 所示。

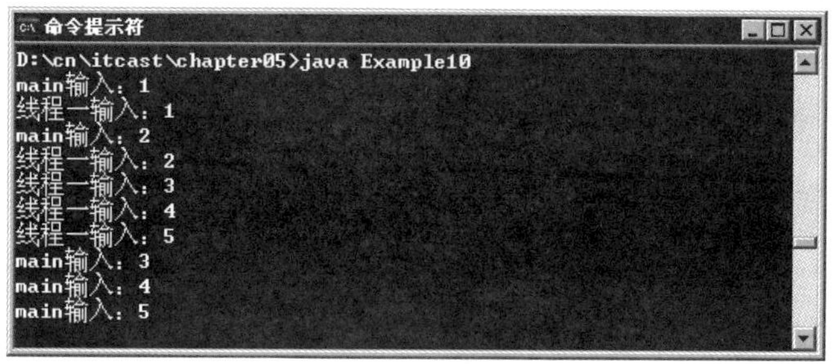

图 5-14　例 5-10 运行结果

例 5-10 的 main 线程中开启了一个线程 t，两个线程的循环体中都调用了 Thread 的 sleep(500)方法，以实现两个线程的交替执行。当 main 线程中的循环变量为 2 时，调用 t 线程的 join()方法，这时，t 线程就会“插队”优先执行。从运行结果可以看出，当 main 线程输出 2 以后，线程一就开始执行，直到线程一执行完毕，main 线程才继续执行。

5.5　多线程同步

前面小节讲解过多线程的并发执行可以提高程序的效率，但是，当多个线程去访问同一个资源时，也会引发一些安全问题。例如，当统计一个班级的学生数目时，如果有同学进进出出，则很难统计正确。为了解决这样的问题，需要实现多线程的同步，即限制某个资源在同一时刻只能被一个线程访问。接下来将详细讲解多线程中出现的问题以及如何使用同步来解决。

5.5.1　线程安全

例 5-5 中的售票案例，极有可能碰到“意外”情况，如一张票被打印多次，或者打印出的票号为 0 甚至负数。这些“意外”都是由多线程操作共享资源 ticket 所导致的线程安全问题，接下来针对例 5-5 进行修改，模拟四个窗口出售 10 张票，并在售票的代码中使每次售票时线程休眠 10ms，如例 5-11 所示。

例 5-11　Example11.java

```
public class Example11 {
```

```
    public static void main(String[] args) {
        SaleThread saleThread=new SaleThread(); //创建 saleThread 对象
        //创建并开启四个线程
        new Thread(saleThread,"线程一").start();
        new Thread(saleThread,"线程二").start();
        new Thread(saleThread,"线程三").start();
        new Thread(saleThread,"线程四").start();
    }
}
//定义 SaleThread 类实现 Runnable 接口
class SaleThread implements Runnable {
    private int tickets=10;                          //10 张票
    public void run() {
        while (tickets>0) {
            try {
                Thread.sleep(10);                    //经过此处的线程休眠 10 毫秒
            } catch (InterruptedException e) {
                e.printStackTrace();
            }
            System.out.println(Thread.currentThread().getName()+"---卖出的票"
                    +tickets--);
        }
    }
}
```

运行结果如图 5-15 所示。

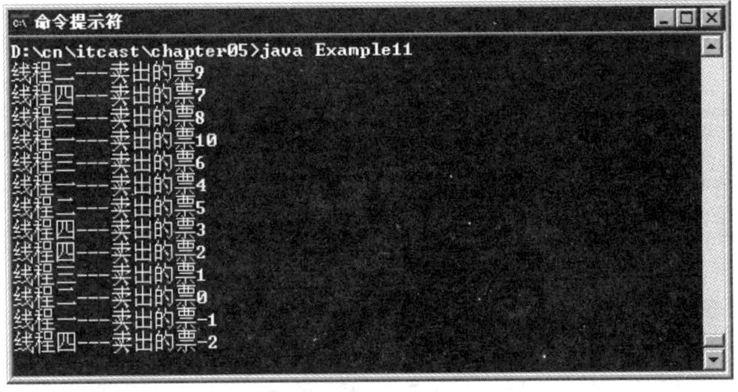

图 5-15 例 5-11 运行结果

图 5-15 中,最后几行打印售出的票为 0 和负数,这种现象是不应该出现的,因为在售票程序中做了判断,只有当票号大于 0 时才会进行售票。运行结果中之所以出现了负数的票号是因为多线程在售票时出现了安全问题。接下来对问题进行简单的分析。

在售票程序的 while 循环中添加了 sleep()方法,这样就模拟了售票过程中线程的延迟。由于线程有延迟,当票号减为 1 时,假设线程 1 此时出售 1 号票,对票号进行判断后,进入 while 循环，在售票之前通过 sleep()方法让线程休眠，这时线程二会进行售票，由于此时票号仍为 1，因此线程二也会进入循环，同理，四个线程都会进入 while 循环，休眠结束后，四个线程都会进行售票，这样就相当于将票号减了四次，结果中出现了 0、－1、－2 这样的票号。

5.5.2 同步代码块

通过 5.5.1 小节的学习，了解到线程安全问题其实就是由多个线程同时处理共享资源所导致的。要想解决例 5-11 中的线程安全问题，必须得保证下面用于处理共享资源的代码在任何时刻只能有一个线程访问。

```
while (tickets>0) {
    try {
        Thread.sleep(10);          //经过此处的线程休眠 10 毫秒
    } catch (InterruptedException e) {
        e.printStackTrace();
    }
        System.out.println(Thread.currentThread().getName()+"---卖出的票"+
                            tickets--);
}
```

为了实现这种限制，Java 中提供了同步机制。当多个线程使用同一个共享资源时，可以将处理共享资源的代码放置在一个代码块中，使用 synchronized 关键字来修饰，被称作同步代码块，其语法格式如下：

```
synchronized(lock){
    操作共享资源代码块
}
```

上面的代码中，lock 是一个锁对象，它是同步代码块的关键。当线程执行同步代码块时，首先会检查锁对象的标志位，默认情况下标志位为 1，此时线程会执行同步代码块，同时将锁对象的标志位置为 0。当一个新的线程执行到这段同步代码块时，由于锁对象的标志位为 0，新线程会发生阻塞，等待当前线程执行完同步代码块后，锁对象的标志位被置为 1，新线程才能进入同步代码块执行其中的代码。循环往复，直到共享资源被处理完为止。这个过程就好比一个公用电话亭，只有前一个人打完电话出来后，后面的人才可以打。

接下来将例 5-11 中售票的代码放到 synchronized 区域中，如例 5-12 所示。

例 5-12 Example12.java

```
//定义 Ticket1 类实现 Runnable 接口
class Ticket1 implements Runnable {
```

```
    private int tickets=10;                   //定义变量 tickets,并赋值 10
    Object lock=new Object();                 //定义任意一个对象,用作同步代码块的锁
    public void run() {
        while (true) {
            synchronized (lock) {          //定义同步代码块
                try {
                    Thread.sleep(10);     //经过的线程休眠 10 毫秒
                } catch (InterruptedException e) {
                    e.printStackTrace();
                }
                if (tickets>0) {
                    System.out.println(Thread.currentThread().getName()
                            +"---卖出的票"+tickets--);
                } else {                      //如果 tickets 小于或等于 0,跳出循环
                    break;
                }
            }
        }
    }
}
public class Example12 {
    public static void main(String[] args) {
        Ticket1 ticket=new Ticket1();    //创建 Ticket1 对象
        //创建并开启四个线程
        new Thread(ticket,"线程一").start();
        new Thread(ticket,"线程二").start();
        new Thread(ticket,"线程三").start();
        new Thread(ticket,"线程四").start();
    }
}
```

运行结果如图 5-16 所示。

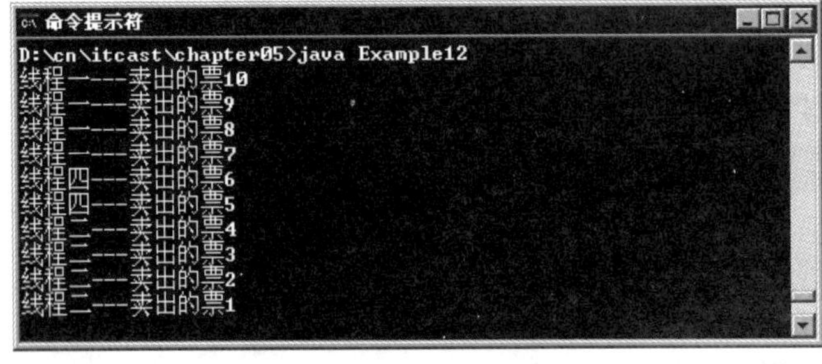

图 5-16　例 5-12 运行结果

例 5-12 中,将有关 tickets 变量的操作全部都放到同步代码块中。为了保证线程的

持续执行，将同步代码块放在死循环中，直到 ticket<=0 时跳出循环。因此，从图 5-16 所示的运行结果可以看出，售出的票不再出现 0 和负数的情况，这是因为售票的代码实现了同步，之前出现的线程安全问题得以解决。运行结果中并没有出现线程三售票的语句，出现这样的现象是很正常的，这是因为线程在获得锁对象时有一定的随机性，在整个程序的运行期间，线程三始终未获得锁对象。

注意：同步代码块中的锁对象可以是任意类型的对象，但多个线程共享的锁对象必须是唯一的。“任意”说的是共享锁对象的类型。所以，锁对象的创建代码不能放到 run()方法中，否则每个线程运行到 run()方法都会创建一个新对象，这样每个线程都会有一个不同的锁，每个锁都有自己的标志位。线程之间便不能产生同步的效果。

5.5.3 同步方法

通过 5.5.2 小节的学习，了解到同步代码块可以有效解决线程的安全问题，当把共享资源的操作放在 synchronized 定义的区域内时，便为这些操作加了同步锁。在方法前面同样可以使用 synchronized 关键字来修饰，被修饰的方法为同步方法，它能实现和同步代码块同样的功能，具体语法格式如下：

```
synchronized 返回值类型 方法名([参数 1,……]){}
```

被 synchronized 修饰的方法在某一时刻只允许一个线程访问，访问该方法的其他线程都会发生阻塞，直到当前线程访问完毕后，其他线程才有机会执行方法。

接下来使用同步方法对例 5-12 进行修改，如例 5-13 所示。

例 5-13 Example13.java

```
//定义 Ticket1 类实现 Runnable 接口
class Ticket1 implements Runnable {
    private int tickets=10;
    public void run() {
        while (true) {
            saleTicket();                       //调用售票方法
            if (tickets<=0) {
                break;
            }
        }
    }
    //定义一个同步方法 saleTicket()
    private synchronized void saleTicket() {
        if (tickets>0) {
            try {
                Thread.sleep(10);           //经过的线程休眠 10 毫秒
            } catch (InterruptedException e) {
                e.printStackTrace();
```

```
            }
            System.out.println(Thread.currentThread().getName()+"---卖出的票"
                    +tickets--);
        }
    }
}
public class Example13 {
    public static void main(String[] args) {
        Ticket1 ticket=new Ticket1();          //创建 Ticket1 对象
        //创建并开启四个线程
        new Thread(ticket,"线程一").start();
        new Thread(ticket,"线程二").start();
        new Thread(ticket,"线程三").start();
        new Thread(ticket,"线程四").start();
    }
}
```

运行结果如图 5-17 所示。

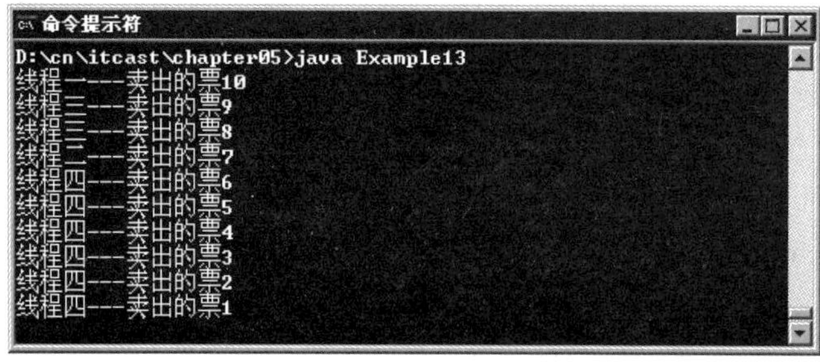

图 5-17 例 5-13 运行结果

例 5-13 中，将售票代码抽取为售票方法 saleTicket()，并用 synchronized 关键字把 saleTicket()修饰为同步方法，然后在 run()方法中调用该方法。从图 5-17 所示的运行结果可以看出，同样没有出现 0 号和负数号的票，说明同步方法实现了和同步代码块一样的效果。

思考：大家可能会有这样的疑问：同步代码块的锁是自己定义的任意类型的对象，那么同步方法是否也存在锁？如果有，它的锁是什么呢？答案是肯定的，同步方法也有锁，它的锁就是当前调用该方法的对象，也就是 this 指向的对象。这样做的好处是，同步方法被所有线程所共享，方法所在的对象相对于所有线程来说是唯一的，从而保证了锁的唯一性。当一个线程执行该方法时，其他的线程就不能进入该方法中，直到这个线程执行完该方法为止，从而达到了线程同步的效果。

有时候需要同步的方法是静态方法，静态方法不需要创建对象就可以直接用"类名.方法名()"的方式调用。这时候我们就会有一个疑问，如果不创建对象，静态同步方法的锁就不会是 this，那么静态同步方法的锁是什么？Java 中静态方法的锁是该方法所在类的 class 对象，该对象可以直接用“类名.class”的方式获取。

同步代码块和同步方法解决多线程问题有好处也有弊端。同步解决了多个线程同时访问共享数据时的线程安全问题，只要加上同一个锁，在同一时间内只能有一条线程执行。但是线程在执行同步代码时每次都会判断锁的状态，非常消耗资源，效率较低。

5.5.4 死锁问题

有这样一个场景：一个中国人和一个美国人在一起吃饭，美国人拿了中国人的筷子，中国人拿了美国人的刀叉，两个人开始争执不休：

中国人：“你先给我筷子，我再给你刀叉！”

美国人：“你先给我刀叉，我再给你筷子！”

……

结果可想而知，两个人都吃不到饭。这个例子中的中国人和美国人相当于不同的线程，筷子和刀叉就相当于锁。两个线程在运行时都在等待对方的锁，这样便造成了程序的停滞，这种现象称为死锁。接下来通过中国人和美国人吃饭的案例来模拟死锁问题，如例 5-14 所示。

例 5-14 Example14.java

```
class DeadLockThread implements Runnable {
    static Object chopsticks=new Object();   //定义 Object 类型的 chopsticks 锁对象
    static Object knifeAndFork=new Object(); //定义 Object 类型的 knifeAndFork 锁对象
    private boolean flag;                    //定义 boolean 类型的变量 flag
    DeadLockThread(boolean flag) {           //定义有参的构造方法
        this.flag=flag;
    }
    public void run() {
        if (flag) {
            while (true) {
                synchronized (chopsticks) {//chopsticks 锁对象上的同步代码块
                    System.out.println(Thread.currentThread().getName()
                            +"---if---chopsticks");
                    synchronized (knifeAndFork) {   //knifeAndFork 锁对象上的同步代码块
                        System.out.println(Thread.currentThread().getName()
                                +"---if---knifeAndFork");
                    }
                }
            }
        } else {
            while (true) {
                synchronized (knifeAndFork) {      //knifeAndFork 锁对象上的同步代码块
                    System.out.println(Thread.currentThread().getName()
                            +"---else---knifeAndFork");
```

```
                    synchronized (chopsticks) {    //chopsticks锁对象上的同步代码块
                        System.out.println(Thread.currentThread().getName()
                                +"---else---chopsticks");
                    }
                }
            }
        }
    }
}
public class Example14 {
    public static void main(String[] args) {
        //创建两个 DeadLockThread 对象
        DeadLockThread d1=new DeadLockThread(true);
        DeadLockThread d2=new DeadLockThread(false);
        //创建并开启两个线程
        new Thread(d1,"Chinese").start();        //创建开启线程 Chinese
        new Thread(d2,"American").start();       //创建开启线程 American
    }
}
```

运行结果如图 5-18 所示。

图 5-18　例 5-14 运行结果

例 5-14 中，创建了 Chinese 和 American 两个线程，分别执行 run()方法中 if 和 else 代码块中的同步代码块。Chinese 线程中拥有 chopsticks 锁，只有获得 knifeAndFork 锁才能执行完毕，而 American 线程拥有 knifeAndFork 锁，只有获得 chopsticks 锁才能执行完毕，两个线程都需要对方所占用的锁，但是都无法释放自己所拥有的锁，于是这两个线程都处于了挂起状态，从而造成了如图 5-18 所示的死锁。

5.6　多线程通信

现代社会崇尚合作精神，分工合作在日常生活和工作中无处不在。举个简单的例子，比如一条生产线的上下两个工序，它们必须以规定的速率完成各自的工作，才能保证产品在流水线中顺利的流转。如果下工序过慢，会造成产品在两道工序之间的积压；如果上工序过慢，会造成下工序长时间无事可做。在多线程的程序中，上下工序可以看作两个线程，这两个线程之间需要协同完成工作，就需要线程之间进行通信。

5.6.1 问题引入

为了更好地理解线程间的通信，我们可以模拟这样的一种应用场景，假设有两个线程同时去操作同一个存储空间，其中一个线程负责向存储空间中存入数据，另一个线程负责取出数据。通过一个案例来实现上述情况，首先定义一个类，在类中使用一个数组来表示存储空间，并提供数据的存取方法，具体实现如例 5-15 所示。

例 5-15 Storage.java

```
class Storage {
    //数据存储数组
    private int[] cells=new int[10];
    //inPos 表示存入时数组下标,outPos 表示取出时数组下标
    private int inPos,outPos;
    //定义一个 put()方法向数组中存入数据
    public void put(int num) {
        cells[inPos]=num;
        System.out.println("在 cells["+inPos+"]中放入数据---"+cells[inPos]);
        inPos++;            //存完元素让位置加 1
        if (inPos==cells.length)
            inPos=0;        //当 inPos 为数组长度时,将其置为 0
    }
    //定义一个 get()方法从数组中取出数据
    public void get() {
        int data=cells[outPos];
        System.out.println("从 celss["+outPos+"]中取出数据"+data);
        outPos++;           //取完元素让位置加 1
        if (outPos==cells.length)
            outPos=0;
    }
}
```

例 5-15 中，定义的数组 cells 用来存储数据，put()方法用于向数组存入数据，get()方法用于获取数据。针对数组元素的存取操作都是从第一个元素开始依次进行的，每当操作完数组的最后一个元素时，索引都会被置为 0，也就是重新从数组的第一个位置开始存取操作。

接下来实现两个线程同时访问上例中的共享数据，这两个线程都需要实现 Runnable 接口，具体如例 5-16 所示。

例 5-16 Input.java 和 Output.java

```
class Input implements Runnable{      //输入线程类
    private Storage st ;
    private int num;                  //定义一个变量 num
```

```
    Input(Storage st){                          //通过构造方法接收一个 Storage 对象
        this.st=st;
    }
    public void run(){
        while(true){
            st.put(num++);                      //将 num 存入数组,每次存入后 num 自增
        }
    }
}
class Output implements Runnable{               //输出线程类
    private Storage st ;
    Output(Storage st){                         //通过构造方法接收一个 Storage 对象
        this.st=st;
    }
    public void run(){
        while(true){
            st.get();                           //循环取出元素
        }
    }
}
```

例 5-16 中定义了两个类 Input 和 Output,它们都实现了的 Runnable 接口,并且构造方法中都接收一个 Storage 类型的对象。在 Input 类的 run()方法中使用 while 循环不停地向存储空间中存入数据 num,并在每次存入数据后将 num 进行自增,从而实现存入自然数 1、2、3、4…的效果。在 Output 类的 run()方法中使用 while 循环不停地从存储空间中取出数据。

最后需要写一个测试程序,开启两个线程分别运行 Input 和 Output 类中的代码,如例 5-17 所示。

例 5-17　Example17.java

```
public class Example17 {
    public static void main(String[] args) {
        Storage st=new Storage();               //创建数据存储类对象
        Input input=new Input(st);              //创建 Input 对象传入 Storage 对象
        Output output=new Output(st);           //创建 Output 对象传入 Storage 对象
        new Thread(input).start();              //开启新线程
        new Thread(output).start();             //开启新线程
    }
}
```

运行结果如图 5-19 所示。

从图 5-19 运行结果可以看到,Input 线程依次向数组中存入递增的自然数 1、2、3、

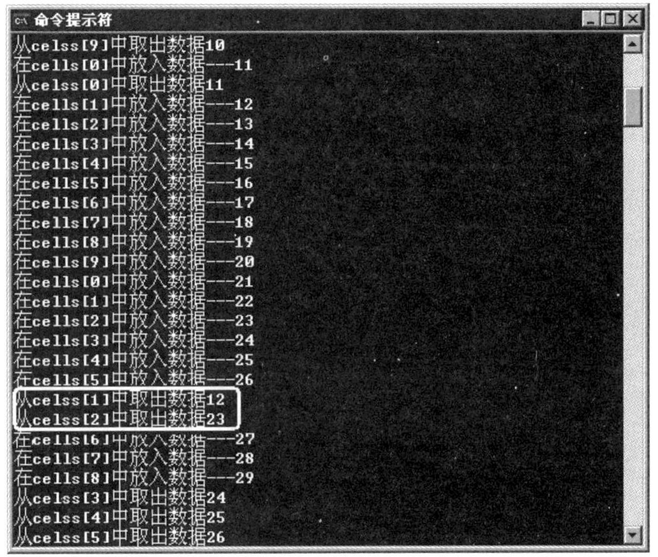

图 5-19　例 5-17 运行结果

4…,而 Output 线程依次取出数组中的数据。其中特殊标记的两行运行结果表示在取出数字 12 后,紧接着取出的是 23,这样的现象明显是不对的。我们希望出现的运行结果是依次取出递增的自然数。之所以出现这种现象是因为在 Input 线程存入数字 13 时,Output 线程并没有及时取出数据,Input 线程一直在持续地存入数据,直到将数组放满,又从数组的第一位置开始存入 21、22、23…,当 Output 线程再次取数据时,取出的不再是 13 而是 23。

5.6.2 问题如何解决

如果想解决上述问题,就需要控制多个线程按照一定的顺序轮流执行,此时需要让线程间进行通信。在 Object 类中提供了 wait()、notify()、notifyAll()方法用于解决线程间的通信问题,由于 Java 中所有类都是 Object 类的子类或间接子类,因此任何类的实例对象都可以直接使用这些方法。接下来通过表 5-2 详细说明这几个方法的作用。

表 5-2　线程通信的常用方法

方法声明	功能描述
void wait()	使当前线程放弃同步锁并进入等待,直到其他线程进入此同步锁,并调用 notify()方法,或 notifyAll()方法唤醒该线程为止
void notify()	唤醒此同步锁上等待的第一个调用 wait()方法的线程
void notifyAll()	唤醒此同步锁上调用 wait()方法的所有线程

表 5-2 中列出了 3 个与线程通信相关的方法,其中 wait()方法用于使当前线程进入等待状态,notify()和 notifyAll()方法用于唤醒当前处于等待状态的线程。需要注意的是,wait()、notify()和 notifyAll()这三个方法的调用者都应该是同步锁对象,如果这三个方

法的调用者不是同步锁对象,Java 虚拟机就会抛出 IllegalMonitorStateException 异常。

接下来通过使用 wait()和 notify()方法,对例 5-15 进行改写来实现线程间的通信,如例 5-18 所示。

例 5-18 Storage.java

```
class Storage {
    private int[] cells=new int[10];  //数据存储数组
    private int inPos,outPos;        //inPos 存入时数组下标,outPos 取出时数组下标
    private int count;               //存入或者取出数据的数量
    public synchronized void put(int num) {
        try {
            //如果放入数据等于 cells 的长度,此线程等待
            while (count==cells.length) {
                this.wait();
            }
            cells[inPos]=num;        //向数组中放入数据
            System.out.println("在 cells["+inPos+"]中放入数据---"+cells[inPos]);
            inPos++;                 //存完元素让位置加 1
            if (inPos==cells.length)   //当在 cells[9]放完数据后再从 cells[0]开始
                inPos=0;
            count++;                   //每放一个数据 count 加 1
            this.notify();
        } catch (Exception e) {
            e.printStackTrace();
        }
    }
    public synchronized void get() {
        try {
            while (count==0) {         //如果 count 为 0,此线程等待
                this.wait();
            }
            int data=cells[outPos];  //从数组中取出数据
            System.out.println("从 cells["+outPos+"]中取出数据"+data);
            cells[outPos]=0;           //取出后,当前位置的数据置 0
            outPos++;                  //取完元素让位置加 1
            if (outPos==cells.length)  //当从 cells[9]取完数据后再从 cells[0]开始
                outPos=0;
            count--;                   //每取出一个元素 count 减 1
            this.notify();
        } catch (Exception e) {
            e.printStackTrace();
        }
    }
}
```

再次运行例 5-17 的测试程序，结果如图 5-20 所示。

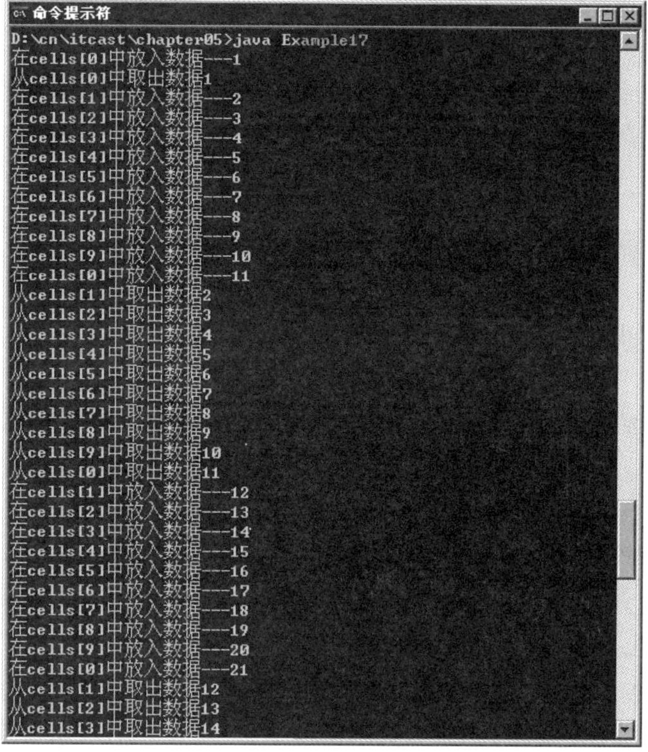

图 5-20 例 5-17 修改后运行结果

例 5-18 的 Storage 类是对例 5-15 的改写，首先通过使用 synchronized 关键字将 put()方法和 get()方法修饰为同步方法，之后每操作一次数据，便调用一次 notify()方法唤醒对应同步锁上等待的线程。当存入数据时，如果 count 的值与 cells 数组的长度相同，说明数组已经添满，此时就需要调用同步锁的 wait()方法使存入数据的线程进入等待状态。同理，当取出数据时如果 count 的值为 0，说明数组已被取空，此时就需要调用同步锁的 wait()方法，使取出数据的线程进入等待状态。从运行结果可以看出，存入的数据和取出的数据都是依次递增的自然数。

5.7 本章小结

本章主要介绍了线程是如何创建的，线程的生命周期和执行顺序，控制线程的启动和挂起，以及如何正常结束线程。重点在于线程的控制和线程的同步，以及线程的通信。难点在于线程之间的同步，控制不好会产生资源冲突。为了解决资源冲突问题，可以采用同步机制，此时必须确定多个线程不会同时读取并改变这个资源，这需要合理地使用 synchronized 关键字，但是同步也会带来一定的效能延迟，并且可能产生死锁。

通过本章的学习应该能够对多线程技术有较为深入的了解，并对多线程的创建、调度、同步以及通信操作能做到熟练掌握。

5.8 习　　题

一、填空题

1. 一个应用程序中有多条并发执行的线索，每条线索都被称作一个________，它们会交替执行，彼此间可以进行________。

2. 在实现多线程的程序时有两种方式，一是通过继承________类，二是通过实现________接口。

3. yield()方法只能让相同优先级或者更高优先级、处于________状态的线程获得运行的机会。

4. 在Java语言中，同步方法需要用到关键字________，对于同步方法而言无须指定同步锁，它的同步锁是方法所在的________，也就是________(关键字)。

5. 在多任务系统中，每个独立执行的程序称之为________，也就是“正在运行的程序”。

6. 线程的整个生命周期分为五个阶段，分别是________、________、________、________和________。

7. 线程的优先级用1～10之间的整数来表示，其中________代表优先级最高，________代表优先级最低。

8. 在Thread类中，提供了一个start()方法，该方法用于________，当新线程启动后，系统会自动调用________方法。

9. 要想解决线程间的通信问题，可以使用________、________、________方法。

10. 要将某个线程设置为后台线程，需要调用该线程的________方法，该方法必须在________方法之前调用。

二、判断题

1. 当创建一个线程对象时，该对象表示的线程就立即开始运行。(　　)
2. 如果前台线程全部死亡，后台线程也会自动死亡。(　　)
3. 同步代码块中的锁对象可以是任意类型的对象。(　　)
4. 静态方法不能使用synchronized关键字来修饰。(　　)
5. 线程结束等待或者阻塞状态后，会进入运行状态。(　　)

三、选择题

1. Thread类位于下列哪个包中？(　　)

   A. java.io　　B. java.lang　　C. java.util　　D. java.awt

2. 关于线程的创建过程，下面四种说法正确的有哪些？（多选）（　　）
   A. 定义 Thread 类的子类，重写 Thread 类的 run()方法，创建该子类的实例对象，调用对象的 start()方法
   B. 定义 Thread 类的子类，重写 Thread 类的 run()方法，创建该子类的实例对象，调用对象的 run()方法
   C. 定义一个实现 Runnable 接口的类并实现 run()方法，创建该类实例对象，将其作为参数传递给 Thread 类的构造方法来创建 Thread 对象，调用 Thread 对象的 start()方法
   D. 定义一个实现 Runnable 接口的类并实现 run()方法，创建该类对象，然后调用 run()方法
3. 对于通过实现 Runnable 接口创建线程，下面说法正确的有哪些？（多选）（　　）
   A. 适合多个相同程序代码的线程去处理同一个资源的情况
   B. 把线程同程序代码、数据有效的分离，很好地体现了面向对象的设计思想
   C. 可以避免由于 Java 的单继承带来的局限性
   D. 编写简单，可以不通过 Thread 类直接创建线程
4. 对于线程的生命周期，下面四种说法正确的有哪些？（多选）（　　）
   A. 调用了线程的 start()方法，该线程就进入运行状态
   B. 线程的 run()方法运行结束或未被捕获的 InterruptedException 等异常终结，那么该线程进入死亡状态
   C. 线程进入死亡状态，但是该线程对象仍然是一个 Thread 对象，在没有被垃圾回收器回收之前仍可以和引用其他对象一样引用它
   D. 线程进入死亡状态后，调用它的 start()方法仍然可以重新启动
5. 对于死锁的描述，下面四种说法正确的有哪些？（多选）（　　）
   A. 当两个线程互相等待对方释放同步锁时会发生死锁
   B. Java 虚拟机没有检测和处理死锁的措施
   C. 一旦出现死锁，程序会发生异常
   D. 处于死锁状态的线程处于阻塞状态，无法继续运行
6. 下面四个选项中，哪些是线程进入阻塞状态的原因？（多选）（　　）
   A. 线程试图获取某个对象的同步锁，而该锁被其他线程持有
   B. 线程调用了另一个线程的 join()方法
   C. 线程调用了一个阻塞式的 IO 方法
   D. 线程调用了 setDaemon(boolean b)方法
7. 线程调用 sleep()方法后，该线程将进入以下哪种状态？（　　）
   A. 就绪状态　　B. 运行状态　　C. 阻塞状态　　D. 死亡状态
8. 在以下哪种情况下，线程进入就绪状态？（　　）
   A. 线程调用了 sleep()方法时　　B. 线程调用了 join()方法
   C. 线程调用了 yield()方法时　　D. 线程调用了 notify()方法

9. 下面哪几项能正确的描述线程同步的作用？（多选）（　　）
   A. 锁定资源，使同一时刻只有一个线程去访问它，防止多个线程操作同一个资源引发错误
   B. 提高线程的执行效率
   C. 让线程独占一个资源
   D. 让多个线程同时使用一个资源
10. 对于 wait()方法，下面说法正确的是？（多选）（　　）
   A. wait()方法的调用者是同步锁对象
   B. wait()方法使线程进入等待状态
   C. 调用同一锁对象的 notify()或 notifyAll()方法可以唤醒调用 wait()方法等待的线程
   D. 调用 wait()方法的线程会释放同步锁对象

四、程序分析题

阅读下面的程序，分析代码是否能编译通过，如果能编译通过，请列出运行的结果。如果不能编译通过，请说明原因。

1. 代码一：

```
class RunHandler {
    public void run(){
        System.out.println("run");
    }
}
public class Test {
    public static void main(String [] args) {
        Thread t=new Thread(new RunHandler());
        t.start();
    }
}
```

2. 代码二：

```
public class A extends Thread{
    protected void run() {
        System.out.println("this is run()");
        }
    public static void main(String[] args) {
        A a=new A();
        a.start();
    }
}
```

3. 代码三：

```
public class Test{
    private Object obj=new Object();
    public synchronized void a(){
        try {
            obj.wait();
            System.out.println("waiting");
        } catch (InterruptedException e) {
            System.out.println("Exception");
        }
    }
    public static void main(String[] args) {
        new Test().a();
    }
}
```

4. 为了使下面的程序能够输出“Thread is running”，请在空格处填上相应的代码。

```
public class B implements Runnable {
    public static void main(String[] args) {
        Thread t=new Thread(new B());
        ____________________      //此处填空
    }
    public void run() {
        System.out.println("Thread is running");
    }
    public void go() {
        start(1);
    }
    public void start(int i) {
    }
}
```

五、思考题

1. 在 Java 中创建线程有几种方式？
2. sleep() 和 wait() 有什么区别？
3. 请简述 synchronized 和 java. util. concurrent. locks. Lock 的异同点。
4. 进程和线程之间有什么不同？

六、编程题

请按照题目的要求编写程序并给出运行结果。

1. 通过继承 Thread 类的方式创建两个线程，在 Thread 构造方法中指定线程的名字，并将这两个线程的名字打印出来。

2. 通过实现 Runnable 接口的方式创建一个新线程，要求 main 线程打印 100 次“main”，新线程打印 50 次“new”。

3. 模拟三个老师同时分发 80 份学习笔记，每个老师相当于一个线程。

4. 编写 10 个线程，第一个线程从 1 加到 10，第二个线程从 11 加到 20…第十个线程从 91 加到 100，最后再把 10 个线程结果相加。

第6章 chapter 6

Java API

本章重点

- String 类和 StringBuffer 类
- System 类和 Runtime 类
- Math 类和 Random 类
- 包装类
- Date 类、Calendar 类和 DateFormat 类

API(Application Programming Interface)指的是应用程序编程接口。假设编写一个机器人程序去控制机器人踢足球，程序就需要向机器人发出向前跑、向后跑、射门、抢球等各种命令，没有编过程序的人很难想象这样的程序如何编写。但是对于有经验的开发人员来说，知道机器人厂商一定会提供一些用于控制机器人的 Java 类，这些类中定义好了操作机器人各种动作的方法。其实，这些 Java 类就是机器人厂商提供给应用程序编程的接口，大家把这些类称为 Xxx Robot API(意思就是 Xxx 厂家的机器人 API)。本章涉及的 Java API 指的就是 JDK 中提供的各种功能的 Java 类，接下来针对这些 Java 类进行逐一地讲解。

6.1 String 类和 StringBuffer 类

在应用程序中经常会用到字符串，所谓字符串就是指一连串的字符，它是由许多单个字符连接而成的，如多个英文字母所组成的一个英文单词。字符串中可以包含任意字符，这些字符必须包含在一对双引号“”之内，例如“abc”。在 Java 中定义了 String 和 StringBuffer 两个类来封装字符串，并提供了一系列操作字符串的方法，它们都位于 java. lang 包中，因此不需要导包就可以直接使用。接下来针对 String 类和 StringBuffer 类进行详细讲解。

6.1.1 String 类的初始化

在操作 String 类之前，首先需要对 String 类进行初始化，在 Java 中可以通过以下两种方式对 String 类进行初始化，具体如下。

1. 使用字符串常量直接初始化一个 String 对象，具体代码如下：

```
String str1="abc";
```

由于 String 类比较常用，所以提供了这种简化的语法，用于创建并初始化 String 对象，其中“abc”表示一个字符串常量。

2. 使用 String 的构造方法初始化字符串对象，String 类的构造方法如表 6-1 所示。

表 6-1　String 类的构造方法

方 法 声 明	功 能 描 述
String()	创建一个内容为空的字符串
String(char[] value)	根据指定的字符数组创建对象
String(String value)	根据指定的字符串内容创建对象

表 6-1 列出了 String 类的三种构造方法，通过调用不同参数的构造方法便可完成 String 类的初始化。接下来通过一个案例来学习，如例 6-1 所示。

例 6-1　Example01.java

```
class Example01 {
    public static void main(String[] args) throws Exception {
        //创建一个空的字符串
        String str1=new String();
        //创建一个内容为 abcd 的字符串
        String str2=new String("abcd");
        //创建一个内容为字符数组的字符串
        char[] charArray=new char[]{'D','E','F'};
        String str3=new String(charArray);
        System.out.println("a"+str1+"b");
        System.out.println(str2);
        System.out.println(str3);
    }
}
```

运行结果如图 6-1 所示。

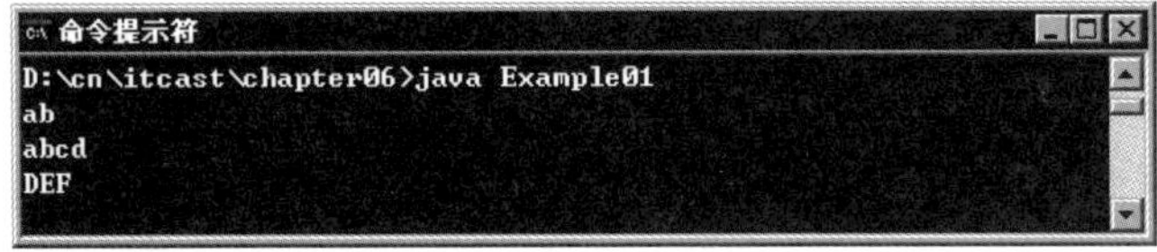

图 6-1　例 6-1 运行结果

6.1.2　String 类的常见操作

String 类在实际开发中的应用非常广泛，因此灵活地使用 String 类是非常重要的，接下来介绍 String 类常用的一些方法，如表 6-2 所示。

表 6-2 String 类常用方法

方法声明	功能描述
int indexOf(int ch)	返回指定字符在此字符串中第一次出现处的索引
int lastIndexOf(int ch)	返回指定字符在此字符串中最后一次出现处的索引
char charAt(int index)	返回字符串中 index 位置上的字符，其中 index 的取值范围是：0～(字符串长度－1)
boolean endsWith(String suffix)	判断此字符串是否以指定的字符串结尾
int length()	返回此字符串的长度
boolean equals(Object anObject)	将此字符串与指定的字符串比较
boolean isEmpty()	当且仅当字符串长度为 0 时返回 true
boolean startsWith(String prefix)	判断此字符串是否以指定的字符串开始
boolean contains(CharSequence cs)	判断此字符串中是否包含指定的字符序列
String toLowerCase()	使用默认语言环境的规则将 String 中的所有字符都转换为小写
String toUpperCase()	使用默认语言环境的规则将 String 中的所有字符都转换为大写
String valueOf(int i)	返回 int 参数的字符串表示形式
char[] toCharArray()	将此字符串转换为一个字符数组
String replace(CharSequence oldstr, CharSequence newstr)	返回一个新的字符串，它是通过用 newstr 替换此字符串中出现的所有 oldstr 得到的
String[] split(String regex)	根据参数 regex 将原来的字符串分割为若干个子字符串
String substring(int beginIndex)	返回一个新字符串，它包含字符串中索引 beginIndex 后的所有字符
String substring(int beginIndex, int endIndex)	返回一个新字符串，它包含此字符串中从索引 beginIndex 到索引 endIndex 之间的所有字符
String trim()	返回一个新字符串，它去除了原字符串首尾的空格

表 6-2 中列出了 String 类常见的方法，其中有些方法无法通过描述解释清楚。接下来通过几个案例来具体学习一下 String 类中方法的使用。

1. 字符串的基本操作

在程序中，需要对字符串进行一些基本操作，如获得字符串长度、获得指定位置的字符等。String 类针对每一个操作都提供了对应的方法，接下来通过一个案例来学习下这些方法的使用，如例 6-2 所示。

例 6-2 Example02.java

```java
public class Example02 {
    public static void main(String[] args) {
        String s="abcdedcba";                            //声明字符串
        System.out.println("字符串的长度为："+s.length());  //获取字符串长度,即字符个数
        System.out.println("字符串中第一个字符:"+s.charAt(0));
        System.out.println("字符 c 第一次出现的位置:"+s.indexOf('c'));
        System.out.println("字符 c 最后一次出现的位置:"+s.lastIndexOf('c'));
    }
}
```

运行结果如图 6-2 所示。

```
命令提示符
D:\cn\itcast\chapter06>java Example02
字符串的长度为：9
字符串中第一个字符:a
字符c第一次出现的位置:2
字符c最后一次出现的位置:6
```

图 6-2 例 6-2 运行结果

通过运行结果可以看出，String 类提供的方法可以很方便地获取字符串的长度，获取指定位置的字符以及指定字符的位置。

2. 字符串的转换操作

程序开发中，经常需要对字符串进行转换操作，例如将字符串转换成数组的形式，将字符串中的字符进行大小写转换等。接下来通过一个案例来演示字符串的转换操作，如例 6-3 所示。

例 6-3 Example03.java

```java
public class Example03 {
    public static void main(String[] args) {
        String str="abcd";
        System.out.print("将字符串转为字符数组后的结果:");
        char[] charArray=str.toCharArray();     //字符串转换为字符数组
        for (int i=0; i<charArray.length; i++) {
            if (i !=charArray.length -1) {
                //如果不是数组的最后一个元素,在元素后面加逗号
                System.out.print(charArray[i]+",");
            } else {
                //数组的最后一个元素后面不加逗号
                System.out.println(charArray[i]);
            }
```

```
        }
        System.out.println("将int值转换为String类型之后的结果:"+String.valueOf(12));
        System.out.println("将字符串转换成大写之后的结果:"+str.toUpperCase());
    }
}
```

运行结果如图 6-3 所示。

图 6-3 例 6-3 运行结果

在例 6-3 中，使用 String 类的 toCharArray()方法将一个字符串转为一个字符数组，静态方法 valueOf()将一个 int 类型的整数转为字符串，toUppercase()方法将字符串中的字符都转为大写。其中 valueOf()方法有很多重载的形式，float、double、char 等其他基本类型的数据都可以通过该方法转为 String 字符串类型。

3. 字符串的替换和去除空格操作

程序开发中，用户输入数据时经常会有一些错误和空格，这时可以使用 String 类的 replace()和 trim()方法，进行字符串的替换和去除空格操作，接下来通过一个案例来学习，如例 6-4 所示。

例 6-4 Example04.java

```
public class Example04 {
    public static void main(String[] args) {
        String s="itcast";
        //字符串替换操作
        System.out.println("将it替换成cn.it的结果:"+s.replace("it","cn.it"));
        //字符串去除空格操作
        String s1=" i t c a s t ";
        System.out.println("去除字符串两端空格后的结果:"+s1.trim());
        System.out.println("去除字符串中所有空格后的结果:"+s1.replace(" ",""));
    }
}
```

运行结果如图 6-4 所示。

例 6-4 中，调用了 String 类的两个方法，其中 replace()方法用于将字符串中所有与指定字符串匹配的子串替换成另一个字符串，trim()方法用于去除字符串中的空格。需要注意的是，该方法只能去除两端的空格，不能去除中间的空格。若想去除字符串中间的空格，则可以调用 String 类的 replace()方法。

```
命令提示符
D:\cn\itcast\chapter06>java Example04
将it替换成cn.it的结果:cn.itcast
去除字符串两端空格后的结果:i t c a s t
去除字符串中所有空格后的结果:itcast
```

图 6-4 例 6-4 运行结果

4. 字符串的判断操作

操作字符串时，经常需要对字符串进行一些判断，如判断字符串是否以指定的字符串开始、结束，是否包含指定的字符串，字符串是否为空等。在 String 类中针对字符串的判断操作提供了很多方法，接下来通过一个案例来学习，如例 6-5 所示。

例 6-5 Example05. java

```
public class Example05 {
    public static void main(String[] args) {
        String s1="String";           //声明一个字符串
        String s2="Str";
        System.out.println("判断是否以字符串 Str 开头:"+s1.startsWith("Str"));
        System.out.println("判断是否以字符串 ng 结尾:"+s1.endsWith("ng"));
        System.out.println("判断是否包含字符串 tri:"+s1.contains("tri"));
        System.out.println("判断字符串是否为空:"+s1.isEmpty());
        System.out.println("判断两个字符串是否相等"+s1.equals(s2));
    }
}
```

运行结果如图 6-5 所示。

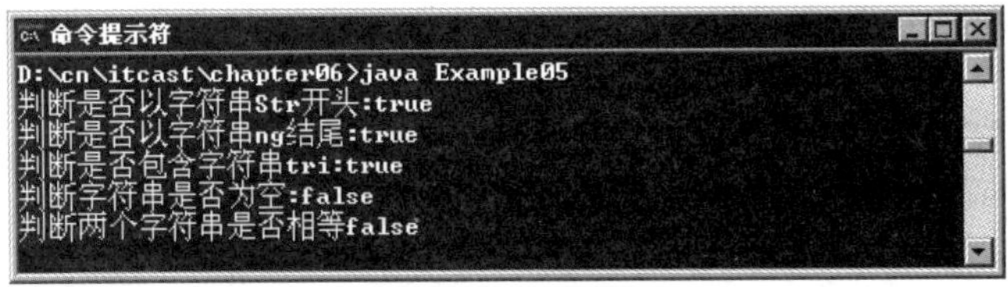

图 6-5 例 6-5 运行结果

例 6-5 中涉及到的方法都是用于判断字符串的，并且返回值均为 boolean 类型。其中，equals()方法比较重要，该方法将父类 Object 中 equals()方法进行了重写。

在程序中可以通过==和 equals()两种方式对字符串进行比较，但这两种方式有明显的区别。equals()方法用于比较两个字符串中的字符是否相等，==方法用于比较两个字符串对象的地址是否相同。对于两个字符串对象，当它们的字符内容完全相同时，使用 equals 判断结果会为 true，但使用==判断时，结果一定为 false。为了便于理解，下面给出示例代码：

```
String str1=new String("abc");
String str2=new String("abc");
System.out.println(str1==str2);     //结果为 false,因为 str1 和 str2 是两个对象
System.out.println(str1.equals(str2)); //结果为 true,因为 str1 和 str2 字符内容相同
```

5. 字符串的截取和分割

在 String 类中针对字符串的截取和分割操作提供了两个方法，其中，substring()方法用于截取字符串的一部分，split()方法可以将字符串按照某个字符进行分割。接下来通过一个案例来学习，如例 6-6 所示。

例 6-6 Example06.java

```
1  public class Example06 {
2      public static void main(String[] args) {
3          String str="羽毛球-篮球-乒乓球";
4          //下面是字符串截取操作
5          System.out.println("从第 5 个字符截取到末尾的结果: "+str.substring(4));
6          System.out.println("从第 5 个字符截取到第 6 个字符的结果: "+str.substring(4,6));
7          //下面是字符串分割操作
8          System.out.print("分割后的字符串数组中的元素依次为:");
9          String[] strArray=str.split("-");          //将字符串转换为字符串数组
10         for (int i=0; i<strArray.length; i++) {
11             if (i !=strArray.length -1) {
12                 //如果不是数组的最后一个元素,在元素后面加逗号
13                 System.out.print(strArray[i]+",");
14             } else {
15                 //数组的最后一个元素后面不加逗号
16                 System.out.println(strArray[i]);
17             }
18         }
19     }
20 }
```

运行结果如图 6-6 所示。

图 6-6 例 6-6 运行结果

例 6-6 中，调用了 String 类中重载的两个 substring()方法。在第 5 行代码调用 substring()方法时，传入参数 4，即截取字符串中第 5 个字符以及之后的所有字符，因为字符串中的字符，索引是从 0 开始的。第 6 行代码调用 substring()方法时传入两个参数

4 和 6，即截取第 5 个和第 6 个字符，因为字符串在截取时，只包括开始索引，不包括结束索引。例程中的第 9～18 行演示了 split()方法的用法，该方法会根据指定的符号-将字符串分割成三部分，并存放到一个 String 类型的数组当中。

脚下留心

String 字符串在获取某个字符时，会用到字符的索引，当访问字符串中的字符时，如果字符的索引不存在，则会发生 StringIndexOutOfBoundsException(字符串角标越界异常)，接下来通过一个案例来演示，如例 6-7 所示。

例 6-7 Example07.java

```
public class Example07 {
    public static void main(String[] args) {
        String s="abcdedcba";
        System.out.println(s.charAt(10));
    }
}
```

运行结果如图 6-7 所示。

```
命令提示符
D:\cn\itcast\chapter06>java Example07
Exception in thread "main" java.lang.StringIndexOutOfBoundsExce
ption: String index out of range: 10
        at java.lang.String.charAt(Unknown Source)
        at Example07.main(Example07.java:4)
```

图 6-7 例 6-7 运行结果

通过运行结果可以看出，访问字符串中的字符时，不能超出字符的索引范围，否则会出现异常，这与数组中的角标越界异常非常相似。

6.1.3 StringBuffer 类

由于字符串是常量，因此一旦创建，其内容和长度是不可改变的。如果需要对一个字符串进行修改，则只能创建新的字符串。为了便于对字符串的修改，在 JDK 中提供了一个 StringBuffer 类(也称字符串缓冲区)。StringBuffer 类和 String 类最大的区别在于它的内容和长度都是可以改变的。StringBuffer 类似一个字符容器，当在其中添加或删除字符时，并不会产生新的 StringBuffer 对象。针对添加和删除字符的操作，StringBuffer 类提供了一系列的方法，具体如表 6-3 所示。

表 6-3 StringBuffer 类常用方法

方法声明	功能描述
StringBuffer append(char c)	添加参数到 StringBuffer 对象中
StringBuffer insert(int offset,String str)	将字符串中的 offset 位置插入字符串 str
StringBuffer deleteCharAt(int index)	移除此序列指定位置的字符

续表

方法声明	功能描述
StringBuffer delete(int start,int end)	删除 StringBuffer 对象中指定范围的字符或字符串序列
StringBuffer replace(int start,int end,String s)	在 StringBuffer 对象中替换指定的字符或字符串序列
void setCharAt(int index, char ch)	修改指定位置 index 处的字符序列
String toString()	返回 StringBuffer 缓冲区中的字符串
StringBuffer reverse()	将此字符序列用其反转形式取代

表 6-3 中列出了 StringBuffer 的一系列常用方法，接下来通过一个案例来学习一下表中方法的具体使用，如例 6-8 所示。

例 6-8 Example08. java

```
public class Example08 {
    public static void main(String[] args) {
        System.out.println("1、添加------------------------");
        add();
        System.out.println("2、删除------------------------");
        remove();
        System.out.println("3、修改------------------------");
        alter();
    }
    public static void add() {
        StringBuffer sb=new StringBuffer();   //定义一个字符串缓冲区
        sb.append("abcdefg");                 //在末尾添加字符串
        System.out.println("append 添加结果: "+sb);
        sb.insert(2,"123");                   //在指定位置插入字符串
        System.out.println("insert 添加结果: "+sb);
    }
    public static void remove() {
        StringBuffer sb=new StringBuffer("abcdefg");
        sb.delete(1,5);                       //指定范围删除
        System.out.println("删除指定位置结果: "+sb);
        sb.deleteCharAt(2);                   //指定位置删除
        System.out.println("删除指定位置结果: "+sb);
        sb.delete(0,sb.length());             //清空缓冲区
        System.out.println("清空缓冲区结果: "+sb);
    }
    public static void alter() {
        StringBuffer sb=new StringBuffer("abcdef");
        sb.setCharAt(1,'p');                  //修改指定位置字符
        System.out.println("修改指定位置字符结果: "+sb);
        sb.replace(1,3,"qq");                 //替换指定位置字符串或字符
        System.out.println("替换指定位置字符(串)结果: "+sb);
```

```
        System.out.println("字符串翻转结果："+sb.reverse());
    }
}
```

运行结果如图 6-8 所示。

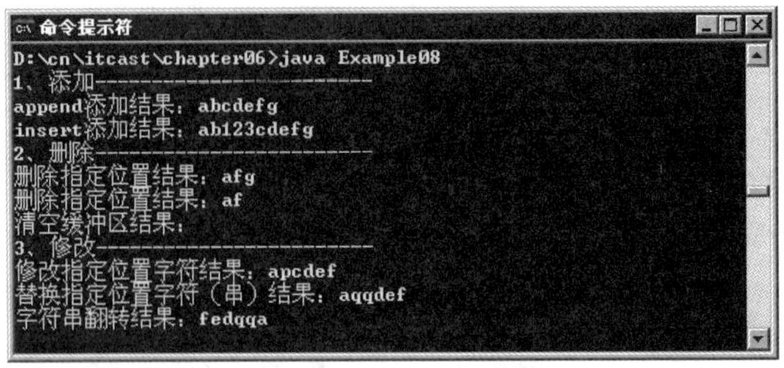

图 6-8　例 6-8 运行结果

例 6-8 中涉及到 StringBuffer 类的很多方法，其中 append()和 insert()方法是最常用的，并且这两个方法有很多重载形式，它们都用于添加字符。不同的是，append()方法始终将这些字符添加到缓冲区的末尾，而 insert()方法则可以在指定的位置添加字符。另外，例程中的 delete()方法用于删除指定位置的字符，setCharAt()和 replace()方法用于替换指定位置的字符，这几个方法都非常简单，在此就不再赘述了。

StringBuffer 类和 String 类有很多相似之处，初学者在使用时很容易混淆。接下来针对这两个类进行对比，简单归纳一下两者的不同，具体如下：

① String 类表示的字符串是常量，一旦创建后，内容和长度都是无法改变的。而 StringBuffer 表示字符容器，其内容和长度都可以随时修改。在操作字符串时，如果该字符串仅用于表示数据类型，则使用 String 类即可，但是如果需要对字符串中的字符进行增删操作，则使用 StringBuffer 类。

② String 类覆盖了 Object 类的 equals()方法，而 StringBuffer 类没有覆盖 Object 类的 equals()方法，具体示例如下：

```
String s1=new String("abc");
String s2=new String("abc");
System.out.println(s1.equals(s2));            //打印结果为 true
StringBuffer sb1=new StringBuffer("abc");
StringBuffer sb2=new StringBuffer("abc");
System.out.println(sb1.equals(sb2));          //打印结果为 false
```

③ String 类对象可以用操作符＋进行连接，而 StringBuffer 类对象之间不能，具体示例如下：

```
String s1="a";
String s2="b";
```

```
String s3=s1+s2;                                  //合法
System.out.println(s3);                           //打印输出 ab
StringBuffer sb1=new StringBuffer("a");
StringBuffer sb2=new StringBuffer("b");
StringBuffer sb3=sb1+sb2;                         //编译出错
```

6.2 System 类与 Runtime 类

6.2.1 System 类

System 类对大家来说并不陌生,因为之前在打印结果时,使用的都是“System. out. println()”语句,这句代码中就使用了 System 类。System 类定义了一些与系统相关的属性和方法,它所提供的属性和方法都是静态的,因此,想要引用这些属性和方法,直接使用 System 类调用即可。System 类的常用方法如表 6-4 所示。

表 6-4 System 类的常用方法

方法声明	功能描述
static void exit(int status)	该方法用于终止当前正在运行的 Java 虚拟机,其中参数 status 表示状态码,若状态码非 0 ,则表示异常终止
static long gc()	运行垃圾回收器,并对垃圾进行回收
static long currentTimeMillis()	返回以毫秒为单位的当前时间
static void arraycopy(Object src,int srcPos,Object dest,int destPos,int length)	从 src 引用的指定源数组复制到 dest 引用的数组,复制从指定的位置开始,到目标数组的指定位置结束
static Properties getProperties()	取得当前的系统属性
static String getProperty(String key)	获取指定键描述的系统属性

表 6-4 中,列出了 System 类的常用方法,接下来通过一些案例对表中的方法进行逐一讲解。

1. getProperties()方法

System 类的 getProperties()方法用于获取当前系统的全部属性,该方法会返回一个 Properties 对象,其中封装了系统的所有属性,这些属性是以键值对的形式存在,接下来通过一个案例来显示系统所有的属性,如例 6-9 所示。

例 6-9 Example09. java

```
import java.util.*;
public class Example09 {
    public static void main(String[] args) {
        //获取当前系统属性
```

```
        Properties properties=System.getProperties();
        //获得所有系统属性的 key,返回 Enumeration 对象
        Enumeration propertyNames=properties.propertyNames();
        while (propertyNames.hasMoreElements()) {
            //获取系统属性的键 key
            String key=(String) propertyNames.nextElement();
            //获得当前键 key 对应的值 value
            String value=System.getProperty(key);
            System.out.println(key+"--->"+value);
        }
    }
}
```

运行结果如图 6-9 所示。

图 6-9 例 6-9 运行结果

例 6-9 实现了获取当前系统属性的功能。首先通过 System 的 getProperties()方法获取封装了系统属性的 Properties 集合,然后对 Properties 集合进行迭代,将所有系统属性的键以及对应的值打印出来。关于集合将在下一章中进行讲解,在这里大家只需关心通过 System. getProperties()方法可以获得系统属性即可。从图 6-9 中可以看出,这些系统属性包括虚拟机版本号、用户国家、操作系统的架构等。

2. currentTimeMillis()

currentTimeMillis()方法返回一个 long 类型的值,该值表示当前时间与 1970 年 1 月 1 日 0 点 0 分 0 秒之间的时间差,单位是毫秒,习惯性地被称作时间戳。接下来通过一

个案例来计算程序在进行求和操作时所消耗的时间，如例 6-10 所示。

例 6-10 Example10. java

```
public class Example10 {
    public static void main(String[] args) {
        long startTime=System.currentTimeMillis();      //循环开始时的当前时间
        int sum=0;
        for (int i=0; i<100000000; i++) {
            sum +=i;
        }
        long endTime=System.currentTimeMillis();        //循环结束后的当前时间
        System.out.println("程序运行的时间为："+(endTime-startTime)+"毫秒");
    }
}
```

运行结果如图 6-10 所示。

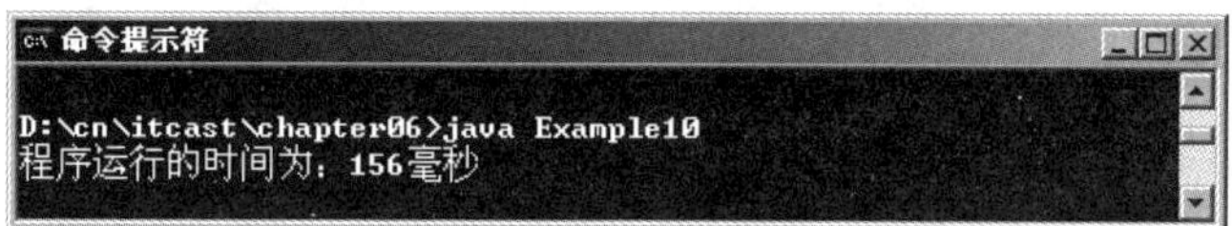

图 6-10 例 6-10 运行结果

例 6-10 中，演示了数字的求和操作，程序在求和开始和结束时，分别调用了 currentTimeMillis()方法获得了两个时间戳，两个时间戳之间的差值便是求和操作耗费的时间。

3. arraycopy(Object src,int srcPos,Object dest,int destPos,int length)

arraycopy()方法用于将一个数组中的元素快速拷贝到另一个数组。其中的参数具体作用如下：

- src：表示源数组。
- dest：表示目标数组。
- srcPos：表示源数组中拷贝元素的起始位置。
- destPos：表示拷贝到目标数组的起始位置。
- length：表示拷贝元素的个数。

需要注意的是，在进行数组复制时，目标数组必须有足够的空间来存放拷贝的元素，否则会发生角标越界异常。接下来通过一个案例来演示数组元素的拷贝，如例 6-11 所示。

例 6-11 Example11. java

```
public class Example11 {
    public static void main(String[] args) {
```

```
        int[] fromArray={ 101,102,103,104,105,106 };     //源数组
        int[] toArray={ 201,202,203,204,205,206,207 };  //目标数组
        System.arraycopy(fromArray,2,toArray,3,4);      //拷贝数组元素
        //打印目标数组中的元素
        for (int i=0; i<toArray.length; i++) {
            System.out.println(i+": "+toArray[i]);
        }
    }
}
```

运行结果如图 6-11 所示。

图 6-11　例 6-11 运行结果

例 6-11 中，创建了两个数组 fromArray 和 toArray，分别代表源数组和目标数组，当调用 arraycopy()方法进行元素拷贝时，由于指定了从源数组中索引为 2 的元素开始拷贝，并且拷贝 4 个元素存放在目标数组中索引为 3 的位置，因此，在打印目标数组的元素时，程序首先打印的是数组 toArray 的前 3 个元素 201、202、203，然后打印的是从 fromArray 中拷贝的 4 个元素。

除了以上例程涉及到的方法，System 类还有两个常见的方法，分别是 gc()和 exit(int status)方法。其中 gc()方法用来启动 Java 的垃圾回收器，并且对内存中的垃圾对象进行回收。exit(int status)方法用来终止当前正在运行的 Java 虚拟机，其中的参数 status 用于表示当前发生的异常状态，通常指定为 0，表示正常退出，否则表示异常终止。关于这两个方法的用法，初学者通过查阅 API 学习即可。

6.2.2　Runtime 类

Runtime 类用于表示虚拟机运行时的状态，它用于封装 JVM 虚拟机进程。每次使用 java 命令启动虚拟机都对应一个 Runtime 实例，并且只有一个实例，因此该类采用单例模式进行设计，对象不可以直接实例化。若想在程序中获得一个 Runtime 实例，只能通过以下方式：

```
Runtime run=Runtime.getRuntime();
```

由于 Runtime 类封装了虚拟机进程，因此，在程序中通常会通过该类的实例对象来获取当前虚拟机的相关信息。接下来通过一个案例来演示，如例 6-12 所示。

例 6-12 Example12. java

```
public class Example12 {
    public static void main(String[] args) {
        Runtime rt=Runtime.getRuntime();     //获取
        System.out.println("处理器的个数: "+rt.availableProcessors()+"个");
        System.out.println("空闲内存数量: "+rt.freeMemory()/1024/1024+"M");
        System.out.println("最大可用内存数量: "+rt.maxMemory()/1024/1024+"M");
    }
}
```

运行结果如图 6-12 所示。

```
命令提示符
D:\cn\itcast\chapter06>java Example12
处理器的个数: 2个
空闲内存数量: 14M
最大可用内存数量: 247M
```

图 6-12 例 6-12 运行结果

例 6-12 中,通过“Runtime. getRuntime()”方式创建了一个 Runtime 的实例对象,并分别调用该对象的 availableProcessors()方法、freeMemory()方法和 maxMemory()方法,将当前虚拟机的处理器个数、空闲内存数和可用最大内存数的信息打印出来。需要注意的是,由于每个人的机器配置不同,该例程的打印结果可能不同,另外空闲内存数和可用最大内存数都是以字节为单位计算的,例程中的结果已经换算成了以兆为单位的值。

Runtime 类中提供了一个 exec()方法,该方法用于执行一个 dos 命令,从而实现和在命令行窗口中输入 dos 命令同样的效果。例如,通过运行“notepad. exe”命令打开一个 Windows 自带的记事本程序,如例 6-13 所示。

例 6-13 Example13. java

```
import java.io.*;
public class Example13 {
    public static void main(String[] args) throws IOException {
        Runtime rt=Runtime.getRuntime();  //创建 Runtime 实例对象
        rt.exec("notepad.exe");           //调用 exec()方法
    }
}
```

例 6-13 中,调用了 Runtime 对象的 exec()方法,并将系统命令“notepad. exe”作为参数传递给方法。运行程序会在桌面上打开一个记事本,如图 6-13 所示。

例 6-13 运行后,会在 Windows 系统中产生一个新的进程 notepad. exe,可以通过任务管理器进行观察,如图 6-14 所示。

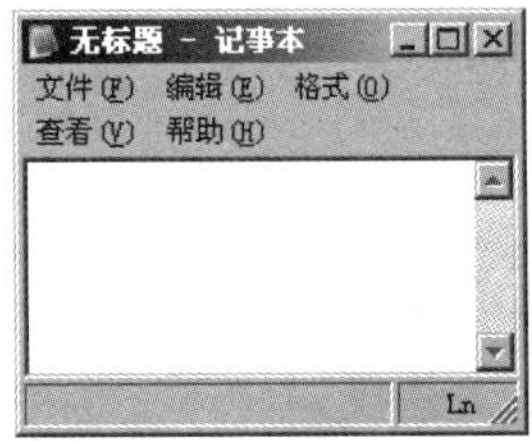

图 6-13 记事本

图 6-14 任务管理器

查阅 API 文档会发现，Runtime 类的 exec()方法返回一个 Process 对象，该对象表示操作系统的一个进程，用于表示图 6-14 中所示的进程 notepad.exe，通过该对象可以对产生的新进程进行管理，如关闭此进程只需调用 destroy()方法即可。接下来通过一个案例来实现打开的记事本在 3 秒后自动关闭，如例 6-14 所示。

例 6-14 Example14.java

```
public class Example14 {
    public static void main(String[] args) throws Exception {
        Runtime rt=Runtime.getRuntime();          //创建一个 Runtime 实例对象
        Process process=rt.exec("notepad.exe"); //得到表示进程的 Process 对象
        Thread.sleep(3000);                       //程序休眠 3 秒
        process.destroy();                        //杀掉进程
    }
}
```

例 6-14 中，通过调用 Process 对象的 destroy()方法，将打开的记事本关闭了。为了突出演示的效果，使用了 Thread 类的静态方法 sleep(long millis)使程序休眠了 3 秒，因此，程序运行后，会看到打开的记事本在 3 秒后自动关闭了。

6.3 Math 类与 Random 类

6.3.1 Math 类

Math 类是数学操作类，提供了一系列用于数学运算的静态方法，包括求绝对值、三角函数等。Math 类中有两个静态常量 PI 和 E，分别代表数学常量 π 和 e。

由于 Math 类比较简单，因此初学者可以通过查看 API 文档来学习 Math 类的具体用法，接下来通过一个案例对 Math 类中比较常见的方法进行演示，如例 6-15 所示。

例 6-15 Example15.java

```
public class Example15 {
    public static void main(String[] args) {
        System.out.println("计算绝对值的结果: "+Math.abs(-1));
        System.out.println("求大于参数的最小整数: "+Math.ceil(5.6));
        System.out.println("求小于参数的最大整数: "+Math.floor(-4.2));
        System.out.println("对小数进行四舍五入后的结果: "+Math.round(-4.6));
        System.out.println("求两个数的较大值: "+Math.max(2.1,-2.1));
        System.out.println("求两个数的较小值: "+Math.min(2.1,-2.1));
        System.out.println("生成一个大于等于 0.0 小于 1.0 随机值: "+Math.random());
    }
}
```

运行结果如图 6-15 所示。

```
命令提示符
D:\cn\itcast\chapter06>java Example15
计算绝对值的结果: 1
求大于参数的最小整数: 6.0
求小于参数的最大整数: -5.0
对小数进行四舍五入后的结果: -5
求两个数的较大值: 2.1
求两个数的较小值: -2.1
生成一个大于等于0.0小于1.0随机值: 0.3508242156828676
```

图 6-15 例 6-15 运行结果

例 6-15 对 Math 类的常用方法进行了演示。从运行结果图 6-15 中可以看出每个方法的作用。需要注意的是，round()方法用于对某个小数进行四舍五入，此方法会将小数点后面的数字全部忽略，返回一个 int 值；而 ceil()方法和 floor()方法返回的都是 double 类型的数，这个数在数值上等于一个整数。

6.3.2 Random 类

在 JDK 的 java.util 包中有一个 Random 类，它可以在指定的取值范围内随机产生数字。在 Random 类中提供了两个构造方法，具体如表 6-5 所示。

表 6-5 Random 的构造方法

方法声明	功能描述
Random()	构造方法，用于创建一个伪随机数生成器
Random(long seed)	构造方法，使用一个 long 型的 seed 种子创建伪随机数生成器

表 6-5 中列举了 Random 类的两个构造方法，其中第一个构造方法是无参的，通过它

创建的 Random 实例对象每次使用的种子是随机的，因此每个对象所产生的随机数不同。如果希望创建的多个 Random 实例对象产生相同序列的随机数，则可以在创建对象时调用第二个构造方法，传入相同的种子即可。接下来首先采用第一种构造方法来产生随机数，如例 6-16 所示。

例 6-16 Example16. java

```
import java.util.Random;
public class Example16 {
    public static void main(String args[]) {
        Random r=new Random();                        //不传入种子
        //随机产生 10 个[0,100)之间的整数
        for (int x=0; x<10; x++) {
            System.out.println(r.nextInt(100));
        }
    }
}
```

第一次运行程序，结果如图 6-16 所示。

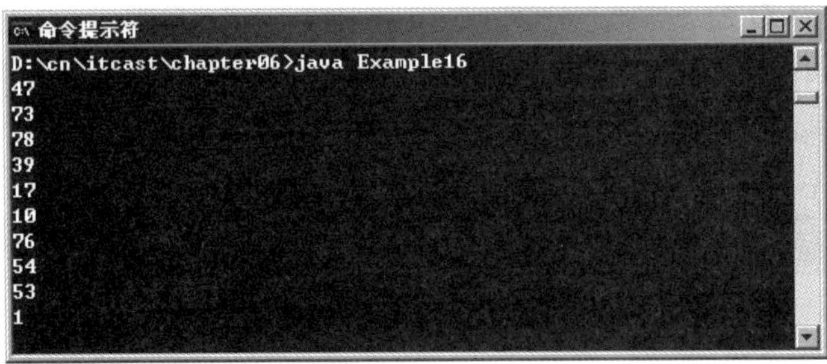

图 6-16 例 6-16 运行结果

第二次运行程序，结果如图 6-17 所示。

图 6-17 例 6-16 再次运行结果

从运行结果可以看出，例 6-16 运行两次产生的随机数序列是不一样的。这是因为当创建 Random 的实例对象时，没有指定种子，系统会以当前时间戳作为种子，产生随机数。

接下来将例 6-16 稍作修改，采用表 6-5 中的第二种构造方法产生随机数，如例 6-17 所示。

例 6-17 Example17.java

```
import java.util.Random;
public class Example17{
    public static void main(String args[]) {
        Random r=new Random(13);          //创建对象时传入种子
        //随机产生 10 个[0,100)之间的整数
        for (int x=0; x<10; x++) {
            System.out.println(r.nextInt(100));
        }
    }
}
```

第一次运行程序，结果如图 6-18 所示。

图 6-18 例 6-17 运行结果

第二次运行程序，结果如图 6-19 所示。

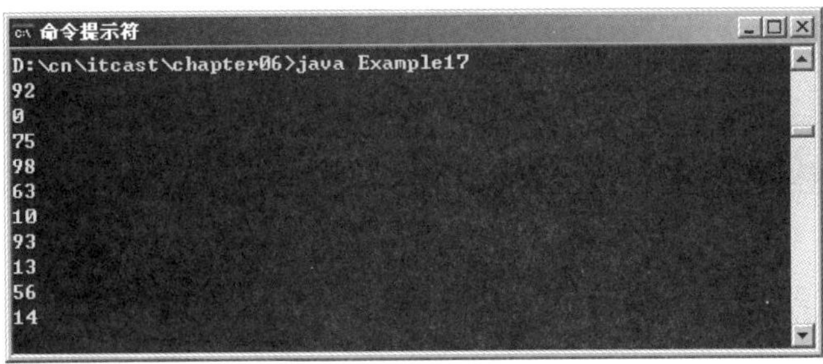

图 6-19 例 6-17 再次运行结果

从运行结果可以看出，当创建 Random 类的实例对象时，如果指定了相同的种子，则每个实例对象产生的随机数具有相同的序列。

相对于 Math 的 random()方法而言，Random 类提供了更多的方法来生成各种伪随机数，不仅可以生成整数类型的随机数，还可以生成浮点类型的随机数，表 6-6 中列举了 Random 类中的常用方法。

表 6-6　Random 类的常用方法

方法声明	功能描述
boolean nextBoolean()	随机生成 boolean 类型的随机数
double nextDouble()	随机生成 double 类型的随机数
float nextFloat()	随机生成 float 类型的随机数
int nextInt()	随机生成 int 类型的随机数
int nextInt(int n)	随机生成 0～n 之间 int 类型的随机数
long nextLong()	随机生成 long 类型的随机数

表 6-6 列出了 Random 类常用的方法，其中，Random 类的 nextDouble()方法返回的是 0.0 和 1.0 之间 double 类型的值，nextFloat()方法返回的是 0.0 和 1.0 之间 float 类型的值，nextInt(int n)返回的是 0(包括)和指定值 n(不包括)之间的值。接下来通过一个案例来学习这些方法的使用，如例 6-18 所示。

例 6-18　Example18.java

```
import java.util.Random;
public class Example18 {
    public static void main(String[] args) {
        Random r1=new Random();          //创建 Random 实例对象
        System.out.println("产生 float 类型随机数: "+r1.nextFloat());
        System.out.println("产生 0~100 之间 int 类型的随机数:"
                                +r1.nextInt(100));
        System.out.println("产生 double 类型的随机数:"+r1.nextDouble());
    }
}
```

运行结果如图 6-20 所示。

图 6-20　例 6-18 运行结果

从运行结果可以看出，例 6-18 中通过调用 Random 类不同的方法分别产生了不同类型的随机数。

6.4 包装类

在 Java 中，很多类的方法都需要接收引用类型的对象，此时就无法将一个基本数据类型的值传入。为了解决这样的问题，JDK 中提供了一系列的包装类，通过这些包装类可以将基本数据类型的值包装为引用数据类型的对象。在 Java 中，每种基本类型都有对应的包装类,具体如表 6-7 所示。

表 6-7　基本类型对应的包装类

基本数据类型	对应的包装类	基本数据类型	对应的包装类
byte	Byte	long	Long
char	Character	float	Float
int	Integer	double	Double
short	Short	boolean	Boolean

在表 6-7 中,列举了 8 种基本数据类型及其对应的包装类。其中,除了 Integer 和 Character 类,其他包装类的名称和基本数据类型的名称一致,只是类名的第一个字母大写即可。

包装类和基本数据类型在进行转换时,引入了装箱和拆箱的概念,其中装箱是指将基本数据类型的值转为引用数据类型;反之,拆箱是指将引用数据类型的对象转为基本数据类型。接下来以 int 类型的包装类 Integer 为例来学习一下装箱的过程,如例 6-19 所示。

例 6-19　Example19. java

```
1 public class Example19 {
2     public static void main(String args[]) {
3         int a=20;
4         Integer in=new Integer(a);
5         System.out.println(in.toString());
6     }
7 }
```

运行结果如图 6-21 所示。

图 6-21　例 6-19 运行结果

例 6-19 演示了包装类 Integer 的装箱过程,在创建 Integer 对象时,将 int 类型的变量 a 作为参数传入,从而转为 Integr 类型。由于 Object 类是所有类的父类,因此,第 5 行代码通过调用 toString()方法,成功将 Integer 的值以字符串的形式打印出来。

Integer 类除了具有 Object 类的所有方法外,还有一些特有的方法,如表 6-8 所示。

表 6-8　Integer 类的常用方法

方法声明	功能描述
toBinaryString(int i)	以二进制无符号整数形式返回一个整数参数的字符串
toHexString(int i)	以十六进制无符号整数形式返回一个整数参数的字符串

续表

方法声明	功能描述
toOctalString(int i)	以八进制无符号整数形式返回一个整数参数的字符串
valueOf(int i)	返回一个表示指定的 int 值的 Integer 实例
valueOf(String s)	返回保存指定的 String 值的 Integer 对象
parseInt(String s)	将字符串参数作为有符号的十进制整数进行解析
intValue()	将 Integer 类型的值以 int 类型返回

表 6-8 中,列举了 Integer 的常用方法,其中的 intValue()方法可以将 Integer 类型的值转为 int 类型,这个方法可以用来进行拆箱,接下来通过一个案例来演示,如例 6-20 所示。

例 6-20 Example20.java

```
public class Example20{
    public static void main(String args[]) {
        Integer num=new Integer(20);
        int a=10;
        int sum=num.intValue()+a;
        System.out.println("sum="+sum);
    }
}
```

运行结果如图 6-22 所示。

图 6-22 例 6-20 运行结果

例 6-20 演示了拆箱的过程,Integer 对象通过调用 intValue()方法,将 Integer 对象转为 int 类型,从而可以与 int 类型的变量 a 进行加法运算,最终将正确的运算结果打印。

在表 6-8 中所列的 parseInt()方法在程序中很常用,它是一个静态方法,用于将一个字符串形式的数值转成 int 类型。接下来通过一个案例实现在屏幕上打印"*"矩形,其中宽和高由运行时传入的参数来决定,如例 6-21 所示。

例 6-21 Example21.java

```
public class Example21 {
    public static void main(String args[]) {
        int w=Integer.parseInt(args[0]);
        int h=Integer.parseInt(args[1]);
        for(int i=0;i<h;i++){
            StringBuffer sb=new StringBuffer();
```

```
            for(int j=0;j<w;j++){
                sb.append("*");
            }
            System.out.println(sb.toString());
        }
    }
}
```

在运行例 6-21 时，需要传入参数宽和高，具体命令如下：

```
java Example21 20 10
```

运行结果如图 6-23 所示。

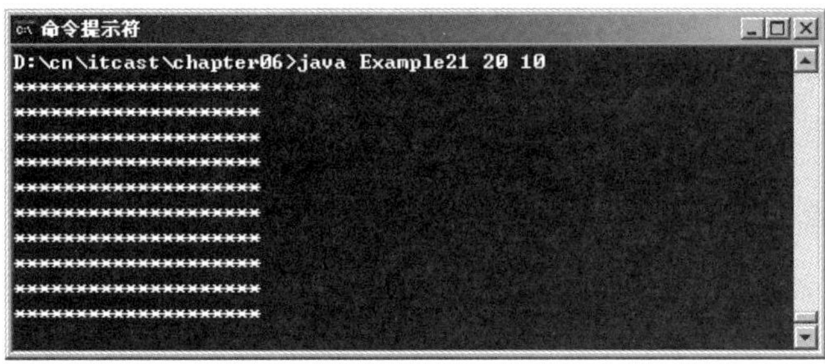

图 6-23　例 6-21 运行结果

在例 6-21 中，程序运行时从键盘输入了两个参数，其中第一个参数作为矩形的宽度，第二个参数作为矩形的高度，由于键盘输入的参数都是字符串类型，不能直接使用，因此，通过调用包装类 Integer 的 parseInt()方法将字符串转为整数，从而实现了矩形的打印。

本小节主要讲解了 Integer 的具体用法。掌握了 Integer 类的用法，自然也就学会了其他几个包装类的用法，但在使用包装类时，需要注意以下几点：

① 包装类都重写了 Object 类中的 toString()方法，以字符串的形式返回被包装的基本数据类型的值。

② 除了 Character 外，包装类都有 valueOf(String s)方法，可以根据 String 类型的参数创建包装类对象，但参数字符串 s 不能为 null，而且字符串必须是可以解析为相应基本类型的数据，否则虽然编译通过，但运行时会报错。具体示例如下：

```
Integer i=Integer.valueOf("123");           //合法
Integer i=Integer.valueOf("12a");           //不合法
```

③ 除了 Character 外，包装类都有 parseXXX(String s)的静态方法，将字符串转换为对应的基本类型的数据。参数 s 不能为 null，而且同样必须是可以解析为相应基本类型的数据，否则虽然编译通过，但运行时会报错。具体示例如下：

```
int i=Integer.parseInt("123");                //合法
Integer in=Integer.parseInt("itcast");        //不合法
```

JDK5.0 新特性——自动拆箱和装箱

在 JDK5.0 版本之前，数学运算表达式中的操作数必须是基本类型的，并且运行结果也是基本类型，包装类和基本类型是不允许进行混合数学运算的，如果想运算，必须要通过拆箱将包装类对象转为基本数据类型的值才行，具体示例如下：

```
int a=1;                                      //合法
int b=a+1;                                    //合法
Integer c=a+b;                                //不合法，编译报错
b=a+(new Integer(1));                         //不合法，编译报错
```

在 JDK5.0 的版本中提供了自动拆箱和装箱技术，也就是可以自动进行基本数据类型和包装类对象之间的转换，具体示例如下：

```
int num=20;
Integer number=num;      //自动装箱
```

上面的代码就是自动装箱，相当于程序自动执行了语句"Integer number = new Integer(num);"。

```
Integer number=new Integer(18);
int number2=number;              //自动拆箱
```

上面的代码就是自动拆箱，相当于程序自动执行了语句"int number2＝number.intValue();"。

正因为自动拆箱装箱的特性，在 JDK5.0 版本后，基本类型和包装类型能够进行混合数学运算了，也可以直接将两个 Integer 类型进行数学运算，具体示例如下：

```
public static Integer add(Integer a,Integer b){
        return a+b;
}
```

6.5 Date 类、Calendar 类与 DateFormat 类

在 Java 程序中，针对日期类型的操作提供了三个类，分别是 java.util.Date、java.util.Calendar 和 java.text.DateFormat，本节将围绕这三个类进行详细讲解。

6.5.1 Date 类

在 JDK 的 java.util 包中提供了一个 Date 类用于表示日期和时间。Date 类中大部

分构造方法都被声明为已过时，只有两个构造方法是建议使用的，一个是无参的构造方法 Date()，用来创建当前日期时间的 Date 对象。另一个是接收一个 long 型参数 date 的构造方法 Date(long date)，用于创建指定时间的 Date 对象，其中 date 参数表示 1970 年 1 月 1 日 00:00:00(称为历元)以来的毫秒数，即时间戳。接下来通过一个案例来说明如何使用这两个构造方法创建 Date 对象，如例 6-22 所示。

例 6-22 Example22. java

```
import java.util.*;
public class Example22 {
    public static void main(String[] args) {
        Date date1=new Date();                      //创建表示当前时间的 Date 对象
        Date date2=new Date(966666666666L);         //创建表示时间戳的 Date 对象
        System.out.println(date1);
        System.out.println(date2);
    }
}
```

运行结果如图 6-24 所示。

图 6-24 例 6-22 运行结果

例 6-22 中，打印 date1 得到的是当前计算机的日期和时间，打印 date2 则是自 1970 年 1 月 1 日 00:00:00 以来 966666666666Lms 后的日期和时间。因此，大家可以根据需求选择不同的方式创建 Date 对象。

对于 Date 类，只需要了解如何通过创建对象封装时间值即可。由于 Date 类在设计之初，没有考虑国际化的问题，因此从 JDK 1.1 开始，Calendar 类取代了 Date 类大部分功能，接下来就针对 Calendar 类进行详细地讲解。

6.5.2 Calendar 类

Calendar 类用于完成日期和时间字段的操作，它可以通过特定的方法设置和读取日期的特定部分，比如年、月、日、时、分和秒等。Calendar 类是一个抽象类，不可以被实例化，在程序中需要调用其静态方法 getInstance()来得到一个 Calendar 对象，然后调用其相应的方法，具体示例如下：

```
Calendar calendar=Calendar.getInstance();
```

Calendar 类为操作日期和时间提供了大量的方法，下面列举一些常用的方法，如

表 6-9 所示。

表 6-9　Calendar 的常用方法

方法声明	功能描述
int get(int field)	返回指定日历字段的值
void add(int field,int amount)	根据日历规则,为指定的日历字段增加或减去指定的时间量
void set(int field,int value)	为指定日历字段设置指定值
void set(int year,int month,int date)	设置 Calendar 对象的年、月、日三个字段的值
void set(int year, int month, int date, int hourOfDay,int minute,int second)	设置 Calendar 对象的年、月、日、时、分、秒六个字段的值

表 6-9 中,大多方法都用到了 int 类型的参数 field,该参数需要接收 Calendar 类中定义的常量值,这些常量值分别表示不同的字段,如 Calendar. YEAR 用于表示年份,Calendar. MONTH 用于表示月份,Calendar. SECOND 用于表示秒等。其中在使用 Calendar. MONTH 字段时尤其要注意,月份的起始值是从 0 开始而不是 1,比如现在是 4 月份,得到的 Calendar. MONTH 字段的值则是 3。

接下来通过一个案例来学习下 Calender 类如何获取当前计算机的日期和时间,如例 6-23 所示。

例 6-23　Example23. java

```
import java.util.*;
public class Example23 {
    public static void main(String[] args) {
        Calendar calendar=Calendar.getInstance();      //获取表示当前时间的 Calendar 对象
        int year=calendar.get(Calendar.YEAR);          //获取当前年份
        int month=calendar.get(Calendar.MONTH)+1;      //获取当前月份
        int date=calendar.get(Calendar.DATE);          //获取当前日
        int hour=calendar.get(Calendar.HOUR);          //获取时
        int minute=calendar.get(Calendar.MINUTE);      //获取分
        int second=calendar.get(Calendar.SECOND);      //获取秒
        System.out.println("当前时间为:"+year+"年 "+month+"月 "+date+"日 "
                +hour+"时 "+minute+"分 "+second+"秒");
    }
}
```

运行结果如图 6-25 所示。

图 6-25　例 6-23 运行结果

例 6-23 中，调用 Calendar 的 getInstance()方法创建一个代表默认时区内当前时间的 Calendar 对象。然后调用该对象的 get(int field)方法，通过传入不同的常量字段值来分别得到日期、时间各个字段的值，特别需要注意的是，获取的 Calendar. MONTH 字段值需要加 1 才表示当前时间的月份。

在程序中除了要获得当前计算机的时间，也会经常设置或修改某个时间，比如一项工程的开始时间为 2008 年的 8 月 8 日，假设要 100 天后竣工，此时要想知道竣工日期是哪天就需要先将日期设定在开始的那天，然后对日期的天数进行增加。接下来就通过调用 Calendar 类的 set()和 add()方法来实现上述过程，如例 6-24 所示。

例 6-24　Example24. java

```
1  import java.util.*;
2  public class Example24 {
3      public static void main(String[] args) {
4          Calendar calendar=Calendar.getInstance();
5          calendar.set(2008,7,8);
6          calendar.add(Calendar.DATE,100);
7          int year=calendar.get(Calendar.YEAR);
8          int month=calendar.get(Calendar.MONTH)+1;
9          int date=calendar.get(Calendar.DATE);
10         System.out.println("竣工日期为:"+year+"年"+month+"月"+date+"日");
11     }
12 }
```

运行结果如图 6-26 所示。

图 6-26　例 6-24 运行结果

例 6-24 中调用 Calendar 的 set()方法将日期设置为 2008 年 8 月 8 号，然后调用 add()方法在 Calendar. Date 字段上增加 100，从第 10 行的打印结果可以看出，增加 100 天的日期为 2008 年 11 月 16 日。值得注意的是，Calendar. Date 表示的是天数，当天数累加到当月的最大值时，如果再继续累加一次，就会从 1 开始计数，同时月份值会加 1，这和算术运算中的进位有点类似。

多学一招：日历字段模式

Calendar 有两种解释：日历字段的模式——lenient 模式(默认模式)和 non-lenient 模式。当 Calendar 处于 lenient 模式时，它的字段可以接收超过允许范围的值，当调用 get(int field)方法获取某个字段值时，Calendar 会重新计算所有字段的值，将字段的值标准化。换句话说，就是在 lenient 模式下，允许出现一些数值上的错误，例如月份只有 12

个月,取值为 0 到 11,但在这种模式下,月份值指定为 13 也是可以的。当 Calendar 处于 non-lenient 模式时,如果某个字段的值超出了它允许的范围,程序将会抛出异常。接下来通过一个案例来演示这种异常情况,如例 6-25 所示。

例 6-25 Example25. java

```
1  import java.util.*;
2  public class Example25 {
3      public static void main(String[] args) {
4          Calendar calendar=Calendar.getInstance();    //今天是 2月 6日
5          //将 MONTH 字段设置为 13
6          calendar.set(Calendar.MONTH,13);
7          System.out.println(calendar.getTime());
8          //开启 non-lenient 模式
9          calendar.setLenient(false);
10         calendar.set(Calendar.MONTH,13);
11         System.out.println(calendar.getTime());
12     }
13 }
```

运行结果如图 6-27 所示。

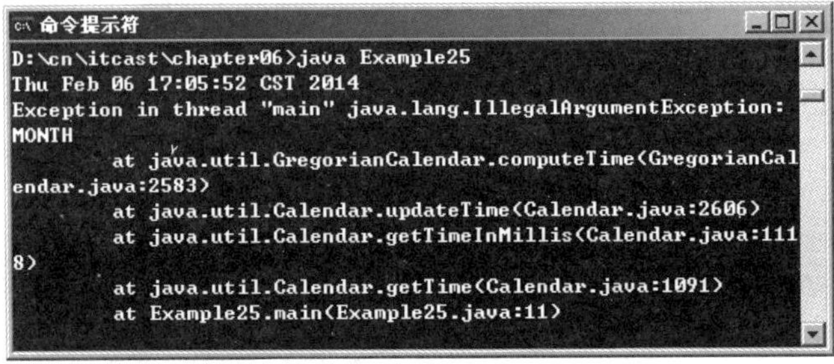

图 6-27　例 6-25 运行结果

从图 6-27 的运行结果可以看出,例 6-25 中的第 7 行代码可以正常地输出时间值,而第 11 行代码在输出时间值时报错。出现这种现象的原因在于,Calendar 类默认使用 lenient 模式,例 6-25 中当调用 Calendar 的 set()方法将 MONTH 字段设置为 13 时,会发生进位,YEAR 字段加 1,然后 MONTH 字段变为 1,图 6-27 的第一行打印出结果是"Feb 06"(2 月 6 日)。当第 9 行代码调用 Calendar 的 setLenient(false)方法开启 non-lenient 模式后,同样地设置 MONTH 字段为 13,会因为超出了 MONTH 字段 0～11 的范围而抛出异常。

本例中用到了 Calendar 的 getTime()方法,getTime()返回一个表示 Calendar 时间值的 Date 对象,同时 Calendar 有一个 setTime(Date date)方法,setTime()方法接收一个 Date 对象,将 Date 对象表示的时间值设置给 Calendar 对象,通过这两个方法就可以完成 Date 和 Calendar 对象之间的转换。

6.5.3 DateFormat 类

在 6.5.1 小节中学习过 Date 类用于表示日期和时间，在例程中打印 Date 对象时都是以默认的英文格式输出日期和时间，如果要将 Date 对象表示的日期以指定的格式输出，例如输出中文格式的时间，就需要用到 DateFormat 类。DateFormat 类专门用于将日期格式化为字符串或者用特定格式显示的日期字符串转换成一个 Date 对象。DateFormat 是抽象类，不能被直接实例化，但它提供了静态方法，通过这些方法可以获取 DateFormat 类的实例对象，并调用其他相应的方法进行操作，DateFormat 类中提供的常用方法如表 6-10 所示。

表 6-10 DateFormat 的常用方法

方法声明	功能描述
static DateFormat getDateInstance()	用于创建默认语言环境和格式化风格的日期格式器
static DateFormat getDateInstance(int style)	用于创建默认语言环境和指定格式化风格的日期格式器
static DateFormat getDateTimeInstance()	用于创建默认语言环境和格式化风格的日期/时间格式器
static DateFormat getDateTimeInstance (int dateStyle, int timeStyle)	用于创建默认语言环境和指定格式化风格的日期/时间格式器
String format(Date date)	将一个 Date 格式化为日期/时间字符串
Date parse(String source)	将给定字符串解析成一个日期

表 6-10 中，列出了 DateFormat 类的四个静态方法，这四个方法都是用于获得 DateFormat 类的实例对象，每种方法返回的对象都具有不同的作用，它们可以分别对日期或者时间部分进行格式化。在 DateFormat 类中定义了四个常量值用于作为参数传递给这些方法，其中包括 FULL、LONG、MEDIUM 和 SHORT。FULL 常量用于表示完整格式，LONG 常量用于表示长格式，MEDIUM 常量用于表示普通格式，SHORT 常量用于表示短格式。接下来通过一个案例针对表中的方法进行演示，如例 6-26 所示。

例 6-26 Example26.java

```
import java.text.*;
import java.util.*;
public class Example26 {
    public static void main(String[] args) {
        Date date=new Date();
        //Full 格式的日期格式器对象
        DateFormat fullFormat=DateFormat.getDateInstance(DateFormat.FULL);
        //Long 格式的日期格式器对象
        DateFormat longFormat=DateFormat.getDateInstance(DateFormat.LONG);
        //medium 格式的日期/时间 格式器对象
        DateFormat mediumFormat=DateFormat.getDateTimeInstance(
```

```
                DateFormat.MEDIUM,DateFormat.MEDIUM);
        //short 格式的日期/时间格式器对象
        DateFormat shortFormat=DateFormat.getDateTimeInstance(
                DateFormat.SHORT,DateFormat.SHORT);
        //下面打印格式化后的日期或者日期/时间
        System.out.println("当前日期的完整格式为: "+fullFormat.format(date));
        System.out.println("当前日期的长格式为: "+longFormat.format(date));
        System.out.println("当前日期的普通格式为: "+mediumFormat.format(date));
        System.out.println("当前日期的短格式为: "+shortFormat.format(date));
    }
}
```

运行结果如图 6-28 所示。

```
命令提示符
D:\cn\itcast\chapter06>java Example26
当前日期的完整格式为: 2013年9月6日 星期五
当前日期的长格式为: 2013年9月6日
当前日期的普通格式为: 2013-9-6 17:11:44
当前日期的短格式为: 13-9-6 下午5:11
```

图 6-28 例 6-26 运行结果

例 6-26 中演示了四种格式下时间和日期格式化输出的效果,其中调用 getDateInstance()方法获得的实例对象用于对日期部分进行格式化,getDateTimeInstance()方法获得的实例对象可以对日期和时间部分进行格式化。

DateFormat 中还提供了一个 parse(String source)方法,能够将一个字符串解析成 Date 对象,但是它要求字符串必须符合日期/时间的格式要求,否则会抛出异常。接下来通过一个案例来演示 parse()方法的使用,如例 6-27 所示。

例 6-27 Example27.java

```
import java.text.*;
public class Example27 {
    public static void main(String[] args) throws Exception{
        //创建 Long 格式的 DateFormat 对象
        DateFormat df1=DateFormat.getDateInstance(DateFormat.LONG);
        String d1="2008 年 8 月 8 日";
        System.out.println(df1.parse(d1));      //将对应格式的字符串解析成 Date 对象
    }
}
```

运行结果如图 6-29 所示。

例 6-27 中,使用 LONG 样式常量创建了一个 DateFormat 对象,然后调用 parse()方法与它格式对应的时间字符串"2008 年 8 月 8 日"解析成了 Date 对象。

图 6-29 例 6-27 运行结果

6.5.4 SimpleDateFormat 类

例 6-27 中，在使用 DateFormat 对象将字符串解析为日期时，需要输入固定格式的字符串，这显然不够灵活。JDK 中提供了一个 SimpleDateFormat 类，该类是 DateFormat 类的子类。SimpleDateFormat 类可以使用 new 关键字创建实例对象，它的构造方法接收一个格式字符串参数，表示日期格式模板，接下来首先通过一个案例演示如何使用 SimpleDateFormat 类将日期对象以特定的格式转为字符串形式，如例 6-28 所示。

例 6-28 Example28.java

```
import java.text.*;
import java.util.*;
public class Example28 {
    public static void main(String[] args) throws Exception {
        //创建一个 SimpleDateFormat 对象
        SimpleDateFormat df1=new SimpleDateFormat(
                "Gyyyy 年 MM 月 dd 日：今天是 yyyy 年的第 D 天,E");
        //按 SimpleDateFormat 对象的日期模板格式化 Date 对象
        System.out.println(df1.format(new Date()));
    }
}
```

运行结果如图 6-30 所示。

图 6-30 例 6-28 运行结果

例 6-28 中，在创建 SimpleDateFormat 对象时传入日期格式模板“Gyyyy 年 MM 月 dd 日：今天是 yyyy 年的第 D 天,E”，调用 SimpleDateFormat 的 format()方法，将 Date 对象格式化成如模板格式的“公元 2013 年 09 月 06 日：今天是 2013 年的第 249 天，星期五”字符串形式。

接下来通过一个案例来演示如何使用 SimpleDateFormat 类将一个指定日期格式的字符串解析为 Date 对象，如例 6-29 所示。

例 6-29 Example29. java

```
import java.text.*;
import java.util.*;
public class Example29 {
    public static void main(String[] args) throws Exception {
        SimpleDateFormat df2=new SimpleDateFormat("yyyy/MMM/dd");
        String dt="2012/八月/03";
        //将字符串解析成 Date 对象
        System.out.println(df2.parse(dt));
    }
}
```

运行结果如图 6-31 所示。

图 6-31 例 6-29 运行结果

例 6-29 中，在创建 SimpleDateFormat 对象时传入日期格式模板“yyyy/MMM/dd”，然后调用 SimpleDateFormat 的 parse()方法将符合日期模板格式的字符串“2012/八月/03”解析成 Date 对象。

通过例 6-28 和例 6-29 可以看出，SimpleDateFormat 的功能非常强大，在创建 SimpleDateFormat 对象时，只要传入合适的格式字符串参数，就能解析各种形式的日期字符串或者将 Date 日期格式化成任何形式的字符串。其中，格式字符串参数是一个使用日期/时间字段占位符的日期模板，初学者可以通过查看 SimpleDateFormat 类的帮助文档来了解到底支持哪些日期/时间占位符，由于细节比较多，这里就不再赘述。

6.6 JDK7 新特性——switch 语句支持字符串类型

第 2 章讲解 switch 条件语句时，演示了 switch 语句接收 int 类型判断条件的例子。在 JDK7 中，switch 语句的判断条件增加了对字符串类型的支持。由于字符串的操作在编程中使用频繁，这个新特性的出现为 Java 编程带来了便利。接下来通过一个案例演示一下在 switch 语句中使用字符串进行匹配，如例 6-30 所示。

例 6-30 Example30. java

```
public class Example30 {
    public static void main(String[] args) {
        String week="Friday";
        switch (week) {
```

```
5         case "Monday":
6             System.out.println("星期一");
7             break;
8         case "Tuesday":
9             System.out.println("星期二");
10            break;
11        case "Wednesday":
12            System.out.println("星期三");
13            break;
14        case "Thursday":
15            System.out.println("星期四");
16            break;
17        case "Friday":
18            System.out.println("星期五");
19            break;
20        case "Saturday":
21            System.out.println("星期六");
22            break;
23        case "Sunday":
24            System.out.println("星期天");
25            break;
26        default:
27            System.out.println("你的输入不正确...");
28        }
29    }
30 }
```

运行结果如图 6-32 所示。

图 6-32 例 6-30 运行结果

例 6-30 中，switch 语句条件表达式的值为“Friday”，与 17 行 case 条件中的字符串“Friday”相匹配，因此打印出“星期五”。

6.7 本章小结

本章首先介绍了什么是 API，然后对 API 中最常用的一些类逐一进行了介绍，了解了 String 和 StringBuffer 类的不同、System 类和 Runtime 类常用方法的使用、Math 类常用方法的使用、Random 类如何产生随机数以及日期类 Data 和 Calendar 类的相关知识，并学会使用 DateFormat 类和 SimpleDateFormat 类格式化 Date 对象以及将特定格式的日期字符串解析成 Date 对象等，这些类在编程中都有着很重要的作用。然而 Java 的 API 非常多，不可能也没有必要把所有的类全部学习，最聪明的人是最会利用资源和工具的人，在需要使用这些类时，可以通过上一些技术论坛或者利用搜索引擎参看一些范例，再通过查看 API 文档就能很容易掌握这些类的用法。

6.8 习　题

一、填空题

1. 在 Java 中定义了两个类来封装对字符串的操作，它们分别是________和________。

2. Java 中操作日期的类有________、________、________等。

3. 在程序中若想取得一个 Runtime 实例，则可以调用 Runtime 类的静态方法________。

4. Math 类中用于计算所传递参数平方根的方法是________。

5. Java 中专门用于将日期格式化为字符串的类是________。

6. Math 类中有两个静态常量 PI 和 E，分别代表数学常量________和________。

7. Java 中的用于产生随机数的类是________，它位于________包中。

8. String 类中用于返回字符串字符个数的方法是________。

9. System 类中所提供的属性和方法都是________的，想要引用这些属性和方法，直接使用 System 类调用即可。

10. 已知 sb 为 StringBuffer 的一个实例，且 sb. toString()的值为"abcde"，则执行 sb. reverse()后，sb. toString()的值为________。

二、判断题

1. String 对象和 StringBuffer 对象都是字符串变量，创建后都可以修改。（　　）

2. 用运算符==比较字符串对象时，如果两个字符串的值相同，结果为 true。（　　）

3. System 类中的 currentTimeMillis()方法返回一个 long 类型的值。（　　）

4. Date、Calendar 以及 DateFormat 类都位于 java. util 包中。（　　）

5. String 类的方法 replace (CharSequence srt1, CharSequence srt2)返回一个新的字符串，它是通过用 srt2 替换此字符串中出现的所有 srt1 得到的。（　　）

三、选择题

1. 先阅读下面的程序片段：

```
String str="abccdefcdh";
String[] arr=str.split("c");
System.out.println(arr.length);
```

程序执行后，打印的结果是几？（　　）

A. 2　　B. 3　　C. 4　　D. 5

2. 以下都是 Math 类的常用方法，其中用于计算绝对值的方法是哪个？（　　）

A. ceil()　　B. floor()　　C. abs()　　D. random()

3. Random 对象能够生成以下哪种类型的随机数？（　　）

A. int　　B. string　　C. double　　D. A 和 C

4. String s = "abcdedcba";则 s. substring(3,4)返回的字符串是以下选项中的哪个？（　　）

A. cd　　B. de　　C. d　　D. e

5. 假如 indexOf()方法未能找到所指定的子字符串，则返回以下选项中的哪个？（　　）

A. false　　B. 0　　C. −1　　D. 以上答案都不对

6. 要产生[20,999]之间的随机整数可以使用以下哪个表达式？（　　）

A. (int)(20＋Math. random() * 97)

B. 20＋(int)(Math. random() * 980)

C. (int)Math. random() * 999

D. 20＋(int)Math. random() * 980

7. 以下 Math 类的方法中，−4.4 通过哪个方法运算后，结果为−5.0？（　　）

A. round()　　B. min()　　C. floor()　　D. ceil()

8. 下面的程序段执行后，输出的结果是以下哪个选项？（　　）

```
StringBuffer buf=new StringBuffer("Beijing2008");
buf.insert(7,"@");
System.out.println(buf.toString());
```

A. Beijing@2008　　B. @Beijing2008

C. Beijing2008@　　D. Beijing#2008

9. 阅读下面的程序：

```
public class Test {
    public static void main(String args[]) {
        int i;
        float f =2.3f;
        double d =2.7;
        i =((int)Math.ceil(f)) * ((int)Math.round(d));
        System.out.println(i);
    }
}
```

程序执行后，运行结果为以下哪个选项？（　　）

A. 9　　B. 5　　C. 6　　D. 6.1

10. 先阅读下面的程序片段：

```
String str1=new String("java");
String str2=new String("java");
StringBuffer str3=new StringBuffer("java");
```

对于上述定义的变量，以下表达式的值为 true 的是哪个？

A. str1==str2;　　　　B. str1.equals(str2);

C. str1==str3;　　　　D. 以上都不对

四、程序分析题

阅读下面的程序，分析代码是否能编译通过，如果能编译通过，请列出运行的结果。如果不能编译通过，请说明原因。

1. 代码一：

```
public class A {
        public static void main(String[] args) {
            System.out.println(Math.abs(-5));
            System.out.println(Math.ceil(6.6));
            System.out.println(Math.floor(-7.8));
            System.out.println(Math.round(-4.9));
            System.out.println(Math.max(8.1,-8.1));
            System.out.println(Math.min(6.1,-6.1));
        }
    }
```

2. 代码二：

```
public class B {
    public static void main(String[] args) {
        String s="dfferghuklmbdfd";
        System.out.println("str.length():"+s.length());
        System.out.println("str.charAt(0):"+s.charAt(0));
        System.out.println("lastIndexOf(m):"+s.lastIndexOf('m'));
        System.out.println("substring(2,4):"+s.substring(2,4));
        System.out.println("indexOf(g):"+s.indexOf('g'));
    }
}
```

五、思考题

1. String 和 StringBuffer 有什么区别？
2. Date 和 Calender 类有什么区别和联系？

3. 请简述 int 和 Integer 有什么区别。

4. 请简述装箱和拆箱的概念。

六、编程题

请按照题目的要求编写程序并给出运行结果。

1. 编写一个程序，实现字符串大小写的转换并倒序输出，要求如下：

① 使用 for 循环将字符串“HelloWorld”从最后一个字符开始遍历。

② 遍历的当前字符如果是大写字符，就使用 toLowerCase()方法将其转换为小写字符，反之则使用 toUpperCase() 方法将其转换为大写字符

③ 定义一个 StringBuffer 对象，调用 append()方法依次添加遍历的字符，最后调用 StringBuffer 对象的 toString()方法，并将得到的结果输出。

2. 计算从今天算起，100 天以后是几月几号，并格式化成××××年×月×日的形式打印出来。

提示：

① 调用 Calendar 类的 add()方法计算 100 天后的日期。

② 调用 Calendar 类的 getTime()方法返回 Date 类型对象。

③ 使用 FULL 格式的 DateFormat 对象，调用 format() 方法格式化 Date 对象。

3. 利用 Random 类来产生 5 个 20～50 之间的随机整数。

提示：[n－m](n、m 均为整数，n＜m)之间的随机数的公式为 n＋(new Random()).nextInt(m－n＋1)。

第7章 chapter 7

集合类

本章重点

- 常用的集合类
- Iterator 迭代器的使用
- foreach 循环
- 泛型
- Collections、Arrays 工具类

学习 Java 语言，就必须学习如何使用 Java 的集合类。Java 中的集合类就像一个容器，专门用来存储 Java 类的对象。接下来，本章将针对 Java 中的集合类进行详细的讲解。

7.1 集合概述

在前面的章节中介绍过在程序中可以通过数组来保存多个对象，但在某些情况下无法确定到底需要保存多少个对象，此时数组将不再适用，因为数组的长度不可变。例如，要保存一个学校的学生信息，由于不停有新生来报道，同时也有学员毕业离开学校，这时学生的数目很难确定。为了保存这些数目不确定的对象，JDK 中提供了一系列特殊的类，这些类可以存储任意类型的对象，并且长度可变，统称为集合。这些类都位于 java.util 包中，在使用时一定要注意导包的问题，否则会出现异常。

集合按照其存储结构可以分为两大类，即单列集合 Collection 和双列集合 Map，这两种集合的特点具体如下。

- Collection：单列集合类的根接口，用于存储一系列符合某种规则的元素，它有两个重要的子接口，分别是 List 和 Set。其中，List 的特点是元素有序、元素可重复。Set 的特点是元素无序并且不可重复。List 接口的主要实现类有 ArrayList 和 LinkedList，Set 接口的主要实现类有 HashSet 和 TreeSet。
- Map：双列集合类的根接口，用于存储具有键(Key)、值(Value)映射关系的元素，每个元素都包含一对键值，在使用 Map 集合时可以通过指定的 Key 找到对应的 Value，例如根据一个学生的学号就可以找到对应的学生。Map 接口的主要实现

类有 HashMap 和 TreeMap。

从上面的描述可以看出 JDK 中提供了丰富的集合类库，为了便于初学者进行系统地学习，接下来通过一张图来描述整个集合类的继承体系，如图 7-1 所示。

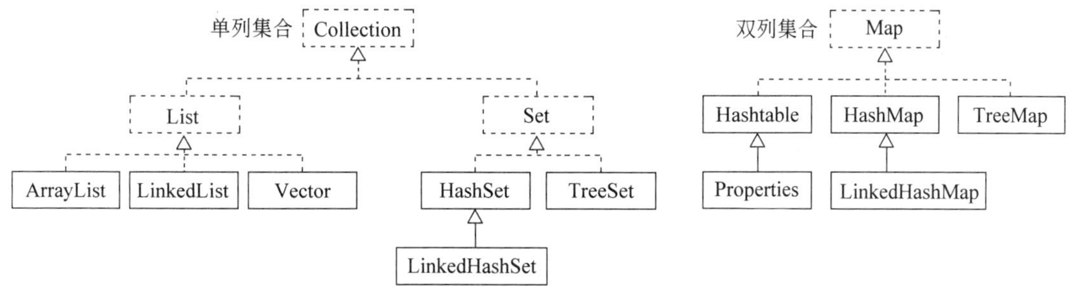

图 7-1 集合体系架构图

图 7-1 中列出了程序中常用的一些集合类，其中，虚线框里填写的都是接口类型，而实线框里填写的都是具体的实现类。本章将针对图中所列举的集合类逐一进行讲解。

7.2 Collection 接口

Collection 是所有单列集合的父接口，因此在 Collection 中定义了单列集合(List 和 Set)通用的一些方法，这些方法可用于操作所有的单列集合，如表 7-1 所示。

表 7-1 Collection 接口的方法

方法声明	功能描述
boolean add(Object o)	向集合中添加一个元素
boolean addAll(Collection c)	将指定 Collection 中的所有元素添加到该集合中
void clear()	删除该集合中的所有元素
boolean remove(Object o)	删除该集合中指定的元素
boolean removeAll(Collection c)	删除指定集合中的所有元素
boolean isEmpty()	判断该集合是否为空
boolean contains(Object o)	判断该集合中是否包含某个元素
boolean containsAll(Collection c)	判断该集合中是否包含指定集合中的所有元素
Iterator iterator()	返回在该集合的元素上进行迭代的迭代器(Iterator)，用于遍历该集合所有元素
int size()	获取该集合元素个数

表 7-1 中所列举的方法，都来自 JavaAPI 文档，初学者可以通过查询 API 文档来学习这些方法的具体用法，此处列出这些方法，是为了方便后面的学习。

7.3 List接口

7.3.1 List接口简介

List接口继承自Collection接口，是单列集合的一个重要分支，习惯性地会将实现了List接口的对象称为List集合。在List集合中允许出现重复的元素，所有的元素是以一种线性方式进行存储的，在程序中可以通过索引来访问集合中的指定元素。另外，List集合还有一个特点就是元素有序，即元素的存入顺序和取出顺序一致。

List作为Collection集合的子接口，不但继承了Collection接口中的全部方法，而且还增加了一些根据元素索引来操作集合的特有方法，如表7-2所示。

表7-2 List集合常用方法表

方法声明	功能描述
void add(int index,Object element)	将元素element插入在List集合的index处
boolean addAll(int index,Collection c)	将集合c所包含的所有元素插入到List集合的index处
Object get(int index)	返回集合索引index处的元素
Object remove(int index)	删除index索引处的元素
Object set(int index, Object element)	将索引index处元素替换成element对象，并将替换后的元素返回
int indexOf(Object o)	返回对象o在List集合中出现的位置索引
int lastIndexOf(Object o)	返回对象o在List集合中最后一次出现的位置索引
List subList(int fromIndex, int toIndex)	返回从索引fromIndex(包括)到toIndex(不包括)处所有元素集合组成的子集合

表7-2中列举了List集合中的常用方法，所有的List实现类都可以通过调用这些方法来对集合元素进行操作。

7.3.2 ArrayList集合

ArrayList是List接口的一个实现类，它是程序中最常见的一种集合。在ArrayList内部封装了一个长度可变的数组对象，当存入的元素超过数组长度时，ArrayList会在内存中分配一个更大的数组来存储这些元素，因此可以将ArrayList集合看作一个长度可变的数组。

ArrayList集合中大部分方法都是从父类Collection和List继承过来的，其中add()方法和get()方法用于实现元素的存取，接下来通过一个案例来学习ArrayList集合如何存取元素，如例7-1所示。

例 7-1 Example01.java

```
import java.util.*;
public class Example01 {
    public static void main(String[] args) {
        ArrayList list=new ArrayList();                  //创建 ArrayList 集合
        list.add("stu1");                                //向集合中添加元素
        list.add("stu2");
        list.add("stu3");
        list.add("stu4");
        System.out.println("集合的长度: "+list.size());  //获取集合中元素的个数
        System.out.println("第 2 个元素是: "+list.get(1));   //取出并打印指定位置的元素
    }
}
```

运行结果如图 7-2 所示。

图 7-2 例 7-1 运行结果

例 7-1 中，首先调用 add(Object o)方法向 ArrayList 集合添加了 4 个元素，然后调用 size()方法获取集合中元素个数，最后通过调用 ArrayList 的 get(int index)方法取出指定索引位置的元素。从运行结果可以看出，索引位置为 1 的元素是集合中的第二个元素，这就说明集合和数组一样，索引的取值范围是从 0 开始的，最后一个索引是 size－1，在访问元素时一定要注意索引不可超出此范围，否则会抛出角标越界异常 IndexOutOfBoundsException。

由于 ArrayList 集合的底层是使用一个数组来保存元素，在增加或删除指定位置的元素时，会导致创建新的数组，效率比较低，因此不适合做大量的增删操作。但这种数组的结构允许程序通过索引的方式来访问元素，因此使用 ArrayList 集合查找元素很便捷。

注意：

① 在编译例 7-1 时，会得到如图 7-3 所示的警告，意思是说在使用 ArrayList 集合时并没有显示指定集合中存储什么类型的元素，会产生安全隐患，这涉及到泛型安全机制的问题。与泛型相关的知识将在后面的章节详细讲解，现在无须考虑。

图 7-3 例 7-1 编译时出现警告

② 在编写程序时，不要忘记使用“import java. util. ArrayList;”语句导包，否则程序将会编译失败，显示类找不到，如图7-4所示。在后面的例程中会大量地用到集合类，为了方便，程序中一律使用“import java. util. * ;”来进行导包，其中 * 为通配符，整个语句的意思是将java. util包中的内容都导入进来。

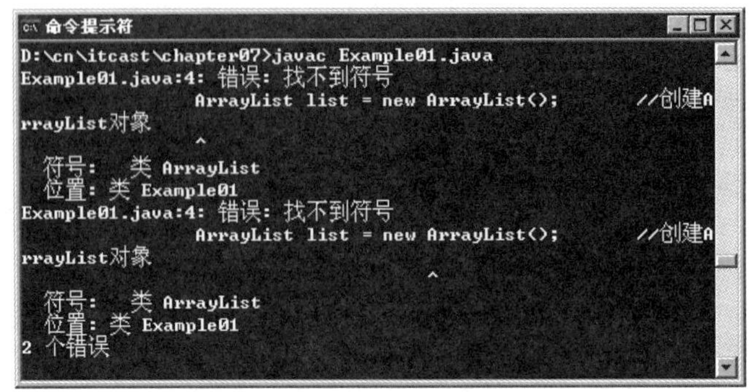

图7-4 例7-1修改后编译报错

7.3.3 LinkedList集合

7.3.2小节中提到ArrayList集合在查询元素时速度很快，但在增删元素时效率较低，为了克服这种局限性，可以使用List接口的另一个实现类LinkedList。该集合内部维护了一个双向循环链表，链表中的每一个元素都使用引用的方式来记住它的前一个元素和后一个元素，从而可以将所有的元素彼此连接起来。当插入一个新元素时，只需要修改元素之间的这种引用关系即可，删除一个节点也是如此。正因为这样的存储结构，所以LinkedList集合对于元素的增删操作具有很高的效率，LinkedList集合添加元素和删除元素的过程如图7-5所示。

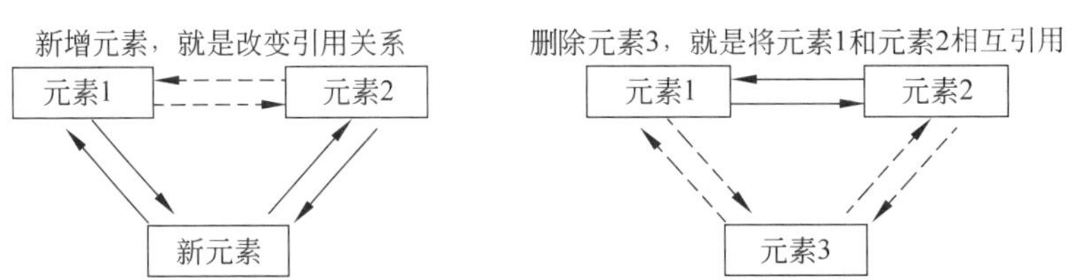

图7-5 双向循环链表结构图

图7-5中，通过两张图描述了LinkedList集合新增元素和删除元素的过程。其中，左图为新增一个元素，图中的元素1和元素2在集合中彼此为前后关系，在它们之间新增一个元素时，只需要让元素1记住它后面的元素是新元素，让元素2记住它前面的元素为新元素就可以了。右图为删除元素，要想删除元素1与元素2之间的元素3，只需要让元素1与元素2变成前后关系就可以了。

LinkedList集合除了具备增删元素效率高的特点，还专门针对元素的增删操作定义了一些特有的方法，如表7-3所示。

表 7-3 LinkedList 中定义的方法

方法声明	功能描述
void add(int index, E element)	在此列表中指定的位置插入指定的元素
void addFirst(Object o)	将指定元素插入此列表的开头
void addLast(Object o)	将指定元素添加到此列表的结尾
Object getFirst()	返回此列表的第一个元素
Object getLast()	返回此列表的最后一个元素
Object removeFirst()	移除并返回此列表的第一个元素
Object removeLast()	移除并返回此列表的最后一个元素

表 7-3 中,列出的方法主要针对集合中的元素进行增加、删除和获取操作,接下来通过一个案例来学习这些方法的使用,如例 7-2 所示。

例 7-2 Example02.java

```
import java.util.*;
public class Example02 {
    public static void main(String[] args) {
        LinkedList link=new LinkedList();     //创建 LinkedList 集合
        link.add("stu1");
        link.add("stu2");
        link.add("stu3");
        link.add("stu4");
        System.out.println(link.toString());  //取出并打印该集合中的元素
        link.add(3,"Student");                //向该集合中指定位置插入元素
        link.addFirst("First");               //向该集合第一个位置插入元素
        System.out.println(link);
        System.out.println(link.getFirst());  //取出该集合中第一个元素
        link.remove(3);                       //移除该集合中指定位置的元素
        link.removeFirst();                   //移除该集合中第一个元素
        System.out.println(link);
    }
}
```

运行结果如图 7-6 所示。

```
命令提示符
D:\cn\itcast\chapter07>java Example02
[stu1, stu2, stu3, stu4]
[First, stu1, stu2, stu3, Student, stu4]
First
[stu1, stu2, Student, stu4]
```

图 7-6 例 7-2 运行结果

例 7-2 中,首先在 LinkedList 集合中存入 4 个元素,然后通过 add(int index,Object o)和 addFirst(Object o)方法分别在集合的指定位置和第一个位置(索引 0 位置)插入元

素，最后使用 remove(int index)和 removeFirst()方法将指定位置和集合中的第一个元素移除，这样就完成了元素的增删操作。由此可见，使用 LinkedList 对元素进行增删操作是非常便捷的。

7.3.4 Iterator 接口

在程序开发中，经常需要遍历集合中的所有元素。针对这种需求，JDK 专门提供了一个接口 Iterator。Iterator 接口也是 Java 集合框架中的一员，但它与 Collection、Map 接口有所不同，Collection 接口与 Map 接口主要用于存储元素，而 Iterator 主要用于迭代访问(即遍历)Collection 中的元素，因此 Iterator 对象也被称为迭代器。

接下来通过一个案例来学习如何使用 Iterator 迭代集合中的元素，如例 7-3 所示。

例 7-3 Example03.java

```
import java.util.*;
public class Example03 {
    public static void main(String[] args) {
        ArrayList list=new ArrayList();    //创建 ArrayList 集合
        list.add("data_1");                //向该集合中添加字符串
        list.add("data_2");
        list.add("data_3");
        list.add("data_4");
        Iterator it=list.iterator();       //获取 Iterator 对象
        while (it.hasNext()) {          //判断 ArrayList 集合中是否存在下一个元素
            Object obj=it.next();          //取出 ArrayList 集合中的元素
            System.out.println(obj);
        }
    }
}
```

运行结果如图 7-7 所示。

图 7-7 例 7-3 运行结果

例 7-3 演示的是 Iterator 遍历集合的整个过程。当遍历元素时，首先通过调用 ArrayList 集合的 iterator()方法获得迭代器对象，然后使用 hasNext()方法判断集合中是否存在下一个元素，如果存在，则调用 next()方法将元素取出，否则说明已到达了集合末尾，停止遍历元素。需要注意的是，在通过 next()方法获取元素时，必须保证要获取的元素存在，否则，会抛出 NoSuchElementException 异常。

Iterator迭代器对象在遍历集合时，内部采用指针的方式来跟踪集合中的元素，为了让初学者能更好地理解迭代器的工作原理，接下来通过一个图例来演示Iterator对象迭代元素的过程，如图7-8所示。

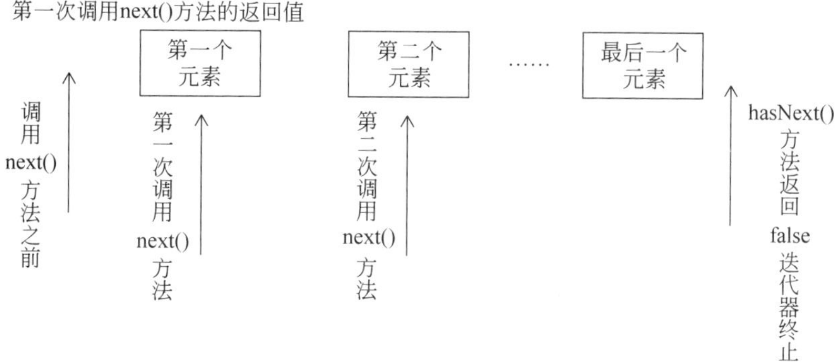

图 7-8 遍历元素过程图

图7-8中，在调用Iterator的next()方法之前，迭代器的索引位于第一个元素之前，不指向任何元素，当第一次调用迭代器的next()方法后，迭代器的索引会向后移动一位，指向第一个元素并将该元素返回，当再次调用next()方法时，迭代器的索引会指向第二个元素并将该元素返回，依此类推，直到hasNext()方法返回false，表示到达了集合的末尾，终止对元素的遍历。

需要特别说明的是，当通过迭代器获取ArrayList集合中的元素时，都会将这些元素当作Object类型来看待，如果想得到特定类型的元素，则需要进行强制类型转换。

7.3.5 JDK5.0 新特性——foreach 循环

虽然Iterator可以用来遍历集合中的元素，但写法上比较烦琐，为了简化书写，从JDK5.0开始，提供了foreach循环。foreach循环是一种更加简洁的for循环，也称增强for循环。foreach循环用于遍历数组或集合中的元素，其具体语法格式如下：

```
for(容器中元素类型 临时变量 : 容器变量) {
    执行语句
}
```

从上面的格式可以看出，与for循环相比，foreach循环不需要获得容器的长度，也不需要根据索引访问容器中的元素，但它会自动遍历容器中的每个元素。接下来通过一个案例对foreach循环进行详细讲解，如例7-4所示。

例 7-4 Example04.Java

```
import java.util.ArrayList;
public class Example04 {
    public static void main(String[] args) {
        ArrayList list=new ArrayList();      //创建 ArrayList 集合
```

```
        list.add("Jack");                  //向 ArrayList 集合中添加字符串元素
        list.add("Rose");
        list.add("Tom");
        for (Object obj : list) {          //使用 foreach 循环遍历 ArrayList 对象
            System.out.println(obj);       //取出并打印 ArrayList 集合中的元素
        }
    }
}
```

运行结果如图 7-9 所示。

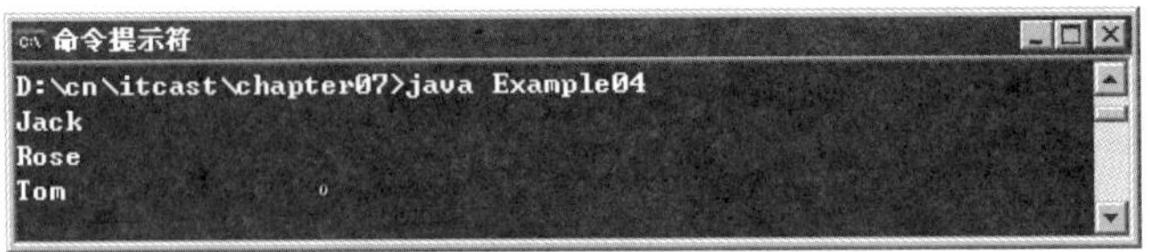

图 7-9　例 7-4 运行结果

通过例 7-4 可以看出，foreach 循环在遍历集合时语法非常简洁，没有循环条件，也没有迭代语句，所有这些工作都交给虚拟机去执行了。foreach 循环的次数是由容器中元素的个数决定的，每次循环时，foreach 中都通过变量将当前循环的元素记住，从而将集合中的元素分别打印出来。

脚下留心

① foreach 循环虽然书写起来很简洁，但在使用时也存在一定的局限性。当使用 foreach 循环遍历集合和数组时，只能访问集合中的元素，不能对其中的元素进行修改。接下来以一个 String 类型的数组为例来进行演示，如例 7-5 所示。

例 7-5　Example05. java

```
public class Example05 {
    static String[] strs={ "aaa","bbb","ccc" };
    public static void main(String[] args) {
        //foreach 循环遍历数组
        for (String str : strs) {
            str="ddd";
        }
        System.out.println("foreach 循环修改后的数组:"+strs[0]+","+strs[1]+","
                +strs[2]);
        //for 循环遍历数组
        for (int i=0; i<strs.length; i++) {
            strs[i]="ddd";
        }
        System.out.println("普通 for 循环修改后的数组:"+strs[0]+","+strs[1]+","
                +strs[2]);
```

```
16     }
17 }
```

运行结果如图 7-10 所示。

```
命令提示符
D:\cn\itcast\chapter07>java Example05
foreach循环修改后的数组:aaa,bbb,ccc
普通for循环修改后的数组:ddd,ddd,ddd
```

图 7-10 例 7-5 运行结果

在例 7-5 中,分别使用 foreach 循环和普通 for 循环去修改数组中的元素。从运行结果可以看出 foreach 循环并不能修改数组中元素的值。其原因是第 6 行代码中的 str="ddd"只是将临时变量 str 指向了一个新的字符串,这和数组中的元素没有一点关系。而在普通 for 循环中,是可以通过索引的方式来引用数组中的元素并将其值进行修改的。

② 在使用 Iterator 迭代器对集合中的元素进行迭代时,如果调用了集合对象的 remove()方法去删除元素,会出现异常。接下来通过一个案例来演示这种异常。假设在一个集合中存储了学校所有学生的姓名,由于一个名为 Annie 的学生中途转学,这时就需要在迭代集合时找出该元素并将其删除,具体代码如例 7-6 所示。

例 7-6 Example06.java

```
import java.util.*;
public class Example06 {
    public static void main(String[] args) {
    ArrayList list=new ArrayList();          //创建 ArrayList 集合
        list.add("Jack");
        list.add("Annie");
        list.add("Rose");
        list.add("Tom");
        Iterator it=list.iterator();         //获得 Iterator 对象
        while (it.hasNext()) {               //判断该集合是否有下一个元素
            Object obj=it.next();            //获取该集合中的元素
            if ("Annie".equals(obj)) {       //判断该集合中的元素是否为 Annie
                list.remove(obj);            //删除该集合中的元素
            }
        }
        System.out.println(list);
    }
}
```

运行结果如图 7-11 所示。

例 7-6 在运行时出现了并发修改异常 ConcurrentModificationException。这个异常是迭代器对象抛出的,出现异常的原因是集合中删除了元素会导致迭代器预期的迭代次

```
D:\cn\itcast\chapter07>java Example06
Exception in thread "main" java.util.ConcurrentModificationExce
ption
        at java.util.ArrayList$Itr.checkForComodification(Array
List.java:819)
        at java.util.ArrayList$Itr.next(ArrayList.java:791)
        at Example06.main(Example06.java:11)
```

图 7-11 例 7-6 运行结果

数发生改变，导致迭代器的结果不准确。

为了解决上述问题，可以采用两种方式。

第一种方式：从业务逻辑上讲只想将姓名为 Annie 的学生删除，至于后面还有多少学生我们并不关心，所以只需找到该学生后跳出循环不再迭代即可，也就是在第 13 行代码下面增加一个 break 语句，代码如下：

```
if ("Annie".equals(obj)) {
    list.remove(obj);
    break;
}
```

在使用 break 语句跳出循环以后，由于没有继续使用迭代器对集合中的元素进行迭代，因此，集合中删除元素对程序没有任何影响，不会出现异常。

第二种方式：如果需要在集合的迭代期间对集合中的元素进行删除，可以使用迭代器本身的删除方法，将例 7-6 中第 13 行代码替换成 it.remove()即可解决这个问题，代码如下：

```
if ("Annie".equals(obj)) {
    it.remove();
}
```

替换代码后再次运行程序，运行结果如图 7-12 所示。

```
D:\cn\itcast\chapter07>java Example06
[Jack, Rose, Tom]
```

图 7-12 例 7-6 修改后运行结果

根据运行结果可以看出，学生 Annie 确实被删除了，并且没有出现异常。因此可以得出结论，调用迭代器对象的 remove()方法删除元素所导致的迭代次数变化，对于迭代器对象本身来讲是可预知的。

7.3.6 ListIterator 接口

7.3.4 小节中讲解的 Iterator 迭代器提供了 hasNext()方法和 next()方法，通过这两个方法可以实现集合中元素的迭代，迭代的方向是从集合中的第一个元素向最后一个元素迭代，也就是所谓的正向迭代。为了使迭代方式更加多元化，JDK 中还定义了一个 ListIterator 迭代器，它是 Iterator 的子类，该类在父类的基础上增加了一些特有的方法，如表 7-4 所示。

表 7-4 ListIterator 特有方法表

方法声明	功能描述
void add(Object o)	将指定的元素插入列表(可选操作)
boolean hasPrevious()	如果以逆向遍历列表，列表迭代器有多个元素，则返回 true
Object previous()	返回列表中的前一个元素
void remove()	从列表中移除由 next 或 previous 返回的最后一个元素(可选操作)

从表 7-4 可以看出 ListIterator 中提供了 hasPrevious()方法和 previous()方法，通过这两个方法可以实现反向迭代元素，另外还提供了 add()方法用于增加元素。接下来通过一个案例来学习 ListIterator 迭代器的使用，如例 7-7 所示。

例 7-7 Example07.java

```
import java.util.*;
public class Example07 {
    public static void main(String[] args) {
        ArrayList list=new ArrayList();
        list.add("data_1");
        list.add("data_2");
        list.add("data_3");
        System.out.println(list);
        ListIterator it=list.listIterator(list.size());      //获得 ListIterator 对象
        while (it.hasPrevious()) {                  //判断该对象中是否有上一个元素
            Object obj=it.previous();               //迭代该对象的上一个元素
            System.out.print(obj+" ");              //获取并打印该对象中的元素
        }
    }
}
```

运行结果如图 7-13 所示。

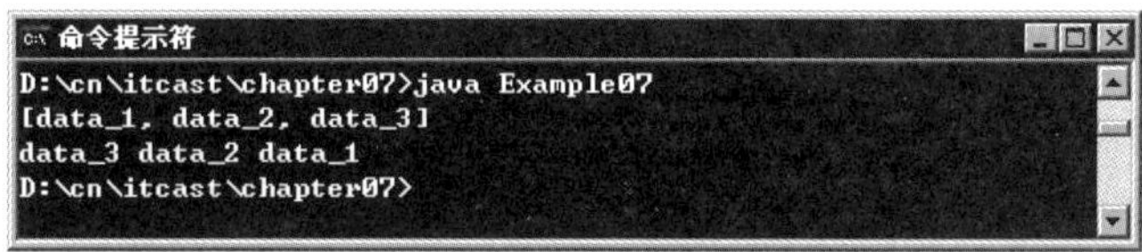

图 7-13 例 7-7 运行结果

例 7-7 中，演示的是 ListIterator 从后向前遍历集合的过程。在使用 listIterator(int index)方法获得 ListIterator 对象时，需要传递一个 int 类型的参数指定迭代的起始位置，本例中传入的是集合的长度，表示以集合的最后一个元素开始迭代，之后再使用

hasPrevious()方法判断是否存在上一个元素，如果存在，则通过 previous()方法将元素取出；否则，则表示到达了集合的末尾，没有要遍历的元素。在这个过程中，如果想增加元素同样不能调用集合对象的 add()方法，此时需要使用 ListIterator 提供的 add()方法，否则会出现并发修改异常 ConcurrentModificationException。需要注意的是，ListIterator 迭代器只能用于 List 集合。

7.3.7 Enumeration 接口

前面我们讲过在遍历集合时可以使用 Iterator 接口，但在 JDK1.2 以前还没有 Iterator 接口的时候，遍历集合需要使用 Enumeration 接口，它的用法和 Iterator 类似。由于很多程序中依然在使用 Enumeration，因此了解该接口的用法是很有必要的。JDK 中提供了一个 Vector 集合，该集合是 List 接口的一个实现类，用法与 ArrayList 完全相同，区别在于 Vector 集合是线程安全的，而 ArrayList 集合是线程不安全的。在 Vector 类中提供了一个 elements()方法用于返回 Enumeration 对象，通过 Enumeration 对象就可以遍历该集合中的元素。接下来通过一个案例来演示如何使用 Enumeration 对象遍历 Vector 集合，如例 7-8 所示。

例 7-8 Example08.java

```
1  import java.util.*;
2  public class Example08 {
3      public static void main(String[] args) {
4          Vector v=new Vector();                    //创建 Vector 对象
5          v.add("Jack");                            //向该 Vector 对象中添加元素
6          v.add("Rose");
7          v.add("Tom");
8          Enumeration en=v.elements();              //获得 Enumeration 对象
9          while (en.hasMoreElements()) {            //判断该对象是否有更多元素
10             Object obj=en.nextElement();          //取出该对象的下一个元素
11             System.out.println(obj);
12         }
13     }
14 }
```

运行结果如图 7-14 所示。

图 7-14 例 7-8 运行结果

例 7-8 中，首先创建了一个 Vector 集合并通过调用 add()方法向集合添加三个元素，然后调用 elements()方法返回一个 Enumeration 对象，例程中的第 9～12 行代码使用一个 while 循环对集合中的元素进行迭代，其过程与 Iterator 迭代的过程类似，通过 hasMoreElements()方法循环判断是否存在下一个元素，如果存在，则通过 nextElement()方法逐一取出每个元素。

7.4 Set 接口

7.4.1 Set 接口简介

Set 接口和 List 接口一样，同样继承自 Collection 接口，它与 Collection 接口中的方法基本一致，并没有对 Collection 接口进行功能上的扩充，只是比 Collection 接口更加严格了。与 List 接口不同的是，Set 接口中元素无序，并且都会以某种规则保证存入的元素不出现重复。

Set 接口主要有两个实现类，分别是 HashSet 和 TreeSet。其中，HashSet 是根据对象的哈希值来确定元素在集合中的存储位置，因此具有良好的存取和查找性能。TreeSet 则是以二叉树的方式来存储元素，它可以实现对集合中的元素进行排序。接下来围绕 Set 集合的这两个实现类详细地进行讲解。

7.4.2 HashSet 集合

HashSet 是 Set 接口的一个实现类，它所存储的元素是不可重复的，并且元素都是无序的。当向 HashSet 集合中添加一个对象时，首先会调用该对象的 hashCode()方法来确定元素的存储位置，然后再调用对象的 equals()方法来确保该位置没有重复元素。Set 集合与 List 集合存取元素的方式都一样，在此不再进行详细的讲解，接下来通过一个案例来演示 HashSet 集合的用法，如例 7-9 所示。

例 7-9 Example09.java

```
import java.util.*;
public class Example09 {
    public static void main(String[] args) {
        HashSet set=new HashSet();          //创建 HashSet 集合
        set.add("Jack");                    //向该 Set 集合中添加字符串
        set.add("Eve");
        set.add("Rose");
        set.add("Rose");                    //向该 Set 集合中添加重复元素
        Iterator it=set.iterator();         //获取 Iterator 对象
        while (it.hasNext()) {              //通过 while 循环,判断集合中是否有元素
            Object obj=it.next();       //如果有元素,就通过迭代器的 next()方法获取元素
            System.out.println(obj);
        }
    }
}
```

运行结果如图 7-15 所示。

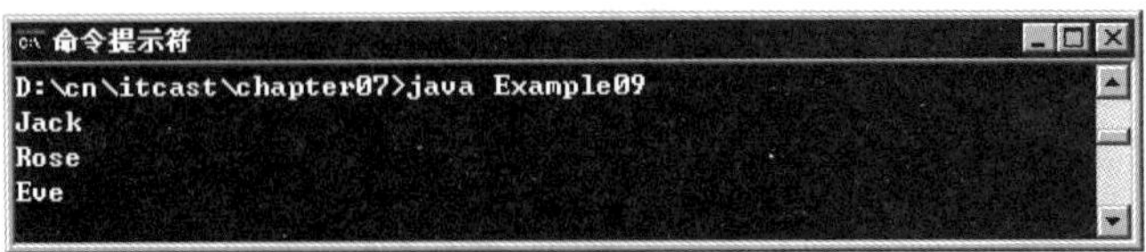

图 7-15 例 7-9 运行结果

例 7-9 中,首先通过 add()方法向 HashSet 集合依次添加了四个字符串,然后通过 Iterator 迭代器遍历所有的元素并输出打印。从打印结果可以看出取出元素的顺序与添加元素的顺序并不一致,并且重复存入的字符串对象"Rose"被去除了,只添加了一次。

HashSet 集合之所以能确保不出现重复的元素,是因为它在存入元素时做了很多工作。当调用 HashSet 集合的 add()方法存入元素时,首先调用当前存入对象的 hashCode()方法获得对象的哈希值,然后根据对象的哈希值计算出一个存储位置。如果该位置上没有元素,则直接将元素存入,如果该位置上有元素存在,则会调用 equals()方法让当前存入的元素依次和该位置上的元素进行比较,如果返回的结果为 false 就将该元素存入集合,返回的结果为 true 则说明有重复元素,就将该元素舍弃。整个存储的流程如图 7-16 所示。

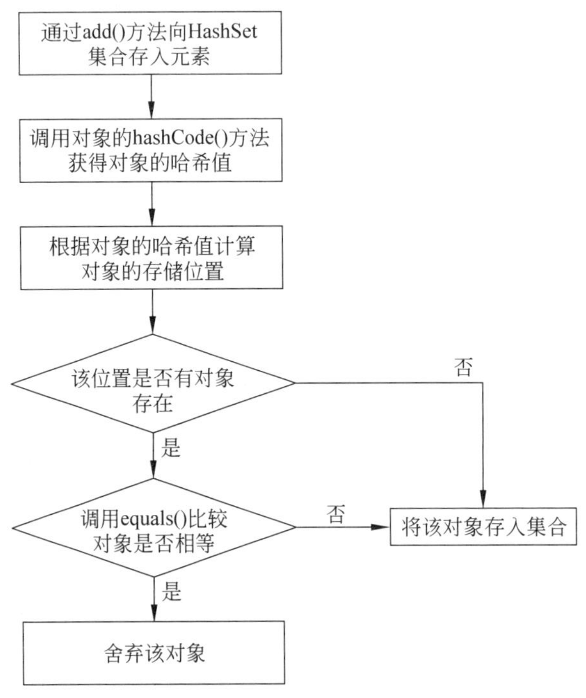

图 7-16 HashSet 对象存储过程

根据前面的分析不难看出,当向集合中存入元素时,为了保证 HashSet 正常工作,要求在存入对象时,重写该类中的 hashCode()和 equals()方法。例 7-9 中将字符串存入 HashSet 时,String 类已经重写了 hashCode()和 equals()方法。但是如果将

Student 对象存入 HashSet，结果又如何呢？接下来通过一个案例来进行演示，如例 7-10 所示。

例 7-10 Example10.java

```
import java.util.*;
class Student {
    String id;
    String name;
    public Student(String id,String name) {           //创建构造方法
        this.id=id;
        this.name=name;
    }
    public String toString() {                          //重写 toString()方法
        return id+":"+name;
    }
}
public class Example10 {
    public static void main(String[] args) {
        HashSet hs=new HashSet();                       //创建 HashSet 集合
        Student stu1=new Student("1","Jack");          //创建 Student 对象
        Student stu2=new Student("2","Rose");
        Student stu3=new Student("2","Rose");
        hs.add(stu1);
        hs.add(stu2);
        hs.add(stu3);
        System.out.println(hs);
    }
}
```

运行结果如图 7-17 所示。

图 7-17 例 7-10 运行结果

在例 7-10 中，向 HashSet 集合存入三个 Student 对象，并将这三个对象迭代输出。图 7-17 所示的运行结果中出现了两个相同的学生信息"2:Rose"，这样的学生信息应该被视为重复元素，不允许同时出现在 HashSet 集合中。之所以没有去掉这样的重复元素是因为在定义 Student 类时没有重写 hashCode()和 equals()方法。接下来针对例 7-10 中的 Student 类进行改写，假设 id 相同的学生就是同一个学生，改写后的代码如例 7-11 所示。

例 7-11 Example11.java

```
import java.util.*;
class Student {
    private String id;
    private String name;
    public Student(String id,String name) {
        this.id=id;
        this.name=name;
    }
    //重写 toString()方法
    public String toString() {
        return id+":"+name;
    }
    //重写 hashCode 方法
    public int hashCode() {
        return id.hashCode();                    //返回 id 属性的哈希值
    }
    //重写 equals 方法
    public boolean equals(Object obj) {
        if (this==obj) {                         //判断是否是同一个对象
            return true;    //如果是,直接返回 true
        }
        if (!(obj instanceof Student)) {         //判断对象是为 Student 类型
            return false;                //如果对象不是 Student 类型,返回 false
        }
        Student stu=(Student) obj;               //将对象强转为 Student 类型
        boolean b=this.id.equals(stu.id);        //判断 id 值是否相同
        return b;                                //返回判断结果
    }
}
public class Example11 {
    public static void main(String[] args) {
        HashSet hs=new HashSet();                //创建 HashSet 对象
        Student stu1=new Student("1","Jack");    //创建 Student 对象
        Student stu2=new Student("2","Rose");
        Student stu3=new Student("2","Rose");
        hs.add(stu1);                            //向集合存入对象
        hs.add(stu2);
        hs.add(stu3);
        System.out.println(hs);                  //打印集合中的元素
    }
}
```

运行结果如图 7-18 所示。

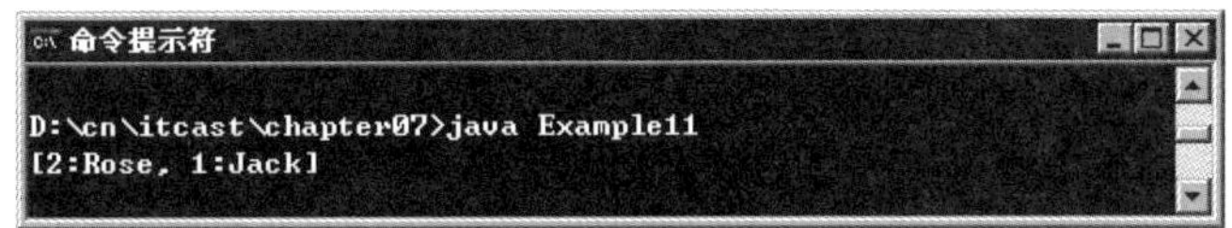

图 7-18 例 7-11 运行结果

在例 7-11 中，Student 类重写了 Object 类的 hashCode()和 equals()方法。在 hashCode()方法中返回 id 属性的哈希值，在 equals()方法中比较对象的 id 属性是否相等，并返回结果。当调用 HashSet 集合的 add()方法添加 stu3 对象时，发现它的哈希值与 stu2 对象相同，而且 stu2.equals(stu3)返回 true，HashSet 集合认为两个对象相同，因此重复的 Student 对象被成功去除了。

7.4.3 TreeSet 集合

TreeSet 是 Set 接口的另一个实现类，它内部采用自平衡的排序二叉树来存储元素，这样的结构可以保证 TreeSet 集合中没有重复的元素，并且可以对元素进行排序。

所谓二叉树就是说每个节点最多有两个子节点的有序树，每个节点及其子节点组成的树称为子树，通常左侧的子节点称为“左子树”，右侧的子节点称为“右子树”，二叉树中元素的存储结构如图 7-19 所示。

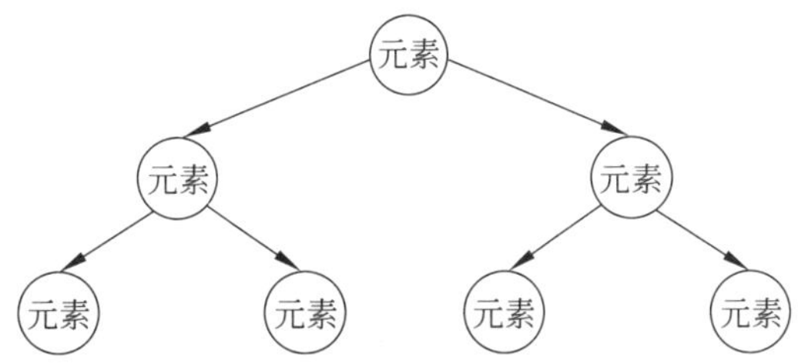

图 7-19 二叉树的存储结构

在实际应用中，二叉树分为很多种，如排序二叉树、平衡二叉树等。TreeSet 集合内部使用的是自平衡的排序二叉树，它的特点是存储的元素会按照大小排序，并能去除重复元素。例如向一个二叉树中存入 8 个元素，依次为 13、8、17、17、1、11、15、25，如果以排序二叉树的方式来存储，在集合中的存储结构会形成一个树状结构，如图 7-20 所示。

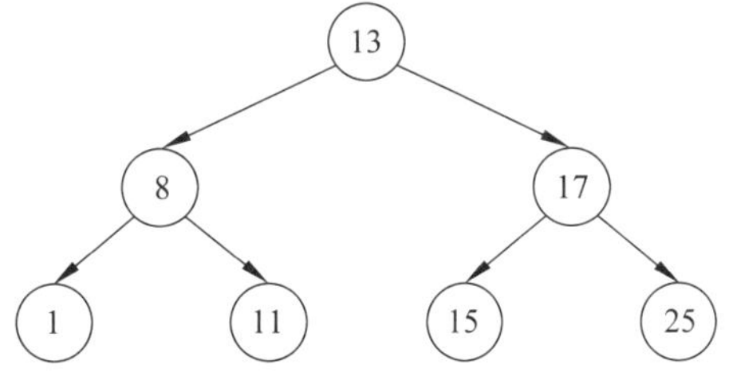

图 7-20 排序二叉树

从图 7-20 可以看出，在向 TreeSet 集合依次存入元素时，首先将第 1 个存入的元素放在二叉树的最顶端，之后存入的元素与第一个元素比较，如果小于第一个元素就将该元素放在左子树上，如果大于第 1 个元素，就将该元素放在右子树上，依此类推，按照左子树元素小于右子树元素的顺序进行排序。当二叉树中已经存入一个 17 的元素时，再向集合中存入一个为 17 的元素时，TreeSet 会将把重复的元素去掉。

了解了二叉树存放元素的原理，接下来通过一个案例来演示 TreeSet 对元素的排序效果，如例 7-12 所示。

例 7-12 Example12.java

```
import java.util.*;
public class Example12 {
    public static void main(String[] args) {
        TreeSet ts=new TreeSet();       //创建 TreeSet 集合
        ts.add("Jack");                 //向 TreeSet 集合中添加元素
        ts.add("Helena");
        ts.add("Helena");
        ts.add("Eve");
        Iterator it=ts.iterator();     //获取 Iterator 对象
        while(it.hasNext()) {
            System.out.println(it.next());
        }
    }
}
```

运行结果如图 7-21 所示。

图 7-21　例 7-12 运行结果

从图 7-21 可以看出，通过迭代器 Iterator 迭代出的字符串元素按照字母表的顺序打印了出来，这些元素之所以能够排序是因为每次向 TreeSet 集合中存入一个元素时，就会将该元素与其他元素进行比较，最后将它插入到有序的对象序列中。集合中的元素在进行比较时，都会调用 compareTo()方法，该方法是 Comparable 接口中定义的，因此要想对集合中的元素进行排序，就必须实现 Comparable 接口。JDK 中大部分的类都实现 Comparable 接口，拥有了接口中的 CompareTo()方法，如 Integer、Double 和 String 等。

在 TreeSet 集合中存放 Student 类型对象时，如果 Student 类没有实现 Comparable 接口，则 Student 类型的对象将不能进行比较，这时，TreeSet 集合就不知道按照什么排序规则对 Student 对象进行排序，最终导致程序报错。因此，为了在 TreeSet 集合中存放 Student 对象，必须使 Student 类实现 Comparable 接口，如例 7-13 所示。

例 7-13 Example13.java

```
import java.util.*;
class Student implements Comparable{   //定义 Student 类实现 Comparable 接口
    String name;
    int age;
    public Student(String name,int age){//创建构造方法
        this.name=name;
        this.age=age;
    }
    public String toString() {    //重写 Object 类的 toString()方法,返回描述信息
        return name+":"+age;
    }
    public int compareTo(Object obj){    //重写 Comparable 接口的 compareTo 方法
        Student s=(Student) obj;          //将比较对象强转为 Student 类型
        if(this.age -s.age>0) {           //定义比较方式
                return 1;
        }
        if(this.age -s.age==0) {
            return this.name.compareTo(s.name);  //将比较结果返回
        }
        return -1;
    }
}
public class Example13 {
    public static void main(String[] args) {
        TreeSet ts=new TreeSet();                    //创建 TreeSet 集合
        ts.add(new Student("Jack",19));              //向集合中添加元素
        ts.add(new Student("Rose",18));
        ts.add(new Student("Tom",19));
        ts.add(new Student("Rose",18));
        Iterator it=ts.iterator();
        while(it.hasNext()) {
            System.out.println(it.next());
        }
    }
}
```

运行结果如图 7-22 所示。

```
命令提示符
D:\cn\itcast\chapter07>java Example13
Rose:18
Jack:19
Tom:19
```

图 7-22 例 7-13 运行结果

例 7-13 中，Student 类实现了 Comparable 接口中的 compareTo( ) 方法。在 compareTo()方法中，首先先针对 age 值进行比较，根据比较结果返回－1 和 1，当 age 相同时，再对 name 进行比较。因此，从运行结果可以看出，学生首先按照年龄排序，年龄相同时会按照姓名排序。

有时候，定义的类没有实现 Comparable 接口或者实现了 Comparable 接口而不想按照定义的 compareTo()方法进行排序。例如，希望字符串可以按照长度来进行排序，这时，可以通过自定义比较器的方式对 TreeSet 集合中的元素排序，即实现 Comparator 接口，在创建 TreeSet 集合时指定比较器。接下来通过一个案例来实现 TreeSet 集合中字符串按照长度进行排序，如例 7-14 所示。

例 7-14 Example14.java

```
import java.util.*;
class MyComparator implements Comparator {      //定义比较器实现 Comparator 接口
    public int compare(Object obj1,Object obj2) {      //实现比较方法
        String s1=(String) obj1;
        String s2=(String) obj2;
        int temp=s1.length()-s2.length();
        return temp;
    }
}
public class Example14 {
    public static void main(String[] args) {
        TreeSet ts=new TreeSet(new MyComparator());
    //创建 TreeSet 对象时传入自定义比较器
        ts.add("Jack");                                //向该 Set 对象中添加字符串
        ts.add("Helena");
        ts.add("Eve");
        Iterator it=ts.iterator();                     //获取 Iterator 对象
        //通过 while 循环,逐渐将集合中的元素打印出来
        while (it.hasNext()) {
            //如果 Iterator 有元素进行迭代,则获取元素并进行打印
            Object obj=it.next();
            System.out.println(obj);
        }
    }
}
```

运行结果如图 7-23 所示。

例 7-14 中，定义了一个 MyComparator 类实现了 Comparator 接口，在 compare()方法中实现元素的比较，这就相当于定义了一个比较器。在创建 TreeSet 集合时，将 MyComparator 比较器对象传入，当向集合中添加元素时，比较器对象的 compare()方法就会被自动调用，从而使存入 TreeSet 集合中的字符串按照长度进行排序。

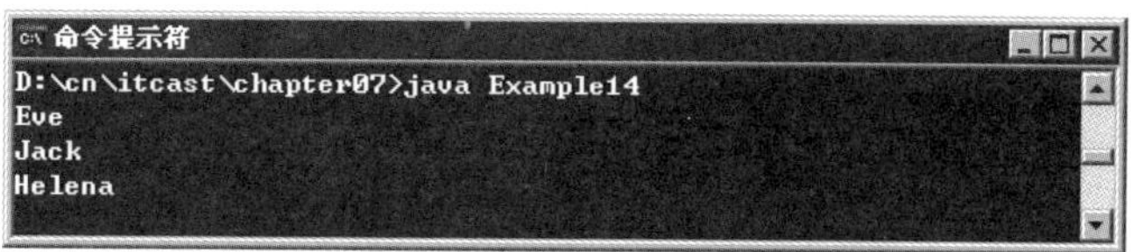

图 7-23 例 7-14 运行结果

7.5 Map 接口

7.5.1 Map 接口简介

在现实生活中，每个人都有唯一的身份证号，通过身份证号可以查询到这个人的信息，这两者是一对一的关系。在应用程序中，如果想存储这种具有对应关系的数据，则需要使用 JDK 中提供的 Map 接口。Map 接口是一种双列集合，它的每个元素都包含一个键对象 Key 和一个值对象 Value，键和值对象之间存在一种对应关系，称为映射。从 Map 集合中访问元素时，只要指定了 Key，就能找到对应的 Value。为了便于 Map 接口的学习，接下来首先了解一下 Map 接口中定义的一些通用方法，如表 7-5 所示。

表 7-5 Map 集合常用方法表

方法声明	功能描述
void put(Object key,Object value)	将指定的值与此映射中的指定键关联(可选操作)
Object get(Object key)	返回指定键所映射的值；如果此映射不包含该键的映射关系，则返回 null
boolean containsKey(Object key)	如果此映射包含指定键的映射关系，则返回 true
boolean containsValue(Object value)	如果此映射将一个或多个键映射到指定值，则返回 true
Set keySet()	返回此映射中包含的键的 Set 视图
Collection<V> values()	返回此映射中包含的值的 Collection 视图
Set<Map. Entry<K,V>> entrySet()	返回此映射中包含的映射关系的 Set 视图

表 7-5 中，列出了一系列方法用于操作 Map。其中，put(Object key,Object value)和 get(Object key)方法分别用于向 Map 中存入元素和取出元素；containsKey(Object key)和 containsValue(Object value)方法分别用于判断 Map 中是否包含某个指定的键或值；keySet()和 values()方法分别用于获取 Map 中所有的键和值。

Map 接口提供了大量的实现类，最常用的有 HashMap 和 TreeMap，接下来针对这两个类进行详细地讲解。

7.5.2 HashMap 集合

HashMap 集合是 Map 接口的一个实现类，它用于存储键值映射关系，但必须保证不出现重复的键。接下来通过一个案例来学习 HashMap 的用法，如例 7-15 所示。

例 7-15 Example15. java

```
1  import java.util.*;
2  public class Example15 {
3      public static void main(String[] args) {
4          Map map=new HashMap();                       //创建 Map 对象
5          map.put("1","Jack");                         //存储键和值
6          map.put("2","Rose");
7          map.put("3","Lucy");
8          System.out.println("1: "+map.get("1"));     //根据键获取值
9          System.out.println("2: "+map.get("2"));
10         System.out.println("3: "+map.get("3"));
11     }
12 }
```

运行结果如图 7-24 所示。

```
命令提示符
D:\cn\itcast\chapter07>java Example15
1: Jack
2: Rose
3: Lucy
```

图 7-24　例 7-15 运行结果

例 7-15 中，首先通过 Map 的 put(Object key,Object value)方法向集合中加入 3 个元素，然后通过 Map 的 get(Object key)方法获取与键对应的值。前面讲过 Map 集合中的键具有唯一性，现在向 Map 集合中存储一个相同的键看看会出现什么情况。现对例 7-15 进行修改，在第 7 行代码下面增加一行代码，如下所示：

```
map.put("3", "Mary");
```

再次编译和运行例 7-15，可以看到结果如图 7-25 所示。

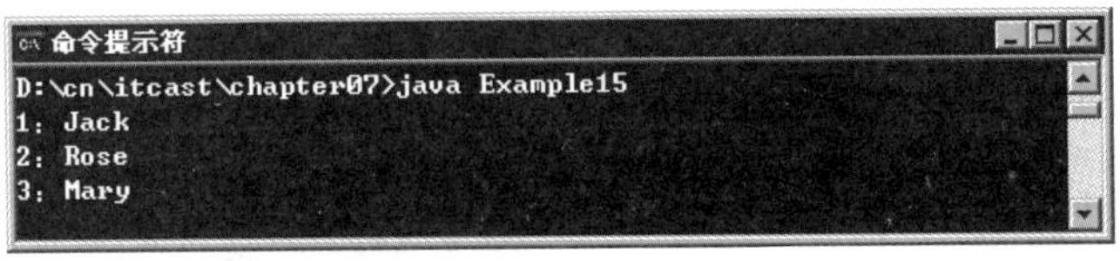

```
命令提示符
D:\cn\itcast\chapter07>java Example15
1: Jack
2: Rose
3: Mary
```

图 7-25　例 7-15 修改后运行结果

从图 7-25 中可以看出，Map 中仍然只有 3 个元素，第二次添加的值“Mary”覆盖原来的值“Lucy”，因此证实了 Map 中的键必须是唯一的，不能重复。如果存储了相同的键，后存储的值则会覆盖原有的值，简而言之就是：键相同，值覆盖。

在程序开发中，经常需要取出 Map 中所有的键和值，那么如何遍历 Map 中所有的键值对呢？有两种方式可以实现，第一种方式就是先遍历 Map 集合中所有的键，再根据键

获取相应的值，接下来就通过一个案例来演示这种遍历方式，如例 7-16 所示。

例 7-16 Example16.java

```
1 import java.util.*;
2 public class Example16 {
3     public static void main(String[] args) {
4         Map map=new HashMap();                     //创建 Map 集合
5         map.put("1","Jack");                       //存储键和值
6         map.put("2","Rose");
7         map.put("3","Lucy");
8         Set keySet=map.keySet();                   //获取键的集合
9         Iterator it=keySet.iterator();             //迭代键的集合
10        while (it.hasNext()) {
11            Object key=it.next();
12            Object value=map.get(key);             //获取每个键所对应的值
13            System.out.println(key+":"+value);
14        }
15    }
16 }
```

运行结果如图 7-26 所示。

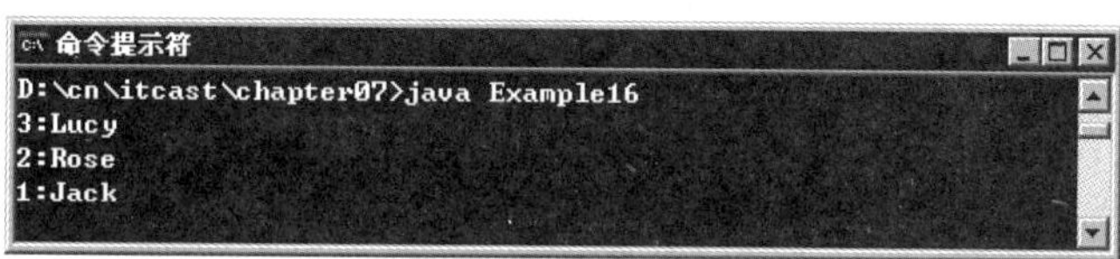

图 7-26 例 7-16 运行结果

例 7-16 中，第 8～14 行代码是第一种遍历 Map 的方式。首先调用 Map 对象的 keySet()方法，获得存储 Map 中所有键的 Set 集合，然后通过 Iterator 迭代 Set 集合的每一个元素，即每一个键，最后通过调用 get(String key)方法，根据键获取对应的值。

Map 集合的另外一种遍历方式是先获取集合中的所有的映射关系，然后从映射关系中取出键和值。接下来通过一个案例来演示这种遍历方式，如例 7-17 所示。

例 7-17 Example17.java

```
import java.util.*;
public class Example17 {
    public static void main(String[] args) {
        Map map=new HashMap();                     //创建 Map 集合
        map.put("1","Jack");                       //存储键和值
        map.put("2","Rose");
        map.put("3","Lucy");
        Set entrySet=map.entrySet();
```

```
9          Iterator it=entrySet.iterator();                    //获取 Iterator 对象
10         while (it.hasNext()) {
11             Map.Entry entry= (Map.Entry) (it.next());        //获取集合中键值对映射关系
12             Object key=entry.getKey();                       //获取 Entry 中的键
13             Object value=entry.getValue();                   //获取 Entry 中的值
14             System.out.println(key+":"+value);
15         }
16     }
17 }
```

运行结果如图 7-27 所示。

```
命令提示符
D:\cn\itcast\chapter07>java Example17
3:Lucy
2:Rose
1:Jack
```

图 7-27　例 7-17 运行结果

例 7-17 中，第 8～15 行代码是第二种遍历 Map 的方式。首先调用 Map 对象的 entrySet()方法获得存储在 Map 中所有映射的 Set 集合，这个集合中存放了 Map. Entry 类型的元素(Entry 是 Map 接口内部类)，每个 Map. Entry 对象代表 Map 中的一个键值对，然后迭代 Set 集合，获得每一个映射对象，并分别调用映射对象的 getKey()和 getValue()方法获取键和值。

在 Map 中，还提供了一个 values()方法，通过这个方法可以直接获取 Map 中存储所有值的 Collection 集合，接下来通过一个案例来演示，如例 7-18 所示。

例 7-18　Example18. java

```
import java.util.*;
public class Example18 {
    public static void main(String[] args) {
        Map map=new HashMap();          //创建 Map 集合
        map.put("1","Jack");            //存储键和值
        map.put("2","Rose");
        map.put("3","Lucy");
        Collection values=map.values();
        Iterator it=values.iterator();
        while (it.hasNext()) {
            Object value=it.next();
            System.out.println(value);
        }
    }
}
```

运行结果如图 7-28 所示。

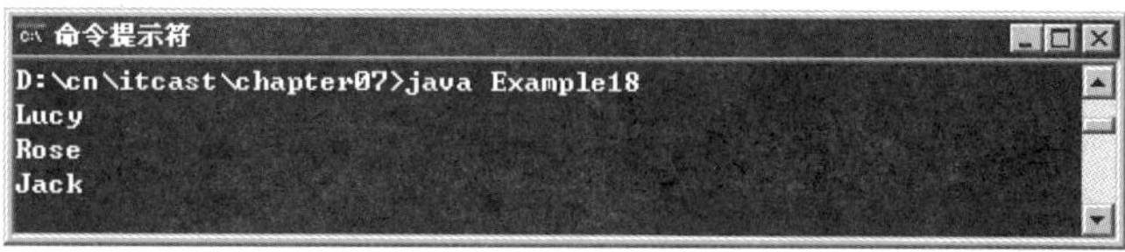

图 7-28 例 7-18 运行结果

在例 7-18 中，通过调用 Map 的 values()方法获取包含 Map 中所有值的 Collection 集合，然后迭代出集合中的每一个值。

从上面的例子可以看出，HashMap 集合迭代出来元素的顺序和存入的顺序是不一致的。如果想让这两个顺序一致，可以使用 Java 中提供的 LinkedHashMap 类，它是 HashMap 的子类，和 LinkedList 一样也使用双向链表来维护内部元素的关系，使 Map 元素迭代的顺序与存入的顺序一致。接下来通过一个案例来学习一下 LinkedHashMap 的用法，如例 7-19 所示。

例 7-19 Example19.java

```
import java.util.*;
public class Example19 {
    public static void main(String[] args) {
        Map map=new LinkedHashMap();          //创建 Map 集合
        map.put("1","Jack");                  //存储键和值
        map.put("2","Rose");
        map.put("3","Lucy");
        Set keySet=map.keySet();
        Iterator it=keySet.iterator();
        while (it.hasNext()) {
            Object key=it.next();
            Object value=map.get(key);        //获取每个键所对应的值
            System.out.println(key+":"+value);
        }
    }
}
```

运行结果如图 7-29 所示。

```
命令提示符
D:\cn\itcast\chapter07>java Example19
1:Jack
2:Rose
3:Lucy
```

图 7-29 例 7-19 运行结果

在例 7-19 中，首先创建了一个 LinkedHashMap 集合并存入了 3 个元素，然后使用迭代器将元素取出。从运行结果可以看出，元素迭代出来的顺序和存入的顺序是一致的。

7.5.3 TreeMap 集合

在 JDK 中，Map 接口还有一个常用的实现类 TreeMap。TreeMap 集合是用来存储键值映射关系的，其中不允许出现重复的键。在 TreeMap 中是通过二叉树的原理来保证键的唯一性，这与 TreeSet 集合存储的原理一样，因此 TreeMap 中所有的键是按照某种顺序排列的。接下来通过一个案例来了解 TreeMap 的具体用法，如例 7-20 所示。

例 7-20 Example20.java

```
import java.util.*;
public class Example20 {                                  //创建 TreeMap 测试类
    public static void main(String[] args) {
        TreeMap tm=new TreeMap();
        tm.put("1","Jack");
        tm.put("2","Rose");
        tm.put("3","Lucy");
        Set keySet=tm.keySet();                           //获取键的集合
        Iterator it=keySet.iterator();                    //获取 Iterator 对象
        while (it.hasNext()) {                            //判断是否存在下一个元素
            Object key=it.next();                         //取出元素
            Object value=tm.get(key);                     //根据获取的键找到对应的值
            System.out.println(key+":"+value);
        }
    }
}
```

运行结果如图 7-30 所示。

图 7-30　例 7-20 运行结果

在例 7-20 中，使用 put()方法将 3 个学生的信息存入 TreeMap 集合，其中学号作为键，姓名作为值，然后对学生信息进行遍历。从运行结果可以看出，取出的元素按照学号的自然顺序进行了排序，这是因为学号是 String 类型，String 类实现了 Comparable 接口，因此默认会按照自然顺序进行排序。

在使用 TreeMap 集合时，也可以通过自定义比较器的方式对所有的键进行排序。接下来通过一个案例将学生对象按照学号由大到小的顺序进行排序，如例 7-21 所示。

例 7-21 Example21.java

```
import java.util.*;
public class Example21 {                                   //创建 TreeMap 测试类
    public static void main(String[] args) {
        TreeMap tm=new TreeMap(new MyComparator());      //传入一个自定义比较器
        tm.put("1","Jack");                                //向集合存入学生的学号和姓名
        tm.put("2","Rose");
        tm.put("3","Lucy");
        Set keySet=tm.keySet();                            //获取键的集合
        Iterator it=keySet.iterator();                     //获得迭代器对象
        while (it.hasNext()) {
            Object key=it.next();                          //获得一个键
            Object value=tm.get(key);                      //获得键对应的值
            System.out.println(key+":"+value);
        }
    }
}
class MyComparator implements Comparator {                 //自定义比较器
    public int compare(Object obj1,Object obj2) {          //实现比较方法
        String id1=(String) obj1;             //将 Object 类型的参数强转为 String 类型
        String id2=(String) obj2;
        return id2.compareTo(id1);                         //将比较之后的值返回
    }
}
```

运行结果如图 7-31 所示。

图 7-31　例 7-21 运行结果

例 7-21 中定义了比较器 MyComparator 针对 String 类型的 id 进行比较，在实现 compare()方法时，调用了 String 对象的 compareTo()方法。由于方法中返回的是"id2.compareTo(id1)"，因此最终输出结果中的 id 按照与字典顺序相反的顺序进行了排序。

7.5.4 Properties 集合

Map 接口中还有一个实现类 Hashtable，它和 HashMap 十分相似，区别在于 Hashtable 是线程安全的。Hashtable 存取元素时速度很慢，目前基本上被 HashMap 类

所取代，但 Hashtable 类有一个子类 Properties 在实际应用中非常重要，Properties 主要用来存储字符串类型的键和值，在实际开发中，经常使用 Properties 集合来存取应用的配置项。假设有一个文本编辑工具，要求默认背景色是红色，字体大小为 14px，语言为中文，其配置项应该如下：

```
Backgroup-color=red
Font-size=14px
Language=chinese
```

在程序中可以使用 Prorperties 集合对这些配置项进行存取，接下来通过一个案例来学习，如例 7-22 所示。

例 7-22　Example22.java

```
1  import java.util.*;
2  public class Example22 {
3      public static void main(String[] args) {
4          Properties p=new Properties();              //创建 Properties 对象
5          p.setProperty("backgroup-color","red");
6          p.setProperty("Font-size","14px");
7          p.setProperty("Language","chinese");
8          Enumeration names=p.propertyNames();      //获取 Enumeration 对象所有键的枚举
9          while(names.hasMoreElements()){            //循环遍历所有的键
10             String key=(String) names.nextElement();
11             String value=p.getProperty(key);       //获取对应键的值
12             System.out.println(key+"="+value);
13         }
14     }
15 }
```

运行结果如图 7-32 所示。

图 7-32　例 7-22 运行结果

例 7-22 的 Properties 类中，针对字符串的存取提供了两个专用的方法 setProperty() 和 getProperty()。setProperty()方法用于将配置项的键和值添加到 Properties 集合当中。在第 8 行代码中通过调用 Properties 的 propertyNames()方法得到一个包含所有键的 Enumeration 对象，然后在遍历所有的键时，通过调用 getProperty()方法获得键所对应的值。

7.6 JDK5.0 新特性——泛型

7.6.1 为什么使用泛型

通过之前的学习，了解到集合可以存储任何类型的对象，但是当把一个对象存入集合后，集合会“忘记”这个对象的类型，将该对象从集合中取出时，这个对象的编译类型就变成了 Object 类型。换句话说，在程序中无法确定一个集合中的元素到底是什么类型的。那么在取出元素时，如果进行强制类型转换就很容易出错。接下来通过一个案例来演示这种情况，如例 7-23 所示。

例 7-23 Example23.java

```
import java.util.*;
public class Example23 {
    public static void main(String[] args) {
        ArrayList list=new ArrayList();    //创建 ArrayList 集合
        list.add("String");                //添加字符串对象
        list.add("Collection");
        list.add(1);                       //添加 Integer 对象
        for (Object obj : list) {          //遍历集合
            String str= (String) obj;      //强制转换成 String 类型
        }
    }
}
```

运行结果如图 7-33 所示。

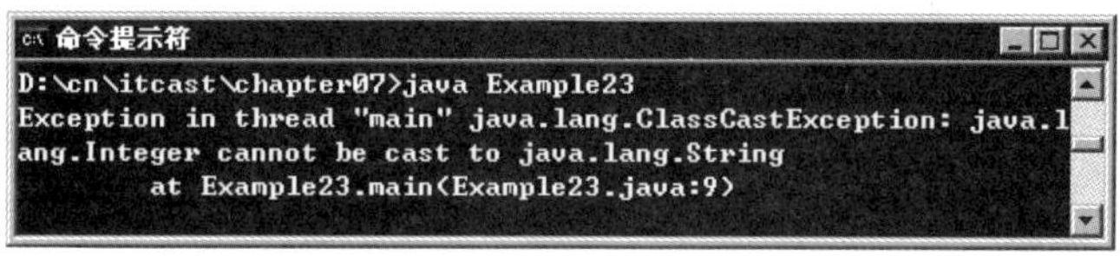

图 7-33 例 7-23 运行结果

例 7-23 中，向 List 集合存入了 3 个元素，分别是两个字符串和一个整数。在取出这些元素时，都将它们强转为 String 类型，由于 Integer 对象无法转换为 String 类型，因此在程序运行时会出现如图 7-33 所示的错误。为了解决这个问题，在 Java 中引入了“参数化类型(parameterized type)”这个概念，即泛型。它可以限定方法操作的数据类型，在定义集合类时，使用“＜参数化类型＞”的方式指定该类中方法操作的数据类型，具体格式如下：

```
ArrayList<参数化类型>list=new ArrayList<参数化类型>();
```

接下来对例 7-23 中的第 4 行代码进行修改，如下所示：

```
ArrayList<String> list=new ArrayList<String>();          //创建集合对象并指定泛型为 String
```

上面这种写法就限定了 ArrayList 集合只能存储 String 类型元素，将改写后的程序再次编译，程序在编译时就会出现错误提示，如图 7-34 所示。

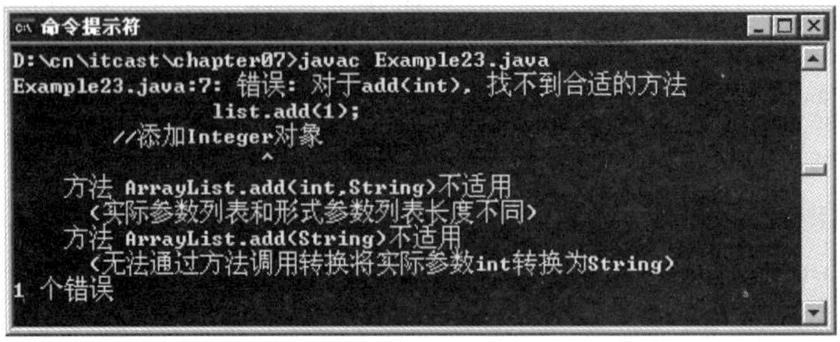

```
命令提示符
D:\cn\itcast\chapter07>javac Example23.java
Example23.java:7: 错误: 对于add(int), 找不到合适的方法
                list.add(1);
        //添加Integer对象
                ^
    方法 ArrayList.add(int,String)不适用
      (实际参数列表和形式参数列表长度不同)
    方法 ArrayList.add(String)不适用
      (无法通过方法调用转换将实际参数int转换为String)
1 个错误
```

图 7-34　例 7-23 修改后运行结果

在图 7-34 中，程序编译报错的原因是修改后的代码限定了集合元素的数据类型，ArrayList<String>这样的集合只能存储 String 类型的元素，程序在编译时，编译器检查出 Integer 类型的元素与 List 集合的规定类型不匹配，编译不通过，这样就可以在编译时解决错误，避免程序在运行时发生错误。

接下来使用泛型再次对例 7-23 进行改写，如例 7-24 所示。

例 7-24　Example24.java

```
import java.util.ArrayList;
public class Example24 {
    public static void main(String[] args) {
        ArrayList<String> list=new ArrayList<String>();    //创建 ArrayList 集合,使用泛型
        list.add("String");                               //添加字符串对象
        list.add("Collection");
        for (String str : list) {                         //遍历集合
            System.out.println(str);                      //强制转换成 String 类型
        }
    }
}
```

运行结果如图 7-35 所示。

```
命令提示符
D:\cn\itcast\chapter07>java Example24
String
Collection
```

图 7-35　例 7-24 运行结果

例 7-24 中，使用泛型规定了 ArrayList 集合只能存入 String 类型元素。之后向集合中存入了两个 String 类型元素，并对这个集合进行遍历，从图 7-35 所示的运行结果可以看出该例程可以正常运行。需要注意的是，在使用泛型后每次遍历集合元素时，可以指定元素类型为 String，而不是 Object，这样就避免了在程序中进行强制类型转换。

7.6.2 自定义泛型

上一小节讲解了在集合上如何使用泛型，那么在程序中是否能自定义泛型呢？假设要实现一个简单的容器，用于缓存程序中的某个值，此时在这个容器类中势必要定义两个方法 save()和 get()，一个用于保存数据，另一个用于取出数据，这两个方法的定义如下：

```
void save(参数类型 参数){……}
返回值 参数类型 get(){……}
```

为了能存储任意类型的对象，save()方法的参数需要定义为 Object 类型，同样 get()方法的返回值也需要是 Object 类型。但是当使用 get()方法取出这个值时，有可能忘记当初存储的是什么类型的值，在取出时将其转换为 String 类型，这样程序就会发生错误。这种错误是很麻烦的，接下来通过一个案例来演示这种情况，如例 7-25 所示。

例 7-25 Example25.java

```
1 class CachePool {                              //创建 CachePool 类
2     Object temp;
3     public void save(Object temp) {            //定义一个 save()方法用于保存数据
4         this.temp=temp;
5     }
6     public Object get() {                      //定义一个 get()方法用于获取数据
7         return temp;
8     }
9 }
10 public class Example25 {
11     public static void main(String[] args) {
12         CachePool pool=new CachePool();     //创建 CachePool 对象
13         pool.save(new Integer(1));          //存入数据
14         String temp=pool.get();             //取出数据
15         System.out.println(temp);
16     }
17 }
```

运行结果如图 7-36 所示。

从运行结果可以看出，程序在编译时就报错，这是因为在代码第 13 行处存入了一个 Integer 类型的数据，在代码第 14 行处取出这个数据时，将该数据转换成了 String 类型，

```
D:\cn\itcast\chapter07>javac Example25.java
Example25.java:14: 错误: 不兼容的类型
                String temp = pool.get();            // 取出
数据
                                          ^
  需要: String
  找到:    Object
1 个错误
```

图 7-36 例 7-25 运行结果

出现了类型不匹配的错误。为了避免这个问题,就可以使用泛型。如果在定义一个类 CachePool 时使用<T>声明参数类型(T 其实就是 Type 的缩写,这里也可以使用其他字符,为了方便理解都定义为 T),将 save()方法的参数类型和 get()方法的返回值类型都声明为 T,那么在存入元素时元素的类型就被限定了,容器中就只能存入这种 T 类型的元素,在取出元素时就无须进行类型转换。

接下来通过一个案例来看一下如何自定义泛型,如例 7-26 所示。

例 7-26 Example26.java

```
class cachePool<T>{                     //在创建类时,声明参数类型为 T
    T temp;
    public void save(T temp) {          //在创建 save()方法时,指定参数类型为 T
        this.temp=temp;
    }
    public T get() {                    //在创建 get()方法时,指定返回值类型为 T
        return temp;
    }
}
public class Example26 {
    public static void main(String[] args) {
        //在实例化对象时,传入参数为 Integer 类型
        cachePool<Integer>pool=new cachePool<Integer>();
        pool.save(new Integer(1));
        Integer temp=pool.get();
        System.out.println(temp);
    }
}
```

运行结果如图 7-37 所示。

图 7-37 例 7-26 运行结果

例 7-26 中，在定义 CachePool 类时，声明了参数类型为 T，在实例化对象时通过<Integer>将参数 T 指定为 Integer 类型，同时在调用 save()方法时传入的数据也是 Integer 类型，那么调用 get()方法取出的数据自然就是 Integer 类型，这样做的好处是不需要进行类型转换。

7.7 Collections 工具类

在程序中，针对集合的操作非常频繁，例如将集合中的元素排序、从集合中查找某个元素等。针对这些常见操作，JDK 提供了一个工具类专门用来操作集合，这个类就是 Collections，它位于 java.util 包中。Collections 类中提供了大量的方法用于对集合中的元素进行排序、查找和修改等操作，接下来对这些常用的方法进行介绍。

1. 排序操作

Collections 类中提供了一系列方法用于对 List 集合进行排序，如表 7-6 所示。

表 7-6 Collections 常用方法表

方法声明	功能描述
static <T> boolean addAll(Collection <? super T> c, T... elements)	将所有指定元素添加到指定的 collection 中
static void reverse(List list)	反转指定 List 集合中元素的顺序
static void shuffle(List list)	对 List 集合中的元素进行随机排序(模拟玩扑克中的"洗牌")
static void sort(List list)	根据元素的自然顺序对 List 集合中的元素进行排序
static void swap(List list,int i,int j)	将指定 List 集合中 i 处元素和 j 处元素进行交换

接下来通过一个案例针对表中的方法进行学习，如例 7-27 所示。

例 7-27 Example27.java

```
import java.util.*;
public class Example27 {
    public static void main(String[] args) {
        ArrayList list=new ArrayList();
        Collections.addAll(list,"C","Z","B","K");       //添加元素
        System.out.println("排序前: "+list);             //输出排序前的集合
        Collections.reverse(list);                      //反转集合
        System.out.println("反转后: "+list);
        Collections.sort(list);                         //按自然顺序排列
        System.out.println("按自然顺序排序后: "+list);
        Collections.shuffle(list);
        System.out.println("洗牌后: "+list);
```

```
    }
}
```

运行结果如图 7-38 所示。

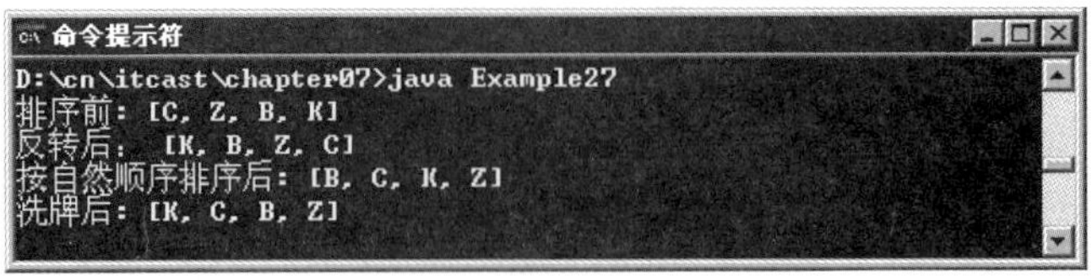

```
命令提示符
D:\cn\itcast\chapter07>java Example27
排序前: [C, Z, B, K]
反转后:  [K, B, Z, C]
按自然顺序排序后: [B, C, K, Z]
洗牌后: [K, C, B, Z]
```

图 7-38　例 7-27 运行结果

2. 查找、替换操作

Collections 类还提供了一些常用方法用于查找、替换集合中的元素，如表 7-7 所示。

表 7-7　Collections 常用方法表

方法声明	功能描述
static int binarySearch(List list, Object key)	使用二分法搜索指定对象在 List 集合中的索引，查找的 List 集合中的元素必须是有序的
static Object max(Collection col)	根据元素的自然顺序，返回给定集合中最大的元素
static Object min(Collection col)	根据元素的自然顺序，返回给定集合中最小的元素
static boolean replaceAll(List list, Object oldVal, Object newVal)	用一个新的 newVal 替换 List 集合中所有的旧值 oldVal

接下来使用表中的方法通过一个案例演示如何查找、替换集合中的元素，如例 7-28 所示。

例 7-28　Example28.java

```
import java.util.*;
public class Example28 {
    public static void main(String[] args) {
        ArrayList list=new ArrayList();
        Collections.addAll(list,-3,2,9,5,8);
        System.out.println("集合中的元素: "+list);
        System.out.println("集合中的最大元素: "+Collections.max(list));
        System.out.println("集合中的最小元素: "+Collections.min(list));
        Collections.replaceAll(list,8,0);     //将集合中的 8 用 0 替换掉
        System.out.println("替换后的集合: "+list);
    }
}
```

运行结果如图 7-39 所示。

```
D:\cn\itcast\chapter07>java Example28
集合中的元素: [-3, 2, 9, 5, 8]
集合中的最大元素: 9
集合中的最小元素: -3
替换后的集合: [-3, 2, 9, 5, 0]
```

图 7-39 例 7-28 运行结果

Collections 类中还有一些其他方法，有兴趣的初学者，可以根据需要自学 API 帮助文档，这里就不再介绍了。

7.8 Arrays 工具类

7.7 小节中讲过 java. util 包中提供了一个集合工具类 Collections，不仅如此，该包中还提供了一个专门用于操作数组的工具类——Arrays。Arrays 工具类提供了大量的静态方法，接下来就对这些方法进行介绍。

1. 使用 Arrays 的 sort()方法排序

在前面学习数组时，要想对数组进行排序就需要自定义一个排序方法，其实也可以使用 Arrays 工具类中的静态方法 sort()来实现这个功能。接下来通过一个案例来学习 sort()方法的使用，如例 7-29 所示。

例 7-29 Example29. java

```
import java.util.*;
public class Example29 {
    public static void main(String[] args) {
        int[] arr={ 9,8,3,5,2 };                    //初始化一个数据
        System.out.print("排序前: ");
        printArray(arr);                            //打印原数组
        Arrays.sort(arr);                           //调用 Arrays 的 sort 方法排序
        System.out.print("排序后: ");
        printArray(arr);
    }
    public static void printArray(int[] arr) {      //定义打印数组方法
        System.out.print("[");
        for (int x=0; x<arr.length; x++) {
            if (x !=arr.length -1) {
                System.out.print(arr[x]+",");
            } else {
                System.out.println(arr[x]+"]");
            }
        }
```

```
    }
}
```

运行结果如图 7-40 所示。

```
命令提示符
D:\cn\itcast\chapter07>java Example29
排序前：[9, 8, 3, 5, 2]
排序后：[2, 3, 5, 8, 9]
```

图 7-40　例 7-29 运行结果

从图 7-40 中可以看到，使用 Arrays 的 sort()方法时只需要将数组作为参数传递给 sort()方法就可以，至于内部是怎么进行排序的我们无须关心。可见使用这个方法不仅可以大大减少代码的书写量，而且操作简单。

2. 使用 Arrays 的 binarySearch(Object[] a, Object key)方法查找元素

程序开发中，经常会在数组中查找某些特定的元素，如果数组中元素较多时查找某个元素就会非常烦琐。为此，Arrays 类中还提供了一个方法 binarySearch(Object[] a, Object key)用于查找元素，接下来通过一个案例来学习该方法的使用，如例 7-30 所示。

例 7-30　Example30.java

```
import java.util.*;
public class Example30 {
    public static void main(String[] args) {
        int[] arr={ 9,8,3,5,2 };
        Arrays.sort(arr);                          //调用排序方法,对数组排序{2,3,5,8,9}
        int index=Arrays.binarySearch(arr,3);      //查找指定元素 3
        System.out.println("数组排序后元素 3 的索引是:"+index);
                                                   //输出打印元素所在的索引位置
    }
}
```

运行结果如图 7-41 所示。

```
命令提示符
D:\cn\itcast\chapter07>java Example30
数组排序后，元素3的索引是:1
```

图 7-41　例 7-30 运行结果

从运行结果可以看出，使用 Arrays 的 binarySearch(Object[] a, Object key)方法查找出了 3 在数组中的索引为 1。需要注意的是，binarySearch()方法只能针对排序后的数组进行元素的查找，因为该方法采用的是二分法查找。所谓二分法查找，就是每次将指定元素和数组中间位置的元素进行比较，从而排除掉其中的一半元素，这样的查找是非

常高效的。接下来通过一个图例来演示二分法查找元素的过程，如图 7-42 所示。

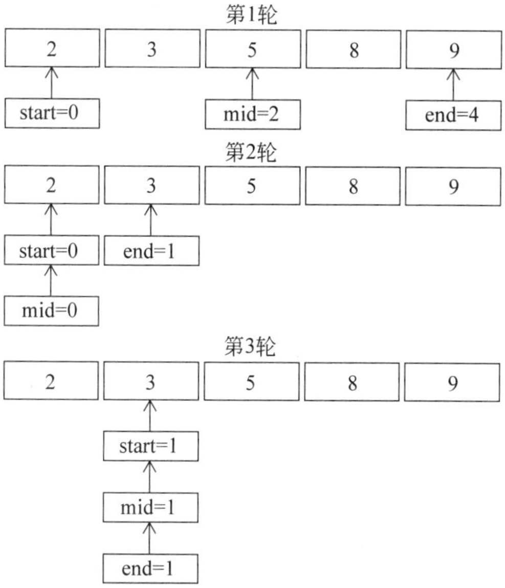

第1轮
2 3 5 8 9
start=0 mid=2 end=4
第2轮
2 3 5 8 9
start=0 end=1
mid=0
第3轮
2 3 5 8 9
start=1
mid=1
end=1

图 7-42　二分查找法

图 7-42 中的 start、end 和 mid(mid＝(start＋end)/2)分别代表在数组中查找区间的开始索引、结束索引和中间索引，假设查找的元素为 key，接下来分步骤讲解元素的查找过程。

第一步，判断开始索引 start 和结束索引 end，如果 start＜＝end，则 key 和 arr[mid]进行比较；如果两者相等，说明找到了该元素；如果不相等，则需要进入第二步继续比较二者的大小。

第二步，将 key 和 arr[mid]继续进行比较，如果 key＜arr[mid]，表示查找的值处于索引 start 和 mid 之间，这时执行第三步，否则表示要查找的值处于索引 mid 和 end 之间，执行第四步。

第三步，将查找区间的结束索引 end 置为 mid－1，继续查找，直到 start＞end，表示查找的数组不存在，这时执行第五步。

第四步，将查找区间的开始索引 start 置为 mid＋1，结束索引不变，继续查找，直到 start＞end，表示查找的数组不存在，这时执行第五步。

第五步，返回"(插入点)－(start＋1)"。这个"插入点"指的是大于 key 值的第一个元素在数组中的位置，如果数组中所有的元素值都小于要查找的对象，"插入点"就等于 Arrays. length。

3. 使用 Arrays 的 copyOfRange(int[] original, int from, int to)方法拷贝元素

在程序开发中，经常需要在不破坏原数组的情况下使用数组中的部分元素，这时可以使用 Arrays 工具类的 copyOfRange(int[] original,int from,int to)方法将数组中指定范围的元素复制到一个新的数组中，该方法中参数 original 表示被复制的数组，from 表示被复制元素的初始索引(包括)，to 表示被复制元素的最后索引(不包括)，接下来通过

一个案例来学习如何拷贝数组，如例 7-31 所示。

例 7-31 Example31.java

```
import java.util.*;
public class Example31 {
    public static void main(String[] args) {
        int[] arr={ 9,8,3,5,2 };
        int[] copied=Arrays.copyOfRange(arr,1,7);
        for (int i=0; i<copied.length; i++) {
            System.out.print(copied[i]+" ");
        }
    }
}
```

运行结果如图 7-43 所示。

图 7-43 例 7-31 运行结果

例 7-31 中，使用 Arrays 的 copyOfRange(arr, 1, 7)方法将数组{ 9, 8, 3, 5, 2 }中从 arr[1](包括开始索引对应的元素)到 arr[7](不包括结束索引对应的元素)这 6 个元素复制到新数组 copied 中，由于原数组 arr 的最大索引为 4，因此只有 arr[1]到 arr[4]这四个元素 8,3,5,2 复制到了新数组 copied 中，另外两个元素放入了默认值 0。

4. 使用 Arrays 的 fill(Object[] a, Object val)方法填充元素

程序开发中，经常需要用一个值替换数组中的所有元素，这时可以使用 Array 工具类的 fill(Object[] a, Object val)方法，该方法可以将指定的值赋给数组中的每一个元素，接下来通过一个案例来演示如何填充元素，如例 7-32 所示。

例 7-32 Example32.java

```
import java.util.Arrays;
public class Example32 {
    public static void main(String[] args) {
        int[] arr={ 1,2,3,4 };
        Arrays.fill(arr,8);                    //用 8 替换数组中的每一个值
        for (int i=0; i<arr.length; i++) {
            System.out.println(i+": "+arr[i]);
        }
    }
}
```

运行结果如图 7-44 所示。

```
命令提示符
D:\cn\itcast\chapter07>java Example32
0: 8
1: 8
2: 8
3: 8
```

图 7-44 例 7-32 运行结果

从图 7-44 中可以看出，在调用了 Arrays 类的 fill(arr,8)方法后，数组 arr 中的元素全部被赋值为 8。

5. 使用 Arrays 的 toString(int[] arr)方法把数组转换为字符串

在程序开发中，经常需要把数组以字符串的形式输出，这时就可以使用 Arrays 工具类的另一个方法 toString(int[] arr)。需要注意的是，该方法并不是对 Object 类 toString()方法的重写，只是用于返回指定数组的字符串形式。接下来通过一个案例来演示如何将数组转换为字符串，如例 7-33 所示。

例 7-33 Example33.java

```
import java.util.*;
public class Example33 {
    public static void main(String[] args) {
        int[] arr={ 9,8,3,5,2 };
        String arrString=Arrays.toString(arr);     //使用 toString()方法将数组转换为字符串
        System.out.println(arrString);
    }
}
```

运行结果如图 7-45 所示。

图 7-45 例 7-33 运行结果

通过例 7-33 可以看出 Arrays 类的 toString(int[] arr)方法确实可以把数组元素转换成字符串形式。需要注意的是，该方法可将任意整数转为字符串。

注意：Arrays 类为我们提供了大量操作数组的方法，实际项目开发中，推荐使用 Arrays 类的静态方法来完成数组的操作，这样既快捷又不会发生错误，但是面试的时候，如果出现对数组操作的题目，就绝不允许使用 Arrays 类提供的方法，因为面试官考察的是我们对数组的操作能力，而不是对 Arrays 类的应用。

7.9 本章小结

本章详细介绍了几种 Java 常用集合类，从 Collection、Map 根接口开始讲起，重点介绍了 List 集合、Set 集合、Map 集合之间的区别，以及常用实现类的使用方法和需要注意的问题，另外还介绍了泛型的使用以及 Collections 工具类和 Arrays 工具类。

通过本章的学习，必须熟练掌握各种集合类的使用场景，以及需要注意的细节。掌握泛型的使用以及工具类的使用。

7.10 习　　题

一、填空题

1. JDK 中提供了一系列可以存储任意对象的类，统称为________。

2. 在创建 TreeSet 对象时，可以传入自定义的比较器，自定义比较器需要实现________接口。

3. Collection 有两个子接口分别是 List 和 Set，List 集合的特点是________，Set 集合的特点是________。

4. 使用 Iterator 遍历集合时，首先需要调用________方法判断是否存在下一个元素，若存在下一个元素，则调用________方法取出该元素。

5. 集合按照存储结构的不同可分为单列集合和双列集合，单列集合的根接口是________，双列集合的根接口是________。

6. Map 集合中的元素都是成对出现的，并且都是以________、________的映射关系存在。

7. Iterator 有一个子类，不仅可以对集合进行从前向后遍历，还可以从后向前遍历，该类是________。

8. List 集合的主要实现类有________、________，Set 集合的主要实现类有________、________，Map 集合的主要实现类有________、________。

9. Map 集合中存储元素需要调用________方法，要想根据该集合的键获取对应的值需要调用________方法。

10. java.util 包中提供了一个专门用来操作集合的工具类，这个类是________，还提供了一个专门用于操作数组的工具类，这个类是________。

二、判断题

1. Set 集合是通过键值对的方式来存储对象的。(　　)

2. 集合中不能存放基本数据类型，而只能存放引用数据类型。(　　)

3. 如果创建的 TreeSet 集合中没有传入比较器，则该集合中存入的元素需要实现 Comparable 接口。(　　)

4. 使用 Iterator 迭代集合元素时，可以调用集合对象的方法增删元素。(　　)

5. LinkedList 在内部维护了一个双向循环链表，每一个元素节点都包含前一个元素节点和后一个元素节点的引用。(　　)

三、选择题

1. 要想保存具有映射关系的数据，可以使用以下哪些集合？(多选)(　　)

   A. ArrayList　　B. TreeMap　　C. HashMap　　D. TreeSet

2. Java 语言中，集合类都位于哪个包中？(　　)

   A. java. util　　B. java. lang　　C. java. array　　D. java. collections

3. 使用 Iterator 时，判断是否存在下一个元素可以使用以下哪个方法？(　　)

   A. next()　　B. hash()　　C. hasPrevious()　　D. hasNext()

4. 关于 foreach 循环的特点，以下说法哪些是正确的？(多选)(　　)

   A. foreach 循环在遍历集合时，无须获得容器的长度

   B. foreach 循环在遍历集合时，无须循环条件，也无需迭代语句

   C. foreach 循环在遍历集合时非常烦琐

   D. foreach 循环的语法格式为：for(容器中元素类型 临时变量 ：容器变量)。

5. 在程序开发中，经常会使用以下哪个类来存储程序中所需的配置？(　　)

   A. HashMap　　B. TreeSet　　C. Properties　　D. TreeMap

6. 使用 Enumeration 遍历集合时，需要使用以下哪些方法？(多选)(　　)

   A. hasMoreElements()　　B. nextElement()

   C. next()　　D. hashNext()

7. 要想集合中保存的元素没有重复并且按照一定的顺序排列，可以使用以下哪个集合？(　　)

   A. LinkedList　　B. ArrayList　　C. HashSet　　D. TreeSet

8. 下列哪些说法是正确的？(多选)(　　)

   A. LinkedList 集合在增删元素时效率较高

   B. ArrayList 集合在查询元素时效率较高

   C. HashMap 不允许出现一对 null 键 null 值

   D. HashSet 集合中元素可重复并且无序

9. 以下哪些方法是 LinkedList 集合中定义的？(多选)(　　)

   A. getLast()　　B. getFirst()

   C. remove (int index)　　D. next()

10. 获取单列集合中元素的个数可以使用以下哪个方法？(　　)

    A. length()　　B. size()

    C. get(int index)　　D. add(Object obj)

四、分析题

阅读下面的程序，分析代码是否能编译通过，如果能编译通过，请列出运行的结果。

如果不能编译通过,请说明原因。

1. 代码一:

```
import java.util.*;
public class Test01 {
    public static void main(String[] args) {
        TreeSet ts=new TreeSet();
        ts.add("b");
        ts.add("a");
        ts.add("c");
        ts.add("c");
        Iterator it=ts.iterator();
        while(it.hasNext()) {
            System.out.println(it.next());
            }
        }
}
```

2. 代码二:

```
import java.util.ArrayList;
public class Test02 {
    public static void main(String[] args) {
        ArrayList list=new ArrayList();
        list.add("a");
        list.add("b");
        list.add("c");
        for (String obj : list) {
            System.out.println(obj);
        }
    }
}
```

3. 代码三:

```
import java.util.*;
public class Test03 {
    public static void main(String[] args) {
        ArrayList list=new ArrayList();
        list.add("demo_1");
        list.add("demo_2");
        list.add("demo_3");
        ListIterator it=list.listIterator();
        while(it.hasPrevious()) {
```

```
            Object obj=it.previous();
            System.out.print(obj+" ");
        }
    }
}
```

4. 代码四：

```
import java.util.*;
import java.util.Map.*;
public class Test04 {
    public static void main(String[] args) {
        Map map=new HashMap();
        map.put(1,"Tom");
        map.put(2,"Lucy");
        map.put(3,"Annie");
        Set keySet=map.keySet();
        Iterator it=keySet.iterator();
        while (it.hasNext()) {
            Object key=it.next();
            System.out.println(key);
            map.remove(key);
        }
    }
}
```

五、思考题

1. 什么是集合，请列举集合中常用的类和接口？
2. 集合中的 List、Set、Map 有什么区别？
3. 请说说 Collection 和 Collections 有什么区别？
4. 请简述 Hashtable 和 HashMap 的区别。
5. 请简述使用泛型的优点。

六、编程题

请按照题目的要求编写程序并给出运行结果。

1. 使用 ArrayList 集合，对其添加 10 个不同的元素，并使用 Iterator 遍历该集合。

提示：

① 使用 add()方法将元素添加到 ArrayList 集合中。

② 调用集合的 iterator()方法获得 Iterator 对象，并调用 Iterator 的 hasNext()和 next()方法，迭代出集合中的所有元素。

2. 在 HashSet 集合中添加三个 Person 对象，把姓名相同的人当作同一个人，禁止重复添加。

提示：Person 类中定义 name 和 age 属性，重写 hashCode()方法和 equals()方法，针对 Person 类的 name 属性进行比较，如果 name 相同，hashCode()方法的返回值相同，equals()方法返回 true。

3. 选择合适的 Map 集合保存 5 位学员的学号和姓名，然后按学号的自然顺序的倒序将这些键值对一一打印出来。

提示：

① 创建 TreeMap 集合。

② 使用 put()方法将学号（"1"、"2"、"3"、"4"、"5"）和姓名（"Lucy"、"John"、"Smith"、"Aimee"、"Amanda"）存储到 Map 中，存的时候可以打乱顺序观察排序后的效果。

③ 使用 map.keySet()获取键的 Set 集合。

④ 使用 Set 集合的 iterator()方法获得 Iterator 对象用于迭代键。

⑤ 使用 Map 集合的 get()方法获取键所对应的值。

第8章 chapter 8

IO(输入输出)

本章重点

- 字节流和字符流
- 装饰设计模式
- File 类
- 字符编码

大多数应用程序都需要实现与设备之间的数据传输,例如键盘可以输入数据,显示器可以显示程序的运行结果等。在 Java 中,将这种通过不同输入输出设备(键盘,内存,显示器,网络等)之间的数据传输抽象表述为"流",程序允许通过流的方式与输入输出设备进行数据传输。Java 中的"流"都位于 java. io 包中,称为 IO(输入输出)流。

IO 流有很多种,按照操作数据的不同,可以分为字节流和字符流,按照数据传输方向的不同又可分为输入流和输出流,程序从输入流中读取数据,向输出流中写入数据。在 IO 包中,字节流的输入输出流分别用 java. io. InputStream 和 java. io. OutputStream 表示,字符流的输入输出流分别用 java. io. Reader 和 java. io. Writer 表示,具体分类如图 8-1 所示。

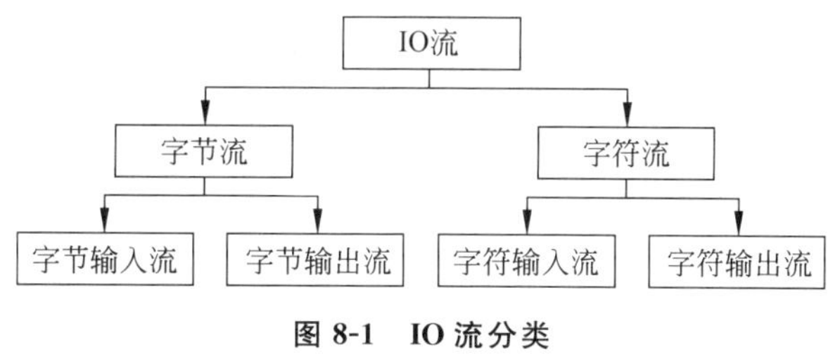

图 8-1　IO 流分类

8.1　字　节　流

8.1.1　字节流的概念

在计算机中,无论是文本、图片、音频还是视频,所有的文件都是以二进制(字节)形式存在，IO 流中针对字节的输入输出提供了一系列的流，统称为字节流。字节流是程序中最常用的流，根据数据的传输方向可将其分为字节输入流和字节输出流。在 JDK 中，提供了两个抽象类 InputStream 和 OutputStream，它们是字节流的顶级父类，所有的字节输入流都继承自 InputStream，所有的字节输出流都继承自 OutputStream。为了方便理解，可以把 InputStream 和 OutputStream 比作两根“水管”，如图 8-2 所示。

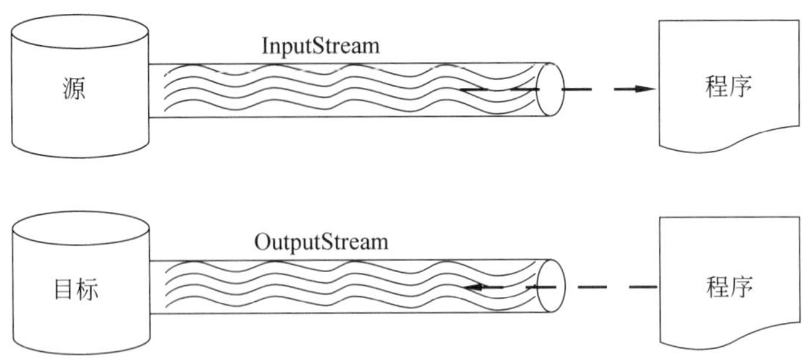

图 8-2 InputStream 和 OutputStream

图 8-2 中，InputStream 被看成一个输入管道，OutputStream 被看成一个输出管道，数据通过 InputStream 从源设备输入到程序，通过 OutputStream 从程序输出到目标设备，从而实现数据的传输。由此可见，IO 流中的输入输出都是相对于程序而言的。

在 JDK 中，InputStream 和 OutputStream 提供了一系列与读写数据相关的方法，接下来先来了解一下 InputStream 的常用方法，如表 8-1 所示。

表 8-1 InputStream 的常用方法

方法声明	功能描述
int read()	从输入流读取一个 8 位的字节，把它转换为 0～255 之间的整数，并返回这一整数
int read(byte[] b)	从输入流读取若干字节，把它们保存到参数 b 指定的字节数组中，返回的整数表示读取字节数
int read(byte[] b,int off,int len)	从输入流读取若干字节，把它们保存到参数 b 指定的字节数组中，off 指定字节数组开始保存数据的起始下标，len 表示读取的字节数目
void close()	关闭此输入流并释放与该流关联的所有系统资源

表 8-1 中列举了 InputStream 的四个常用方法。前三个 read()方法都是用来读数据的，其中，第一个 read()方法是从输入流中逐个读入字节，而第二个和第三个 read()方法则将若干字节以字节数组的形式一次性读入，从而提高读数据的效率。在进行 IO 流操作时，当前 IO 流会占用一定的内存，由于系统资源宝贵，因此，在 IO 操作结束后，应该调用 close()方法关闭流，从而释放当前 IO 流所占的系统资源。

与 InputStream 对应的是 OutputStream。OutputStream 是用于写数据的，因此 OutputStream 提供了一些与写数据有关的方法，如表 8-2 所示。

表 8-2 OutputStream 的常用方法

方法名称	方法描述
void write(int b)	向输出流写入一个字节
void write(byte[] b)	把参数 b 指定的字节数组的所有字节写到输出流
void write(byte[] b,int off,int len)	将指定 byte 数组中从偏移量 off 开始的 len 个字节写入输出流
void flush()	刷新此输出流并强制写出所有缓冲的输出字节
void close()	关闭此输出流并释放与此流相关的所有系统资源

表 8-2 中,列举了 OutputStream 类的五个常用方法。前三个是重载的 write()方法,都是用于向输出流写入字节,其中,第一个方法逐个写入字节,后两个方法是将若干个字节以字节数组的形式一次性写入,从而提高写数据的效率。flush()方法用来将当前输出流缓冲区(通常是字节数组)中的数据强制写入目标设备,此过程称为刷新。close()方法是用来关闭流并释放与当前 IO 流相关的系统资源。

InputStream 和 OutputStream 这两个类虽然提供了一系列和读写数据有关的方法,但是这两个类是抽象类,不能被实例化,因此,针对不同的功能,InputStream 和 OutputStream 提供了不同的子类,这些子类形成了一个体系结构,如图 8-3 和图 8-4 所示。

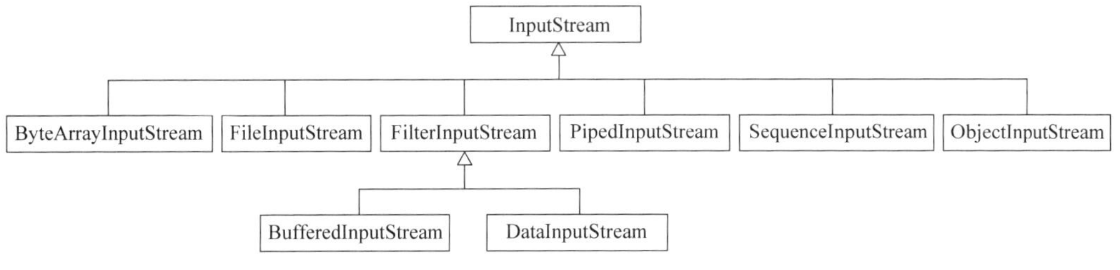

图 8-3 InputStream 的子类

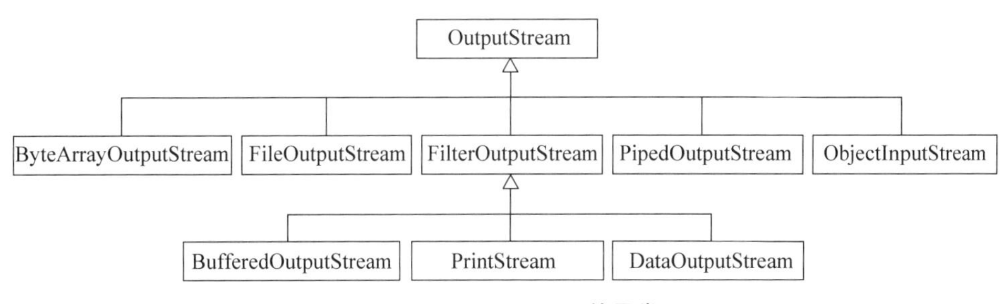

图 8-4 OutputStream 的子类

从图 8-3 和图 8-4 中可以看出,InputStream 和 OutputStream 的子类有很多是大致对应的,比如 ByteArrayInputStream 和 ByteArrayOutputStream,FileInputStream 和 FileOutputStream 等。图中所列出的 IO 流都是程序中很常见的,接下来将逐步为大家讲解这些流的具体用法。

8.1.2 字节流读写文件

由于计算机中的数据基本都保存在硬盘的文件中,因此操作文件中的数据是一种很常见的操作。在操作文件时，最常见的就是从文件中读取数据并将数据写入文件，即文件的读写。针对文件的读写，JDK 专门提供了两个类，分别是 FileInputStream 和 FileOutputStream。

FileInputStream 是 InputStream 的子类，它是操作文件的字节输入流，专门用于读取文件中的数据。由于从文件读取数据是重复的操作，因此需要通过循环语句来实现数据的持续读取。接下来通过一个案例来实现字节流对文件数据的读取，首先在当前目录下创建一个文本文件 test.txt，在文件中输入内容“itcast”，具体代码如例 8-1 所示。

例 8-1　Example01.java

```
import java.io.*;
public class Example01 {
    public static void main(String[] args) throws Exception {
        //创建一个文件字节输入流
        FileInputStream in=new FileInputStream("test.txt");
        int b=0;                    //定义一个 int 类型的变量 b,记住每次读取的一个字节
        while (true) {
            b=in.read();            //变量 b 记住读取的一个字节
            if (b==-1) {            //如果读取的字节为-1,跳出 while 循环
                break;
            }
            System.out.println(b);         //否则将 b 写出
        }
        in.close();
    }
}
```

运行结果如图 8-5 所示。

图 8-5　例 8-1 运行结果

例 8-1 中，创建的字节流 FileInputStream 通过 read()方法将当前目录文件“test.txt”中的数据读取并打印。从图 8-5 中的运行结果可以看出，结果分别为 105、116、99、97、115 和 116。通常情况下读取文件应该输出字符，之所以输出数字是因为硬盘上的文件是以字节的形式存在的，在“test.txt”文件中，字符‘i’、‘t’、‘c’、‘a’、‘s’、‘t’各占一个字节，因此，最终结果显示的就是文件“test.txt”中的六个字节所对应的十进制数。

需要注意的是，在读取文件数据时，必须保证文件是存在并且可读的，否则会抛出文

件找不到的异常 FileNotFoundException。如例 8-1 中,如果不创建文本文件"test. txt",程序运行后,会出现图 8-6 所示的异常。

```
命令提示符
D:\cn\itcast\chapter08>java Example01
Exception in thread "main" java.io.FileNotFoundException: test.
txt (系统找不到指定的文件。)
        at java.io.FileInputStream.open(Native Method)
        at java.io.FileInputStream.<init>(FileInputStream.java:
138)
        at java.io.FileInputStream.<init>(FileInputStream.java:
97)
        at Example01.main(Example01.java:6)
```

图 8-6　例 8-1 修改后运行结果

与 FileInputStream 对应的是 FileOutputStream。FileOutputStream 是 OutputStream 的子类,它是操作文件的字节输出流,专门用于把数据写入文件。接下来通过一个案例来演示如何将数据写入文件,如例 8-2 所示。

例 8-2　Example02. java

```
import java.io.*;
public class Example02 {
    public static void main(String[] args) throws Exception {
        //创建一个文件字节输出流
        FileOutputStream out=new FileOutputStream("example.txt");
        String str="传智播客";
        byte[] b=str.getBytes();
        for (int i=0; i<b.length; i++) {
            out.write(b[i]);
        }
        out.close();
    }
}
```

程序运行后,会在当前目录下生成一个新的文本文件 example. txt,打开此文件,会看到如图 8-7 所示的内容。

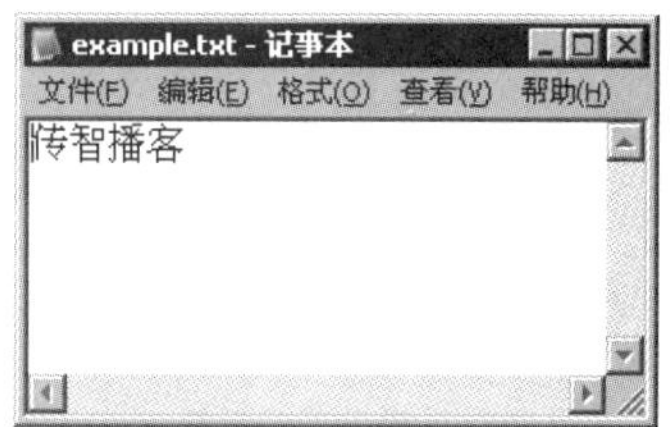

图 8-7　文件内容

通过运行结果可以看出,通过 FileOutputStream 写数据时,自动创建了文件 example. txt,并将数据写入文件。需要注意的是,如果是通过 FileOutputStream 向一个已经存在的文件中写入数据,那么该文件中的数据首先会被清空,再写入新的数据。若希望在已存在的文件内容之后追加新内容,则可使用 FileOutputStream 的构造函数 FileOutputStream(String fileName, boolean append)来创建文件输出流对象,并把 append 参数的值设置为 true。接下来通过一个案例来演示如何将数据追加到文件末尾,如例 8-3 所示。

例 8-3 Example03. java

```
import java.io.*;
public class Example03 {
    public static void main(String[] args) throws Exception {
        OutputStream out=new FileOutputStream("example.txt ",true);
        String str="欢迎你";
        byte[] b=str.getBytes();
        for (int i=0; i<b.length; i++) {
            out.write(b[i]);
        }
        out.close();
    }
}
```

程序运行后,查看当前目录下的文件"example. txt",如图 8-8 所示。

从图 8-8 中可以看出,程序通过字节输出流对象向文件"example. txt"写入"欢迎你"后,并没有将文件之前的数据清空,而是将新写入的数据追加到文件的末尾。

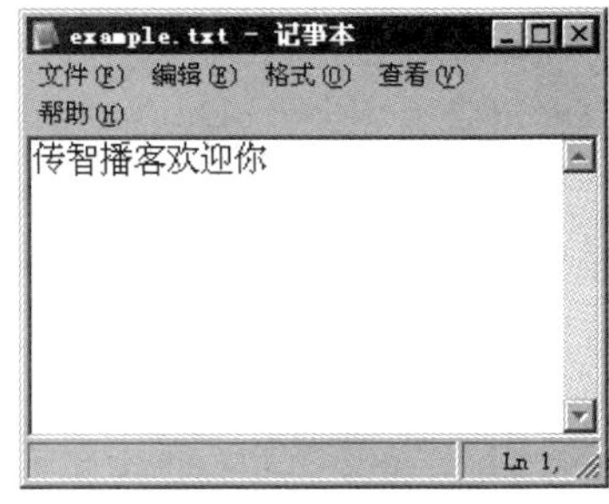

图 8-8 example. txt

从前面的例程中可以看出,IO 流在进行数据读写操作时会出现异常,为了代码的简洁,在程序中使用 throws 关键字将异常抛出。然而一旦遇到 IO 异常,IO 流的 close()方法将无法得到执行,流对象所占用的系统资源将得不到释放,因此,为了保证 IO 流的 close()方法必须执行,通常将关闭流的操作写在 finally 代码块中,具体代码如下所示:

```
finally{
        try{
            if(in!=null)                    //如果 in 不为空,关闭输入流
                in.close();
        }catch(Exception e){
            e.printStackTrace();
        }
        try{
            if(out!=null)                   //如果 out 不为空,关闭输出流
                out.close();
        }catch(Exception e){
            e.printStackTrace();
        }
    }
}
```

8.1.3 文件的拷贝

在应用程序中，IO 流通常都是成对出现的，即输入流和输出流一起使用。例如文件的拷贝就需要通过输入流来读取文件中的数据，通过输出流将数据写入文件。接下来通过一个案例来演示如何进行文件内容的拷贝，首先在当前目录下创建文件夹 source 和 target，然后在 source 文件夹中存放一个“江南 style. mp3”文件，拷贝文件的代码如例 8-4 所示。

例 8-4 Example04. java

```
import java.io.*;
public class Example04 {
    public static void main(String[] args) throws Exception {
        //创建一个字节输入流，用于读取当前目录下 source 文件夹中的 mp3 文件
        InputStream in=new FileInputStream("source\江南 style.mp3");
        //创建一个文件字节输出流，用于将读取的数据写入 target 目录下的文件中
        OutputStream out=new FileOutputStream("target\江南 style.mp3");
        int len;                //定义一个 int 类型的变量 len，记住每次读取的一个字节
        long begintime=System.currentTimeMillis();   //获取拷贝文件前的系统时间
        while ((len=in.read()) !=-1) {      //读取一个字节并判断是否读到文件末尾
            out.write(len);                 //将读到的字节写入文件
        }
        long endtime=System.currentTimeMillis();    //获取文件拷贝结束时的系统时间
        System.out.println("拷贝文件所消耗的时间是："+(endtime -begintime)+"毫秒");
        in.close();
        out.close();
    }
}
```

程序运行结束后，打开 target 文件夹，发现 source 文件夹中的“江南 style. mp3”文件被成功拷贝到了 target 文件夹，如图 8-9 所示。

图 8-9 拷贝前后的文件夹

例 8-4 中，实现了 mp3 文件的拷贝。在拷贝过程中，通过 while 循环将字节逐个进行拷贝。每循环一次，就通过 FileInputStream 的 read() 方法读取一个字节，并通过

FileOutputStream 的 write()方法将该字节写入指定文件，循环往复，直到 len 的值为 −1，表示读取到了文件的末尾，结束循环，完成文件的拷贝。程序运行结束后，会在命令行窗口打印拷贝文件所消耗的时间，如图 8-10 所示。

图 8-10 例 8-4 运行结果

从图 8-10 可以看出，程序拷贝 mp3 文件共消耗了 88187 毫秒。在拷贝文件时，由于计算机性能等各方面原因，会导致拷贝文件所消耗的时间不确定，因此每次运行程序结果未必相同。

需要注意的是，例 8-4 中在定义文件路径时使用了\\。这是因为在 Windows 中的目录符号为反斜线\，但反斜线\在 Java 中是特殊字符，表示转义符，所以在使用反斜线\时，前面应该再添加一个反斜线，即为\\。除此之外，目录符号也可以用正斜线/来表示，如 source/江南 style.mp3。

8.1.4 字节流的缓冲区

虽然 8.1.3 小节实现了文件的拷贝，但是一个字节一个字节的读写，需要频繁的操作文件，效率非常低，这就好比从北京运送烤鸭到上海，如果有一万只烤鸭，每次运送一只，就必须运输一万次，这样的效率显然非常低。为了减少运输次数，可以先把一批烤鸭装在车厢中，这样就可以成批的运送烤鸭，这时的车厢就相当于一个临时缓冲区。当通过流的方式拷贝文件时，为了提高效率也可以定义一个字节数组作为缓冲区。在拷贝文件时，可以一次性读取多个字节的数据，并保存在字节数组中，然后将字节数组中的数据一次性写入文件。接下来通过一个案例来学习如何使用缓冲区拷贝文件，如例 8-5 所示。

例 8-5 Example05.java

```
import java.io.*;
public class Example05 {
    public static void main(String[] args) throws Exception {
        //创建一个字节输入流,用于读取当前目录下 source 文件夹中的 mp3 文件
        InputStream in=new FileInputStream("source\江南 style.mp3");
        //创建一个文件字节输出流,用于将读取的数据写入当前目录的 target 文件中
        OutputStream out=new FileOutputStream("target\江南 style.mp3");
        //以下是用缓冲区读写文件
        byte[] buff=new byte[1024];                  //定义一个字节数组,作为缓冲区
        //定义一个 int 类型的变量 len 记住读取读入缓冲区的字节数
        int len;
        long begintime=System.currentTimeMillis();
        while ((len=in.read(buff)) !=-1) {           //判断是否读到文件末尾
```

```
            out.write(buff,0,len);      //从第一个字节开始,向文件写入 len 个字节
        }
        long endtime=System.currentTimeMillis();
        System.out.println("拷贝文件所消耗的时间是: "+(endtime -begintime)+"毫秒");
        in.close();
        out.close();
    }
}
```

例 8-5 实现了 mp3 文件的拷贝。在拷贝过程中,使用 while 循环语句逐渐实现字节文件的拷贝,每循环一次,就从文件读取若干字节填充字节数组,并通过变量 len 记住读入数组的字节数,然后从数组的第一个字节开始,将 len 个字节依次写入文件。循环往复,当 len 值为-1 时,说明已经读到了文件的末尾,循环会结束,整个拷贝过程也就结束了,最终程序将整个拷贝过程所消耗的时间打印了出来,如图 8-11 所示。

图 8-11 例 8-5 运行结果

通过图 8-11 和图 8-10 比较,可以看出拷贝文件所消耗的时间明显减少了,从而说明缓冲区读写文件可以有效的提高程序的效率。这是因为程序中的缓冲区就是一块内存,用于存放暂时输入输出的数据,使用缓冲区减少了对文件的操作次数,所以可以提高读写数据的效率。

8.1.5 装饰设计模式

俗话说"人靠衣装马靠鞍",漂亮得体的装扮不仅能提升形象,还能提高竞争力。在程序设计中,同样可以通过"装饰"一个类,增强它的功能。装饰设计模式就是通过包装一个类,动态地为它增加功能的一种设计模式。

装饰设计模式在现实生活中随处可见,比如买了一辆车,想为新车装一个倒车雷达,这就相当于为这辆汽车增加新的功能。接下来通过一个案例来实现上述过程,如例 8-6 所示。

例 8-6 Example06.java

```
class Car {
    private String carName;                  //定义一个属性,代表车名
    public Car(String carName) {
        this.carName=carName;
    }
    public void show() {                     //实现 Car 的 show()方法
```

```
        System.out.println("我是 "+carName+",具有基本功能");
    }
}
//定义一个类 RadarCar
class RadarCar {
    public Car myCar;
    public RadarCar(Car myCar) {               //通过构造方法接收被包装的对象
        this.myCar=myCar;
    }
    public void show() {
        myCar.show();
        System.out.println("具有倒车雷达功能");    //实现功能的增强
    }
}
public class Example06 {
    public static void main(String[] args) {
        Car benz=new Car("Benz");               //创建一个 NewCar 对象
        System.out.println("--------------包装前--------------");
        benz.show();
        RadarCar decoratedCar_benz=new RadarCar(benz);      //创建一个 RadarCar 对象
        System.out.println("--------------包装后--------------");
        decoratedCar_benz.show();
    }
}
```

运行结果如图 8-12 所示。

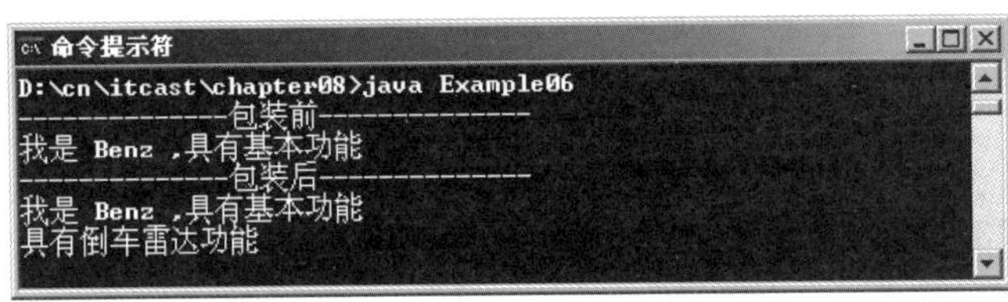

图 8-12　例 8-6 运行结果

例 8-6 实现了 RadarCar 类对 Car 类的包装。包装类 RadarCar 的构造方法中接收一个 Car 类型的实例对象。通过运行结果可以看出，当 RadarCar 对象调用 show()方法时，被 RadarCar 包装后的对象 benz 不仅具有车的基本功能，而且具有了倒车雷达的功能。

8.1.6　字节缓冲流

在 IO 包中提供两个带缓冲的字节流，分别是 BufferedInputStream 和 BufferdOutputStream，这两个流都使用了装饰设计模式。它们的构造方法中分别接收 InputStream 和 OutputStream 类型的参数作为被包装对象，在读写数据时提供缓冲功能。应用程序、缓冲流和底层字节流之间的关系如图 8-13 所示。

图 8-13 缓冲流

从图中可以看出应用程序是通过缓冲流来完成数据读写的，而缓冲流又是通过底层被包装的字节流与设备进行关联的。接下来通过一个案例来学习 BufferedInputStream 和 BufferedOutputStream 这两个流的用法，如例 8-7 所示。

例 8-7 Example07.java

```
import java.io.*;
public class Example07 {
    public static void main(String[] args) throws Exception {
        //创建一个带缓冲区的输入流
        BufferedInputStream bis=new BufferedInputStream(new FileInputStream(
                "src.txt"));
        //创建一个带缓冲区的输出流
        BufferedOutputStream bos=new BufferedOutputStream(
                new FileOutputStream("des.txt"));
        int len;
        while ((len=bis.read()) !=-1) {
            bos.write(len);
        }
        bis.close();
        bos.close();
    }
}
```

例 8-7 中，创建了 BufferedInputStream 和 BufferedOutputStream 两个缓冲流对象，这两个流内部都定义了一个大小为 8192 的字节数组，当调用 read()或者 write()方法读写数据时，首先将读写的数据存入定义好的字节数组，然后将字节数组的数据一次性读写到文件中，这种方式与 8.1.4 小节中讲解的字节流的缓冲区类似，都对数据进行了缓冲，从而有效的提高了数据的读写效率。

8.2 字 符 流

8.2.1 字符流定义及基本用法

前面我们讲过 InputStream 类和 OutputStream 类在读写文件时操作的都是字节，如果希望在程序中操作字符，使用这两个类就不太方便，为此 JDK 提供了字符流。同字节流一样，字符流也有两个抽象的顶级父类，分别是 Reader 和 Writer。其中 Reader 是字符输入流，用于从某个源设备读取字符，Writer 是字符输出流，用于向某个目标设备写入字符。Reader 和 Writer 作为字符流的顶级父类，也有许多子类，接下来通过继承关系图来列出 Reader 和 Writer 的一些常用子类，如图 8-14 和图 8-15 所示。

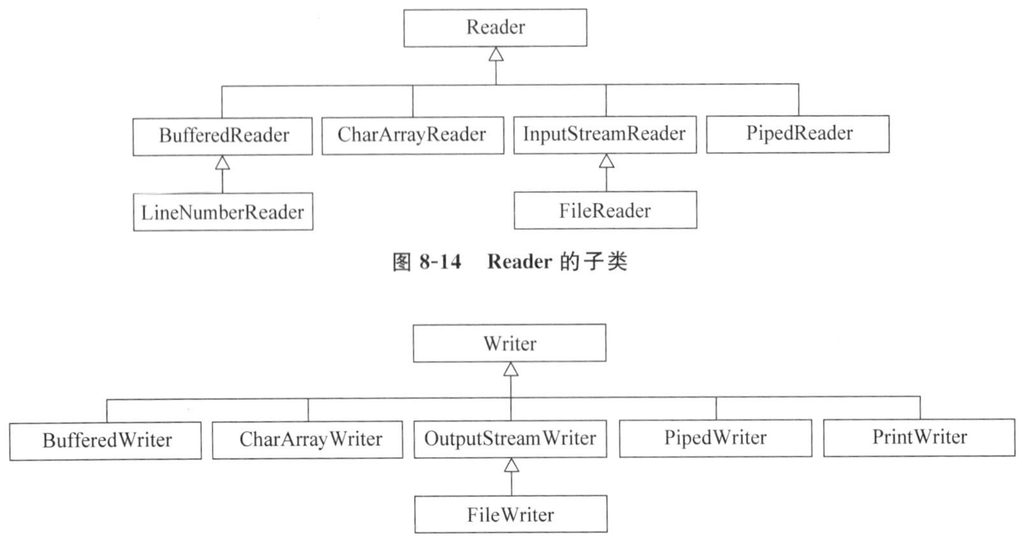

图 8-14　Reader 的子类

图 8-15　Writer 的子类

从图 8-14、图 8-15 可以看到，字符流的继承关系与字节流的继承关系有些类似，很多子类都是成对（输入流和输出流）出现，其中 FileReader 和 FileWriter 用于读写文件，BufferedReader 和 BufferedWriter 是具有缓冲功能的流，它们可以提高读写效率。

8.2.2　字符流操作文件

在程序开发中，经常需要对文本文件的内容进行读取，如果想从文件中直接读取字符便可以使用字符输入流 FileReader，通过此流可以从关联的文件中读取一个或一组字符。接下来首先在当前目录下新建文件“reader. txt”并在其中输入字符“itcast”，然后通过一个案例来学习如何使用 FileReader 读取文件中的字符，如例 8-8 所示。

例 8-8　Example08. java

```
import java.io.*;
public class Example08 {
    public static void main(String[] args) throws Exception {
        //创建一个 FileReader 对象用来读取文件中的字符
        FileReader reader=new FileReader("reader.txt");
        int ch;                                   //定义一个变量用于记录读取的字符
        while ((ch=reader.read()) !=-1) {         //循环判断是否读取到文件的末尾
            System.out.println((char) ch);        //不是字符流末尾就转为字符打印
        }
        reader.close();                           //关闭文件读取流，释放资源
    }
}
```

运行结果如图 8-16 所示。

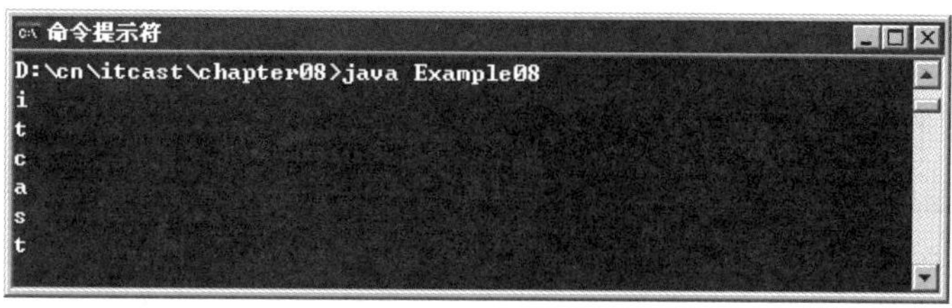

图 8-16 例 8-8 运行结果

例 8-8 实现了读取文件字符的功能。首先创建一个 FileReader 对象与文件关联，然后通过 while 循环每次从文件中读取一个字符并打印，这样便实现了 FileReader 读文件字符的操作。需要注意的是，字符输入流的 read()方法返回的是 int 类型的值，如果想获得字符就需要进行强制类型转换，如例 8-8 中第 8 行代码就是将变量 ch 转为 char 类型再打印。

例 8-8 讲解了如何使用 FileReader 读取文件中的字符，如果要向文件中写入字符就需要使用 FileWriter 类。FileWriter 是 Writer 的一个子类，接下来通过一个案例来学习如何使用 FileWriter 将字符写入文件，如例 8-9 所示。

例 8-9 Example09.java

```
1 import java.io.*;
2 public class Example09 {
3     public static void main(String[] args) throws Exception {
4         //创建一个 FileWriter 对象用于向文件中写入数据
5         FileWriter writer=new FileWriter("writer.txt");
6         String str="你好,传智播客";
7         writer.write(str);           //将字符数据写入到文本文件中
8         writer.write("\r\n");        //将输出语句换行
9         writer.close();              //关闭写入流,释放资源
10    }
11 }
```

程序运行结束后，会在当前目录下生成一个“writer.txt”文件，打开此文件会看到如图 8-17 所示的内容。

图 8-17 writer.txt

FileWriter 同 FileOutputStream 一样，如果指定的文件不存在，就会先创建文件，再写入数据；如果文件存在，则会首先清空文件中的内容，再进行写入。如果想在文件末尾追加数据，同样需要调用重载的构造方法，现将第 5 行代码进行如下修改：

```
FileWriter writer=new FileWriter("writer.txt",true);
```

再次运行程序就可以实现在文件中追加内容的效果。

通过 8.1.6 小节的学习，了解到包装流可以对一个已存在的流进行包装来实现数据读写功能，利用包装流可以有效地提高读写数据的效率。字符流同样提供了带缓冲区的包装流，分别是 BufferedReader 和 BufferedWriter，其中 BufferedReader 用于对字符输入流进行包装，BufferedWriter 用于对字符输出流进行包装，需要注意的是，在 BufferedReader 中有一个重要的方法 readLine()，该方法用于一次读取一行文本。接下来通过一个案例来学习如何使用这两个包装流实现文件的拷贝，如例 8-10 所示。

例 8-10　Example10.java

```
import java.io.*;
public class Example10 {
    public static void main(String[] args) throws Exception {
        FileReader reader=new FileReader("src.txt");
        //创建一个 BufferedReader 缓冲对象
        BufferedReader br=new BufferedReader(reader);
        FileWriter writer=new FileWriter("des.txt");
        //创建一个 BufferdWriter 缓冲对象
        BufferedWriter bw=new BufferedWriter(writer);
        String str;
        while ((str=br.readLine()) !=null) {    //每次读取一行文本,判断是否到文件末尾
            bw.write(str);
            bw.newLine(); //写入一个换行符,该方法会根据不同的操作系统生成相应的换行符
        }
        br.close();
        bw.close();
    }
}
```

程序运行结束后，打开当前目录下的文件“src. txt”和“des. txt”，结果如图 8-18 所示。

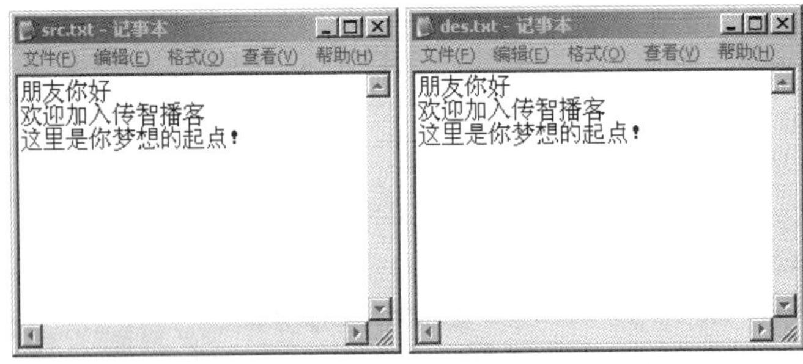

图 8-18　拷贝前后文件的内容

在例 8-10 中，首先对输入输出流进行了包装，并通过一个 while 循环实现了文本文件的拷贝。在拷贝过程中，每次循环都使用 readLine()方法读取文件的一行，然后通过 write()方法写入目标文件。其中 readLine()方法会逐个读取字符，当读到回车'\r'或换行'\n'时会将读到的字符作为一行的内容返回。

需要注意的是，由于包装流内部使用了缓冲区，在循环中调用 BufferedWriter 的 write()方法写字符时，这些字符首先会被写入缓冲区，当缓冲区写满时或调用 close()方法时，缓冲区中的字符才会被写入目标文件。因此在循环结束时一定要调用 close()方法，否则极有可能会导致部分存在缓冲区中的数据没有被写入目标文件。

8.2.3 LineNumberReader

Java 程序在编译或运行期间经常会出现一些错误，在错误中通常会报告出错的行号，为了方便查找错误，需要在代码中加入行号。JDK 提供了一个可以跟踪行号的输入流——LineNumberReader，它是 BufferedReader 的直接子类。接下来通过一个案例来演示拷贝“Example09. java”文件时如何为文件加上行号，如例 8-11 所示。

例 8-11　Example11. java

```
import java.io.*;
public class Example11 {
    public static void main(String[] args) throws Exception {
        FileReader fr=new FileReader("Example09.java");  //创建字符输入流
        FileWriter fw=new FileWriter("copy.java");        //创建字符输出流
        LineNumberReader lr=new LineNumberReader(fr);     //包装
        lr.setLineNumber(0);                              //设置读取文件的起始行号
        String line=null;
        while ((line=lr.readLine()) !=null) {
            fw.write(lr.getLineNumber()+":"+line);        //将行号写入到文件中
            fw.write("\r\n");                             //写入换行
        }
        lr.close();
        fw.close();
    }
}
```

程序运行结束后，打开文件“Example09. java”和“copy. java”，会看到拷贝前后文件不带行号和带行号的效果如图 8-19 所示。

例 8-11 中，将文件“Example09. java”的内容拷贝至文件“copy. java”中。在拷贝过程中，使用 LineNumberReader 类跟踪行号，首先调用 setLineNumber()方法设置行号的初始值，本例中将行号起始值置为 0。从运行结果可以看出，调用 getLineNumber()方法读取行号时，行号是从 1 开始的。这是因为 LineNumberReader 类在读取到换行符'\n'、回车符'\r'或者回车后紧跟换行符时，会将行号自动加 1。

```
Example09.java - 记事本
文件(F) 编辑(E) 格式(O) 查看(V) 帮助(H)
import java.io.*;
public class Example09 {
        public static void main(String[] args) throws Exception {
                // 创建一个FileWriter对象用于向文件中写入数据
                FileWriter writer = new FileWriter("writer.txt");
                String str = "你好, 传智播客";
                writer.write(str);  // 将字符数据写入到文本文件中
                writer.write("\r\n");  // 将输出语句换行
                writer.close(); // 关闭写入流, 释放资源
        }
}
Ln 2, Col 25
```

```
copy.java - 记事本
文件(F) 编辑(E) 格式(O) 查看(V) 帮助(H)
1:import java.io.*;
2:public class Example09 {
3:      public static void main(String[] args) throws Exception {
4:              // 创建一个FileWriter对象用于向文件中写入数据
5:              FileWriter writer = new FileWriter("writer.txt");
6:              String str = "你好, 传智播客";
7:              writer.write(str);  // 将字符数据写入到文本文件中
8:              writer.write("\r\n");  // 将输出语句换行
9:              writer.close(); // 关闭写入流, 释放资源
10:     }
11:}
Ln 8, Col 5
```

图 8-19　Des.java 和 copy.java 文件

8.2.4　转换流

前面提到 IO 流可分为字节流和字符流，有时字节流和字符流之间也需要进行转换。在 JDK 中提供了两个类可以将字节流转换为字符流，它们分别是 InputStreamReader 和 OutputStreamWriter。

转换流也是一种包装流，其中 OutputStreamWriter 是 Writer 的子类，它可以将一个字节输出流包装成字符输出流，方便直接写入字符，而 InputStreamReader 是 Reader 的子类，它可以将一个字节输入流包装成字符输入流，方便直接读取字符。通过转换流进行数据读写的过程如图 8-20 所示。

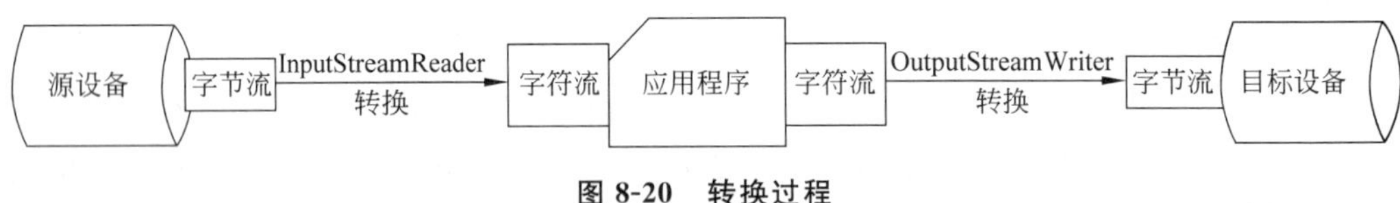

图 8-20　转换过程

接下来通过一个案例来学习如何将字节流转为字符流，为了提高读写效率，可以通过 BufferedReader 和 BufferedWriter 对转换流进行包装，具体代码如例 8-12 所示。

例 8-12 Example12. java

```
import java.io.*;
public class Example12 {
    public static void main(String[] args) throws Exception {
        FileInputStream in=new FileInputStream("src.txt");   //创建字节输入流
        InputStreamReader isr=new InputStreamReader(in);
                                                   //将字节流输入转换成字符输入流
        BufferedReader br=new BufferedReader(isr);      //对字符流对象进行包装
        FileOutputStream out=new FileOutputStream("des.txt");
        //将字节输出流转换成字符输出流
        OutputStreamWriter osw=new OutputStreamWriter(out);
        BufferedWriter bw=new BufferedWriter(osw);     //对字符输出流对象进行包装
        String line;
        while ((line=br.readLine()) !=null) {          //判断是否读到文件末尾
            bw.write(line);                            //输出读取到的文件
        }
        br.close();
        bw.close();
    }
}
```

程序运行结束后,打开文件"src. txt"和"des. txt"文件,结果如图 8-21 所示。

图 8-21 src. txt 和 des. txt 文件

例 8-12 实现了字节流和字符流之间的转换,将字节流转换为字符流,从而实现直接对字符的读写。需要注意的是,在使用转换流时,只能针对操作文本文件的字节流进行转换,如果字节流操作的是一张图片,此时转换为字符流就会造成数据丢失。

8.3 其他 IO 流

通过前面几个小节的学习,已经掌握了 IO 中几个比较重要的流,在 IO 流体系中还有很多其他的 IO 流,本小节将针对这些常见的 IO 流进行讲解。

8.3.1 ObjectInputStream 和 ObjectOutputStream

程序运行时,会在内存中创建多个对象,然而程序结束后,这些对象便被当作垃圾回收了。如果希望永久保存这些对象,则可以将对象转为字节数据写入到硬盘上,这个过程称为对象序列化。为此 JDK 中提供了 ObjectOutputStream(对象输出流)来实现对象的序列化。当对象进行序列化时,必须保证该对象实现 Serializable 接口,否则程序会出现 NotSerializableException 异常。接下来通过一个案例来演示如何将 Person 对象序列化,保存在硬盘上的,如例 8-13 所示。

例 8-13 Example13.java

```
import java.io.*;
public class Example13 {
    public static void main(String[] args) throws Exception {
        Person p=new Person("p1","zhangsan",20);          //创建一个 Person 对象
        System.out.println("---------写入文件前----------");
        System.out.println("Person 对象的 id:"+p.getId());     //打印 Person 对象的 id
        System.out.println("Person 对象的 name:"+p.getName());     //打印 Person 对象的 name
        System.out.println("Person 对象的 age:"+p.getAge());      //打印 Person 对象的 age
        //创建文件输出流对象,将数据写入 objectStream.txt 文件中
        FileOutputStream fos=new FileOutputStream("objectStream.txt");
        //创建对象输出流对象,用于处理输出流对象写入的数据
        ObjectOutputStream oos=new ObjectOutputStream(fos);
        //将 Person 对象输出到输出流中
        oos.writeObject(p);
    }
}
class Person implements Serializable {
    private String id;
    private String name;
    private int age;
    public Person(String id,String name,int age) {
        super();
        this.id=id;
        this.name=name;
        this.age=age;
    }
    public String getId() {
        return id;
    }
    public String getName() {
        return name;
    }
```

```
    public int getAge() {
        return age;
    }
}
```

程序运行结果如图 8-22 所示。

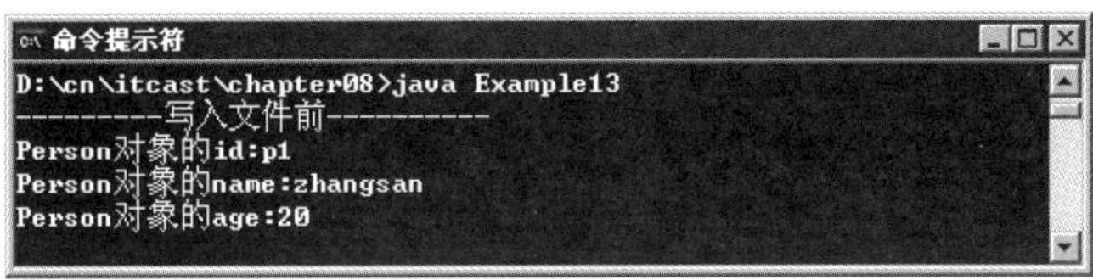

图 8-22　例 8-13 运行结果

例 8-13 中，首先将 Person 对象进行实例化，然后通过调用 ObjectOutputStream 的 writeObject(Object obj)方法将 Person 对象写入"objectStream. txt"文件中，从而将 Person 对象的数据永久地保存在文件中，这个过程就是对象的序列化。当程序运行结束后，会发现在当前目录下自动生成了一个"objectStream. txt"文件，该文件中便记录了 Person 对象的数据。

Person 对象被序列化后会生成二进制数据保存在"objectStream. txt"文件中，通过这些二进制数据可以恢复序列化之前的 Java 对象，此过程称为反序列化。JDK 提供了 ObjectInputStream 类(对象输入流)，它可以实现对象的反序列化。接下来通过一个案例来演示，如例 8-14 所示。

例 8-14　Example14. java

```
import java.io.*;
public class Example14 {
    public static void main(String[] args) throws Exception {
        //创建文件输入流对象,用于读取指定文件的数据
        FileInputStream fis=new FileInputStream("objectStream.txt");
        //创建对象输入流,并且从指定的输入流中读取数据
        ObjectInputStream ois=new ObjectInputStream(fis);
        //从 objectStream.txt 中读取 Person 对象
        Person p= (Person) ois.readObject();
        System.out.println("---------从文件中读取后----------");
        System.out.println("Person 对象的 id:"+p.getId());
        System.out.println("Person 对象的 name:"+p.getName());
        System.out.println("Person 对象的 age:"+p.getAge());
        }
    }
    class Person implements Serializable {
        private String id;
        private String name;
```

```
        private int age;
        public Person(String id,String name,int age) {
            super();
            this.id=id;
            this.name=name;
            this.age=age;
        }
        public String getId() {
            return id;
        }
        public String getName() {
            return name;
        }
        public int getAge() {
            return age;
        }
    }
```

运行结果如图 8-23 所示。

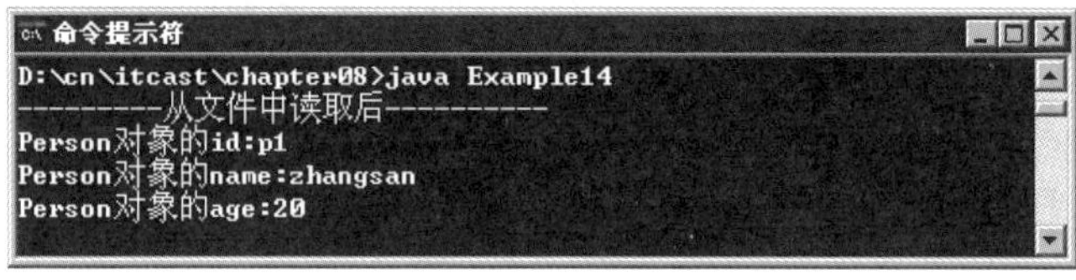

图 8-23　例 8-14 运行结果

例 8-14 中，通过调用 ObjectInputStream 的 readObject()方法将文件 objectStream.txt 的 Person 对象读取出来，这个过程就是反序列化。通过图 8-22 和图 8-23 的比较，发现 Person 对象写入前的属性值和读取后的属性值是一致的，因此说明写入文本文件的数据被正确的读取出来了。

8.3.2　DataInputStream 和 DataOutputStream

通过上一个小节的学习，了解到如何通过 IO 流存储对象，但有的时候，并不需要存储整个对象的信息，而只需要存储对象的成员数据，这些成员数据的类型又都是基本数据类型，这时，不必使用对象 Object 相关的流，可以使用 IO 包中提供的另外两个数据操作流，即 DataInputStream 和 DataOutputStream。

DataInputStream 和 DataOutputStream 是两个与平台无关的数据操作流，它们不仅提供了读写各种基本类型数据的方法，而且还提供了 readUTF()和 writeUTF()方法，DataInputStream 的 readUTF()方法能够从输入流中读取采用 UTF-8 字符编码的字符串，DataOutputStream 的 writeUTF()方法则可向输出流中写入采用 UTF-8 字符编码的字符串。接下来通过一个案例来学习 DataInputStream 和 DataOutputStream 读写数据的用法，如例8-15所示。

例8-15 Example15.java

```
import java.io.*;
public class Example15 {
    public static void main(String[] args) throws Exception {
        FileOutputStream fos=new FileOutputStream("d:\dataStream.txt");
        BufferedOutputStream bos=new BufferedOutputStream(fos);
        DataOutputStream dos=new DataOutputStream(bos);
        dos.writeByte(12);                         //写一个字节
        dos.writeChar('1');                        //写一个字符
        dos.writeBoolean(true);                    //写一个布尔值
        dos.writeUTF("同学,你好");                 //写一个转换成UTF-8的字符串
        dos.close();                               //关闭流
        FileInputStream fis=new FileInputStream("d:\dataStream.txt");
        BufferedInputStream bis=new BufferedInputStream(fis);
        DataInputStream dis=new DataInputStream(bis);
        System.out.println(dis.readByte());        //读一个字节
        System.out.println(dis.readChar());        //读一个字符
        System.out.println(dis.readBoolean());     //读一个布尔值
        System.out.println(dis.readUTF());       //读一个转换成UTF-8编码的字符串
        dis.close();                             //关闭流
    }
}
```

运行结果如图8-24所示。

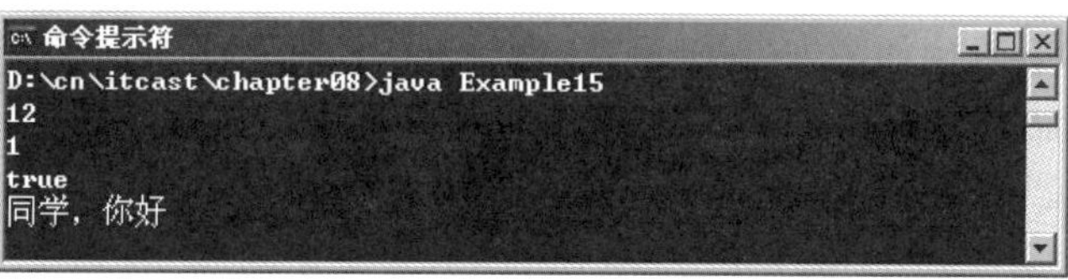

图8-24 例8-15运行结果

例8-15中，首先通过DataOutputStream的writeByte()、writeChar()、writeBoolean()和writeUTF()方法依次写入Byte、Char、Boolean和UTF格式的数据，然后通过DataInputStream的readByte()、readChar()、readBoolean()和readUTF()方法将对应类型的数据依次读取，需要注意的是，只有读取数据的顺序与写数据的顺序保持一致，才能保证最终数据的正确性。

8.3.3 PrintStream

通过前面的学习了解到输出流在通过write()方法写数据时，只能输出字节或字符类型的数据。如果希望输出其他类型，例如一个基本数据类型的int值19、一个Student

类型的对象等,此时需要将数据先转为字符串再输出。这种操作方式显然比较麻烦,为此,在IO包中提供了一个PrintStream类,它提供了一系列用于打印数据的print()和println()方法,被称作打印流。PrintStream可以实现将基本数据类型的数据或引用数据类型的对象格式化成字符串后再输出。接下来通过一个案例来演示PrintStream的用法,如例8-16所示。

例 8-16 Example16.java

```
import java.io.*;
public class Example16 {
    public static void main(String[] args) throws Exception {
    //创建一个 PrintStream 对象,将 FileOutputStream 读取到的数据输出
    PrintStream ps=new PrintStream(new FileOutputStream("printStream.txt"),true);
        Student stu=new Student();          //创建一个 Student 对象
        ps.print("这是一个数字:");
        ps.println(19);                     //打印数字
        ps.println(stu);                    //打印 Student 对象
    }
}
class Student{
    //重写 Object 的 toString()方法
    public String toString(){
        return "我是一个学生";
    }
}
```

程序运行后,会在当前目录下生成一个"printStream.txt"文件,打开此文件会看到如图8-25所示的内容。

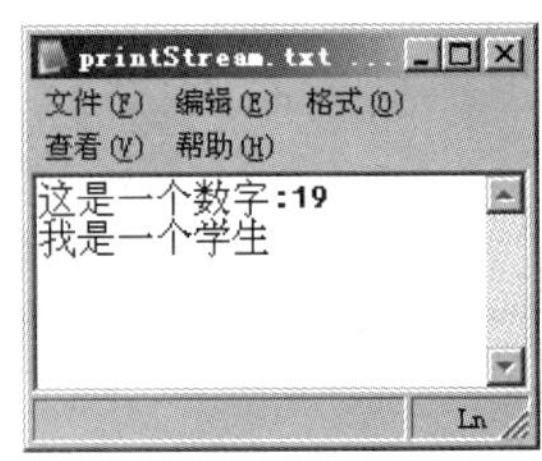

图 8-25 printStream.txt

例8-16中,PrintStream的实例对象通过print()和println()方法向文件"printStream.txt"写入了数据。从运行结果可以看出,在调用println()方法和print()方法输出对象数据时,对象的toString()方法被自动调用了。这两个方法的区别在于println()方法在输出数据的同时还输出了换行符。

8.3.4 标准输入输出流

在System类中定义了三个常量:in、out和err,它们被习惯性地称为标准输入输出流。其中,in为InputStream类型,它是标准输入流,默认情况下用于读取键盘输入的数据;out为PrintStream类型,它是标准输出流,默认将数据输出到命令行窗口;err也是PrintStream类型,它是标准错误流,它和out一样也是将数据输出到控制台。不同的是,err通常输出的是应用程序运行时的错误信息。

应用程序通过标准输入输出流可以读取键盘输入的数据以及将数据输出到命令行

窗口,接下来使用标准输入输出流来实现读一行数据之后再进行打印的功能,如例 8-17 所示。

例 8-17 Example17.java

```
import java.io.*;
public class Example17 {
    public static void main(String[] args) throws Exception {
        StringBuffer sb=new StringBuffer();
        int ch;
        //while 循环用于读取键盘输入的数据
        while((ch=System.in.read())!=-1){              //判断是否读取到数据的末尾
            //对输入的字符进行判断,如果是回车"\r"或者换行"\n",则跳出循环
            if(ch=='\r'||ch=='\n'){
                break;
            }
            sb.append((char)ch);                         //将读取到数据添加到 sb 中
        }
        System.out.println(sb);                          //打印键盘输入的数据
    }
}
```

运行结果如图 8-26 所示。

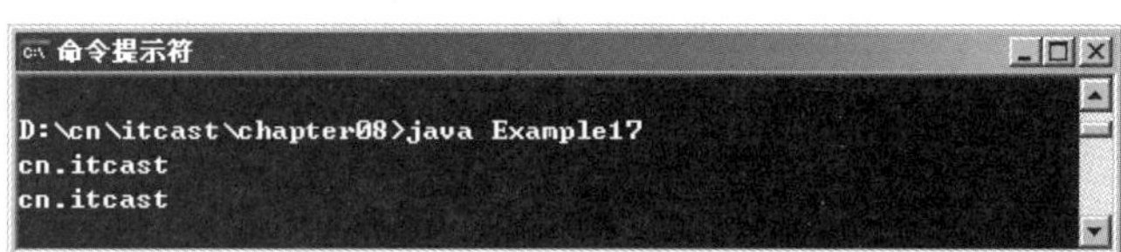

图 8-26 例 8-17 运行结果

例 8-17 中,采用循环的方式通过标准输入流从键盘中读取字符,并将字符添加到字符容器 StringBuffer 中。当读取到的字符为回车"\r"或者换行"\n"时,会执行 break 语句跳出循环,并将 StringBuffer 容器中的字符以字符串的形式输出打印。

有的时候,程序会向命令行窗口输出大量的数据,由于输出数据滚动得太快,会导致无法阅读,这时可以将标准输出流重新定向到其他的输出设备,例如输出到一个文件中。在 System 类中提供了一些静态方法,这些静态方法允许对标准输入流和输出流进行重定向,重定向流的常用静态方法如表 8-3 所示。

表 8-3 重定向流常用的静态方法

方法声明	功能描述
void setIn(InputStream in)	对标准输入流重定向
void setOut(PrintStream out)	对标准输出流重定向
void setErr(PrintStream out)	对标准错误输出流重定向

接下来通过一个案例来演示如何用标准输入输出流重定向到一个文件，如例 8-18 所示。

例 8-18 Example18. java

```
public class Example18 {
    public static void main(String[] args) throws Exception {
        System.setIn(new FileInputStream("source.txt"));  //对输入流进程重定向
        System.setOut(new PrintStream("target.txt"));//对输出流进程重定向
        //读取键盘输入的字符
        BufferedReader br=new BufferedReader(new InputStreamReader(System.in));
        String line;
        while ((line=br.readLine()) !=null) {       //判断读取到的一行是否有数据
            System.out.println(line);               //打印读取到的一行数据
        }
    }
}
```

程序运行结束后，打开当前目录下的文件“source. txt”和“target. txt”，结果如图 8-27 所示。

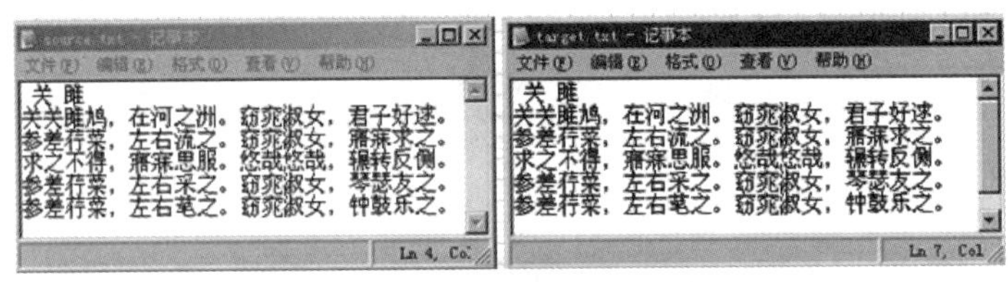

图 8-27 source. txt 和 target. txt 文件

例 8-18 中，使用 System 的静态方法 setIn(InputStream in)把标准输入流重定向到一个 InputStream 流，关联当前目录下的“source. txt”文件，使用 setOut(PrintStream out)方法把标准输出流重定向到一个 PrintStream 流，关联当前目录下的“target. txt”文件，使用转换流将标准输入流转为字符流，并使用 BufferedReader 包装流包装，每次从“source. txt”读取一行，写入“target. txt”文件，直到完成文件的拷贝。

8.3.5 PipedInputStream 和 PipedOutputStream

在前面学习过多线程，多个线程之间也可以通过 IO 流实现数据的传输，为此 JDK 中提供了一种管道流。管道流分为管道输入流（PipedInputStream）和管道输出流（PipedOutputStream），它是一种比较特殊的流，必须先建立连接才能进行彼此间通信。PipedOutputStream 用于向管道中写入数据，PipedInputStream 用于从管道中读取写入的数据。接下来通过一个案例来学习管道流的通信，如例 8-19 所示。

例 8-19 Example19. java

```
import java.io.*;
public class Example19 {
```

```
    public static void main(String[] args) throws Exception {
        final PipedInputStream pis=new PipedInputStream();     //创建 PipedInputStream 对象
        final PipedOutputStream pos=new PipedOutputStream();
        //PipedInputStream 和 PipedOutputStream 建立连接,也可写成 pos.connect(pis)
        pis.connect(pos);
        new Thread(new Runnable() {                            //创建一个线程
                public void run() {
                    BufferedReader br=new BufferedReader(
                            new InputStreamReader(System.in));
                    //将从键盘读取的数据写入管道流
                    PrintStream ps=new PrintStream(pos);
                    while (true) {
                        try {
                            System.out.print(Thread.currentThread()
                                    .getName()+"要求输入内容:");
                            ps.println(br.readLine());
                            Thread.sleep(1000);
                        } catch (Exception e) {
                            e.printStackTrace();
                        }
                    }
                }
            },"发送数据的线程").start();
        new Thread(new Runnable() {
            public void run() {
                //下面的代码是从管道流中读出数据,每读一行数据输出一次
                BufferedReader br=new BufferedReader(new InputStreamReader(
                        pis));
                while (true) {
                    try {
                        System.out.println(Thread.currentThread().getName()
                                +"收到的内容:"+br.readLine());
                    } catch (IOException e) {
                        e.printStackTrace();
                    }
                }
            }
        },"接收数据的线程").start();
    }
}
```

运行结果如图 8-28 所示。

例 8-19 中,首先创建 PipedInputStream 实例对象和 PipedOutputStream 实例对象,

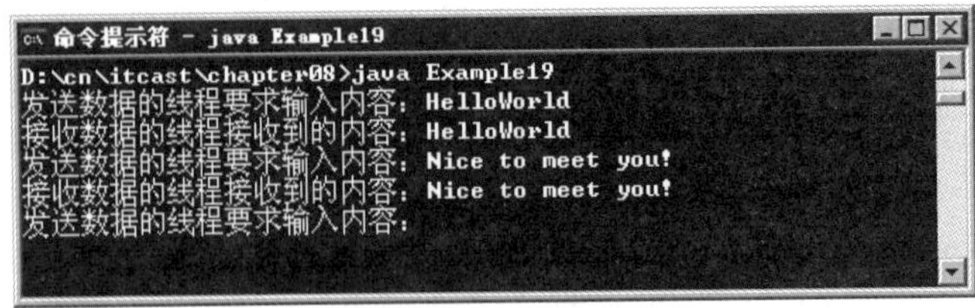

图 8-28 例 8-19 运行结果

并通过 connect()方法建立管道连接。然后开启两个线程，一个线程用于将键盘输入的数据写入管道输出流，一个线程用于从管道中读取写入的数据。从运行结果可以看出，在键盘中输入的“HelloWorld”、“Nice to meet you!”字符被 PipedInputStream 对象从管道中读取出来，并进行打印，成功完成了线程间的通信。

在字符流中也有一对 PipedReader 和 PipedWriter 用于管道的通信，它们的用法和 PipedInputStream、PipedOutputStream 相似，这里就不再赘述。

8.3.6 ByteArrayInputStream 和 ByteArrayOutputStream

在前面的学习中，都是将文件直接存储到硬盘，但有时候我们希望将文件临时存储到缓冲区，方便以后读取。为此 JDK 中提供了一个 ByteArrayOutputStream 类。ByteArrayOutputStream 类会在创建对象时就创建一个 byte 型数组的缓冲区，当向数组中写数据时，该对象会把所有的数据先写入缓冲区，最后一次性写入文件。接下来通过一个案例来演示 ByteArrayOutputStream 如何将数据写入缓冲区，如例 8-20 所示。

例 8-20 Example20.java

```
import java.io.*;
public class Example20 {
    public static void main(String[] args) throws Exception {
        FileInputStream in=new FileInputStream("source.txt");
        ByteArrayOutputStream bos=new ByteArrayOutputStream();    //创建一个字节数组缓冲区
        FileOutputStream out=new FileOutputStream("target.txt");
        //下面的代码是循环读取缓冲区中的数据,并将数据一次性写入文件
        int b;
        while ((b=in.read()) !=-1) {
            bos.write(b);
        }
        in.close();
        bos.close();
        out.write(bos.toByteArray());             //将缓冲区中的数据一次性写入文件
        out.close();
    }
}
```

程序运行结束后，打开文件“source. txt”和“target. txt”，结果如图 8-29 所示。

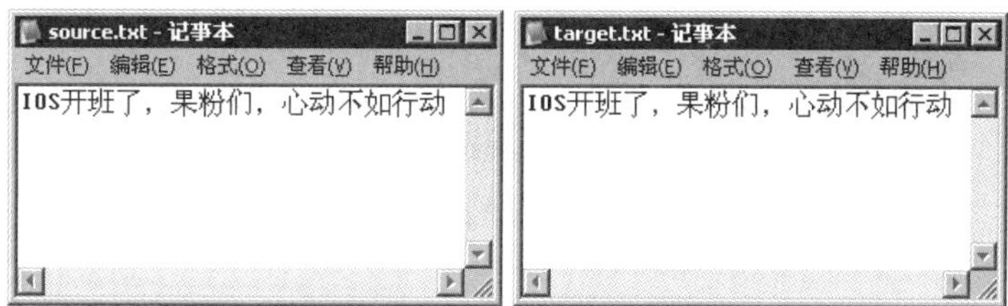

图 8-29 source. txt 和 target. txt

在例 8-20 中，定义了一个 ByteArrayOutputStream 对象，将从“source. txt”文件中读取的字节全部写入该对象的缓冲区中，通过 FileOutputStream 对象将缓冲区中的数据一次性写入“target. txt”文件。

之前小节在读取数据时，通常都会定义一个 1024 个字节的数组，但如果文件太大，这个数组就不能一次性把文件读取完，此时，需要多次向文件中写入数据，这样的操作明显效率很低。这时，如果使用 ByteArrayOutputStream 创建一个缓冲区，该缓冲区会根据存入数据的多少而自动变化，因此就可以减少写数据的次数，使程序变得更灵活，从而提高应用程序的效率。需要注意的是，如果读取的文件非常大，就不能使用这个类，否则会造成内存溢出。

与 ByteArrayOutputStream 类似，ByteArrayInputStream 是从缓冲区中读取数据，接下来通过一个案例来演示一下 ByteArrayInputStream 如何读取缓冲区中的数据，如例 8-21 所示。

例 8-21 Example21. java

```
import java.io.*;
public class Example21 {
    public static void main(String[] args) throws Exception {
        byte[] bufs=new byte[] { 97,98,99,100 };              //创建一个字节数组
        ByteArrayInputStream bis=new ByteArrayInputStream(bufs);    //读取字节数组中的数据
        //下面的代码是循环读取缓冲区中的数据
        int b;
        while ((b=bis.read()) !=-1) {
            System.out.println((char) b);
        }
    }
}
```

运行结果如图 8-30 所示。

例 8-21 中，通过构造方法 ByteArrayInputStream(byte[] b)创建了一个 ByteArrayInputStream 对象，从字节数组中每次读取一个字节，然后转换成字符(char)进行打印，通过运行结果可以看出，字节全部以字符的形式依次进行输出。

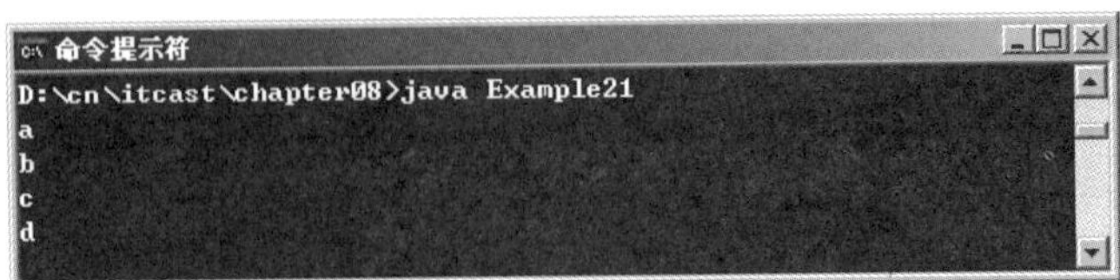

图 8-30　例 8-21 运行结果

8.3.7 CharArrayReader 和 CharArrayWriter

要想将字符型数据临时存入缓冲区中，还可以使用 JDK 提供的 CharArrayReader 和 CharArrayWriter，CharArrayReader 是从字符数组中读取数据，CharArrayWriter 是在内存中创建一个字符数组缓冲区，它们的功能与 ByteArrayInputStream、ByteArrayOutputStream 类似，只不过操作的数据是字符，接下来通过一个案例来演示 CharArrayReader 和 CharArrayWriter 的基本用法，如例 8-22 所示。

例 8-22　Example22.java

```
import java.io.*;
public class Example22 {
    public static void main(String[] args)throws Exception {
        FileReader reader=new FileReader("A.txt"); //创建一个 FileReader 对象
        CharArrayWriter caw=new CharArrayWriter();    //在内存中创建一个字符数组缓冲区
        //下面的代码是将数据写入缓冲区
        int b;
        while ((b=reader.read()) !=-1) {
            caw.write(b);                             //将读取到的字符写入缓冲区
        }
        reader.close();
        caw.close();
        char[] c=caw.toCharArray();           //将缓冲区中的数据转换成字符型数组
        CharArrayReader cr=new CharArrayReader(c);       //读取字符数组中的数据
        //下面的代码是从缓冲区中读取数据,并进行打印
        int i=0;
        while ((i=cr.read()) !=-1) {
            System.out.println((char) i);
        }
    }
}
```

运行结果如图 8-31 所示。

例 8-22 中，首先在当前目录下创建一个“A. txt”文件并写入数据 a、b、c、d，通过运行结果可以看到字符数组的元素被依次打印出来，这说明 CharArrayReader 从字符数组中成功读取到数据。

图 8-31 例 8-22 运行结果

8.3.8 SequenceInputStream

前面对文件进行操作时,都是通过一个流对数据进行处理。如果希望多个流处理数据,这时就需要将这些流进行合并。例如通过下载工具下载某个文件时,通常都是采用多线程的方式分段下载数据,最后会将所有的分段数据进行合并,这时就可以使用SequenceInputStream。SequenceInputStream 类可以将几个输入流串联在一起,合并为一个输入流。当通过这个流来读取数据时,它会依次从所有被串联的输入流中读取数据,对程序来说,就好像是对同一个流进行操作。接下来通过一个案例来演示SequenceInputStream 处理两个流文件的过程,如例 8-23 所示。

例 8-23 Example23. java

```
import java.io.*;
public class Example23 {
    public static void main(String[] args) throws Exception {
        //下面的代码是创建了两个流对象 in1、in2
        FileInputStream in1=new FileInputStream("stream1.txt");
        FileInputStream in2=new FileInputStream("stream2.txt");
        //创建一个序列流,合并两个字节流 in1 和 in2
        SequenceInputStream sis=new SequenceInputStream(in1,in2);
        FileOutputStream out=new FileOutputStream("stream.txt");
        int len;
        byte[] buf=new byte[1024];           //创建一个 1024 个字节数组作为缓冲区
        //下面的代码用于循环读取三个流中的文件
        while ((len=sis.read(buf)) !=-1) {
            out.write(buf,0,len);            //将缓冲区中的数据输出
            out.write("\r\n".getBytes());
        }
        sis.close();
        out.close();
    }
}
```

程序运行结束后,打开文件"stream1. txt"、"stream2. txt"和"stream. txt",结果如图 8-32 所示。

通过图 8-32 可以看出,程序将两个文件的内容进行合并。在创建 SequenceInputStream 对

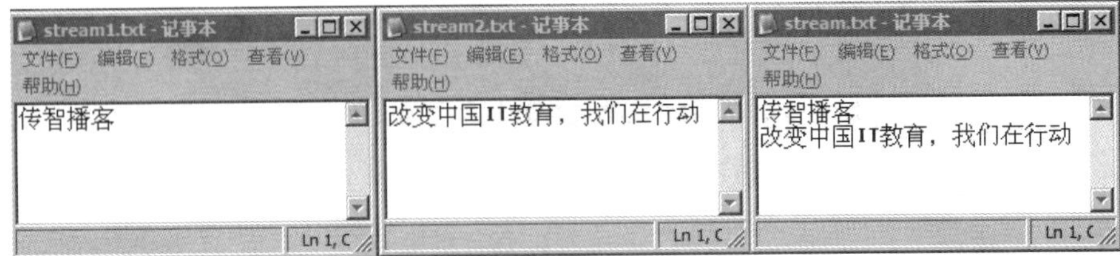

图 8-32　文本文件

象时使用的构造方法只有两个参数，也就是说只能合并两个流。如果想将多个流进行合并，这时需要使用 SequenceInputStream 类的另一个构造方法，具体如下：

```
SequenceInputStream(Enumeration<? extends InputStream>e)
```

该构造方法会接收一个 Enumeration 类型的对象作为参数，Enumeraion 对象会返回一系列 InputStream 类型的对象，以提供给 SequenceInputStream 读取。接下来通过一个案例来学习这个构造方法的使用，如例 8-24 所示。

例 8-24　Example24.java

```
import java.io.*;
import java.util.*;
public class Example24 {
    public static void main(String[] args) throws Exception {
        Vector vector=new Vector();            //创建 Vector 对象
        //下面的代码是创建 3 个输入流对象
        FileInputStream fis1=new FileInputStream("1.txt");
        FileInputStream fis2=new FileInputStream("2.txt");
        FileInputStream fis3=new FileInputStream("3.txt");
        //下面的代码是向 Vector 中添加 3 个输入流对象
        vector.addElement(fis1);
        vector.addElement(fis2);
        vector.addElement(fis3);
        Enumeration e=vector.elements();  //获取 Vector 对象中的元素
        //将 Enumeration 对象中的流合并
        SequenceInputStream sis=new SequenceInputStream(e);
        FileOutputStream out=new FileOutputStream("stream.txt");
        int len;
        byte[] buf=new byte[1024];         //创建一个大小为 1024 个字节数组的缓冲区
        while ((len=sis.read(buf)) !=-1) {
            out.write(buf,0,len);
        }
        sis.close();
        out.close();
```

```
    }
}
```

程序运行结束后，打开当前目录下的文件“1. txt”、“2. txt”、“3. txt”和“stream. txt”，结果如图 8-33 所示。

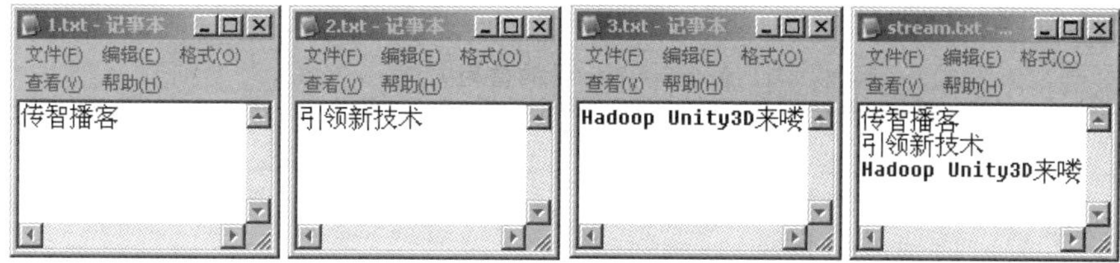

图 8-33 文本文件

通过图 8-33 可以看出，程序将三个文件合并为一个文件。例程中用到了 Vector 集合，首先使用该集合存储 3 个输入流，然后调用 elements()方法返回一个 Enumeration 对象。在创建 SequenceInputStream 对象时，将 Enumeration 对象作为参数传递给构造方法，从而实现多个流的合并功能。

8.4 File 类

本章前面讲解的 IO 流可以对文件的内容进行读写操作，在应用程序中还会经常对文件本身进行一些常规操作，例如创建一个文件，删除或者重命名某个文件，判断硬盘上某个文件是否存在，查询文件最后修改时间等。针对文件的这类操作，JDK 中提供了一个 File 类，该类封装了一个路径，并提供了一系列的方法用于操作该路径所指向的文件，接下来围绕 File 类展开详细讲解。

8.4.1 File 类的常用方法

File 类用于封装一个路径，这个路径可以是从系统盘符开始的绝对路径，如 D:\file\a. txt，也可以是相对于当前目录而言的相对路径，如 src\Hello. java。File 类内部封装的路径可以指向一个文件，也可以指向一个目录，在 File 类中提供了针对这些文件或目录的一些常规操作。接下来首先介绍一下 File 类常用的构造方法，如表 8-4 所示。

表 8-4 File 类常用的构造方法

方法声明	功能描述
File(String pathname)	通过指定的一个字符串类型的文件路径来创建一个新的 File 对象
File(String parent,String child)	根据指定的一个字符串类型的父路径和一个字符串类型的子路径(包括文件名称)创建一个 File 对象
File(File parent,String child)	根据指定的 File 类的父路径和字符串类型的子路径(包括文件名称)创建一个 File 对象

表 8-4 中列出了 File 类的三个构造方法。通常来讲,如果程序只处理一个目录或文件,并且知道该目录或文件的路径,使用第一个构造方法较方便。如果程序处理的是一个公共目录中的若干子目录或文件,那么使用第二个或者第三个构造方法会更方便。

File 类中提供了一系列方法,用于操作其内部封装的路径指向的文件或者目录,例如判断文件/目录是否存在、创建、删除文件/目录等。接下来介绍一下 File 类中的常用方法,如表 8-5 所示。

表 8-5 File 类的常用方法

方法声明	功能描述
boolean exists()	判断 File 对象对应的文件或目录是否存在,若存在则返回 ture,否则返回 false
boolean delete()	删除 File 对象对应的文件或目录,若成功删除则返回 true,否则返回 false
boolean createNewFile()	当 File 对象对应的文件不存在时,该方法将新建一个此 File 对象所指定的新文件,若创建成功则返回 true,否则返回 false
String getName()	返回 File 对象表示的文件或文件夹的名称
String getPath()	返回 File 对象对应的路径
String getAbsolutePath()	返回 File 对象对应的绝对路径(在 UNIX/Linux 等系统上,如果路径是以正斜线/开始,则这个路径是绝对路径;在 Windows 等系统上,如果路径是从盘符开始,则这个路径是绝对路径)
String getParent()	返回 File 对象对应目录的父目录(即返回的目录不包含最后一级子目录)
boolean canRead()	判断 File 对象对应的文件或目录是否可读,若可读则返回 true,反之返回 false
boolean canWrite()	判断 File 对象对应的文件或目录是否可写,若可写则返回 true,反之返回 false
boolean isFile()	判断 File 对象对应的是否是文件(不是目录),若是文件则返回 true,反之返回 false
boolean isDirectory()	判断 File 对象对应的是否是目录(不是文件),若是目录则返回 true,反之返回 false
boolean isAbsolute()	判断 File 对象对应的文件或目录是否是绝对路径
long lastModified()	返回 1970 年 1 月 1 日 0 时 0 分 0 秒到文件最后修改时间的毫秒值
long length()	返回文件内容的长度
String []list()	列出指定目录的全部内容,只列出名称
File[] listFiles()	返回一个包含了 File 对象所有子文件和子目录的 File 数组

表 8-5 中,列出了 File 类的一系列常用方法,此表仅仅通过文字对 File 类的方法进行介绍,对于初学者来说很难弄清它们之间的区别,接下来,首先在当前目录下创建一个文件“example. txt”并输入内容“itcast”,然后通过一个案例来演示 File 类的常用方法,如例 8-25 所示。

例 8-25 Example25.java

```
import java.io.File;
import java.io.IOException;
public class Example25 {
    public static void main(String[] args) {
        File file=new File("example.txt");    //创建 File 文件对象,表示一个文件
        //获取文件名称
        System.out.println("文件名称:"+file.getName());
        //获取文件的相对路径
        System.out.println("文件的相对路径:"+file.getPath());
        //获取文件的绝对路径
        System.out.println("文件的绝对路径:"+file.getAbsolutePath());
        //获取文件的父路径
        System.out.println("文件的父路径:"+file.getParent());
        //判断文件是否可读
        System.out.println(file.canRead()? "文件可读" : "文件不可读");
        //判断文件是否可写
        System.out.println(file.canWrite()? "文件可写": "文件不可写");
        //判断是否是一个文件
        System.out.println(file.isFile()? "是一个文件" :"不是一个文件");
        //判断是否是一个目录
        System.out.println(file.isDirectory()? "是一个目录" : "不是一个目录");
        //判断是否是一个绝对路径
        System.out.println(file.isAbsolute()? "是绝对路径": "不是绝对路径");
        //得到文件最后修改时间
        System.out.println("最后修改时间为:"+file.lastModified());
        //得到文件的大小
        System.out.println("文件大小为:"+file.length()+" bytes");
        //是否成功删除文件
        System.out.println("是否成功删除文件"+file.delete());
    }
}
```

运行结果如图 8-34 所示。

例 8-25 中,调用 File 类的一系列方法,获取到了文件的名称、相对路径、绝对路径、文件是否可读等信息,最后,通过 delete()方法将文件删除,这些方法在表 8-5 中都有介绍,这里就不再赘述。

8.4.2 遍历目录下的文件

在表 8-5 中列举的方法中有一个 list()方法,该方法用于遍历某个指定目录下的所有文件的名称,例 8-25 中没有演示该方法的使用,接下来通过一个案例来演示 list()方法的用法,如例 8-26 所示。

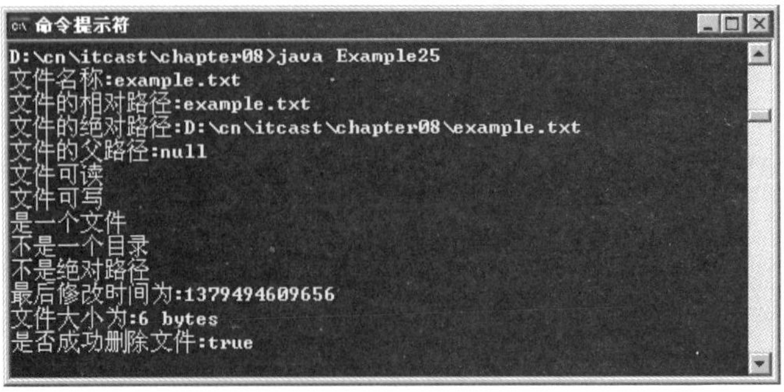

```
D:\cn\itcast\chapter08>java Example25
文件名称:example.txt
文件的相对路径:example.txt
文件的绝对路径:D:\cn\itcast\chapter08\example.txt
文件的父路径:null
文件可读
文件可写
是一个文件
不是一个目录
不是绝对路径
最后修改时间为:1379494609656
文件大小为:6 bytes
是否成功删除文件:true
```

图 8-34 例 8-25 运行结果

例 8-26 Example26.java

```
import java.io.File;
public class Example26 {
    public static void main(String[] args) throws Exception {
        File file=new File("d:\\cn\\itcast\\chapter05");        //创建 File 对象
        if (file.isDirectory ()) {               //判断 File 对象对应的目录是否存在
            String[] names=file.list ();      //获得目录下的所有文件的文件名
                for (String name : names) {
                    System.out.println(name);   //输出文件名
                }
        }
    }
}
```

运行结果如图 8-35 所示。

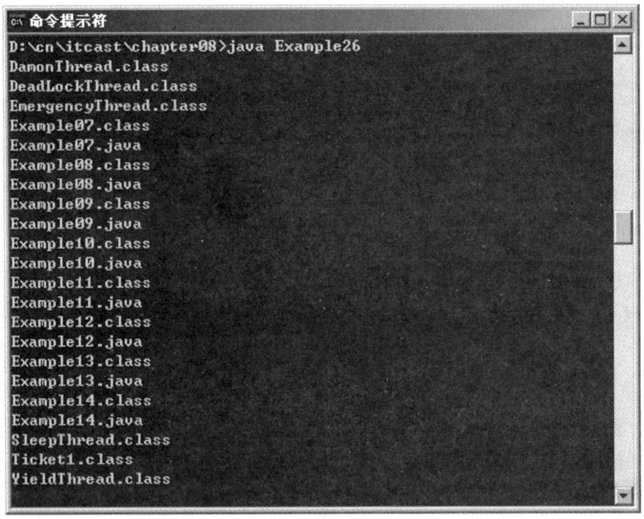

```
D:\cn\itcast\chapter08>java Example26
DamonThread.class
DeadLockThread.class
EmergencyThread.class
Example07.class
Example07.java
Example08.class
Example08.java
Example09.class
Example09.java
Example10.class
Example10.java
Example11.class
Example11.java
Example12.class
Example12.java
Example13.class
Example13.java
Example14.class
Example14.java
SleepThread.class
Ticket1.class
YieldThread.class
```

图 8-35 例 8-26 运行结果

例 8-26 中,创建了一个 File 对象,封装了一个路径,通过调用 File 的 isDirectory () 方法判断路径指向的是否为存在的目录,如果存在就调用 list ()方法,获得一个 String 类型的数组 names,数组中包含这个目录下所有文件的文件名。接着通过循环遍历数组 names,依次打印出每个文件的文件名。

例 8-26 实现了遍历一个目录下所有的文件,有时程序只是需要得到指定类型的文件,如获取指定目录下所有的". java"文件。针对这种需求,File 类中提供了一个重载的 list(FilenameFilter filter) 方法,该方法接收一个 FilenameFilter 类型的参数。FilenameFilter 是一个接口,被称作文件过滤器,当中定义了一个抽象方法 accept(File dir,String name),在调用 list()方法时,需要实现文件过滤器,在 accept()方法中做出判断,从而获得指定类型的文件。

为了让初学者更好地理解文件过滤的原理,接下来分步骤分析 list(FilenameFilter filter)方法的工作原理。

① 调用 list()方法传入 FilenameFilter 文件过滤器对象。

② 取出当前 File 对象所代表目录下的所有子目录和文件。

③ 对于每一个子目录或文件,都会调用文件过滤器对象的 accept(File dir,String name)方法,并把代表当前目录的 File 对象以及这个子目录或文件的名字作为参数 dir 和 name 传递给方法。

④ 如果 accept()方法返回 true,就将当前遍历的这个子目录或文件添加到数组中,如果返回 false,则不添加。

接下来通过一个案例来演示如何遍历指定目录下所有扩展名为. java 的文件,如例 8-27 所示。

例 8-27 Example27. java

```
import java.io.File;
import java.io.FilenameFilter;
public class Example27 {
    public static void main(String[] args) throws Exception {
        //创建 File 对象
        File file=new File("d:/cn/itcast/chapter05");
        //创建过滤器对象
        FilenameFilter filter=new FilenameFilter() {
            //实现 accept()方法
            public boolean accept(File dir,String name) {
                File currFile=new File(dir,name);
                //如果文件名以.java 结尾返回 true,否则返回 false
                if (currFile.isFile() && name.endsWith(".java")) {
                    return true;
                } else {
                    return false;
                }
```

```
            }
        };
        if (file.exists()) {                          //判断 File 对象对应的目录是否存在
            String[] lists=file.list(filter);      //获得过滤后的所有文件名数组
            for (String name : lists) {
                System.out.println(name);
            }
        }
    }
}
```

运行结果如图 8-36 所示。

图 8-36　例 8-27 运行结果

例 8-27 的 main()方法中，定义了 FilenameFilter 文件过滤器对象 filter，并且实现了 accept()方法，在 accept()方法中对当前正在遍历的 currFile 对象进行判断，只有当 currFile 对象代表文件，并且扩展名为“.java”时，才返回 true。在调用 File 对象的 list()方法时将 filter 过滤器对象传入，就得到包含所有“.java”文件名字的字符串数组。

前面的两个例子演示的都是遍历目录下文件的文件名，有时候在一个目录下，除了文件，还有子目录，如果想得到所有子目录下的 File 类型对象，list()方法显然不能满足要求，这时需要使用 File 类提供的另一个方法 listFiles()。listFiles()方法返回一个 File 对象数组，当对数组中的元素进行遍历时，如果元素中还有子目录需要遍历，则需要使用递归。接下来通过一个案例来实现遍历指定目录下的文件，如例 8-28 所示。

例 8-28　Example28.java

```
import java.io.File;
public class Example28 {
    public static void main(String[] args) {
        File file=new File("E:\\cn\\itcast\\chapter08");    //创建一个代表目录的 File 对象
        fileDir(file);                                      //调用 FileDir 删除方法
    }
    public static void fileDir(File dir) {
        File[] files=dir.listFiles();          //获得表示目录下所有文件的数组
        for (File file: files) {               //遍历所有的子目录和文件
```

```
            if (file.isDirectory()) {
                fileDir(file);              //如果是目录,递归调用 fileDir()
            }
            System.out.println(file.getAbsolutePath());     //输出文件的绝对路径
        }
    }
}
```

运行结果如图 8-37 所示。

```
命令提示符
D:\cn\itcast\chapter08>java Example28
D:\cn\itcast\chapter08\A.txt
D:\cn\itcast\chapter08\Car.class
D:\cn\itcast\chapter08\Des.java
D:\cn\itcast\chapter08\des.txt
D:\cn\itcast\chapter08\DesWithLineNum.java
D:\cn\itcast\chapter08\Example01.class
D:\cn\itcast\chapter08\Example01.java
D:\cn\itcast\chapter08\Example02.class
D:\cn\itcast\chapter08\Example02.java
D:\cn\itcast\chapter08\Example03.class
D:\cn\itcast\chapter08\Example03.java
D:\cn\itcast\chapter08\Example04.class
D:\cn\itcast\chapter08\Example04.java
D:\cn\itcast\chapter08\Example05.class
D:\cn\itcast\chapter08\Example05.java
D:\cn\itcast\chapter08\Example06.class
```

图 8-37 例 8-28 运行结果

例 8-28 中,定义了一个静态方法 fileDir(),方法接收一个表示目录的 File 对象。在方法中,首先通过调用 listFiles()方法把该目录下所有的子目录和文件存到一个 File 类型的数组 files 中,接着遍历数组 files,对当前遍历的 File 对象进行判断,如果是目录就重新调用 fileDir()方法进行递归,如果是文件就直接打印输出文件的路径,这样该目录下的所有文件就被成功遍历出来了。

8.4.3 删除文件及目录

在操作文件时,经常需要删除一个目录下的某个文件或者删除整个目录,这时大家首先会想到 File 类的 delete()方法,接下来通过一个案例来演示使用 delete()方法删除文件,如例 8-29 所示。

例 8-29 Example29.java

```
import java.io.*;
class Example29 {
    public static void main(String[] args) {
        File file=new File("E:\\cn");           //这是一个代表目录的 File 对象
        if (file.exists()) {
            System.out.println(file.delete());
        }
    }
}
```

运行结果如图 8-38 所示。

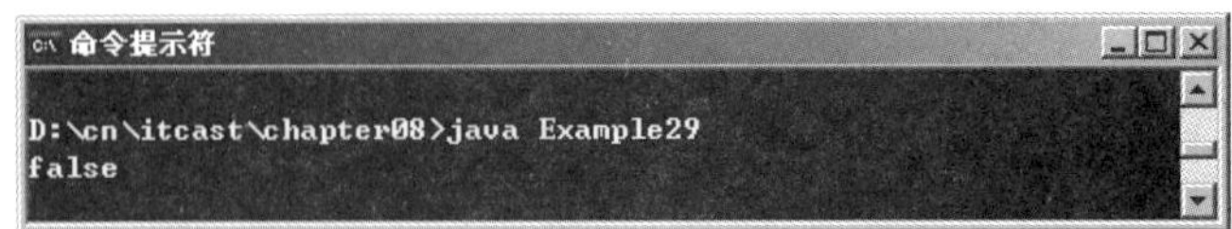

图 8-38　例 8-29 运行结果

图 8-38 的运行结果中输出了 false,这说明删除文件失败了。大家可能会疑惑,为什么会失败呢？那是因为 File 类的 delete()方法只是删除一个指定的文件,假如 File 对象代表目录,并且目录下包含子目录或文件,则 File 类的 delete()方法不允许对这个目录直接删除。在这种情况下,需要通过递归的方式将整个目录以及其中的文件全部删除,具体递归的方式和例 8-28 一样,接下来通过一个案例来演示,如例 8-30 所示。

例 8-30　Example30.java

```
import java.io.*;
public class Example30 {
    public static void main(String[] args) {
        File file=new File("E:\cn");        //创建一个代表目录的 File 对象
        deleteDir(file);                    //调用 deleteDir 删除方法
    }
    public static void deleteDir(File dir) {
        if (dir.exists()) {                 //判断传入的 File 对象是否存在
            File[] files=dir.listFiles();   //得到 File 数组
            for (File file : files) {       //遍历所有的子目录和文件
                if (file.isDirectory()) {
                    deleteDir(file);        //如果是目录,递归调用 deleteDir()
                } else {
                    //如果是文件,直接删除
                    file.delete();
                }
            }
            //删除完一个目录里的所有文件后,就删除这个目录
            dir.delete();
        }
    }
}
```

例 8-30 中,定义了一个删除目录的静态方法 deleteDir(),接收一个 File 类型的参数。在这个方法中,调用 listFiles()方法把这个目录下所有的子目录和文件保存到一个 File 类型的数组 files 中,然后遍历 files,如果是目录就重新调用 deleteDir()方法进行递归,如果是文件就直接调用 File 的 delete()方法删除。当删除完一个目录下的所有文件后,再删除当前这个目录,这样便从里层到外层递归地删除了整个目录。

需要注意的是，在 Java 中删除目录是从虚拟机直接删除而不走回收站，文件将无法恢复，因此在进行删除操作的时候需要格外小心。

8.5 RandomAccessFile

前面介绍的 IO 流有一个共同特点，就是只能按照数据的先后顺序读取源设备中的数据，或者按照数据的先后顺序向目标设备写入数据。但如果希望从文件的任意位置开始执行读写操作，则字节流和字符流都无法实现。为此，在 IO 包中，提供了一个类 RandomAccessFile，它不属于流类，但具有读写文件数据的功能，可以随机地从文件的任何位置开始执行读写数据的操作。

RandomAccessFile 可以将文件以只读或者读写的方式打开，具体使用哪种方式取决于创建它所采用的构造方法，表 8-6 列举了 RandomAccessFile 的两个构造方法。

表 8-6 RandomAccessFile 的构造方法

方法声明	功能描述
RandomAccessFile(File file,String mode)	参数 file 指定被访问的文件
RandomAccessFile(String name,String mode)	参数 name 指定被访问文件的路径

表 8-6 中，列举了创建 RandomAccessFile 对象的两个构造方法。通过这两种方法创建 RandomAccessFile 对象时，都需要接受两个参数，第一个参数指定关联的文件，第二个参数 mode 指定访问文件的模式。参数 mode 有四个值，最常用的有两个，分别是"r"和"rw"，其中"r"表示以只读的方式打开文件，如果试图对 RandomAccessFile 对象执行写入操作，会抛出 IOException 异常；"rw"表示以"读写"的方式打开文件，如果该文件不存在，则会自动创建该文件。

RandomAccessFile 类针对文件的随机访问操作，提供了一些用于定位文件位置的方法，如表 8-7 所示。

表 8-7 RandomAccesseFile 定位文件位置的方法

方法声明	功能描述
long getFilePointer()	返回当前读写指针所处的位置
void seek(long pos)	设定读写指针的位置，与文件开头相隔 pos 个字节数
int skipBytes(int n)	使读写指针从当前位置开始，跳过 n 个字节
void setLength(long newLength)	设置此文件的长度

表 8-7 中，列出了四个定位文件位置的方法。在 RandomAccessFile 对象中包含了一个记录指针，用于表示文件当前读写处的位置。当新创建一个 RandomAccessFile 对象时，该对象的文件记录指针位于文件头(也就是 0 处)，当读写了 n 个字节后，文件的记录指针就会向后移动 n 个字节。RandomAccessFile 的 seek(long pos)方法，可以使记录指针向前、向后自由移动，通过 RandomAccessFile 的 getFilePointer()方法，便可获取文件当前记录指针的位置。

RandomAccessFile 在实际开发中也有常见的应用。大家都知道，有一些软件在使用时是需要付费的，但是一般都会有几次免费试用的机会。接下来使用 RandomAccessFile 类实现记录软件试用次数的过程。在编写这个程序之前需要在当前目录下创建一个文本文件“time.txt”，在文件中输入数字 5 作为软件试用的次数，具体代码如例 8-31 所示。

例 8-31　Example31.java

```
import java.io.RandomAccessFile;
public class Example31 {
    public static void main(String[] args) throws Exception {
        RandomAccessFile raf=new RandomAccessFile("time.txt","rw");
        int times=0;                                 //int 类型的变量表示试用次数
        times=Integer.parseInt(raf.readLine());   //第一次读取文件时 times 为 5
        if (times>0) {
            //试用一次,次数减少一次
            System.out.println("您还可以试用"+times--+"次!");
            raf.seek(0);                             //使记录指针指向文件的开头
            raf.writeBytes(times+"");              //将剩余的次数再次写入文件
        } else {
            System.out.println("软件试用次数已到");   //当 time<=0,告诉用户试用期已到
        }
        raf.close();                                 //关闭 RandomAccessFile 对象
    }
}
```

运行结果如图 8-39 所示。

图 8-39　例 8-31 运行结果

例 8-31 中，在当前目录下创建了一个 RandomAccessFile 对象关联访问的文件“time.txt”，并设置了“rw”的访问模式。在使用软件时，使用变量 times 记录软件能够试用的次数，第一次读取文件时，times 的值为 5。用户每次试用软件后，软件会把试用次数

减 1(times--),同时提示用户剩余试用次数,然后通过调用 raf.seek(0)方法把文件的记录指针跳转到文件头的位置,将剩余的次数重新写入文件。当表示试用的次数 times<=0 时,则提示用户的试用次数已到。最后关闭 RandomAccessFile 对象(raf.close()),便完成了软件试用的功能。

8.6 字符编码

8.6.1 常用字符集

看战争片时,经常会看到剧中出现收发电报的情况,发报员拿着密码本将文字翻译成某种码文发出,收报员使用同样的密码本将收到的码文再翻译成文字。这个密码本其实是发送方和接收方约定的一套电码表,电码表中规定了文字和电码之间的一一对应关系。

在计算机之间,同样无法直接传输一个一个的字符,而只能传输二进制数据。为了使发送的字符信息能以二进制数据的形式进行传输,同样需要使用一种"密码本",它叫做字符码表。字符码表是一种可以方便计算机识别的特定字符集,它是将每一个字符和一个唯一的数字对应而形成的一张表。针对不同的文字,每个国家都制定了自己的码表,下面就来介绍几种最常用的字符码表,如表 8-8 所示。

表 8-8 字符码表

ASCII	美国标准信息交换码,使用 7 位二进制数来表示所有的大小写字母、数字 0～9、标点符号以及在美式英语中使用的特殊控制字符
ISO8859-1	拉丁码表,兼容 ASCII,还包括了西欧语言、希腊语、泰语、阿拉伯语等
GB2312	中文码表,兼容 ASCII,每个英文占 1 个字节,中文占 2 个字节(2 个字节都为负数,最高位都为 1)
GBK、GB18030	兼容 GB2312,包含更多中文,每个英文占一个字节,中文占 2 个字节(第 1 个字节为负数,第 2 个字节可正可负)
Unicode	国际标准码,它为每种语言中的每个字符设定了统一并且唯一的二进制编码,以满足跨语言、跨平台进行文本转换、处理的要求,每个字符占 2 个字节。Java 中存储的字符类型就是使用 Unicode 编码
UTF-8	是针对 Unicode 的可变长编码,可以用来表示 Unicode 标准中的任何字符,其中,英文占 1 个字节,中文占 3 个字节,这是程序开发中最常用的字符码表

表 8-1 中列举了最常用的几种码表,通过选择合适的码表就能完成字符和二进制数据之间的转换,从而实现数据的传输。

8.6.2 字符编码和解码

在 Java 编程中,经常会出现字符转换为字节或者字节转换为字符的操作,这两种操作涉及到两个概念,编码(Encode)和解码(Decode)。一般来说,把字符串转换成计算机识别的字节序列称为编码,而把字节序列转换为普通人能看懂的明文字符串称为解码,如图 8-40 所示。

在计算机程序中，如果要把字节数组转换为字符串，可以通过 String 类的构造方法 String(byte[] bytes,String charsetName)把字节数组按照指定的码表解码成字符串(如果没有指定字符码表，则用操作系统默认的字符码表，如中文的 Windows 系统默认使用的字符码表是 GBK)；反之，可以通过使用 String 类中的 getBytes(String charsetName)方法把字符串按照指定的码表编码成字节数组。接下来通过一个案例来演示字符是如何进行编码和解码的，如例 8-32 所示。

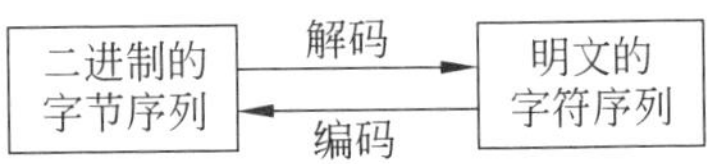

图 8-40　编码和解码过程

例 8-32　Example32. java

```
import java.util.*;
public class Example32 {
    public static void main(String[] args) throws Exception {
        String str="传智";
        byte[] b1=str.getBytes();                    //使用默认的码表编码
        byte[] b2=str.getBytes("GBK");               //使用 GBK 编码
        System.out.println(Arrays.toString(b1));     //打印出字节数组的字符串形式
        System.out.println(Arrays.toString(b2));
        byte[] b3=str.getBytes("UTF-8");             //使用 UTF-8 编码
        String result1=new String(b1,"GBK");
        System.out.println(result1);
        String result2=new String(b2,"GBK");
        System.out.println(result2);
        String result3=new String(b3,"UTF-8");
        System.out.println(result3);
        String result4=new String(b2,"ISO8859-1");
        System.out.println(result4);
    }
}
```

运行结果如图 8-41 所示。

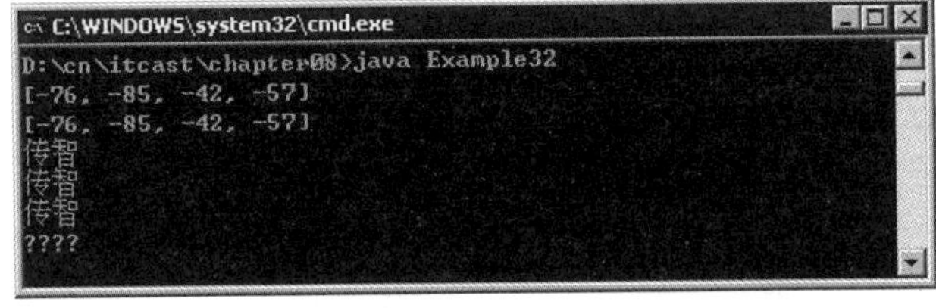

图 8-41　例 8-32 运行结果

在例 8-32 中分别使用了默认码表、GBK 和 UTF-8 三种码表对字符串“传智”进行编码，得到字节数组 b1、b2 和 b3，接着将使用默认码表和 GBK 码表编码后的字节数组 b1

和 b2 以字符串的形式打印出来。通过运行结果可以看出，两者是相等的。这就验证了前面提到的，当没有指定码表时，Windows 系统默认使用 GBK 码表的结论。最后通过使用编码时所用的码表对 b1、b2、b3 这三个数组进行解码，将结果都正确的打印了出来。

但例 8-32 中的第 16 行尝试使用 ISO8859-1 码表对 GBK 编码的数组进行解码时，出现了四个问号，这是由于编码和解码时使用的码表不一致所造成的乱码问题。那么这种乱码问题该如何解决呢？接下来通过图 8-42 来思考一下这个问题。

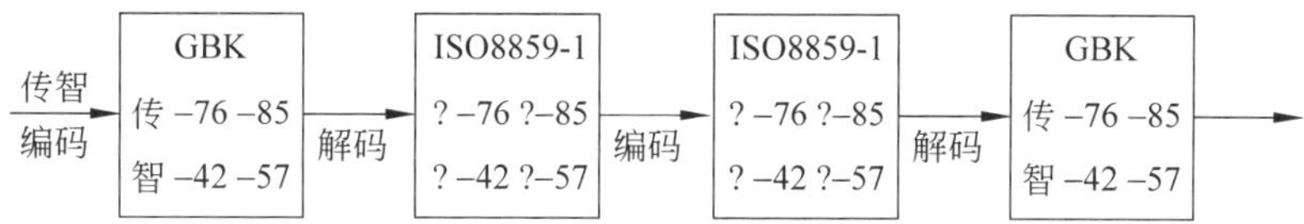

图 8-42 编码和解码过程

在例 8-32 中，字符串“传智”按照 GBK 码表编码，在解码时却用了错误的码表 ISO8859-1，由于 ISO8859-1 中不支持汉字，所以会查到 4 个乱码字符。为了解决这种乱码问题，是不是可以逆向思维，把这 4 个乱码字符按照 ISO8859-1 进行编码，得到与第一次编码相同的字节，然后按照正确的码表 GBK 对字符进行解码呢？接下来通过一个案例来验证一下这样的想法是否正确，如例 8-33 所示。

例 8-33 Example33. java

```
import java.util.*;
public class Example33 {
    public static void main(String[] args) throws Exception {
        String str="传智";
        byte[] b=str.getBytes("GBK");
        String temp=new String(b,"ISO8859-1");
        System.out.println(temp);                    //用错误的码表解码,打印出了乱码
        byte[] b1=temp.getBytes("ISO8859-1");        //再使用错误的码表编码
        String result=new String(b1,"GBK");          //用正确的码表解码
        System.out.println(result);                  //打印出正确的结果
    }
}
```

运行结果如图 8-43 所示。

图 8-43 例 8-33 运行结果

果然，先使用错误的码表 ISO8859-1 进行编码，得到与最开始用 GBK 编码相同的字节，然后使用正确的码表进行解码，最后打印出了正确的结果。需要注意的是，不是每次

在解码的时候用错码表都能用逆向思维的方法来得到正确的结果，当把例 8-32 中解码时用的错误码表由 ISO8859-1 改为 UTF-8，结果会是如何呢？有兴趣的朋友可以试试，想想为什么。

8.6.3 字符传输

在本章前面的小节中，大多数文件在保存数据时，采用的都是本地平台的默认码表 GBK。因此，在使用默认码表的情况下，通过 FileReader 和 FileWriter 读写文件不会发生乱码问题。但是，如果通过 FileReader 和 FileWriter 读取一个编码格式为 GBK 的文件，并将读取到的数据写入一个编码格式为 UTF-8 的文件时，则一定会出现乱码现象。接下来通过一幅图来展示数据在不同码表中的情况，如图 8-44 所示。

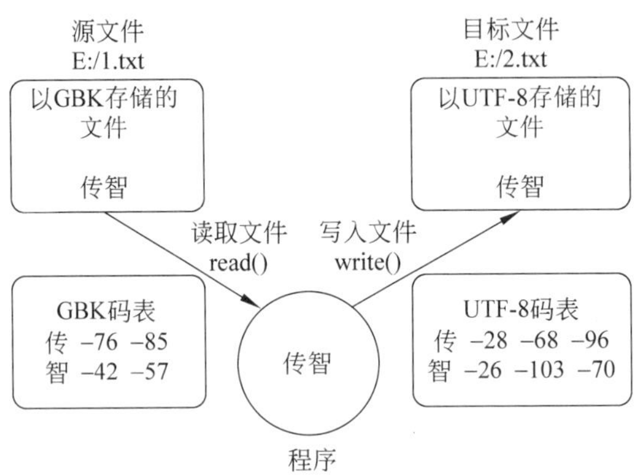

图 8-44 数据的转换

图 8-44 所示，E 盘根目录有两个文件“1. txt”和“2. txt”，它们分别以 GBK 和 UTF-8 编码存储数据。为了防止乱码的出现，需要在读取文件“1. txt”时，查询 GBK 码表，将字节转换为字符。当将读取到的数据写入文件“2. txt”时，同样查询 UTF-8 码表，将字符转换成字节。只有这样，才会使最终的数据不出现乱码。

在 8.2.4 小节介绍转换流的构造方法时讲过，通过构造方法 InputStreamReader(InputStream in,String charsetName)和 OutputStreamWriter(OutputStream in,String charsetName)创建流对象时，可以对需要读写的数据指定编码格式，接下来通过使用这两种构造方法创建实例对象，并对编码格式不同的文件实现拷贝，具体代码如例 8-34 所示。

例 8-34 Example34. java

```
import java.io.*;
public class Example34 {
    public static void main(String[] args) throws Exception {
        //创建 InputStreamReader 对象
        Reader reader=new InputStreamReader(new FileInputStream("E:/1.txt"),
                "GBK");
```

```
7          //创建 OutputStreamWriter 对象
8          Writer writer=new OutputStreamWriter(new FileOutputStream("E:/2.txt",
9                  true),"UTF-8");
10         char[] chs=new char[100];                    //定义一个字符数组
11         int len;
12         len=reader.read(chs);                        //将文件的内容读取到字符数组
13         String string=new String(chs,0,len);         //使用字符数组创建字符串
14         writer.write(string);                        //向目标文件写入字符串
15         reader.close();
16         writer.close();
17     }
18 }
```

运行结果如图 8-45 所示。

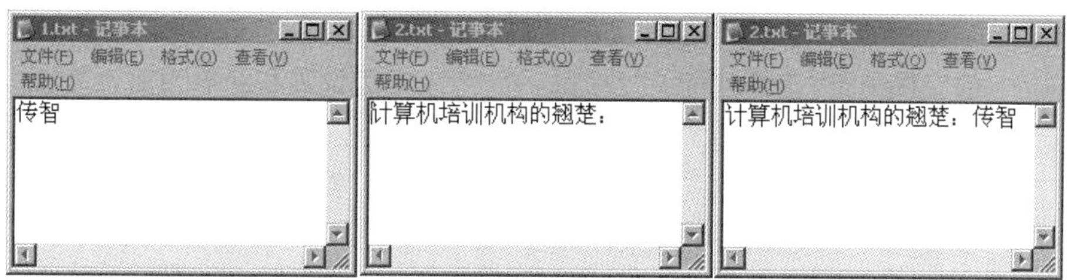

图 8-45 程序运行前后 2.txt 文件的变化

例 8-34 在创建 FileInputStreamReader 和 FileOutputStreamWriter 对象时，构造函数中分别传入了“GBK”码表和“UTF-8”码表，这样，当读取编码格式为 GBK 的文件时，就能正确地将字节转换成字符。当将数据写入编码格式为 UTF-8 的文件时，字符也可以正确的转换成对应的 UTF-8 字节，从而避免了程序在读写操作时的乱码问题。

注意：大家可能注意到了，在第 8 行代码创建 FileOutputStreamWriter 的第一参数 FileOutputStream 对象时，使用了构造函数 FileOutputStream(String name, boolean append)，并把 append 参数的值设为 true，也就是说在写入文件时，是将字节写入文件末尾处，而不是写入文件开始处。这是因为如果以 UTF-8 存储的文件 2.txt 中没有内容，写入 GBK 的字节后，2.txt 文件会自动转换为 GBK 的编码格式，则不会出现乱码现象。

8.7 本章小结

本章介绍了 Java 输入、输出体系的相关知识。首先讲解了如何使用字节流和字符流来读写磁盘上的文件，归纳了不同 IO 流的功能以及一些典型 IO 流的用法，同时还介绍了一种常用的设计模式——装饰设计模式，然后介绍了如何使用 File 对象访问本地文件系统，最后介绍了 RandomAccessFile 类和字符编码。

通过本章的学习，能够熟练掌握 IO 流对文件进行读写操作，能够深刻的理解装饰设

计模式的原理，以及如何解决程序中出现的字符乱码问题。

8.8 习　　题

一、填空题

1. Java 中的 IO 流，按照传输数据不同，可分为________和________。

2. 在 Java 中，________类用于操作磁盘中的文件和目录，位于________包中。

3. 在 Java 中，________类用来把两个或更多的 InputStream 输入流对象合并为单个 InputStream 输入流对象使用。

4. Java 中提供了一个类________，它不但具有读写文件的功能，并且可以随机地从文件的任何位置开始执行读写数据的操作。

5. 在 Java 中，能实现线程间通信的流是________。

6. Java 中提供了一个可以在读文件的同时记录行号的类，这个类是________，它是________的直接子类，它通过________和 ________方法设置和获取当前行号。

7. InputStreamReader 类是用于将________转换为________。

8. System. out 是________类的对象，称为标准输出流，调用 System 类的________方法可以实现标准输出流的重定向。

9. Java 中一个字符占用两个字节，所有字符采用的都是________码表。

10. BufferedWriter 的________方法可以写入一个换行符。

二、判断题

1. 如果一个 File 表示目录下有文件或者子目录，调用 delete()方法也可以将其删除。(　　)

2. 装饰设计模式中，装饰对象应该包含一个被装饰对象的引用。(　　)

3. 使用 ObjectInputStream 与 ObjectOutputStream 类来读取或存储的对象必须要实现 Serializable 接口，否则程序将出现 NotSerializableException 异常。(　　)

4. InputStream 类的 close()方法是用于关闭流并且释放流所占的系统资源。(　　)

5. 一般来说，把字符转换成计算机识别的字节序列称为解码，而把字节序列转换为普通人能看懂的明文字符称为编码。(　　)

三、选择题

1. 下列选项中，哪些是标准输入输出流？(多选)(　　)

A. System. in　　B. System. out　　C. InputStream　　D. OutputStream

2. 以下选项中，哪个是 FileOutputStream 的父类？(　　)

A. File　　B. FileOutput　　C. OutputStream　　D. InputStream

3. File 类中以字符串形式返回文件绝对路径的方法是？(　　)

A. getParent()　　B. getName()

C. getAbsolutePath()　　D. getPath()

4. 下列哪些是常用的字符码表?(多选)(　　)

A. ASCII　　B. UTF-8　　C. ISO8859-1　　D. GB2312

5. 以下创建 RandomAccessFile 类实例对象的代码,哪些是正确的?(多选)(　　)

A. RandomAccessFile(new File("D:\\itcast\\dir1\\test.java"),"rw")

B. RandomAccessFile("D:\\itcast\\dir1\\test.java","r")

C. RandomAccessFile("D:\\itcast\\dir1\\test.java")

D. RandomAccessFile("D:\\itcast\\dir1\\test.java","wr")

6. 以下哪些属于 InputStream 类的方法?(多选)(　　)

A. int read(byte[])　　B. void flush()

C. void close()　　D. available()

7. 以下选项中,哪个流中使用了缓冲区技术?(　　)

A. BufferedOutputStream　　B. FileInputStream

C. DataOutputStream　　D. FileReader

8. 以下选项中,哪个是 File 类 delete()方法返回值的类型?(　　)

A. boolean　　B. int　　C. String　　D. Integer

9. 以下选项中,哪个文件操作类可以实现一次读入多个文件?(　　)

A. FileReader　　B. BufferedReader

C. FileInputStream　　D. SequenceInputStream

10. 以下对 File 类的 public boolean isFile()方法的描述,哪个是正确的?(　　)

A. 判断该 File 对象所对应的是否是文件

B. 判断该 File 对象所对应的是否是目录

C. 返回文件的最后修改时间

D. 在当前目录下生成指定的目录。

四、程序填空题

1. 阅读以下代码,并将空白处填写完整。

```
import java.io.*;
public class Test1 {
public static void main(String args[])throws Exception{
    int a=4;
    BufferedReader br=new BufferedReader(new ________(System.in));
    System.out.println("请输入一个数字");
    String input=________;
    int b=Integer.parseInt(input);
    if(b>a){
        int sum=b/a;
        System.out.println(sum);
        }else{
```

```
            System.out.println("输入错误");
        }
    }
}
```

当输入的数字是 8 时,打印输出的结果是________。

2. 以下是使用 FileInputStream 类与 FileOutputStream 类复制文件。阅读以下代码,并将空白处填写完整。

```
import java.io.*;
class Test2 {
    public static void main(String[] args) {
        String file1,file2;
        int ch=0;
        file1="readme.txt";
        file2="readme.bak";
        try {
            FileInputStream fis=new ________;
            ________ fos=new FileOutputStream(file2);
            int size=________;
            System.out.println("字节有效数、"+size);
            while ((ch=fis.read()) !=-1) {
                System.out.write(ch);
                fos.write(ch);
            }
            fis.close();
            fos.close();
        } catch (IOException e) {
            System.out.println(e.toString());
        }
    }
}
```

五、思考题

1. 简述流的概念。
2. Java 流被分为字节流、字符流两大流类,二者有什么区别?
3. 简要说明管道流。
4. 简述什么是对象序列化,以及如何实现序列化?
5. 简述什么是字符编码和解码。

六、编程题。

按照题目需求,编写程序并运行

1. 编写一个程序,分别使用字节流和字符流拷贝一个文本文件。

提示:

① 使用 FileInputStream、FileOutputStream 和 FileReader、FileWriter 分别进行拷贝。

② 使用字节流拷贝时,定义一个 1024 长度的字节数组作为缓冲区,使用字符流拷贝,使用 BufferedReader 和 BufferedWriter 包装流进行包装。

2. 某人在玩游戏的时候输入密码 123456 后成功进入游戏(输错 5 次则被强行退出),要求用程序实现密码验证的过程。

提示:

① 使用 System.in 包装为字符流读取键盘输入。

② BufferedReader 对字符流进行包装。调用 BufferedReader 的 readLine()方法每次读取一行。

③ 在 for 循环中判断输入的密码是否为"123456",如果是则打印"恭喜你进入游戏",并跳出循环,否则继续循环读取键盘输入。

④ 当循环完毕,密码还不正确,则打印"密码错误,结束游戏",并调用 System.exit(0)方法结束程序。

第 9 章 chapter 9

GUI（图形用户界面）

本章重点

- AWT 事件处理机制
- 常用事件
- 布局管理器
- 常用 Swing 组件

GUI 全称是 Graphical User Interface，即图形用户界面。顾名思义，就是应用程序提供给用户操作的图形界面，包括窗口、菜单、按钮、工具栏和其他各种图形界面元素。目前，图形用户界面已经成为一种趋势，几乎所有的程序设计语言都提供了 GUI 设计功能。Java 中针对 GUI 设计提供了丰富的类库，这些类分别位于 java. awt 和 javax. swing 包中，简称为 AWT 和 Swing。其中，AWT 是 SUN 公司最早推出的一套 API，它的组件种类有限，可以提供基本的 GUI 设计工具，却无法实现目前 GUI 设计所需的所有功能。随后，SUN 公司对 AWT 进行改进，提供了 Swing 组件，Swing 不仅实现了 AWT 中的所有功能，而且提供了更加丰富的组件和功能，足以满足 GUI 设计的一切需求。Swing 会用到 AWT 中的许多知识，掌握了 AWT，学习 Swing 就变成了一件很容易的事情，因此本章将从 AWT 开始学习图形用户界面。

9.1 AWT 概述

AWT 是用于创建图形用户界面的一个工具包，它提供了一系列用于实现图形界面的组件，如窗口、按钮、文本框、对话框等。在 JDK 中针对每个组件都提供了对应的 Java 类，这些类都位于 java. awt 包中，接下来通过一个图例来描述这些类的继承关系，如图 9-1 所示。

从图 9-1 的继承关系可以看出，在 AWT 中组件分为两个大类，这两类的基类分别是 Component 和 MenuComponent。其中，MenuComponent 是所有与菜单相关组件的父类，Component 则是除菜单外其他 AWT 组件的父类，它表示一个能以图形化方式显示出来，并可与用户交互的对象。

Component 类通常被称为组件，根据 Component 的不同作用，可将其分为基本组件类和容器类。基本组件类是诸如按钮、文本框之类的图形界面元素，而容器类则是通过

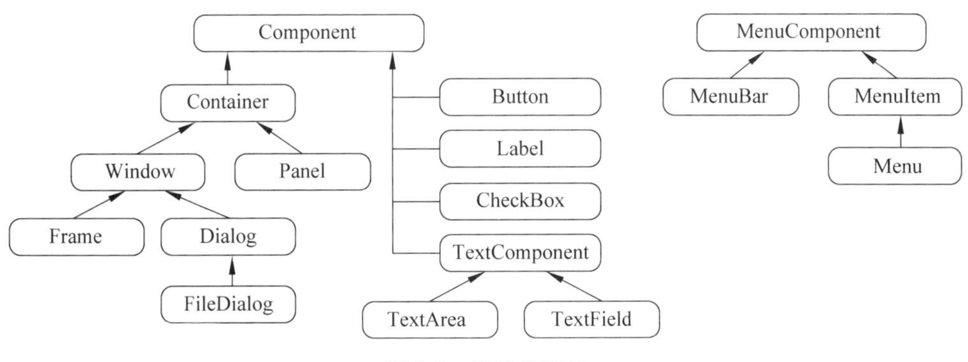

图 9-1 继承关系图

Component 的子类 Container 实例化的对象。Container 类表示容器,它是一种特殊的组件,可以用来容纳其他组件。Container 容器又分为两种类型,分别是 Window 和 Panel,接下来对这两种类型进行详细讲解。

1. Window

Window 类是不依赖其他容器而独立存在的容器,它有两个子类,分别是 Frame 类和 Dialog 类。Frame 类用于创建一个具有标题栏的框架窗口,作为程序的主界面,如图 9-2 所示。Dialog 类用于创建一个对话框,实现与用户的信息交互,如图 9-3 所示。

图 9-2 Frame 示例

图 9-3 Dialog 示例

2. Panel

Panel 也是一个容器,但是它不能单独存在,只能存在其他容器(Window 或其子类)中,一个 Panel 对象代表了一个长方形的区域,在这个区域中可以容纳其他组件。在程序中通常会使用 Panel 来实现一些特殊的布局。

了解了 AWT 组件的相关类后,为了使初学者对 GUI 有一个更直观的认识,接下来通过一个案例来创建一个简单的图形界面,如例 9-1 所示。

例 9-1 Example01.java

```
import java.awt.*;
public class Example01{
    public static void main(String[] args) {
```

```
4         //建立新窗体对象
5         Frame f=new Frame("我的窗体!");
6         //设置窗体的宽和高
7         f.setSize(400,300);
8         //设置窗体在屏幕中所处的位置(参数是左上角坐标)
9         f.setLocation(300,200);
10        //设置窗体可见
11        f.setVisible(true);
12    }
13 }
```

在Dos命令行中编译运行例9-1中的代码,结果如图9-4所示。

图9-4 编译运行程序

程序运行后会在桌面上弹出一个名为"我的窗体!"的图形化窗口,如图9-5所示。

图9-5 例9-1运行结果

例9-1中,第5行代码用于创建一个带有标题的Frame窗体对象,第7行的setSize()方法用于设置窗体对象的长宽,第9行代码的setLocation()方法用于设置窗体对象在屏幕所处的坐标位置,第11行的setVisible(true)用于设置窗体可见。Frame通过继承不同的类,拥有了很多方法,关于Frame的其他方法,可以通过查阅API来学习。

9.2 AWT事件处理

9.2.1 事件处理机制

例9-1实现了一个图形化窗口,点击窗口右上角的关闭按钮会发现窗口无法关闭,这说明该按钮的点击功能没有实现。按理说 Frame 对象应该实现这个按钮的功能，之所以没有实现，是因为 Frame 的设计者无法确定用户关闭 Frame 窗口的方式，例如，是直接关闭窗口还是需要弹出对话框询问用户是否关闭。如果想要关闭窗口，就需要通过事件处理机制对窗口进行监听。

事件处理机制专门用于响应用户的操作，比如，想要响应用户的点击鼠标、按下键盘等操作，就需要使用 AWT 的事件处理机制。在学习如何使用 AWT 事件处理机制之前，首先向大家介绍几个比较重要的概念。

- 事件对象(Event)：封装了 GUI 组件上发生的特定事件(通常就是用户的一次操作)。
- 事件源(组件)：事件发生的场所，通常就是产生事件的组件。
- 监听器(Listener)：负责监听事件源上发生的事件，并对各种事件作出相应处理的对象(对象中包含事件处理器)。
- 事件处理器：监听器对象对接收的事件对象进行相应处理的方法。

上面提到的事件对象、事件源、监听器、事件处理器在整个事件处理机制中都起着非常重要的作用，它们彼此之间有着非常紧密的联系，接下来用一个图例来描述事件处理的工作流程，如图 9-6 所示。

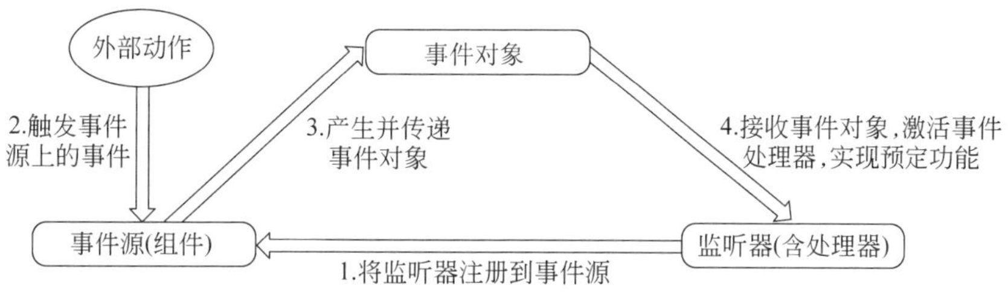

图 9-6 事件处理流程图

图 9-6 中，事件源是一个组件，当用户进行一些操作时，如按下鼠标或者释放键盘等，这些动作会触发相应的事件。如果事件源注册了事件监听器，则触发的相应事件将会被处理。

在程序中，如果想实现事件的监听机制，首先需要定义一个类实现事件监听器的接口，例如 Window 类型的窗口需要实现 WindowListener。接着通过 addWindowListener() 方法为事件源注册事件监听器对象，当事件源上发生事件时，便会触发事件监听器对象，由事件监听器调用相应的方法来处理相应的事件。接下来，通过一个案例来实现关闭窗口的功能，如例 9-2 所示。

例 9-2 Example02.java

```
import java.awt.*;
import java.awt.event.*;
public class Example02 {
    public static void main(String[] args) {
        //建立新窗体
```

```
        Frame f=new Frame("我的窗体!");
        //设置窗体的宽和高
        f.setSize(400,300);
        //设置窗体的出现的位置
        f.setLocation(300,200);
        //设置窗体可见
        f.setVisible(true);
        //为窗口组件注册监听器
        MyWindowListener mw=new MyWindowListener();
        f.addWindowListener(mw);
    }
}
//创建 MyWindowListener 类实现 WindowListener 接口
class MyWindowListener implements WindowListener {
    //监听器监听事件对象做出处理
    public void windowClosing(WindowEvent e) {
        Window window=e.getWindow();
        window.setVisible(false);
        //释放窗口
        window.dispose();
    }
    public void windowActivated(WindowEvent e) {
    }
    public void windowClosed(WindowEvent e) {
    }
    public void windowDeactivated(WindowEvent e) {
    }
    public void windowDeiconified(WindowEvent e) {
    }
    public void windowIconified(WindowEvent e) {
    }
    public void windowOpened(WindowEvent e) {
    }
}
```

编译运行程序,生成的窗口如图 9-7 所示。

例 9-2 中为窗口添加了关闭功能。首先创建了一个实现 WindowListener 接口的事件监听器类 MyWindowListener,当通过 addWindowListener()方法将窗口与监听器对象绑定后,如果点击窗口右上角的关闭按钮,便会触发监听器对象的 windowClosing()方法,将当前窗口隐藏并且释放,从而关闭了窗口。

图 9-7　例 9-2 运行结果

9.2.2 事件适配器

例 9-2 中的 MyWindowListener 类实现 WindowListener 接口后，需要实现接口中定义的 7 个方法，然而在程序中需要用到的只有 windowClosing()一个方法，其他六个方法都是空实现，没有发挥任何作用，这样代码的编写明显是一种多余但又必需的工作。针对这样的问题，JDK 提供了一些适配器类，它们是监听器接口的默认实现类，这些实现类中实现了接口的所有方法，但方法中没有任何代码。程序可以通过继承适配器类来达到实现监听器接口的目的，接下来通过继承适配器类来实现同例 9-2 相同的功能，如例 9-3 所示。

例 9-3 Example03. java

```
import java.awt.*;
import java.awt.event.*;
public class Example03 {
    public static void main(String[] args) {
        //建立新窗体
        Frame f=new Frame("我的窗体!");
        //设置窗体的宽和高
        f.setSize(400,300);
        //设置窗体的出现的位置
        f.setLocation(300,200);
        //设置窗体可见
        f.setVisible(true);
        //为窗口组件注册监听器
        f.addWindowListener(new MyWindowListener());
    }
}
//继承 WindowAdapter 类,重写 windowClosing()方法
class MyWindowListener extends WindowAdapter {
    public void windowClosing(WindowEvent e) {
        Window window= (Window) e.getComponent();
        window.dispose();
    }
}
```

例 9-3 实现了和例 9-2 相同的功能。定义的 MyWindowListener 类继承了适配器类 WindowAdapter，由于实现的功能是关闭窗口，因此只需要对 windowClosing()方法进行重写即可。需要注意的是，几乎所有的监听器接口都有对应的适配器类，通过继承适配器类来实现监听器接口时，需要处理哪种事件，直接重写该事件对应的方法即可。

9.2.3 用匿名内部类实现事件处理

例 9-3 通过继承适配器类对事件源对象实现了监听，但在实际开发中，为了代码的

简洁，经常通过匿名内部类来创建事件监听器对象，针对所发生的事件进行处理。接下来通过案例来演示如何为窗口添加一个具有点击事件的按钮，具体代码如例 9-4 所示。

例 9-4 Example04.java

```
import java.awt.*;
import java.awt.event.*;
public class Example04 {
    public static void main(String[] args) {
        Frame f=new Frame("我的窗体!");
        f.setSize(400,300);
        f.setLocation(300,200);
        f.setVisible(true);
        Button btn=new Button("EXIT");     //创建按钮组件对象
        f.add(btn);                        //把按钮对象加载到窗口上
        //用内部类的方式为按钮组件注册监听器
        btn.addMouseListener(new MouseAdapter() {
            public void mouseClicked(MouseEvent e) {
                System.exit(0);
            }
        });
    }
}
```

编译运行程序，生成的窗口如图 9-8 所示。

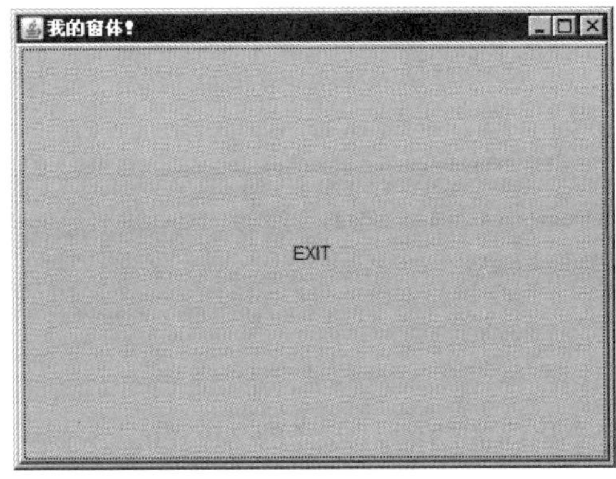

图 9-8 例 9-4 运行结果

例 9-4 中，调用按钮 btn 的 addMouseListener()方法，并在该方法中以匿名内部类的方式给按钮注册了一个鼠标事件监听器。由于只需要监听按钮的点击事件，因此使用了 MouseAdapter 适配器类，重写了 mouseClicked()方法，当按钮被点击时，会把点击事件作为对象传递给事件监听器，做出退出程序的处理。

9.3 常用事件分类

9.2小节讲解了AWT事件的处理机制，其中用到了窗体事件和鼠标事件。在AWT中提供了丰富的事件，大致可以分为窗体事件（WindowEvent）、鼠标事件（MouseEvent）、键盘事件（KeyEvent）、动作事件（ActionEvent）等，接下来就对这些事件逐一地进行讲解。

9.3.1 窗体事件

大部分GUI应用程序都需要使用Window窗体对象作为最外层的容器，可以说窗体对象是所有GUI应用程序的基础，应用程序中通常都是将其他组件直接或者间接地置于窗体中。

当对窗体进行操作时，比如窗体的打开、关闭、激活、停用等，这些动作都属于窗体事件，JDK中提供了一个类WindowEvent用于表示这些窗体事件。在应用程序中，当对窗体事件进行处理时，首先需要定义一个类实现WindowListener接口作为窗体监听器，然后通过addWindowListener()方法将窗体对象与窗体监听器绑定。接下来通过一个案例来实现对窗体事件的监听，如例9-5所示。

例 9-5 Example05.java

```
import java.awt.*;
import java.awt.event.*;
public class Example05 {
    public static void main(String[] args) {
        final Frame f=new Frame("WindowEvent");
        f.setSize(400,300);
        f.setLocation(300,200);
        f.setVisible(true);
        //使用内部类创建 WindowListener 实例对象,监听窗体事件
        f.addWindowListener(new WindowListener() {
            public void windowOpened(WindowEvent e) {
                System.out.println("windowOpened---窗体打开事件");
            }
            public void windowIconified(WindowEvent e) {
                System.out.println("windowIconified---窗体图标化事件");
            }
            public void windowDeiconified(WindowEvent e) {
                System.out.println("windowDeiconified---窗体取消图标化事件");
            }
            public void windowDeactivated(WindowEvent e) {
                System.out.println("windowDeactivated---窗体停用事件");
```

```
            }
            public void windowClosing(WindowEvent e) {
                System.out.println("windowClosing---窗体正在关闭事件");
                ((Window) e.getComponent()).dispose();
            }
            public void windowClosed(WindowEvent e) {
                System.out.println("windowClosed---窗体关闭事件");
            }
            public void windowActivated(WindowEvent e) {
                System.out.println("windowActivated---窗体激活事件");
            }
        });
    }
}
```

运行结果如图 9-9 所示。

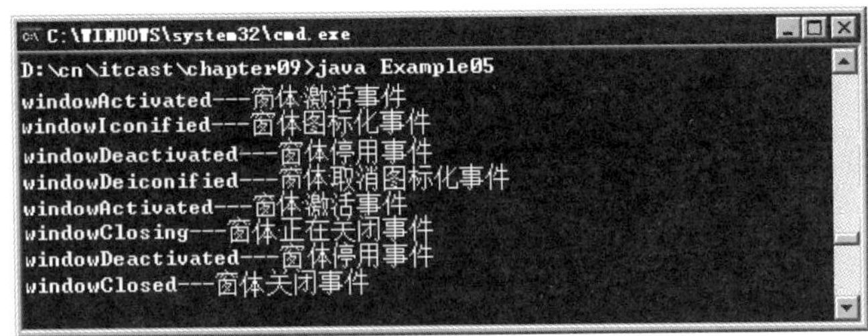

图 9-9 例 9-5 运行结果

例 9-5 中，通过 WindowListener 对操作窗口的动作事件进行监听，当接收到特定的动作后，就将所触发事件的名称打印出来。运行程序，当生成窗体后，控制台上输出"windowActivated---窗口激活事件"；当点击窗体的最小化按钮后，控制台上依次输出"windowIconified---窗体图标化事件"、"windowDeactivated---窗体停用事件"；当点击任务栏上的图标，再次激活窗体后，控制台上依次输出"windowDeiconified---窗体取消图标化事件"、"windowActivated---窗体激活事件"；当点击窗体上的关闭按钮，关闭窗体时，控制台上依次输出"windowClosing---窗体正在关闭事件"、"windowDeactivated---窗体停用事件"、"windowClosed---窗体关闭事件"。

了解了窗体事件，在以后的编程中，可以根据实际需求，在监听器中自定义窗体的事件处理器。

9.3.2 鼠标事件

在图形用户界面中，用户会经常通过鼠标来进行选择、切换界面等操作，这些操作被定义为鼠标事件，其中包括鼠标按下、鼠标松开、鼠标单击等。JDK 中提供了一个 MouseEvent 类用于表示鼠标事件，几乎所有的组件都可以产生鼠标事件，处理鼠标事件时首先需要通过实现 MouseListener 接口定义监听器，也可以通过继承适配器 MouseAdapter 类来实现，然后调用 addMouseListener()方法将监听器绑定到事件源对象。接下来通过一个例程来学习如何监听鼠标事件，如例 9-6 所示。

例 9-6 Example06.java

```
import java.awt.*;
import java.awt.event.*;
public class Example06 {
    public static void main(String[] args) {
        final Frame f=new Frame("WindowEvent");
        //为窗口设置布局
        f.setLayout(new FlowLayout());
        f.setSize(300,200);
        f.setLocation(300,200);
        f.setVisible(true);
        Button but=new Button("Button");          //创建按钮对象
        f.add(but);                               //在窗口添加按钮组件
        //为按钮添加鼠标事件监听器
        but.addMouseListener(new MouseListener() {
            public void mouseReleased(MouseEvent e) {
                System.out.println("mouseReleased-鼠标放开事件");
            }
            public void mousePressed(MouseEvent e) {
                System.out.println("mousePressed-鼠标按下事件");
            }
            public void mouseExited(MouseEvent e) {
                System.out.println("mouseExited—鼠标移出按钮区域事件");
            }
            public void mouseEntered(MouseEvent e) {
                System.out.println("mouseEntered—鼠标进入按钮区域事件");
            }
            public void mouseClicked(MouseEvent e) {
                System.out.println("mouseClicked-鼠标完成点击事件");
            }
        });
    }
}
```

编译运行程序，生成的窗口如图 9-10 所示。

例 9-6 中，窗口上的“Button”按钮不再像前面按钮那样布满整个窗口，这是由于设置了窗口的布局方式(有关 GUI 的布局管理，将在本章后面进行讲解)。用鼠标对窗口上的按钮进行操作，把鼠标移进按钮区域，点击按钮然后释放，再移出按钮区域，命令行窗口的输出如图 9-11 所示。

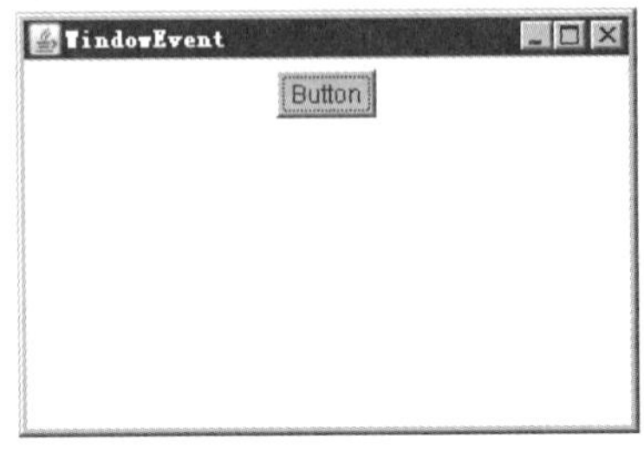

图 9-10 例 9-6 运行结果

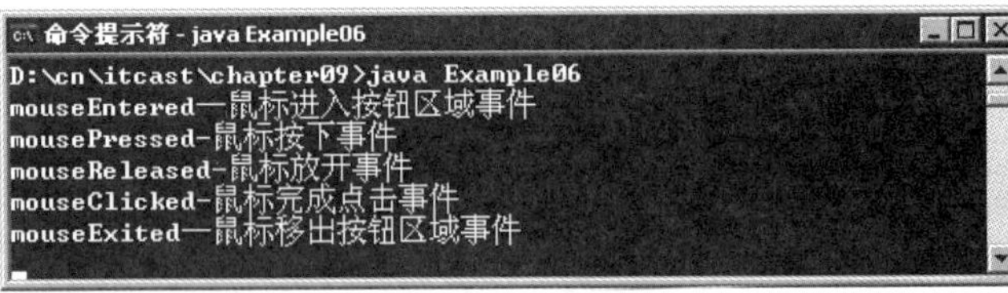

图 9-11 例 9-6 操作窗口后的结果

从图 9-11 可以看出，当鼠标对按钮做出了相应的动作之后，监听器获取到相应的事件对象，从而打印出动作所对应的事件名称。

初学者可能会问，鼠标的点击分为左键点击和右键点击，单击和双击，而且还有滚轮。上面只给出这些事件的处理，能满足实际需求吗？答案是肯定的，MouseEvent 类中定义了很多常量来标识鼠标动作。如下面的代码所示：

```
public void mouseClicked(MouseEvent e) {
    if(e.getButton()==e.BUTTON1){
        System.out.println("鼠标左击事件");
    }
    if(e.getButton()==e.BUTTON3){
        System.out.println("鼠标右击事件");
    }
    if(e.getButton()==e.BUTTON2){
        System.out.println("鼠标中键点击事件");
    }
}
```

从上面的代码可以看出，MouseEvent 类中针对鼠标的按键都定义了对应的常量，可以通过 MouseEvent 对象的 getButton()方法获取被操作按键的常量键值，从而判断是哪个按键的操作。另外，鼠标的点击次数也可以通过 MouseEvent 对象的 getClickCount()方法获取到。因此，在鼠标事件中，可以根据不同的操作，做出相应的处理。

9.3.3 键盘事件

键盘操作也是最常用的用户交互方式，例如键盘按下、释放等，这些操作被定义为键盘事件，JDK 中提供了一个 KeyEvent 类表示键盘事件，处理 KeyEvent 事件的监听器对象需要实现 KeyListener 接口或者继承 KeyAdapter 类。接下来通过一个案例来学习如何监听键盘事件，如例 9-7 所示。

例 9-7 Examlpe07.java

```
import java.awt.*;
```

```
import java.awt.event.*;
public class Example07 {
    public static void main(String[] args) {
        Frame f=new Frame("KeyEvent");
        f.setLayout(new FlowLayout());
        f.setSize(400,300);
        f.setLocation(300,200);
        TextField tf=new TextField(30);          //创建文本框对象
        f.add(tf);                               //在窗口中添加文本框组件
        f.setVisible(true);
        //为文本框添加键盘事件监听器
        tf.addKeyListener(new KeyAdapter() {
            public void keyPressed(KeyEvent e) {
                int KeyCode=e.getKeyCode();      //返回所按键对应的整数值
                String s=KeyEvent.getKeyText(KeyCode);     //返回按键的字符串描述
                System.out.print("输入的内容为: "+s+",");
                System.out.println("对应的 KeyCode 为: "+KeyCode);
            }
        });
    }
}
```

编译运行程序,生成的窗口如图 9-12 所示。

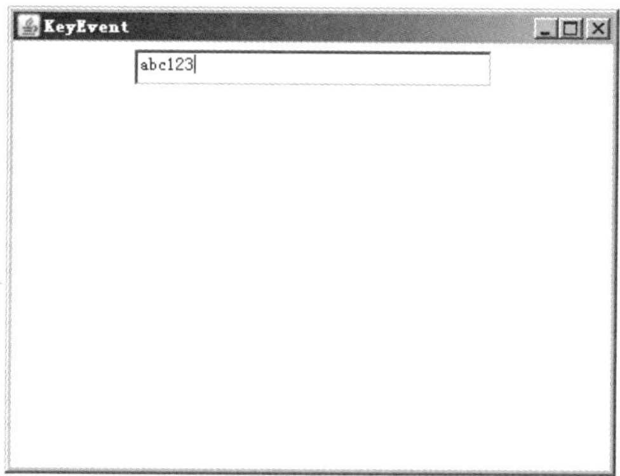

图 9-12　例 9-7 运行结果

图 9-12 中,用到 TextComponent 类的子类——TextFiled,它只允许编辑单行文本。当在图 9-12 的文件框中键入字符时,便触发了键盘事件。这时,KeyEvent 类通过调用 getKeyCode()方法将输入内容对应的整数值返回,即 keyCode。在 KeyEvent 类中还有一个静态方法 getKeyText(int keyCode),它可以将按键内容以 String 形式返回。在图 9-12 所示的窗口中,输入了 a、b、c、1、2、3,这时,命令行将按键对应的名称和键值(keyCode)打印了出来,如图 9-13 所示。

图 9-13　例 9-7 操作窗口后的结果

9.3.4 动作事件

动作事件与前面三种事件有所不同，它不代表某个具体的动作，只是表示一个动作发生了，例如，在关闭一个文件时，可以通过键盘关闭，也可以通过鼠标关闭，但是我们不需要关心使用哪种方式对文件进行关闭，只要是对关闭按钮进行操作，即触发了动作事件。

在 Java 中，动作事件用 ActionEvent 类表示，处理 ActionEvent 事件的监听器对象需要实现 ActionListener 接口，但监听器对象在监听动作时，不会像鼠标事件一样处理鼠标个别的移动和单击的细节，而是去处理“按钮按下”这样“有意义”的事件。关于动作事件的案例将在后面的小节进行详细讲解，这里只演示一种可以通过动作事件实现的情况，如图 9-14 所示。

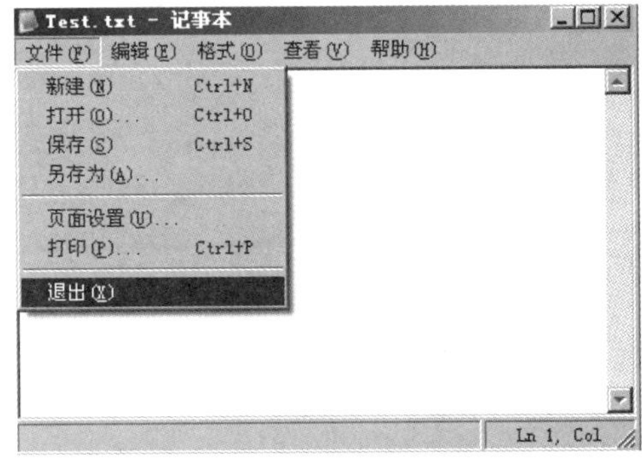

图 9-14　记事本文件的菜单

要想关闭图 9-14 所示的记事本程序，可以通过鼠标点击【退出】选项或者在【文件】选项下通过键盘的方向键将蓝色选中条移动至【退出】选项处单击回车键，这两个操作均可触发当前【退出】选项的动作事件 ActionEvent。

9.4 布局管理器

9.1 小节提到过，组件不能单独存在，必须放置于容器当中，而组件在容器中的位置和尺寸是由布局管理器来决定的。在 java.awt 包中提供了五种布局管理器，分别是 FlowLayout(流式布局管理器)、BorderLayout(边界布局管理器)、GridLayout(网格布局管理器)、GridBagLayout(网格包布局管理器)和 CardLayout(卡片布局管理器)。每个容器在创建时都会使用一种默认的布局管理器，在程序中可以通过调用容器对象的 setLayout()方法设置布局管理器，通过布局管理器来自动进行组件的布局管理。例如把一个 Frame 窗体的布局管理器设置为 FlowLayout，代码如下所示：

```
Frame frame=new Frame();
frame.setlayout(new FlowLayout());
```

接下来,分别对五种布局管理器进行详细地讲解。

9.4.1 FlowLayout

在9.3小节的案例中采用的都是流式布局管理器(FlowLayout),流式布局管理器是最简单的布局管理器,在这种布局下,容器会将组件按照添加顺序从左向右放置。当到达容器的边界时,会自动将组件放到下一行的开始位置。这些组件可以左对齐、居中对齐(默认方式)或右对齐的方式排列。FlowLayout 对象有三个构造方法,如表9-1所示。

表9-1 FlowLayout 构造方法

方法声明	功能描述
FlowLayout()	组件默认居中对齐,水平、垂直间距默认为5个单位
FlowLayout(int align)	指定组件相对于容器的对齐方式,水平、垂直间距默认为5个单位
FlowLayout(int align, int hgap, int vgap)	指定组件的对齐方式和水平、垂直间距

表9-1中,列出了 FlowLayout 的三个构造方法,其中,参数 align 决定组件在每行中相对于容器边界的对齐方式,可以使用该类中提供的常量作为参数传递给构造方法,其中 FlowLayout.LEFT 用于表示左对齐、FlowLayout.RIGHT 用于表示右对齐、FlowLayout.CENTER 用于表示居中对齐。参数 hgap 和参数 vgap 分别设定组件之间的水平和垂直间隙,可以填入一个任意数值。接下来通过一个添加按钮的案例来学习一下 FlowLayout 布局管理器的用法,如例9-8所示。

例 9-8 Example08.java

```
import java.awt.*;
import java.awt.event.*;
public class Example08 {
    public static void main(String[] args) {
        final Frame f=new Frame("Flowlayout");//创建一个名为 Flowlayout 的窗体
        //设置窗体中的布局管理器为 FlowLayout,所有组件左对齐,水平间距为 20,垂直间距为 30
        f.setLayout(new FlowLayout(FlowLayout.LEFT,20,30));
        f.setSize(200,300);                    //设置窗体大小
        f.setLocation(300,200);                //设置窗体显示的位置
        Button but1=new Button("第 1 个按钮"); //创建第 1 个按钮
        f.add(but1);                           //把"第 1 个按钮"添加到 f 窗口
        //下面的代码是每点击一次"第 1 个按钮"就向窗体中添加一个按钮
        but1.addActionListener(new ActionListener() {
            private int num=1;                 //定义变量 num,记录按钮的个数
            public void actionPerformed(ActionEvent e) {
                f.add(new Button("第" + ++num +"个按钮"));  //向窗体中添加新按钮
                f.setVisible(true);            //刷新窗体显示新按钮
```

```
            }
        });
        f.setVisible(true);      //设置窗体可见
    }
}
```

运行程序后，在桌面会弹出一个带标题的窗口，窗口中有一个按钮，每点击一次该按钮就会在窗口中添加一个新按钮，具体效果如图 9-15 所示。

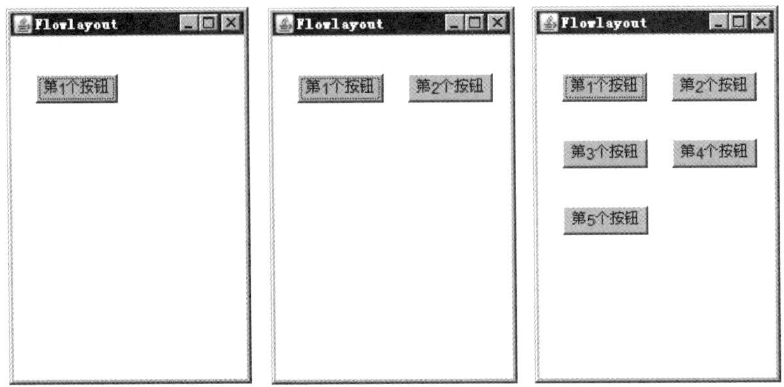

图 9-15　例 9-8 运行结果

例 9-8 中的流式布局管理器可以对按钮进行管理。在这个过程中首先创建了一个 Frame 窗口，并将该窗口的布局管理器设置为 FlowLayout，当点击窗体中“第 1 个按钮”时，就会向窗口中添加新按钮。通过图 9-15 可以看出，该窗体中的按钮按照流式布局管理器的方式进行了布局。

FlowLayout 布局管理器的特点就是可以将所有组件像流水一样依次进行排列，不需要用户明确地设定，但是在灵活性上相对差了点。例如将图 9-15 中的窗体拉伸变宽，按钮的大小和按钮之间的间距将保持不变，但按钮相对于容器边界的距离会发生变化，效果如图 9-16 所示。

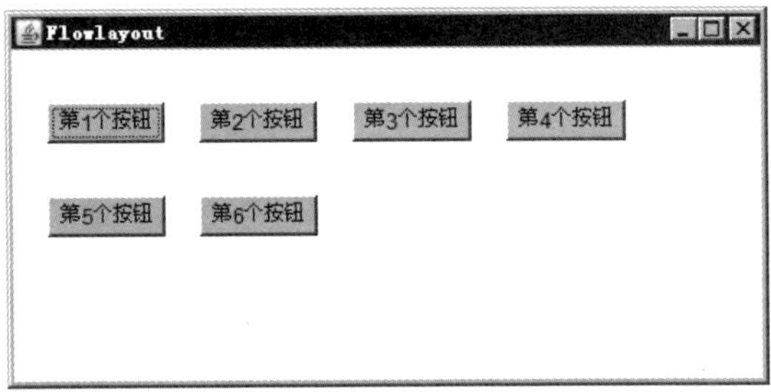

图 9-16　例 9-8 运行结果

9.4.2　BorderLayout

BorderLayout(边界布局管理器)是一种较为复杂的布局方式，它将容器划分为五个区域，分别是东(EAST)、南(SOUTH)、西(WEST)、北(NORTH)、中(CENTER)。组件可以被放置在这五个区域的中任意一个。BorderLayout 布局的效果如图 9-17 所示。

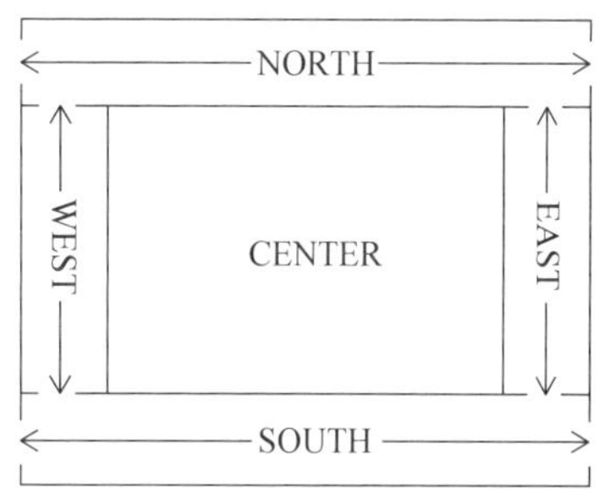

图 9-17 BorderLayout 的布局

从图 9-17 可以看出 BorderLayout 边界布局管理器，将容器划分为五个区域，其中箭头是指改变容器大小时，各个区域需要改变的方向，也就是说，在改变容器时 NORTH 和 SOUTH 区域高度不变长度调整，WEST 和 EAST 区域宽度不变高度调整，CENTER 会相应进行调整。

当向 BorderLayout 布局管理器的容器中添加组件时，需要使用 add(Component comp,Object constraints)方法，其中参数 constraints 是 Object 类型，在传参时可以使用 BorderLayout 类提供的 5 个常量，它们分别是 EAST、SOUTH、WEST、NORTH 和 CENTER。

接下来通过一个案例来演示一下 BorderLayout 布局管理器对组件布局的效果，如例 9-9 所示。

例 9-9 Example09.java

```
import java.awt.*;
public class Example09 {
    public static void main(String[] args) {
        final Frame f=new Frame("BorderLayout");    //创建一个名为 BorderLayout 的窗体
        f.setLayout(new BorderLayout());      //设置窗体中的布局管理器为 BorderLayout
        f.setSize(300,300);                   //设置窗体大小
        f.setLocation(300,200);               //设置窗体显示的位置
        f.setVisible(true);                   //设置窗体可见
        //下面的代码是创建 5 个按钮,分别用于填充 BorderLayout 的 5 个区域
        Button but1=new Button("东部");  //创建新按钮
        Button but2=new Button("西部");
        Button but3=new Button("南部");
        Button but4=new Button("北部");
        Button but5=new Button("中部");
        //下面的代码是将创建好的按钮添加到窗体中,并设置按钮所在的区域
        f.add(but1,BorderLayout.EAST);  //设置按钮所在区域
        f.add(but2,BorderLayout.WEST);
        f.add(but3,BorderLayout.SOUTH);
        f.add(but4,BorderLayout.NORTH);
        f.add(but5,BorderLayout.CENTER);
    }
}
```

编译运行程序，生成的窗口如图 9-18 所示。

例 9-9 中，为 Frame 容器设置了 BorderLayout 布局管理器（也可以不用设置，Frame 默认就是使用 BorderLayout 布局管理器），将容器的东、南、西、北、中五个区域放置了 5 个按钮。

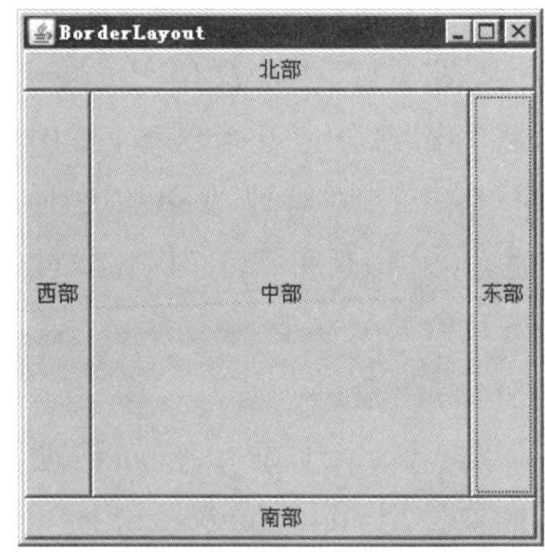

图 9-18 例 9-9 运行结果

BorderLayout 的好处就是可以限定各区域的边界，当用户改变容器窗口大小时，各个组件的相对位置不变。但需要注意的是，向 BorderLayout 的布局管理器添加组件时，如果不指定添加到哪个区域，则默认添加到 CENTER 区域，并且每个区域只能放置一个组件，如果向一个区域中添加多个组件时，后放入的组件会覆盖先放入的组件。

9.4.3 GridLayout

GridLayout（网格布局管理器）使用纵横线将容器分成 n 行 m 列大小相等的网格，每个网格中放置一个组件。添加到容器中的组件首先放置在第 1 行第 1 列（左上角）的网格中，然后在第 1 行的网格中从左向右依次放置其他组件，行满后，继续在下一行中从左到右放置组件。与 FlowLayout 不同的是，放置在 GridLayout 布局管理器中的组件将自动占据网格的整个区域。

接下来学习下 GridLayout 的构造方法，如表 9-2 所示。

表 9-2 GridLayout 构造方法

方法声明	功能描述
GridLayout()	默认只有一行，每个组件占一列
GridLayout(int rows,int cols)	指定容器的行数和列数
GridLayout(int rows,int cols,int hgap,int vgap)	指定容器的行数和列数以及组件之间的水平、垂直间距

表 9-2 中，列出了 GridLayout 的三个构造方法，其中，参数 rows 代表行数，cols 代表列数，hgap 和 vgap 规定水平和垂直方向的间隙。水平间隙指的是网格之间的水平距离，垂直间隙指的是网格之间的垂直距离。

接下来通过一个案例演示 GridLayout 布局的用法，如例 9-10 所示。

例 9-10 Example10.java

```
import java.awt.*;
public class Example10 {
    public static void main(String[] args) {
        Frame f=new Frame("GridLayout");         //创建一个名为 GridLayout 的窗体
        f.setLayout(new GridLayout(3,3));        //设置该窗体为 3*3 的网格
        f.setSize(300,300);                      //设置窗体大小
```

```
        f.setLocation(400,300);
        //下面的代码是循环添加 9 个按钮到 GridLayout 中
        for (int i=1; i<=9; i++) {
            Button btn=new Button("btn"+i);
            f.add(btn);             //向窗体中添加按钮
        }
        f.setVisible(true);
    }
}
```

编译运行程序，生成的窗口如图 9-19 所示。

例 9-10 中，Frame 窗口采用 GridLayout 布局管理器，设置了 9 个按钮组件，按钮组件按照编号从左到右、从上到下填充满了整个容器。GridLayout 布局管理器的特点是组件的相对位置不随区域的缩放而改变，但组件的大小会随之改变，组件始终占据网格的整个区域。缺点就是总是忽略组件的最佳大小，所有组件的宽高都相同。

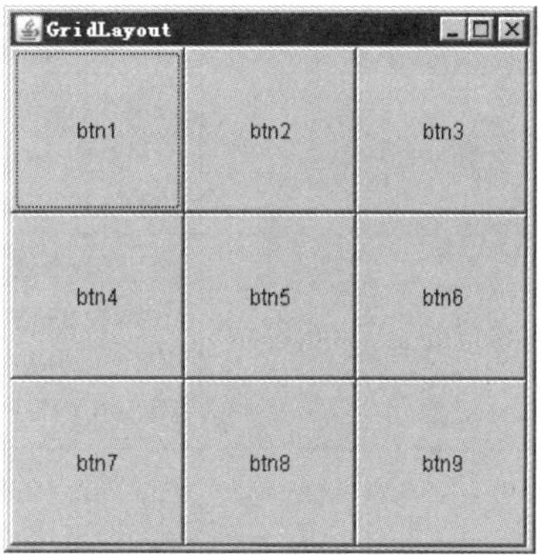

图 9-19　例 9-10 运行结果

9.4.4 GridBagLayout

GridBagLayout(网格包布局管理器)是最灵活、最复杂的布局管理器。与 GridLayout 布局管理器类似，不同的是，它允许网格中的组件大小各不相同，而且允许一个组件跨越一个或者多个网格。

使用 GridBagLayout 布局管理器的步骤如下：

(1) 创建 GridbagLayout 布局管理器，并使容器采用该布局管理器

```
GridBagLayout layout=new GridBagLayout();
container.setLayout(layout);
```

(2) 创建 GridBagContraints 对象(布局约束条件)，并设置该对象的相关属性

```
GridBagConstraints constraints=new GridBagConstraints();
constraints.gridx=1;              //设置网格的左上角横向索引
constraints.gridy=1;              //设置网格的左上角纵向索引
constraints.gridwidth=1;          //设置组件横向跨越的网格
constraints.gridheight=1;         //设置组件纵向跨越的网格
```

(3) 调用 GridBagLayout 对象的 setConstraints()方法建立 GridBagConstraints 对象和受控组件之间的关联

```
layout.setConstraints(component,constraints);
```

（4）向容器中添加组件

```
container.add(conponent);
```

GridBagConstraints 对象可以重复使用，只需要改变它的属性即可。如果要向容器中添加多个组件，则重复(2)、(3)、(4)步骤。

从上面的步骤可以看出，使用 GridBagLayout 布局管理器的关键在于 GridBagConstraints 对象，它才是控制容器中每个组件布局的核心类，在 GridBagConstraints 中有很多表示约束的属性，下面对 GridBagConstraints 类的一些常用属性进行介绍，如表 9-3 所示。

表 9-3　GridBagConstraints 常用属性

属　性	作　用
gridx 和 gridy	设置组件的左上角所在网格的横向和纵向索引（即所在的行和列）。如果将 gridx 和 gridy 的值设置为 GridBagConstraints. RELATIVE（默认值），表示当前组件紧跟在上一个组件后面
gridwidth 和 gridheight	设置组件横向、纵向跨越几个网格，两个属性的默认值都是 1。如果把这两个属性的值设为 GridBagConstraints. REMAINER，表示当前组件在其行或其列上为最后一个组件；如果把这两个属性的值设为 GridBagConstraints. RELATIVE，表示当前组件在其行或列上为倒数第二个组件
fill	如果当组件的显示区域大于组件需要的大小，设置是否以及如何改变组件大小，该属性接收以下几个属性值： • NONE：默认，不改变组件大小 • HORIZONTAL：使组件水平方向足够长以填充显示区域，但是高度不变 • VERTICAL：使组件垂直方向足够高以填充显示区域，但长度不变 • BOTH：使组件足够大，以填充整个显示区域
weightx 和 weighty	设置组件占领容器中多余的水平方向和垂直方向空白的比例（也称为权重）。假设容器的水平方向放置三个组件，其 weightx 分别为 1、2、3，当容器宽度增加 60 个像素时，这三个容器分别增加 10、20 和 30 的像素。这两个属性的默认值是 0，即不占领多余的空间

表 9-3 中，列出了 GridBagConstraints 的常用属性，其中，gridx 和 gridy 用于设置组件左上角所在网格的横向和纵向索引，gridwidth 和 gridheight 用于设置组件横向、纵向跨越几个网格，fill 用于设置是否及如何改变组件大小，weightx 和 weighty 用于设置组件在容器中的水平方向和垂直方向的权重。

需要注意的是，如果希望组件的大小随着容器的增大而增大，必须同时设置 GridBagConstraints 对象的 fill 属性和 weightx、weighty 属性。

接下来通过一个案例来演示 GridBagLayout 的用法，如例 9-11 所示。

例 9-11　Example11. java

```
import java.awt.*;
class Layout extends Frame {
    public Layout(String title) {
        GridBagLayout layout=new GridBagLayout();
```

```
        GridBagConstraints c=new GridBagConstraints();
        this.setLayout(layout);
        c.fill=GridBagConstraints.BOTH;            //设置组件横向纵向可以拉伸
        c.weightx=1;                               //设置横向权重为 1
        c.weighty=1;                               //设置纵向权重为 1
        this.addComponent("btn1",layout,c);
        this.addComponent("btn2",layout,c);
        this.addComponent("btn3",layout,c);
        c.gridwidth=GridBagConstraints.REMAINDER;     //添加的组件是本行最后一个组件
        this.addComponent("btn4",layout,c);
        c.weightx=0;                                  //设置横向权重为 0
        c.weighty=0;                                  //设置纵向权重为 0
        addComponent("btn5",layout,c);
        c.gridwidth=1;                                //设置组件跨一个网格(默认值)
        this.addComponent("btn6",layout,c);
        c.gridwidth=GridBagConstraints.REMAINDER;     //添加的组件是本行最后一个组件
        this.addComponent("btn7",layout,c);
        c.gridheight=2;                               //设置组件纵向跨两个网格
        c.gridwidth=1;                                //设置组件横向跨一个网格
        c.weightx=2;                                  //设置横向权重为 2
        c.weighty=2;                                  //设置纵向权重为 2
        this.addComponent("btn8",layout,c);
        c.gridwidth=GridBagConstraints.REMAINDER;
        c.gridheight=1;
        this.addComponent("btn9",layout,c);
        this.addComponent("btn10",layout,c);
        this.pack();
        this.setVisible(true);
    }
    //增加组件的方法
    private void addComponent(String name,GridBagLayout layout,
            GridBagConstraints c) {
        Button bt=new Button(name);     //创建一个名为 name 的按钮
        layout.setConstraints(bt,c);    //设置 GridBagConstraints 对象和按钮的关联
        this.add(bt);                   //增加按钮
    }
}
public class Example11 {
    public static void main(String[] args) {
        new Layout("GridBagLayout");
    }
}
```

编译运行程序，生成的窗口如图 9-20 所示。

例 9-11 中，向 GridBagLayout 布局管理器中添加 10 个按钮。由于每次添加组件的时候都需要调用该布局的 setConstraints()方法，将 GridBagConstraints 对象与按钮组件相关联，因此，可以将这段关联的代码抽取到 addComponent()方法当中，简化书写。

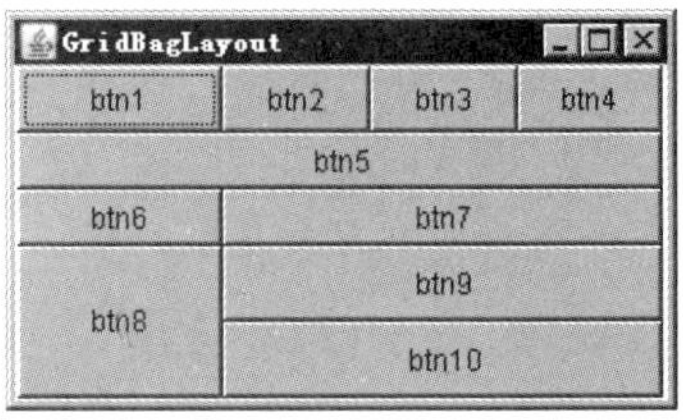

图 9-20　例 9-11 运行结果

在添加 button1 ～ button4 按钮和 button8 ～ button10 按钮时，都将权重 weightx 和 weighty 的值设置为大于 0，因此在拉伸窗口时，这些按钮都会随着窗口增大，而在添加 button5～button7 按钮时，将权重值设置为 0，这样它们的高度在拉伸时没有变化，但长度受上下组件的影响，还是会随窗口变大。

9.4.5　CardLayout

在操作程序时，我们经常会通过选项卡按钮来切换程序中的界面，这些界面就相当于一张张卡片，而管理这些卡片的布局管理器就是卡片布局管理器(CardLayout)。卡片布局管理器将界面看做一系列卡片，在任何时候只有其中一张卡片是可见的，这张卡片占据容器的整个区域。在 CardLayout 布局管理中经常会用到下面几个方法，如表 9-4 所示。

表 9-4　CardLayout 常用方法

方法声明	功能描述
void first(Container parent)	显示 parent 容器的第一张卡片
void last(Container parent)	显示 parent 容器的最后一张卡片
void previous(Container parent)	显示 parent 容器的前一张卡片
void next(Container parent)	显示 parent 容器的下一张卡片
void show(Container parent,String name)	显示 parent 容器中名称为 name 的组件，如果不存在，则不会发生任何操作

表 9-4 中，列举了 CardLayout 的常用方法，关于这些方法的使用，接下来通过一个案例来演示，如例 9-12 所示。

例 9-12　Example12.java

```
import java.awt.*;
import javax.swing.*;
import java.awt.event.*;
//定义 Cardlayout 继承 Frame 类，实现 ActionListener 接口
class Cardlayout extends Frame implements ActionListener {
    Panel cardPanel=new Panel();                    //定义 Panel 面板放置卡片
    Panel controlpaPanel=new Panel();               //定义 Panel 面板放置按钮
```

```
    Button nextbutton,preButton;
    CardLayout cardLayout=new CardLayout();  //定义卡片布局对象
    public Cardlayout() {                    //定义构造方法,设置卡片布局管理器的属性
        setSize(300,200);
        setVisible(true);
        //为窗口添加关闭事件监听器
        this.addWindowListener(new WindowAdapter() {
            public void windowClosing(WindowEvent e) {
                Cardlayout.this.dispose();
            }
        });
        cardPanel.setLayout(cardLayout);  //设置 cardPanel 面板对象为卡片布局
        //在 cardPanel 面板对象中添加 3 个文本标签
        cardPanel.add(new Label("第一个界面",Label.CENTER));
        cardPanel.add(new Label("第二个界面",Label.CENTER));
        cardPanel.add(new Label("第三个界面",Label.CENTER));
        //创建两个按钮对象
        nextbutton=new Button("下一张卡片");
        preButton=new Button("上一张卡片");
        //为按钮对象注册监听器
        nextbutton.addActionListener(this);
        preButton.addActionListener(this);
        //将按钮添加到 controlpaPanel 中
        controlpaPanel.add(preButton);
        controlpaPanel.add(nextbutton);
        //将 cardPanel 面板放置在窗口边界布局的中间,窗口默认为边界布局
        this.add(cardPanel,BorderLayout.CENTER);
        //将 controlpaPanel 面板放置在窗口边界布局的南区
        this.add(controlpaPanel,BorderLayout.SOUTH);
    }
    //下面的代码实现了按钮的监听触发,并对触发事件做出相应的处理
    public void actionPerformed(ActionEvent e) {
        //如果用户单击 nextbutton,执行的语句
        if (e.getSource()==nextbutton) {
        //切换 cardPanel 面板中当前组件之后的一个组件
            cardLayout.next(cardPanel);
        }
        if (e.getSource()==preButton) {
        //切换 cardPanel 面板中当前组件之前的一个组件
            cardLayout.previous(cardPanel);
        }
```

```
    }
}
public class Example12 {
    public static void main(String[] args) {
        Cardlayout cardlayout=new Cardlayout();
    }
}
```

编译运行程序，生成的窗口如图 9-21 所示。

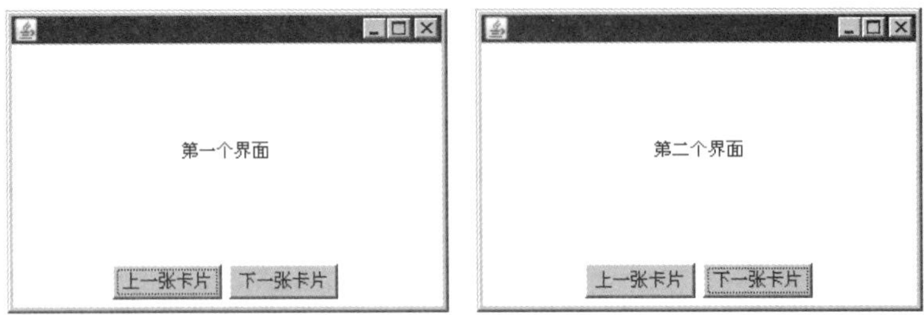

图 9-21　例 9-12 运行结果

例 9-12 中，在顶层 Frame 容器采用 BorderLayout 布局，CENTER 区域和 SOUTH 区域分别放置 cardPanel 和 controlpaPanel 面板，其中 cardPanel 面板采用 CardLayout 布局管理器，其中放置了三个 Label 标签代表三张卡片，controlpaPanel 中放置了两个名为"上一张卡片"和"下一张卡片"的按钮，通过点击这两个按钮，会触发按钮的事件监听器，调用 CardLayout 的 previous()和 next()方法对 cardPanel 面板中的卡片进行切换。CardLayout 的优点是可以使两个或更多的界面共享一个显示空间，某一时刻只有一个界面可见。

9.4.6 不使用布局管理器

当一个容器被创建后，它们都会有一个默认的布局管理器。Window、Frame 和 Dialog 的默认布局管理器是 BorderLayout，Panel 的默认布局管理器是 FlowLayout。如果不希望通过布局管理器来对容器进行布局，也可以调用容器的 setLayout(null)方法，将布局管理器取消。在这种情况下，程序必须调用容器中每个组件的 setSize()和 setLocation()方法或者是 setBounds()方法(这个方法接收四个参数，分别是左上角的 x、y 坐标和组件的长、宽)来为这些组件在容器中定位。接下来通过一个案例来演示不使用布局管理器对组件进行布局，如例 9-13 所示。

例 9-13　Example13.java

```
import java.awt.*;
public class Example13 {
    public static void main(String[] args) {
        Frame f=new Frame("hello");
```

```
        f.setLayout(null);          //取消 frame 的布局管理器
        f.setSize(300,150);
        Button btn1=new Button("press");
        Button btn2=new Button("pop");
        //btn1.setLocation(40,60);设置按钮组件的坐标
        //btn1.setSize(100,30);设置按钮组件的长宽
        btn1.setBounds(40,60,100,30);
        //btn1.setLocation(140,90);设置按钮组件的坐标
        //btn1.setSize(100,30);设置按钮组件的长宽
        btn2.setBounds(140,90,100,30);
        //在窗口中添加按钮
        f.add(btn1);
        f.add(btn2);
        f.setVisible(true);
    }
}
```

编译运行程序，生成的窗口如图 9-22 所示。

例 9-13 中，通过调用 Frame 的 setLayout(null) 方法取消了 Frame 的布局管理器，然后创建两个 Button 按钮，分别调用这两个按钮的 setLocation()、setSize()或 setBounds()方法按照坐标把它们放置到 Frame 中，从而使图形界面如图 9-22 所示。

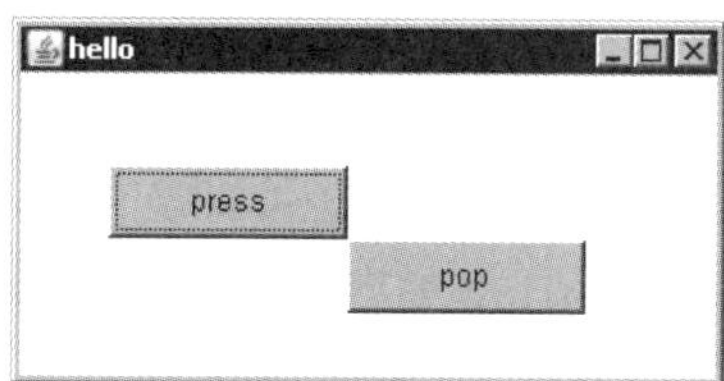

图 9-22　例 9-13 运行结果

9.5　AWT 绘图

很多 GUI 程序都需要在组件上绘制图形，比如实现一个五子棋的小游戏，就需要在组件上绘制棋盘和棋子。在 java.awt 包中专门提供了一个 Graphics 类，它相当于一个抽象的画笔，其中提供了各种绘制图形的方法，使用 Graphics 类的方法就可以完成在组件上绘制图形。表 9-5 列出了 Graphic 类中常用的方法。

表 9-5　Graphics 常用方法

方法声明	方法描述
void setColor(Color c)	将此图形上下文的当前颜色设置为指定颜色
void setFont(Font f)	将此图形上下文的字体设置为指定字体
void drawLine(int x1, int y1, int x2, int y2)	以(x1,y1)和(x2,y2)为端点绘制一条线段
void drawRect(int x, int y, int width, int height)	绘制指定矩形的边框。矩形的左边缘和右边缘分别位于 x 和 x+width，上边缘和下边缘分别位于 y 和 y+height

续表

方法声明	方法描述
void drawOval(int x, int y, int width,int height)	绘制椭圆的边框。得到一个圆或椭圆,它刚好能放入由 x、y、width 和 height 参数指定的矩形中。椭圆覆盖区域的宽度为 width+1 像素,高度为 height+1 像素
void fillRect (int x, int y, int width,int height)	用当前颜色填充指定的矩形。该矩形左边缘和右边缘分别位于 x 和 x+width−1,上边缘和下边缘分别位于 y 和 y+height−1
void fillOval (int x, int y, int width,int height)	用当前颜色填充外接指定矩形框的椭圆
void drawString (String str, int x,int y)	使用此图形上下文的当前字体和颜色绘制指定的文本 str。最左侧字符左下角位于(x,y)坐标

表 9-5 中,列出了 Graphics 的常用方法,为了更好地理解和使用它们,下面对这些方法进行说明。

① setColor()方法用于指定上下文颜色,方法中接收一个 Color 类型的参数。在 AWT 中,Color 类代表颜色,其中定义了许多代表各种颜色的常量,比如 Color. RED, Color. BLUE 等,这些常量都是 Color 类型的,可以直接作为参数传递给 setColor()方法。

② setFont()方法用于指定上下文字体,方法中接收一个 Font 类型的参数。Font 类表示字体,可以使用 new 关键字创建 Font 对象。Font 的构造方法中接收三个参数,第一个是 String 类型,表示字体名称,如"宋体"、"微软雅黑"等;第二个参数是 int 类型,表示字体的样式,接收 Font 类的三个常量 Font. PLAINT、Font. ITALIC 和 Font. BOLD;第三个参数为 int 类型,表示字体的大小。

③ drawRect()方法和 drawOval()方法用于绘制矩形和椭圆形的边框,fillRect()和 fillOval()方法用于使用当前的颜色填充绘制完成的矩形和椭圆形。

④ drawString()方法用于绘制一段文本,第一个参数 str 表示绘制的文本内容,第二个和第三个参数 x、y 为绘制文本的左下角坐标。

了解了 Graphics 的方法,接下来通过一个案例来演示如何使用 Graphics 在组件中进行绘图。在组件第一次显示时,AWT 线程都会自动去调用组件的 paint(Graphics g)方法,为该方法传入一个 Graphics 类型的对象用于绘制图形,因此,要想在组件中绘制图形,就需要重写它的 paint()方法。

目前大部分的网站为了防止用户在注册时重复提交表单,在注册页面都会有一个图片验证码,接下来我们通过重写 Panel 组件的 paint()方法,在一个 Panel 面板上绘制一张图片验证码,如例 9-14 所示。

例 9-14 Example14. java

```
import java.awt.*;
import java.awt.event.*;
import java.util.Random;
public class Example14 {
```

```
    public static void main(String[] args) {
        final Frame frame=new Frame("验证码");        //创建 Frame 对象
        final Panel panel=new MyPanel();              //创建 Canvas 对象
        frame.add(panel);
        frame.setSize(200,100);
        //将 Frame 窗口居中
        frame.setLocationRelativeTo(null);
        frame.setVisible(true);
    }
}
class MyPanel extends Panel {
    public void paint(Graphics g) {
        int width=160;                                //定义验证码图片的宽度
        int height=40;                                //定义验证码图片的高度
        g.setColor(Color.LIGHT_GRAY);                 //设置上下文颜色
        g.fillRect(0,0,width,height);                 //填充验证码背景
        g.setColor(Color.BLACK);                      //设置上下文颜色
        g.drawRect(0,0,width -1,height -1);           //绘制边框
        //绘制干扰点
        Random r=new Random();
        for (int i=0; i<100; i++) {
            int x=r.nextInt(width) -2;
            int y=r.nextInt(height) -2;
            g.drawOval(x,y,2,2);
        }
        g.setFont(new Font("黑体",Font.BOLD,30));    //设置验证码字体
        g.setColor(Color.BLUE);                       //设置验证码颜色
        //产生随机验证码
        char[] chars= ("0123456789abcdefghijkmnopqrstuvwxyzABCDEFG"
                +"HIJKLMNPQRSTUVWXYZ").toCharArray();
        StringBuilder sb=new StringBuilder();
        for (int i=0; i<4; i++) {
            int pos=r.nextInt(chars.length);
            char c=chars[pos];
            sb.append(c+" ");
        }
        g.drawString(sb.toString(),20,30);           //写入验证码
    }
}
```

编译运行程序，生成的窗口如图 9-23 所示。

图 9-23 验证码

例 9-14 中，定义了一个 MyPanel 类继承 Panel 类，重写了 MyPanel 的 paint()方法。在 paint()方法中，首先调用 Graphics 的 setColor()方法，将当前上下文的颜色设置为浅灰色，调用 fillRect()方法以浅灰色填充一个矩形，然后再次调用

setColor()方法将颜色设置为黑色，调用 drawRect()方法为刚才填充的矩绘制黑色边框。接下来调用 drawOval()方法在矩形中随机绘制 100 个椭圆，作为验证码的干扰点。

第 23～41 行代码是绘制验证码，调用 setFont()和 setColor()方法设置验证码的字体和颜色，从 chars 字符数组中随机取出四个字符组成字符串，调用 Graphics 的 drawString()方法将字符串绘制在矩形区域内。

在 main()方法中，创建 MyPanel 对象 panel，将其添加到 frame 窗口中，窗口显示时，就显示出在 panel 面板中绘制的图形验证码。

9.6 Swing

在本章的一开始就提到过 JDK 中针对 GUI 提供的 API 包括 AWT 和 Swing。前面的小节都是针对 AWT 组件进行讲解，接下来针对 Swing 组件进行讲解。相对于 AWT 来说，Swing 包中提供了更加丰富、便捷、强大的 GUI 组件，而且这些组件都是 Java 语言编写而成的，因此，Swing 组件不依赖于本地平台，可以真正做到跨平台运行。通常来讲，我们把依赖于本地平台的 AWT 组件称为重量级组件，而把不依赖本地平台的 Swing 组件称为轻量级组件。

学习 Swing 组件的过程和学习 AWT 差不多，大部分的 Swing 组件都是 JComponent 类的直接或者间接子类，而 JComponent 类是 AWT 中 java. awt. Container 的子类，说明 Swing 组件和 AWT 组件在继承树上形成了一定的关系。接下来通过一张继承关系图来描述一下 AWT 和 Swing 大部分组件的关联关系，如图 9-24 所示。

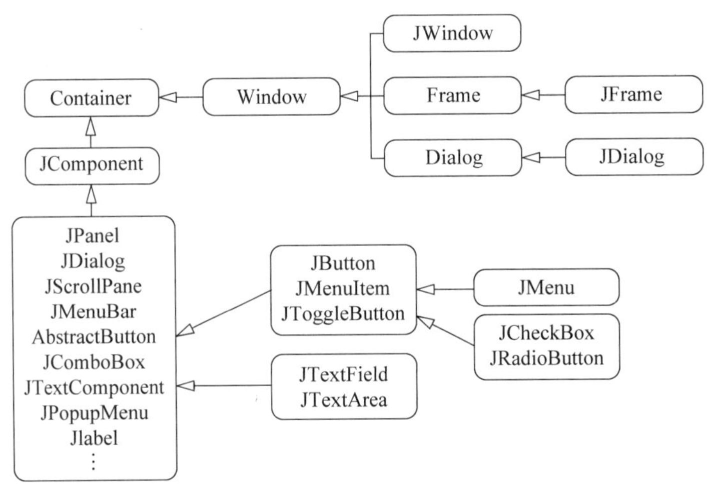

图 9-24 Swing 组件继承关系

图 9-24 中，展示了一些常用的 Swing 组件，不难发现，这些组件的类名和对应的 AWT 组件类名基本一致，大部分都是在 AWT 组件类名的前面添加了“J”，但也有一些例外，比如 Swing 的 JComboBox 组件对应的是 AWT 中的 Choice 组件(下拉框)。

通过图 9-24 还可以看出，Swing 中的三个组件 JWindow、JFrame 和 JDialog 都是

Window 的子类,它们都需要依赖本地平台,因此被称为重量级组件。其中,JWindow 和 AWT 中的 Window 一样很少被使用,一般都是用 JFrame 和 JDialog。

接下来对这些常用 Swing 组件分别进行介绍。

9.6.1 JFrame

在 Swing 组件中,最常见的一个就是 JFrame,它和 Frame 一样是一个独立存在的顶级窗口,不能放置在其他容器之中,JFrame 支持通用窗口所有的基本功能,例如窗口最小化、设定窗口大小等。接下来通过一个案例来演示一下 JFrame 的效果,如例 9-15 所示。

例 9-15 Example15. java

```
import java.awt.FlowLayout;
import java.awt.event.*;
import javax.swing.*;
public class Example15 extends JFrame{
   public Example15(){
        this.setTitle("JFrameTest");
        this.setSize(200,300);
        //定义一个按钮组件
        JButton bt=new JButton("按钮");
        //设置流式布局管理器
        this.setLayout(new FlowLayout());
        //添加按钮组件
        this.add(bt);
        //设置点击关闭按钮时的默认操作
        this.setDefaultCloseOperation(JFrame.EXIT_ON_CLOSE);
        this.setVisible(true);
    }
    public static void main(String[] args) {
        new Example15 ();
    }
}
```

编译运行程序,生成的窗口如图 9-25 所示。

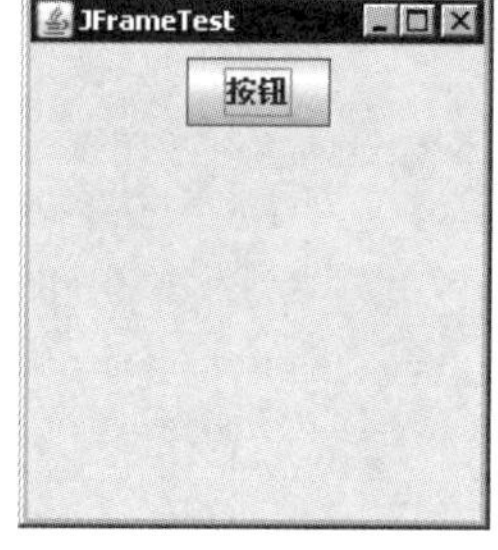

图 9-25 例 9-15 运行结果

例 9-15 中,通过 JFrame 类创建了一个窗体,并在该窗体中添加了一个按钮。从图 9-25 可以看出 JFrame 与 Frame 窗体的效果大致相同,但还是有一些区别的。JFrame 类和 Frame 类最大的区别在于,JFrame 类提供了关闭窗口的功能,在程序中不需要添加窗体监听器,只需调用 setDefaultCloseOperation()方法,然后将常量 JFrame. EIXT_ON_CLOSE 作为参数传入即可,该参数表示点击窗口关闭按钮时退出程序。

9.6.2 JDialog

JDialog 是 Swing 的另外一个顶级窗口,它和 Dialog 一样都表示对话框。JDialog 对话框可分为两种:模态对话框和非模态对话框。所谓模态对话框是指用户需要等到处理完对话框后才能继续与其他窗口交互,而非模态对话框允许用户在处理对话框的同时与其他窗口交互。

对话框是模态或者非模态,可以在创建 JDialog 对象时为构造方法传入参数来设置,也可以在创建 JDialog 对象后调用它的 setModal()方法来进行设置,JDialog 常见的构造方法如表 9-6 所示。

表 9-6　JDialog 构造方法

方法声明	功能描述
JDialog(Frame owner)	构造方法,用来创建一个非模态的对话框,owner 为对话框所有者(顶级窗口 JFrame)
JDialog(Frame owner,String title)	构造方法,创建一个具有指定标题的非模态对话框
JDialog(Frame owner,boolean modal)	创建一个有指定模式的无标题对话框

表 9-6 中,列举了 JDialog 三个常用的构造方法,在这三个构造方法中都需要接收一个 Frame 类型的对象,表示对话框所有者,如果该对话框没有所有者,参数 owner 可以传入 null。第三个构造方法中,参数 modal 用来指定 JDialog 窗口是模态还是非模态,如果 modal 值设置为 true,对话框就是模态对话框,反之则是非模态对话框,如果不设置 modal 的值,其默认值为 false,也就是非模态对话框。

接下来通过一个案例来学习如何使用 JDialog 对话框,如例 9-16 所示。

例 9-16　Example16.java

```
import java.awt.*;
import java.awt.event.*;
import javax.swing.*;
public class Example16 {
    public static void main(String[] args) {
        //建立两个按钮
        JButton btn1=new JButton("模态对话框");
        JButton btn2=new JButton("非模态对话框");
        JFrame f=new JFrame("DialogDemo");
        f.setSize(300,250);
        f.setLocation(300,200);
        f.setLayout(new FlowLayout());                    //为内容面板设置布局管理器
        //在 Container 对象上添加按钮
        f.add(btn1);
        f.add(btn2);
```

```
        //设置点击关闭按钮默认关闭窗口
        f.setDefaultCloseOperation(JFrame.EXIT_ON_CLOSE);
        f.setVisible(true);
        final JLabel label=new JLabel();
        final JDialog dialog=new JDialog(f,"Dialog");      //定义一个 JDialog 对话框
        dialog.setSize(220,150);                           //设置对话框大小
        dialog.setLocation(350,250);                       //设置对话框位置
        dialog.setLayout(new FlowLayout());                //设置布局管理器
        final JButton btn3=new JButton("确定");            //创建按钮对象
        dialog.add(btn3);                              //在对话框的内容面板添加按钮
        //为"模态对话框"按钮添加点击事件
        btn1.addActionListener(new ActionListener() {
            public void actionPerformed(ActionEvent e) {
                //设置对话框为模态
                dialog.setModal(true);
                //如果 JDialog 窗口中没有添加了 JLabel 标签,就把 JLabel 标签加上
                if (dialog.getComponents().length==1) {
                    dialog.add(label);
                }
                //否则修改标签的内容
                label.setText("模式对话框,点击确定按钮关闭");
                //显示对话框
                dialog.setVisible(true);
            }
        });
        //为"模态对话框"按钮添加点击事件
        btn2.addActionListener(new ActionListener() {
            public void actionPerformed(ActionEvent e) {
                //设置对话框为非模态
                dialog.setModal(false);
                //如果 JDialog 窗口中没有添加了 JLabel 标签,就把 JLabel 标签加上
                if (dialog.getComponents().length==1) {
                    dialog.add(label);
                }
                //否则修改标签的内容
                label.setText("模式对话框,点击确定按钮关闭");
                //显示对话框
                dialog.setVisible(true);
            }
        });
        //为对话框中的按钮添加点击事件
        btn3.addActionListener(new ActionListener() {
            public void actionPerformed(ActionEvent e) {
```

```
                dialog.dispose();
            }
        });
    }
}
```

编译运行程序，生成的窗口如图 9-26 所示。

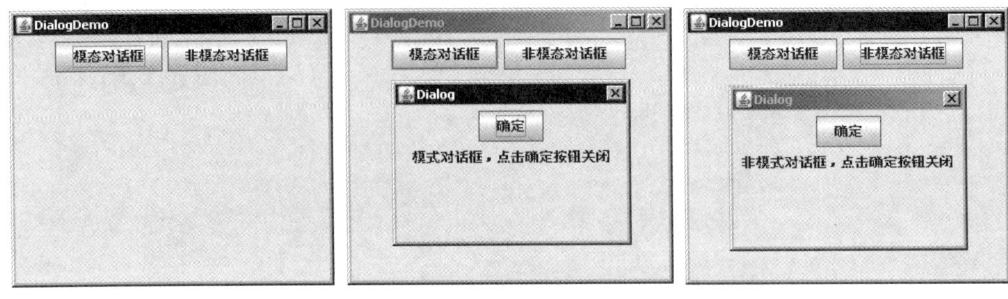

图 9-26　例 9-16 运行结果

图 9-26 的结果显示，在 JFrame 窗口中添加了"模态对话框"和"非模态对话框"两个按钮。当点击"模态对话框"按钮时，显示图 9-26 中间的对话框窗口，这时只能操作该对话框，其他对话框都会处于一种冰封的状态，不能进行任何操作，直到用户点击对话框中的"确定"按钮，把该对话框关闭后，才能继续其他操作。当点击"非模态对话框"按钮时，会出现图 9-26 中最后一个窗口所示的对话框，此时不但能对弹出的对话框进行操作，而且能对其他的窗口进行操作，这就是非模态对话框和模态对话框的区别。

9.6.3　中间容器

Swing 组件中不仅具有 JFrame 和 JDialog 这样的顶级窗口，还提供了一些中间容器，这些容器不能单独存在，只能放置在顶级窗口中。其中最常见的中间容器有两种：JPanel 和 JScrollPane，接下来分别来介绍这两种容器。

① JPanel：JPanel 和 AWT 中的 Panel 组件使用方法基本一致，它是一个无边框，不能被移动、放大、缩小或者关闭的面板，它的默认布局管理器是 FlowLayout。当然也可以使用 JPanel 带参数的构造函数 JPanel(LayoutManager layout)或者它的 setLayout()方法为其制定布局管理器。

② JscrollPane：与 JPanel 不同的是，JScrollPane 是一个带有滚动条的面板容器，而且这个面板只能添加一个组件，如果想往 JScrollPane 面板中添加多个组件，应该先将组件添加到 JPanel 中，然后将 JPanel 添加到 JScrollPane 中。接下来学习一下 JScrollPane 的常用构造方法，如表 9-7 所示。

表 9-7 中，列出了 JScrollPane 的三个构造方法，其中，第一个构造方法用于创建一个空的 JScrollPane 面板，第二个构造方法用于创建显示指定组件的 JScrollPane 面板，这两个方法都比较简单。第三个构造方法，是在第二个构造方法的基础上指定滚动条策略。

如果在构造方法中没有指定显示组件和滚动条策略,也可以使用 JScrollPane 提供的方法进行设置,如表 9-8 所示。

表 9-7 JScrollPane 构造方法

方法声明	功能描述
JScrollPane()	创建一个空的 JScrollPane 面板
JScrollPane(Component view)	创建一个显示指定组件的 JScrollPane 面板,只要组件的内容超过视图大小就会显示水平和垂直滚动条
JScrollPane(Component view, int vsbPolicy,int hsbPolicy)	创建一个显示指定容器、并具有指定滚动条策略的 JScrollPane。参数 vsbPolicy 和 hsbPolicy 分别表示垂直滚动条策略和水平滚动条策略,应指定为 ScrollPaneConstants 的静态常量,如下所示: • HORIZONTAL_SCROLLBAR_AS_NEEDED:表示水平滚动条只在需要时显示,是默认策略。 • HORIZONTAL_SCROLLBAR_NEVER:表示水平滚动条永远不显示 • HORIZONTAL_SCROLLBAR_ALWAYS:表示水平滚动条一直显示

表 9-8 JScrollPane 的方法

方法声明	功能描述
void setHorizontalBarPolicy(int policy)	指定水平滚动条策略,即水平滚动条何时显示在滚动面板上
void setVerticalBarPolicy(int policy)	指定垂直滚动条策略,即垂直滚动条何时显示在滚动面板上
void setViewportView(Component view)	设置在滚动面板显示的组件

接下来通过一个案例来演示一下向中间容器添加按钮,如例 9-17 所示。

例 9-17 Example17.java

```
import java.awt.*;
import javax.swing.*;
public class Example17 extends JFrame {
    public Example17() {
        this.setTitle("PanelDemo");
        //创建滚动面板
        JScrollPane scrollPane=new JScrollPane();
        //设置水平滚动条策略--滚动条需要时显示
        scrollPane.setHorizontalScrollBarPolicy
        (ScrollPaneConstants. HORIZONTAL_SCROLLBAR_AS_NEEDED);
        //设置垂直滚动条策略--滚动条一直显示
        scrollPane.setVerticalScrollBarPolicy
        (ScrollPaneConstants. VERTICAL_SCROLLBAR_ALWAYS);
        //定义一个 JPanel 面板
        JPanel panel=new JPanel();
        //在 JPanel 面板中添加四个按钮
```

```
        panel.add(new JButton("按钮 1"));
        panel.add(new JButton("按钮 2"));
        panel.add(new JButton("按钮 3"));
        panel.add(new JButton("按钮 4"));
        //设置 JPanel 面板在滚动面板中显示
        scrollPane.setViewportView(panel);
        //将滚动面板添加到内容面板的 CENTER 区域
        this.add(scrollPane,BorderLayout.CENTER);
        this.setDefaultCloseOperation(JFrame.EXIT_ON_CLOSE);
        this.setSize(400,250);
        this.setVisible(true);
    }
    public static void main(String[] args) {
        new Example17 ();
    }
}
```

编译运行程序，生成的窗口如图 9-27 所示。

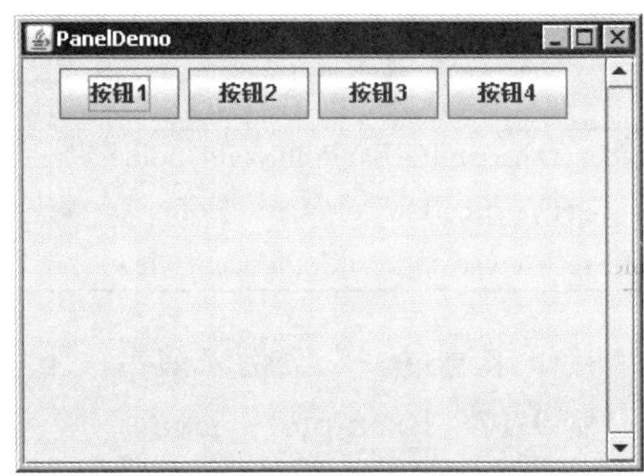

图 9-27　例 9-17 运行结果

例 9-17 中，为了演示如何使用中间容器，分别创建了一个 JScrollPane 滚动面板、一个 JPanel 面板和四个按钮。首先将四个按钮添加到 JPanel 面板中，然后将该容器添加到 JScrollPane 面板中。

由于 JScrollPane 指定的水平滚动条策略为 HORIZONTAL_SCROLLBAR_AS_NEEDED，因此只有在面板区域中水平方向无法完整显示其内部放置的组件时，才会显示出水平滚动条，而 JScrollPane 的垂直滚动条策略为 VERTICAL_SCROLLBAR_ALWAYS，所以垂直方向的滚动条会一直存在。

9.6.4　文本组件

文本组件用于接收用户输入的信息或向用户展示信息，其中包括文本框(JTextField)、文本域(JTextArea)等，它们都有一个共同父类 JTextComponent，JTextComponent 是一个抽象类，它提供了文本组件常用的方法，如表 9-9 所示。

表 9-9 中列出了几种对文本组件进行操作的方法，其中包括选中文本内容、设置文本内容以及获取文本内容等。由于 JTextField 和 JTextArea 这两个文本组件都继承了 JTextComponent 类，因此它们都具有表 9-9 中的方法。但它们在使用上还有一定的区别，接下来就对这两个文本组件进行详细讲解。

表 9-9 JTextComponent 常用方法

方法描述	功能说明
String String getText()	返回文本组件中所有的文本内容
String getSelectedText()	返回文本组件中选定的文本内容
void selectAll()	在文本组件中选中所有内容
void setEditable()	设置文本组件为可编辑或者不可编辑状态
void setText(String text)	设置文本组件的内容
void replaceSelection(String content)	用给定的内容替换当前选定的内容

① JTextField：JTextField 称为文本框，它只能接收单行文本的输入，JTextField 常用的构造方法如表 9-10 所示。

表 9-10 JTextField 构造方法

方法描述	功能说明
JTextField()	创建一个空的文本框，初始字符串为 null
JTextFiled(int columns)	创建一个具有指定列数的文本框，初始字符串为 null
JTextField(String text)	创建一个显示指定初始字符串的文本框
JTextField(String text,int column)	创建一个具有指定列数、并显示指定初始字符串的文本框

表 9-10 中，列出了四个 JTextField 的构造方法，在创建 JTextField 文本框时，通常使用第二个或者第四个构造方法，指定文本框的列数。

JTextField 有一个子类 JPasswordField，它表示一个密码框，只能接收用户的单行输入，但是在此框中不显示用户输入的真实信息，而是通过显示指定的回显字符作为占位符。新创建的密码框默认的回显字符为 *。JPasswordField 和 JTextField 的构造方法相似，这里就不再介绍了。

② JTextArea：JTextArea 称为文本域，它能接收多行文本的输入，使用 JTextArea 构造方法创建对象时可以设定区域的行数、列数，JTextArea 常用的构造方法如表 9-11 所示。

表 9-11 JTextArea 构造方法

方法描述	功能说明
JTextArea()	创建一个空的文本域
JTextArea(String text)	创建显示指定初始字符串的文本域
JTextArea(int rows,int columns)	创建具有指定行和列的空的文本域
JTextArea(String text,int rows,int columns)	创建显示指定初始文本并指定了行列的文本域

表 9-11 中，列出了四个 JTextArea 的构造方法，在创建文本域时，通常会使用最后两个构造方法，指定文本域的行数和列数。

接下来编写一个聊天窗口，演示一下文本组件 JTextField 和 JTextArea 的使用，如例 9-18 所示。

例 9-18 Example18.java

```
import java.awt.*;
import java.awt.event.*;
import javax.swing.*;
public class Example18 extends JFrame {
    JButton sendBt;
    JTextField inputField;
    JTextArea chatContent;
    public Example18() {
        this.setLayout(new BorderLayout());
        chatContent=new JTextArea(12,34);      //创建一个文本域
        //创建一个滚动面板,将文本域作为其显示组件
        JScrollPane showPanel=new JScrollPane(chatContent);
        chatContent.setEditable(false);        //设置文本域不可编辑
        JPanel inputPanel=new JPanel();        //创建一个 JPanel 面板
        inputField=new JTextField(20);         //创建一个文本框
        sendBt=new JButton("发送");            //创建一个发送按钮
        //为按钮添加事件
        sendBt.addActionListener(new ActionListener() {     //为按钮添加一个监听事件
            public void actionPerformed(ActionEvent e){     //重写 actionPerformed 方法
                String content=inputField.getText();       //获取输入的文本信息
                //判断输入的信息是否为空
                if (content !=null && !content.trim().equals("")) {
                    //如果不为空,将输入的文本追加到聊天窗口
                    chatContent.append("本人:"+content+"\n");
                    } else {
                    //如果为空,提示聊天信息不能为空
                    chatContent.append("聊天信息不能为空"+"\n");
                }
                inputField.setText("");            //将输入的文本域内容置为空
            }
        });
        JLabel label=new JLabel("聊天信息");   //创建一个标签
        inputPanel.add(label);                 //将标签添加到 JPanel 面板
        inputPanel.add(inputField);            //将文本框添加到 JPanel 面板
        inputPanel.add(sendBt);                //将按钮添加到 JPanel 面板
        //将滚动面板和 JPanel 面板添加到 JFrame 窗口
        this.add(showPanel,BorderLayout.CENTER);
        this.add(inputPanel,BorderLayout.SOUTH);
        this.setTitle("聊天窗口");
        this.setSize(400,300);
```

```
        this.setDefaultCloseOperation(JFrame.EXIT_ON_CLOSE);
        this.setVisible(true);
    }
    public static void main(String[] args) {
        new Example18 ();
    }
}
```

编译运行程序,生成的窗口如图 9-28 所示。

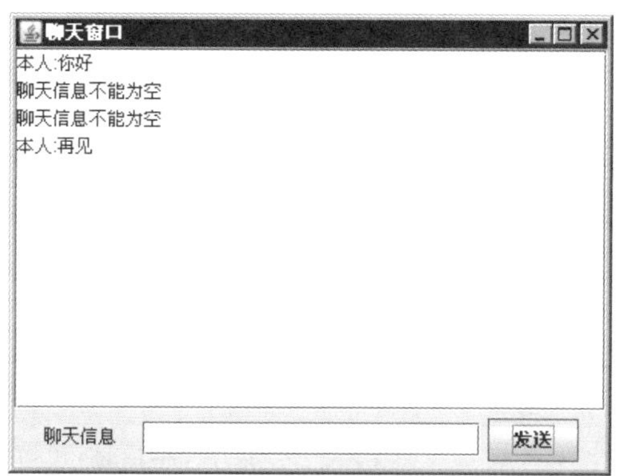

图 9-28 例 9-18 运行结果

例 9-18 中,通过 JFrame 模拟了一个简单的聊天窗口。首先通过 BorderLayout 布局管理器将窗口分为两个区域 CENTER 和 SOUTH。其中,CENTER 区域放置了一个 JScrollPane 滚动面板,在滚动面板中放置了 JTextArea 文本域用于显示聊天记录;SOUTH 区域放置了一个 JPanel 面板,在 JPanel 面板中放置了三个组件,其中 JLabel 标签用于信息说明,JTextField 文本框用于输入用户的聊天信息,JButton 按钮用于发送聊天信息。

值得一提的是,本例中使用到 JLabel 组件,是一个静态组件,用于显示一行静态文本和图标,它起到的作用只是信息说明,不接收用户的输入,也不能添加事件。

9.6.5 按钮组件

在 Swing 中常见的按钮组件有 JButton、JCheckBox、JRadioButton 等,它们都是抽象类 AbstractButton 类的直接或间接子类,在 AbstractButton 类中提供了按钮组件通用的一些方法,如表 9-12 所示。

表 9-12 AbstractButton 常用方法

方法描述	功能说明
Icon getIcon()和 void setIcon(Icon icon)	设置或者获取按钮的图标
String getText()和 void setText(String text)	设置或者获取按钮的文本

续表

方法描述	功能说明
void setEnable(boolean b)	启用(当 b 为 true)或禁用(当 b 为 false)按钮
setSelected(boolean b)	设置按钮的状态,当 b 为 true 时,按钮是选中状态,反之为未选中状态
boolean isSelected()	返回按钮的状态(true 为选中,反之为未选中)

前面案例中多次用到 JButton 按钮,而且它的使用非常简单,这里就不进行介绍了。接下来主要围绕 JCheckbox 和 JRadioButton 这两个组件进行详细讲解。

1. JCheckBox

JCheckBox 组件被称为复选框,它有选中(是)/未选中(非)两种状态,如果用户想接收的输入只有"是"和"非",则可以通过复选框来切换状态。如果复选框有多个,则用户可以选中其中一个或者多个。表 9-13 列举了创建 JCheckBox 对象的常用构造方法。

表 9-13　JCheckBox 构造方法

方法描述	功能说明
JCheckBox()	创建一个没有文本信息,初始状态未被选中的复选框
JCheckBox(String text)	创建一个带有文本信息,初始状态未被选定的复选框
JCheckBox(String text,boolean selected)	创建一个带有文本信息,并指定初始状态(选中/未选中)的复选框

表 9-13 中,列出了用于创建 JCheckBox 对象的三个构造方法。其中,第一个构造方法没有指定复选框的文本信息以及状态,如果想设置文本信息,可以通过调用 JCheckBox 从父类继承的方法来进行设置。例如调用 setText(String text)来设置复选框文本信息,调用 setSelected(boolean b)方法来设置复选框状态(是否被选中),也可以调用 isSelected()方法来判断复选框是否被选中。第二个和第三个构造方法都指定了复选框的文本信息,而且第三个构造方法还指定了复选框初始化状态是否被选中。

接下来通过一个案例来演示一下 JCheckBox 组件的用法,如例 9-19 所示。

例 9-19　Example19.java

```
import java.awt.*;
import java.awt.event.*;
import javax.swing.*;
public class Example19 extends JFrame {
    private JCheckBox italic;
    private JCheckBox bold;
    private JLabel label;
    public Example19() {
        //创建一个 JLabel 标签,标签文本居中对齐
```

```
        label=new JLabel("传智播客欢迎你!",JLabel.CENTER);
        //设置标签文本的字体
        label.setFont(new Font("宋体",Font.PLAIN,20));
        this.add(label);                              //在 CENTER 域添加标签
        JPanel panel=new JPanel();                    //创建一个 JPanel 面板
        //创建两个 JCheckBox 复选框
        italic=new JCheckBox("ITALIC");
        bold=new JCheckBox("BOLD");
        //为复选框定义 ActionListener 监听器
        ActionListener listener=new ActionListener() {
            public void actionPerformed(ActionEvent e) {
                int mode=0;
                if (bold.isSelected())
                    mode +=Font.BOLD;
                if (italic.isSelected())
                    mode +=Font.ITALIC;
                label.setFont(new Font("宋体",mode,20));
            }
        };
        //为两个复选框添加监听器
        italic.addActionListener(listener);
        bold.addActionListener(listener);
        //在 JPanel 面板面板添加复选框
        panel.add(italic);
        panel.add(bold);
        //在 SOUTH 域添加 JPanel 面板
        this.add(panel,BorderLayout.SOUTH);
        this.setDefaultCloseOperation(JFrame.EXIT_ON_CLOSE);
        this.setSize(300,300);
        this.setVisible(true);
    }
    public static void main(String[] args) {
        new Example19 ();
    }
}
```

编译运行程序，生成的窗口如图 9-29 所示。

例 9-19 中，定义了一个类 Example 19 继承自 JFrame。该类中使用 BorderLayout 布局管理器将窗口分为两部分，其中，CENTER 区域放置了一个标签 label，用于显示普通样式的文本。SOUTH 区域放置了一个 JPanel 面板，在 JPanel 面板中放置了 bold 和 italic 两个复选框，并为这两个按钮注册监听事件，通过判断这两个按钮是否选中来改变界面字体的样式。图 9-29 中，第一、第二和第三幅图分别表示勾选零个、一个和两个复选框时，“传智播客欢迎你”所显示的字体样式。

图 9-29 例 9-19 运行结果

2. JRadionButton

JRadioButton 组件被称为单选按钮，与 JCheckBox 复选框不同的是，单选按钮只能选中一个，就像收音机上的电台选择按钮，当按下一个，先前按下的按钮就会自动弹起，对于 JRadioButton 按钮来说，当一个按钮被选中时，先前被选中的按钮就会自动取消选中。

由于 JRadioButton 组件本身并不具备这种功能，因此若想实现 JRadioButton 按钮之间的互斥，需要使用 javax. swing. ButtonGroup 类，它是一个不可见的组件，不需要将其增加到容器中显示，只是在逻辑上表示一个单选按钮组。将多个 JRadioButton 按钮添加到同一个单选按钮组对象中就能实现按钮的单选功能。表 9-14 列举了创建 JRadioButton 对象常见的构造方法。

表 9-14 JRadioButton 构造方法

方法描述	功能说明
JRadioButton ()	创建一个没有文本信息、初始状态未被选中的单选框
JRadioButton (String text)	创建一个带有文本信息、初始状态未被选定的单选框
JRadioButton (String text,boolean selected)	创建一个带有文本信息，并指定初始状态(选中/未选中)的单选框

接下来通过一个案例来演示一下 JRadioButton 组件的用法，如例 9-20 所示。

例 9-20 Example20. java

```
import java.awt.*;
import javax.swing.*;
import java.awt.event.*;
public class Example20 extends JFrame {
    private ButtonGroup group;          //单选按钮组对象
    private JPanel panel;               //JPanel 面板放置三个 JRadioButton 按钮
    private JPanel pallet;              //JPanel 面板作为调色板
```

```
    public Example20() {
        pallet=new JPanel();
        this.add(pallet,BorderLayout.CENTER);    //将调色板面板放置了 CENTER 区域
        panel=new JPanel();
        group=new ButtonGroup();
        //调用 addJRadioButton()方法
        addJRadioButton("灰");
        addJRadioButton("粉");
        addJRadioButton("黄");
        this.add(panel,BorderLayout.SOUTH);
        this.setSize(300,300);
        this.setDefaultCloseOperation(JFrame.EXIT_ON_CLOSE);
        this.setVisible(true);
    }
    /**
     * @param name
     * JRadioButtion 按钮的文本信息 用于创建一个带有文本信息的 JRadioButton 按钮
     * 将按钮添加到 panel 面板和 ButtonGroup 按钮组中并添加监听器
     */
    private void addJRadioButton(final String text) {
        JRadioButton radioButton=new JRadioButton(text);
        group.add(radioButton);
        panel.add(radioButton);
        radioButton.addActionListener(new ActionListener() {
            public void actionPerformed(ActionEvent e) {
                Color color=null;
                if ("灰".equals(text)) {
                    color=Color.GRAY;
                } else if ("粉".equals(text)) {
                    color=Color.PINK;
                } else if ("黄".equals(text)) {
                    color=Color.YELLOW;
                } else {
                    color=Color.WHITE;
                }
                pallet.setBackground(color);
            }
        });
    }
    public static void main(String[] args) {
        new Example20 ();
    }
}
```

编译运行程序，生成的窗体如图 9-30 所示。

图 9-30 例 9-20 运行结果

例 9-20 中，定义了一个类 Example 20 继承自 JFrame，在 JRadioButtonDemo 中使用 BorderLayout 布局管理器将窗口分为两部分，其中，CENTER 区域放置了一个 JPanel 面板 pallet 作为调色板；SOUTH 区域也放置了一个 JPanel 面板 panel，在 panel 面板中添加了“灰”、“粉”、“黄”三个 JRadioButton 按钮，当点击这三个不同的按钮时，pallet 面板的背景色就会相应的变成灰色、粉色或者黄色。

由于三个 JRadioButton 按钮都要添加到 panel 面板和 ButtonGroup 按钮组中，当为它们添加事件监听时，会有很多重复代码，因此可以把这些重复的代码抽取到 addJRadioButton() 方法中，该方法中的参数 text 用于表示所创建的 JRadioButton 按钮的文本信息。

第 31～45 行是为 JRadioButton 按钮添加事件监听器的代码，用来响应用户点击单选按钮的操作，在 actionPerformed()方法中，定义一个 Color 类型的变量 color，根据方法传入的 text 值判断，若 text 为字符串“灰色”，则 color＝Color. GRAY；若 text 为字符串“粉色”，则 color＝Color. PINK；若 text 为字符串“黄色”，则 color＝Color. YELLOW，否则 color＝Color. WHITE，最后调用 pallet 的 setBackground(Color color)方法，根据参数 color 的值设置 pallet 的背景颜色。

9.6.6 JComboBox

JComboBox 组件被称为组合框或者下拉列表框，它将所有选项折叠收藏在一起，默认显示的是第一个添加的选项。当用户点击组合框时，会出现下拉式的选择列表，用户可以从中选择其中一项并显示。

JComboBox 组合框组件分为可编辑和不可编辑两种形式，对于不可编辑的组合框，用户只能在现有的选项列表中进行选择，而对于可编辑的组合框，用户既可以在现有的选项中选择，也可以自己输入新的内容。需要注意的是，自己输入的内容只能作为当前项显示，并不会添加到组合框的选项列表中。表 9-15 中列举 JComboBox 类的常用构造方法。

表 9-15 JComboBox 构造方法

方法描述	功能说明
JComboBox()	创建一个没有可选项的组合框
JComboBox(Object[] items)	创建一个组合框，将 Object 数组中的元素作为组合框的下拉列表选项
JComboBox(Vector items)	创建一个组合框，将 Vector 集合中的元素作为组合框的下拉列表选项

在使用 JComboBox 时，需要用到它的一些常用方法，如表 9-16 所示。

表 9-16 JComboBox 常用方法

方法描述	功能说明
void addItem(Object anObject)	为组合框添加选项
void insertItemAt(Object anObject,int index)	在指定的索引处插入选项
Objct getItemAt(int index)	返回指定索引处选项,第一个选项的索引为 0
int getItemCount()	返回组合框中选项的数目
Object getSelectedItem()	返回当前所选项
void removeAllItems()	删除组合框中所有的选项
void removeItem(Object object)	从组合框中删除指定选项
void removeItemAt(int index)	移除指定索引处的选项
void setEditable(boolean aFlag)	设置组合框的选项是否可编辑,aFlag 为 true 则可编辑,反之则不可编辑

通过上面的两个表简单认识了 JComboBox 类的构造方法和常用方法,接下来通过一个案例来演示一下该组件的用法,如例 9-21 所示。

例 9-21 Example21.java

```
import java.awt.*;
import java.awt.event.*;
import javax.swing.*;
public class Example21 extends JFrame {
    private JComboBox comboBox;                //定义一个 JComboBox 组合框
    private JTextField field;                  //定义一个 JTextField 文本框
    public Example21() {
        JPanel panel=new JPanel();             //创建 JPanel 面板
        comboBox=new JComboBox();
        //为组合框添加选项
        comboBox.addItem("请选择城市");
        comboBox.addItem("北京");
        comboBox.addItem("天津");
        comboBox.addItem("南京");
        comboBox.addItem("上海");
        comboBox.addItem("重庆");
        //为组合框添加事件监听器
        comboBox.addActionListener(new ActionListener() {
            public void actionPerformed(ActionEvent e) {
                String item= (String) comboBox.getSelectedItem();
                if ("请选择城市".equals(item)) {
                    field.setText("");
                } else {
```

```
24                 field.setText("您选择的城市是: "+item);
25             }
26         }
27     });
28     field=new JTextField(20);
29     panel.add(comboBox);          //在面板中添加组合框
30     panel.add(field);             //在面板中添加文本框
31     //在内容面板中添加 JPanel 面板
32     this.add(panel,BorderLayout.NORTH);
33     this.setSize(350,100);
34     this.setDefaultCloseOperation(JFrame.EXIT_ON_CLOSE);
35     this.setVisible(true);
36   }
37   public static void main(String[] args) {
38     new Example21 ();
39   }
40 }
```

运行程序会弹出窗体，在窗体中有可选择的组合框，选择前后的效果如图 9-31 所示。

图 9-31　例 9-21 运行结果

例 9-21 中，首先定义了一个类 Example21 继承自 JFrame，该类默认使用的是 BorderLayout 布局管理器。在窗口的 NORTH 区域中，放置了一个 JPanel 面板 panel，它里面有两个组件，一个是 JComboBox 组合框 comboBox，一个是 JTextField 文本框 field。然后在代码的第 18～27 行，为 JComboBox 组合框添加了一个事件监听器，在 actionPerformed()方法中，通过调用 comboBox 的 getSelectedItem()方法获得用户所选的 item，如果 item 为城市名，则调用 field 的 setText(item)方法将城市名显示在文本框中，如果 item 为“请选择城市”，则将文本框的内容清空。

9.6.7　菜单组件

在 GUI 程序中，菜单是很常见的组件，利用 Swing 提供的菜单组件可以创建出多种样式的菜单，接下来重点对下拉式菜单和弹出式菜单进行介绍。

1. 下拉式菜单

对于下拉式菜单，大家肯定很熟悉，因为计算机中很多文件的菜单都是下拉式的，如记事本的菜单。在 GUI 程序中，创建下拉式菜单需要使用三个组件：JMenuBar(菜单栏)、JMenu(菜单)和 JMenuItem(菜单项)，以记事本为例，这三个组件在菜单中对应的位置如图 9-32 所示。

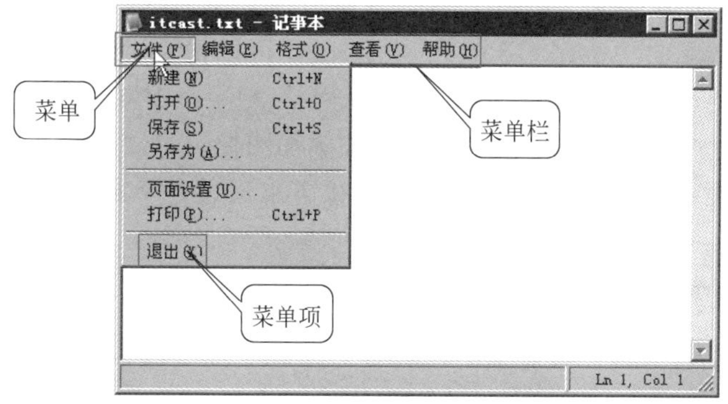

图 9-32 菜单组件

在图 9-32 中,分别指出了菜单的三个组件,接下来针对这三个组件进行详细讲解。

① JMenuBar。JMenuBar 表示一个水平的菜单栏,它用来管理菜单,不参与同用户的交互式操作。菜单栏可以放在容器的任何位置,但通常情况下会使用顶级窗口(如 JFrame、JDialog)的 setJMenuBar(JMenuBar menuBar)方法将它放置在顶级窗口的顶部。JMenuBar 有一个无参构造函数,创建菜单栏时,只需要使用 new 关键字创建 JMenubar 对象即可。创建完菜单栏对象后,可以调用它的 add(JMenu c)方法为其添加 JMenu 菜单。

② JMenu。JMenu 表示一个菜单,它用来整合管理菜单项。菜单可以是单一层次的结构,也可以是多层次的结构。大多情况下,使用 JMenu(String text)构造函数创建 JMenu 菜单,参数 text 表示菜单上的文本。

JMenu 中还有一些常用的方法,如表 9-17 所示。

表 9-17 JMenu 常用方法

方法声明	功能描述
JMenuItem add(JMenuItem menuItem)	将菜单项添加到菜单末尾,返回此菜单项
void addSeparator()	将分隔符添加到菜单的末尾
JMenuItem getItem(int pos)	返回指定索引处的菜单项,第一个菜单项的索引为 0
int getItemCount()	返回菜单上的项数,菜单项和分隔符都计算在内
JMenuItem insert(JMenuItem menuItem, int pos)	在指定索引处插入菜单项
void insertSeparator(int pos)	在指定索引处插入分隔符
void remove(int pos)	从菜单中移除指定索引处的菜单项
void remove(JMenuItem menuItem)	从菜单中移除指定的菜单项
void removeAll()	从菜单中移除所有的菜单项

③ JMenuItem。JMenuItem 表示一个菜单项,它是菜单系统中最基本的组件。和

JMenu 菜单一样，在创建 JMenuItem 菜单项时，通常会使用 JMenumItem(String text)这个构造方法为菜单项指定文本内容。

JMenuItem 继承自 AbstractButton 类的，因此可以把它看成是一个按钮，如果使用无参的构造方法创建了一个菜单项，则可以调用从 AbstractButton 类中继承的 setText(String text)方法和 setIcon()方法为其设置文本和图标。

介绍完创建菜单所需的三个基本组件后，接下来通过一个案例来学习一下菜单的创建和使用，如例 9-22 所示。

例 9-22 Example22. java

```
import java.awt.event.*;
import javax.swing.*;
public class Example22 extends JFrame {
    public Example22() {
        JMenuBar menuBar=new JMenuBar();   //创建菜单栏
        this.setJMenuBar(menuBar);         //将菜单栏添加到 JFrame 窗口中
        JMenu menu=new JMenu("操作");      //创建菜单
        menuBar.add(menu);                 //将菜单添加到菜单栏上
        //创建两个菜单项
        JMenuItem item1=new JMenuItem("弹出窗口");
        JMenuItem item2=new JMenuItem("关闭");
        //为菜单项添加事件监听器
        item1.addActionListener(new ActionListener() {
            public void actionPerformed(ActionEvent e) {
                //创建一个 JDialog 窗口
                JDialog dialog=new JDialog(Example22.this,true);
                dialog.setTitle("弹出窗口");
                dialog.setSize(200,200);
                dialog.setLocation(50,50);
                dialog.setVisible(true);
            }
        });
        item2.addActionListener(new ActionListener() {
            public void actionPerformed(ActionEvent e) {
                System.exit(0);
            }
        });
        menu.add(item1);                   //将菜单项添加到菜单中
        menu.addSeparator();               //添加一个分隔符
        menu.add(item2);
        this.setDefaultCloseOperation(JFrame.EXIT_ON_CLOSE);
        this.setSize(300,300);
        this.setVisible(true);
```

```
34     }
35     public static void main(String[] args) {
36         new Example22 ();
37     }
38 }
```

编译运行程序,生成的窗体如图 9-33 所示。

例 9-22 中,定义了一个类 Example22 继承自 JFrame,并在窗口的顶部添加了一个下拉式菜单。关于创建和添加下拉式菜单,一般分为以下几个步骤。

① 创建一个 JMenuBar 菜单栏对象,将其放置在 JFrame 窗口的顶部。

② 创建 JMenu 菜单对象,将其添加到 JMenuBar 菜单栏中。

③ 创建 JMenuItem 菜单项,将其添加到 JMenu 菜单中。

本例中,在 JMenu 菜单中添加 item1(弹出窗口)和 item2(关闭)两个菜单项,并调用了 JMenu 的 addSeparator()方法在菜单中添加了一条分隔符。在代码 13～22 行和 23～27 行中分别为 item1 和 item2 添加事件监听器。当点击 item1 菜单时,会弹出一个模态的 JDialog 窗口,如图 9-34 所示,当点击 item2 时会退出程序。

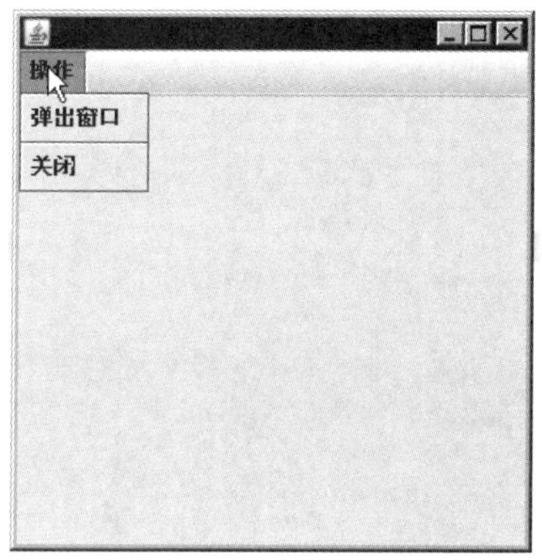

图 9-33　例 9-22 运行结果

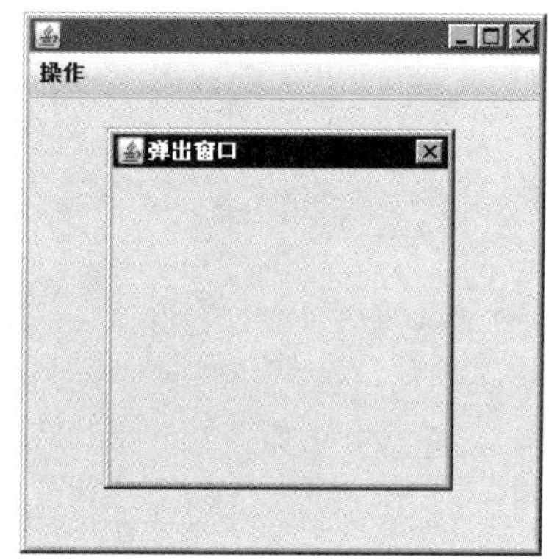

图 9-34　操作窗口后的结果

2. 弹出式菜单

对于弹出式菜单,相信大家也不会陌生,在 Windows 桌面点击鼠标右键会出现一个菜单,那就是弹出式菜单。在 Java 的 Swing 组件中,弹出式菜单用 JPopupMenu 表示。

JPopupMenu 弹出式菜单和下拉式菜单一样都通过调用 add()方法添加 JMenuItem 菜单项,但它默认是不可见的,如果想要显示出来,则必须调用它的 show(Component invoker,int x,int y)方法,该方法中参数 invoker 表示 JPopupMenu 菜单显示位置的参考组件,x 和 y 表示 invoker 组件坐标空间中的一个坐标,显示的是 JPopupMenu 菜单的左上角坐标。

接下来通过一个案例来演示一下 JPopupMenu 组件的用法,如例 9-23 所示。

例 9-23 Example23. java

```
import java.awt.event.*;
import javax.swing.*;
public class Example23 extends JFrame {
    private JPopupMenu popupMenu;
    public Example23() {
        //创建一个 JPopupMenu 菜单
        popupMenu=new JPopupMenu();
        //创建三个 JMenuItem 菜单项
        JMenuItem refreshItem=new JMenuItem("refresh");
        JMenuItem createItem=new JMenuItem("create");
        JMenuItem exitItem=new JMenuItem("exit");
        //为 exitItem 菜单项添加事件监听器
        exitItem.addActionListener(new ActionListener() {
            public void actionPerformed(ActionEvent e) {
                System.exit(0);
            }
        });
        //往 JPopupMenu 菜单添加菜单项
        popupMenu.add(refreshItem);
        popupMenu.add(createItem);
        popupMenu.addSeparator();
        popupMenu.add(exitItem);
        //为 JFrame 窗口添加 clicked 鼠标事件监听器
        this.addMouseListener(new MouseAdapter() {
            public void mouseClicked(MouseEvent e) {
                //如果点击的是鼠标的右键,显示 JPopupMenu 菜单
                if (e.getButton()==e.BUTTON3) {
                    popupMenu.show(e.getComponent(),e.getX(),e.getY());
                }
            }
        });
        this.setSize(300,300);
        this.setDefaultCloseOperation(JFrame.EXIT_ON_CLOSE);
        this.setVisible(true);
    }
    public static void main(String[] args) {
        new Example23 ();
    }
}
```

例 9-23 中，定义了一个类 Example23 继承自 JFrame。在 Example23 中创建了一个 JPopupMenu 菜单，并为其增加了 refreshItem、createItem 和 exitItem 三个 JMenuItem 菜单项。代码的第 13～17 行，为 exitItem 菜单项添加了一个 ActionListener 事件监听器，当点击它时，会退出程序。代码的第 24～31 行代码为当前窗口添加了一个鼠标事件监听器，监听鼠标的 mouseClicked 事件，当鼠标按下时，调用 MouseEvent 的 getButton()判断是否按下了鼠标的右键(BUTTON3)，如果是，就调用 JPopupMenu 的 show()方法将其显示，并将鼠标点击的坐标作为弹出菜单的左上角坐标，如图 9-35 所示。

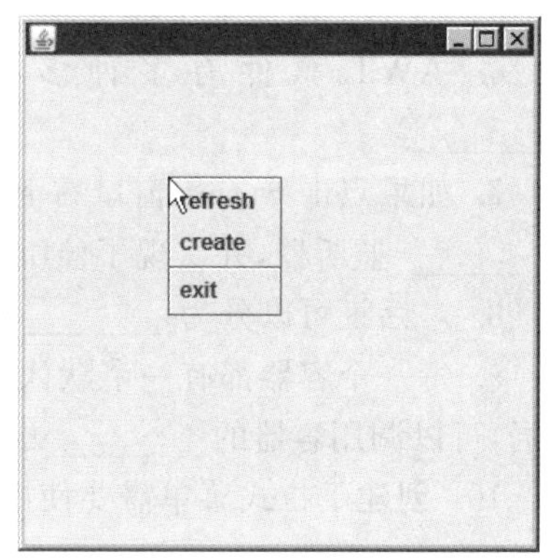

图 9-35 例 9-23 运行结果

9.7 本章小结

GUI 是本教材中相对独立的一章内容，主要向初学者讲解了 GUI 的一些基本原理和开发技巧及思想，主要包括 AWT 创建 GUI 的基本方法，AWT 的事件处理机制，事件的原理、常用事件的监听和处理方法、五种布局管理器，介绍了一些常用的 Swing 组件，其中包括 JFrame、JDialog、JTextField、JComboBox 等。

本章对 GUI 的学习只是告诉大家如何开发 GUI 程序，重在向初学者讲解一些基本的原理和开发技巧以及思想，不可能将所有的组件都进行介绍。Swing 中的某些组件使用上与 AWT 的组件还有些不同，所以大家如果想进一步了解 GUI，建议查阅 JDK 文档中的一些 Demo 程序，或者下载相关资料来了解其他组件的使用方法，这才是我们对 GUI 组件甚至其他编程语言的学习之道。

9.8 习题

一、填空题

1. 在 Java 中，图形用户界面简称________，它的组件包含在________和________这两个包中。

2. 为了避免实现监听器中定义的所有方法，造成代码的臃肿，在 JDK 中提供了一些________类，这些类实现了接口所有的方法，但是方法中没有任何代码，属于一种空实现。

3. 在 Java 中，________类相当于一个抽象的画笔对象，使用它可以在组件上绘制图形。

4. ________负责监听事件源上发生的事件，并对各种事件做出响应处理。

5. 大部分的 Swing 组件都是________类的直接或者间接子类，其名称都是在原来

AWT组件名称前加上字母J。

6. AWT事件有多种多样，大致可以分为________、________、________、________等。

7. 如果点击Frame窗口右上角的关闭按钮能将其关闭，那么这个Frame窗口添加了________监听器，并实现了监听器的________方法。

8. 对话框可以分为________和________两种。

9. 每一个容器都有一个默认的布局管理器，如果不希望通过布局管理器对容器进行布局，可以调用容器的________方法将其取消。

10. 创建下拉式菜单需要使用三个组件，分别是________、________和________。

二、判断题

1. 容器(Container)是一个可以包含基本组件和其他容器的组件。

2. 可以通过实现ActionListener接口或者继承ActionAdapter类来实现动作事件监听器。

3. CardLayout布局管理器将界面看做一系列卡片，在任何时候只有其中一张卡片是可见的。

4. 非模态对话框是指用户需要等到处理完对话框后才能继续与其他窗口进行交互。

5. JFrame的默认布局管理器是FlowLayout。

三、选择题

1. 下面四个组件中哪一个不是Component的子类？(　　)

A. Button　　B. Dialog　　C. Label　　D. MenuBar

2. 每一个GUI程序中必须包含一个什么组件？(　　)

A. 按钮　　B. 标签　　C. 菜单　　D. 容器

3. 下面四个选项中，哪些是事件处理机制中的角色？(多选)(　　)

A. 事件　　B. 事件源

C. 事件接口　　D. 事件监听器

4. 当鼠标按键被释放时，会调用以下哪个事件处理器方法？(　　)

A. mouseReleased()　　B. mouseUp()

C. mouseOff()　　D. mouseLetGo()

5. ActionEvent的对象会被传递给以下哪个事件处理器方法？(　　)

A. addChangeListener()　　B. addActionListener()

C. stateChanged()　　D. actionPerformed()

6. AWT中，常用的布局管理器包括哪些？(多选)(　　)

A. FlowLayout布局管理器　　B. BorderLayout布局管理器

C. CardLayout布局管理器　　D. GridLayout布局管理器

7. 下面哪些是FlowLayout类中表示对齐方式的常量？(多选)(　　)

A. FlowLayout.LEFT　　B. FlowLayout.CENTER

C. FlowLayout. VERTICAL D. FlowLayout. RIGHT

8. 下面对 Swing 的描述,正确的有哪些?(多选)( )
   A. Swing 是在 AWT 基础上构建的一套新的图形界面系统
   B. Swing 提供了 AWT 所能够提供的所有功能
   C. Swing 组件是用 Java 代码来实现的
   D. Swing 组件都是重量级组件

9. 下面四对 AWT 和 Swing 对应组件中,错误的是?( )
   A. Button 和 JButton
   B. Dialog 和 JDialog
   C. MenuBar 和 JMenuBar
   D. ComboBox 和 JComboBox

10. 使用下面哪个组件可以接收用户的输入信息?( )
   A. JButton B. JLabel
   C. JTextField D. 以上都可以

四、程序分析题

阅读下面的程序以及注释的要求,在空格处填上相应的代码。

1. 代码一:

```
import java.awt.*;
import javax.swing.*;
public class MyLayout ________/*此处填空*/ JFrame{
    JLabel labelNo,labelName,labelGender;
    JTextField stdno,name,gender;
    int x=0,y=0,w,h;
    Container cp=getContentPane();
    public MyLayout() {
        setLayout(null);
        学号=new JLabel("labelNo、",JLabel.CENTER);
        姓名=new JLabel("labelName、",JLabel.CENTER);
        性别=new JLabel("labelGender、",JLabel.CENTER);
        ____________________        //此处填空
        ____________________        //此处填空
        gender=new JTextField();
        x=80;y=30;
        w=100;h=30;
        cp.add(labelNo); cp.add(labelName);cp.add(labelGender);
        cp.add(stdno);cp.add(name);cp.add(gender);
        labelNo.setBounds(0,y,w,h); stdno.setBounds(x,y,w,h);
        labelName.setBounds(0,2*y,w,h);name.setBounds(x,2*y,w,h);
        labelGender.setBounds(0,3*y,w,h);gender.setBounds(x,3*y,w,h);
```

```
        setDefaultCloseOperation(JFrame.EXIT_ON_CLOSE);
        setSize(280,200);
        setVisible(true);
    }
    public static void main(String args[]){
        MyLayout obj=new MyLayout();
    }
}
```

2. 代码二：

```
import java.awt.CardLayout;
import java.awt.Container;
import java.awt.event.ActionEvent;
import java.awt.event.ActionListener;
import javax.swing.JButton;
import javax.swing.JFrame;
public class MyCardLayout {
    public static void main(String args[]) {
        final JFrame jframe=new JFrame("一个滚动列表的例子");
        final Container panelcp=jframe.getContentPane();
        final JPanel panel=new JPanel();
        final CardLayout card=new CardLayout (20,20);
        panelcp.setLayout(card);
        jframe.add(panel);
        for (int i=0; i<5; i++) {
            JButton jbt=new JButton("jbt"+i);
            jbt.addActionListener(new ActionListener() {
                public void actionPerformed(ActionEvent e) {
                    //点击的时候显示下一个按钮
                    ____________________          //此处填空
                }
            });
            ____________________                  //此处填空
        }
        jframe.setDefaultCloseOperation(JFrame.EXIT_ON_CLOSE);
        jframe.setSize(150,200);
        jframe.setVisible(true);
    }
}
```

五、思考题

1. 请简述 GUI 中实现事件监听的步骤。

2. AWT 和 Swing 的区别。

3. 简述 java.awt 包中提供了哪些布局管理器。

4. 简述在事件处理机制中所涉及的概念。

六、编程题

1. 编写一个 JFrame 窗口,要求如下:

① 在窗口的最上方放置一个 JLabel 标签,标签中默认的文本是"此处显示鼠标右键点击的坐标"。

② 为 JFrame 窗口添加一个鼠标事件,当鼠标右键点击窗口时,鼠标的坐标在 JLabel 标签中显示。

2. 编写一个 JFrame 窗口,要求如下:

① 在窗口中的 NORTH 区域放置一个 JPanel 面板。

② JPanel 面板中从左到右依次放置如下组件:

- JLabel 标签,标签的文本为"兴趣"。
- 三个 JCheckBox 多选按钮,文本分别为"羽毛球"、"乒乓球"、"唱歌"。
- JLabel 标签,标签的文本为"性别"。
- 两个 JRadioButton 按钮,文本分别为"男"、"女"。

③ 窗口的 CENTER 区域放置一个 JScrollPane 容器,容器中放置一个 JTextArea 文本域。

④ 当点击多选按钮和单选按钮时,会把选中按钮的文本显示在 JTextArea 文本域中。

3. 编写一个 JFrame 窗口,要求如下:

① 窗口包含一个菜单栏和一个 JLabel 标签。

② 菜单栏中有两个菜单,第一个菜单有两个菜单项,它们之间用分隔符分开,第二个菜单有一个菜单项。

③ JLabel 标签放置在窗口的中间(即 BorderLayout.CENTER),当点击菜单项时,菜单项中的文本显示在 JLabel 标签中。

第10章 chapter 10

网络编程

本章重点

- TCP/IP 协议
- InetAddress 类
- DatagramSocket 类和 DatagramPacket 类
- ServerSocket 类和 Socket 类

如今，计算机网络已经成为人们日常生活的必需品，无论工作时发送邮件，还是在消遣时和朋友网上聊天，都离不开计算机网络。所谓的计算机网络是指通过某种方式将多台计算机进行连接，它实现了多台计算机彼此之间的互联以及数据交换。位于同一个网络中的计算机若想实现彼此间的通信，必须通过编写网络程序来实现，即在不同的计算机上编写一些实现了网络连接的程序，这些程序可以实现数据的交换。接下来，本章将重点介绍网络通信的相关知识以及如何编写网络程序。

10.1 网络通信协议

通过计算机网络可以使多台计算机实现连接，位于同一个网络中的计算机在进行连接和通信时需要遵守一定的规则，这就好比在道路中行驶的汽车一定要遵守交通规则一样。在计算机网络中，这些连接和通信的规则被称为网络通信协议，它对数据的传输格式、传输速率、传输步骤等做了统一规定，通信双方必须同时遵守才能完成数据交换。网络通信协议有很多种，目前应用最广泛的是 TCP/IP 协议(Transmission Control Protocol/Internet Protocol 传输控制协议/因特网互联协议)，它是一个包括 TCP 协议、IP 协议、UDP 协议(User Datagram Protocol)、ICMP 协议(Internet Control Message Protocol)和其他一些协议的协议组，在学习具体协议之前首先了解一下 TCP/IP 协议组的层次结构。

在进行数据传输时，要求发送的数据与收到的数据完全一样，这时，就需要在原有的数据上添加很多信息，以保证数据在传输过程中数据格式完全一致。TCP/IP 协议的层次结构比较简单，共分为四层，如图 10-1 所示。

图 10-1 中，TCP/IP 协议中的四层分别是应用层、传输层、网络层和链路层，每层分别负责不同的通信功能，接下来针对这四层进行详细的讲解。

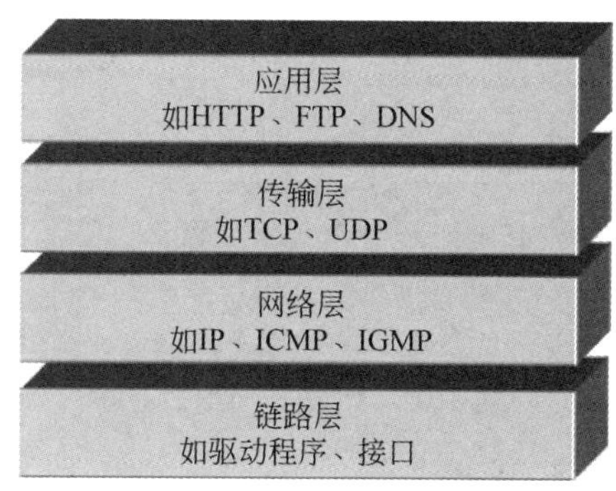

图 10-1 TCP/IP 网络模型

链路层：链路层用于定义物理传输通道，通常是对某些网络连接设备的驱动协议，例如针对光纤、双绞线提供的驱动。

网络层：网络层是整个 TCP/IP 协议的核心，它主要用于将传输的数据进行分组，将分组数据发送到目标计算机或者网络。

传输层：主要使网络程序进行通信，在进行网络通信时，可以采用 TCP 协议，也可以采用 UDP 协议。

应用层：主要负责应用程序的协议，如 HTTP 协议、FTP 协议等。

本章所需的网络编程，主要涉及的是传输层的 TCP、UDP 协议和网络层的 IP 协议，后面的小节将会逐渐介绍这些协议。

10.1.1 IP 地址和端口号

要想使网络中的计算机能够进行通信，必须为每台计算机指定一个标识号，通过这个标识号来指定接收数据的计算机或者发送数据的计算机。在 TCP/IP 协议中，这个标识号就是 IP 地址，它可以唯一标识一台计算机，目前，IP 地址广泛使用的版本是 IPv4，它是由 4 个字节大小的二进制数来表示，如 00001010000000000000000000000001。由于二进制形式表示的 IP 地址非常不便于记忆和处理，因此通常会将 IP 地址写成十进制的形式，每个字节用一个十进制数字(0～255)表示，数字间用符号.分开，如 10.0.0.1。随着计算机网络规模的不断扩大，对 IP 地址的需求也越来越多，IPv4 这种用 4 个字节表示的 IP 地址面临枯竭，因此 IPv6 便应运而生了。IPv6 使用 16 个字节表示 IP 地址，它所拥有的地址容量约是 IPv4 的 8×10^{28} 倍，达到 2^{128} 个(算上全零的)，这样就解决了网络地址资源数量不足的问题。

通过 IP 地址可以连接到指定计算机，但如果想访问目标计算机中的某个应用程序，还需要指定端口号。在计算机中，不同的应用程序是通过端口号区分的。端口号是用两个字节(16 位的二进制数)表示的，它的取值范围是 0～65 535，其中，0～1 023 之间的端口号用于一些知名的网络服务和应用，用户的普通应用程序需要使用 1024 以上的端口号，从而避免端口号被另外一个应用或服务所占用。

接下来通过一个图例来描述 IP 地址和端口号的作用，如图 10-2 所示。

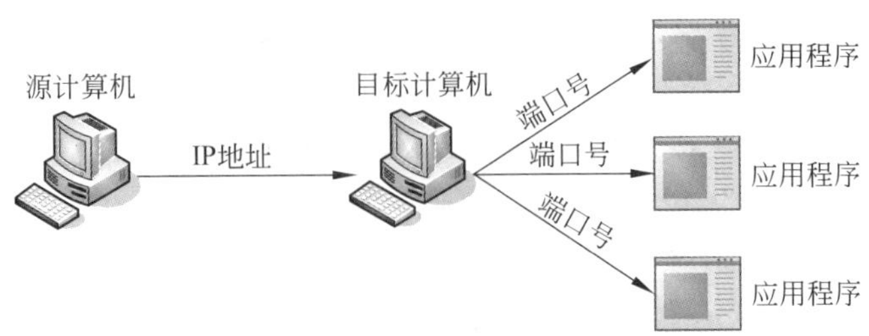

图 10-2　IP 地址和端口号

从图 10-2 中可以清楚地看到，位于网络中的一台计算机可以通过 IP 地址去访问另一台计算机，并通过端口号访问目标计算机中的某个应用程序。

10.1.2　InetAddress

10.1.1 小节介绍了 IP 地址的作用，JDK 中提供了一个 InetAddress 类，该类用于封装一个 IP 地址，并提供了一系列与 IP 地址相关的方法，表 10-1 列举了 InetAddress 类的一些常用方法。

表 10-1　InetAddress 类的常用方法

方法声明	功能描述
InetAddress getByName(String host)	参数 host 表示指定的主机，该方法用于在给定主机名的情况下确定主机的 IP 地址
InetAddress getLocalHost()	创建一个表示本地主机的 InetAddress 对象
String getHostName()	得到 IP 地址的主机名，如果是本机则是计算机名，不是本机则是主机名，如果没有域名则是 IP 地址
boolean isReachable(int timeout)	判断指定的时间内地址是否可以到达
String getHostAddress()	得到字符串格式的原始 IP 地址

表 10-1 中，列举了 InetAddress 的五个常用方法。其中，前两个方法用于获得该类的实例对象，第一个方法用于获得表示指定主机的 InetAddress 对象，第二个方法用于获得表示本地的 InetAddress 对象。通过 InetAddress 对象便可获取指定主机名，IP 地址等。接下来通过一个案例来演示 InetAddress 的常用方法，如例 10-1 所示。

例 10-1　Example01.java

```
import java.net.InetAddress;
public class Example01 {
    public static void main(String[] args) throws Exception {
        InetAddress localAddress=InetAddress.getLocalHost();
        InetAddress remoteAddress=InetAddress.getByName("www.itcast.cn");
        System.out.println("本机的 IP 地址: "+localAddress.getHostAddress());
        System.out.println("itcast 的 IP 地址: "+remoteAddress.getHostAddress());
```

```
        System.out.println("3秒是否可达: "+remoteAddress.isReachable(3000));
        System.out.println("itcast的主机名为: "+remoteAddress.getHostName());
    }
}
```

运行结果如图 10-3 所示。

图 10-3 例 10-1 运行结果

从运行结果图 10-3 可以看出 InetAddress 类每个方法的作用。需要注意的是，getHostName()方法用于得到某个主机的域名，如果创建的 InetAddress 对象是用主机名创建的，则将该主机名返回；否则，将根据 IP 地址反向查找对应的主机名，如果找到则将其返回，否则返回 IP 地址。

10.1.3 UDP 与 TCP 协议

在介绍图 10-1 所示的 TCP/IP 结构时，提到传输层的两个重要的高级协议，分别是 UDP 和 TCP 协议，其中 UDP 是 User Datagram Protocol 的简称，称为用户数据报协议，TCP 是 Transmission Control Protocol 的简称，称为传输控制协议。

UDP 是无连接通信协议，即在数据传输时，数据的发送端和接收端不建立逻辑连接。简单来说，当一台计算机向另外一台计算机发送数据时，发送端不会确认接收端是否存在，就会发出数据，同样接收端在收到数据时，也不会向发送端反馈是否收到数据。由于使用 UDP 协议消耗资源小，通信效率高，所以通常都会用于音频、视频和普通数据的传输，例如视频会议都使用 UDP 协议，因为这种情况即使偶尔丢失一两个数据包，也不会对接收结果产生太大影响。但是在使用 UDP 协议传送数据时，由于 UDP 面向无连接性，不能保证数据的完整性，因此在传输重要数据时不建议使用 UDP 协议。UDP 的交换过程如图 10-4 所示。

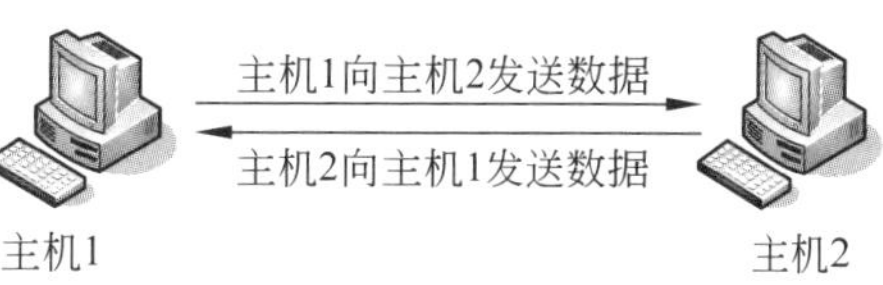

图 10-4 UDP 客户端与服务端

TCP 协议是面向连接的通信协议，即在传输数据前先在发送端和接收端建立逻辑连接，然后再传输数据，它提供了两台计算机之间可靠无差错的数据传输。在 TCP 连接中必须要明确客户端与服务器端，由客户端向服务端发出连接请求，每次连接的创建都需要经过“三次握手”。第一次握手，客户端向服务器端发出连接请求，等待服务器确认；第二次握手，服务器端向客户端回送一个响应，通知客户端收到了连接请求；第三次握手，客户端再次向服务器端发送确认信息，确认连接。整个交互过程如图 10-5 所示。

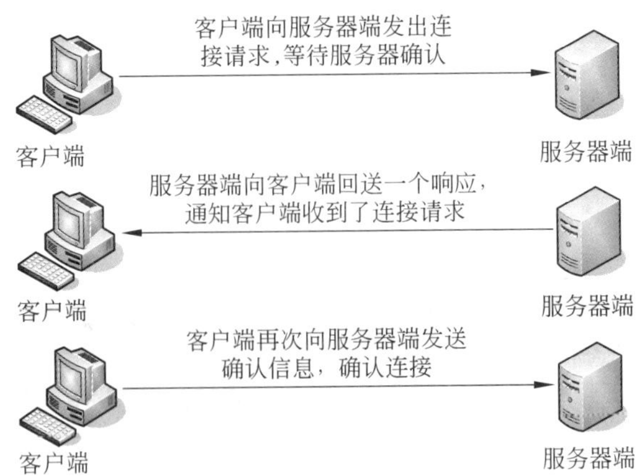

图 10-5　服务端与客户端连接

由于 TCP 协议的面向连接特性，它可以保证传输数据的安全性，所以是一个被广泛采用的协议，例如在下载文件时，如果数据接收不完整，将会导致文件数据丢失而不能被打开，因此，下载文件时必须采用 TCP 协议。

10.2　UDP 通信

10.2.1　DatagramPacket

前面介绍了 UDP 是一种面向无连接的协议，因此，在通信时发送端和接收端不用建立连接。UDP 通信的过程就像是货运公司在两个码头间发送货物一样。在码头发送和接收货物时都需要使用集装箱来装载货物，UDP 通信也是一样，发送和接收的数据也需要使用“集装箱”进行打包。为此 JDK 中提供了一个 DatagramPacket 类，该类的实例对象就相当于一个集装箱，用于封装 UDP 通信中发送或者接收的数据。

想要创建一个 DatagramPacket 对象，首先需要了解一下它的构造方法。在创建发送端和接收端的 DatagramPacket 对象时，使用的构造方法有所不同，接收端的构造方法只需要接收一个字节数组来存放接收到的数据，而发送端的构造方法不但要接收存放了发送数据的字节数组，还需要指定发送端 IP 地址和端口号。接下来根据 API 文档的内容，对 DatagramPacket 的构造方法进行详细地讲解。

- DatagramPacket(byte[] buf,int length)

  使用该构造方法在创建 DatagramPacket 对象时，指定了封装数据的字节数组和数据的大小，没有指定 IP 地址和端口号。很明显，这样的对象只能用于接收端，不能用于发送端。因为发送端一定要明确指出数据的目的地(IP 地址和端口号)，而接收端不需要明确知道数据的来源，只需要接收到数据即可。

- DatagramPacket(byte[] buf,int length,InetAddress addr,int port)

  使用该构造方法在创建 DatagramPacket 对象时，不仅指定了封装数据的字节数组和数据的大小，还指定了数据包的目标 IP 地址(addr)和端口号(port)。该对象通常用于发送端，因为在发送数据时必须指定接收端的 IP 地址和端口号，就好像发送货物的集装箱上面必须标明接收人的地址一样。

- DatagramPacket(byte[] buf,int offset,int length)

  该构造方法与第一个构造方法类似，同样用于接收端，只不过在第一个构造方法的基础上，增加了一个 offset 参数，该参数用于指定接收到的数据在放入 buf 缓冲数组时是从 offset 处开始的。

- DatagramPacket(byte[] buf,int offset,int length,InetAddress addr,int port)

  该构造方法与第二个构造方法类似，同样用于发送端，只不过在第二个构造方法的基础上，增加了一个 offset 参数，该参数用于指定一个数组中发送数据的偏移量为 offset，即从 offset 位置开始发送数据。

上面我们讲解了 DatagramPacket 的构造方法，接下来对 DatagramPacket 类中的常用方法进行详细地讲解，如表 10-2 所示。

表 10-2 DatagramPacket 类中的常用方法

方法声明	功能描述
InetAddress getAddress()	该方法用于返回发送端或者接收端的 IP 地址，如果是发送端的 DatagramPacket 对象，就返回接收端的 IP 地址，反之，就返回发送端的 IP 地址
int getPort()	该方法用于返回发送端或者接收端的端口号，如果是发送端的 DatagramPacket 对象，就返回接收端的端口号，反之，就返回发送端的端口号
byte[] getData()	该方法用于返回将要接收或者将要发送的数据，如果是发送端的 DatagramPacket 对象，就返回将要发送的数据，反之，就返回接收到的数据
int getLength()	该方法用于返回接收或者将要发送数据的长度，如果是发送端的 DatagramPacket 对象，就返回将要发送的数据长度，反之，就返回接收到数据的长度

表 10-2 中，列举了 DatagramPacket 类的四个常用方法及其功能，通过这四个方法，可以得到发送或者接收到的 DatagramPacket 数据包中的信息。

10.2.2 DatagramSocket

10.2.1 小节讲到 DatagramPacket 数据包的作用就如同是“集装箱”，可以将发送端或者接收端的数据封装起来。然而，运输货物只有“集装箱”是不够的，还需要有码头。在程序中需要实现通信只有 DatagramPacket 数据包也同样不行，为此 JDK 提供了一个 DatagramSocket 类。DatagramSocket 类的作用就类似于码头，使用这个类的实例对象就可以发送和接收 DatagramPacket 数据包，发送数据的过程如图 10-6 所示。

在创建发送端和接收端的 DatagramSocket 对象时，使用的构造方法也有所不同，下面对 DatagramSocket 类中常用的构造方法进行讲解。

- DatagramSocket()

  该构造方法用于创建发送端的 DatagramSocket 对象，在创建 DatagramSocket 对象时，并没有指定端口号，此时，系统会分配一个没有被其他网络程序所使用的端口号。

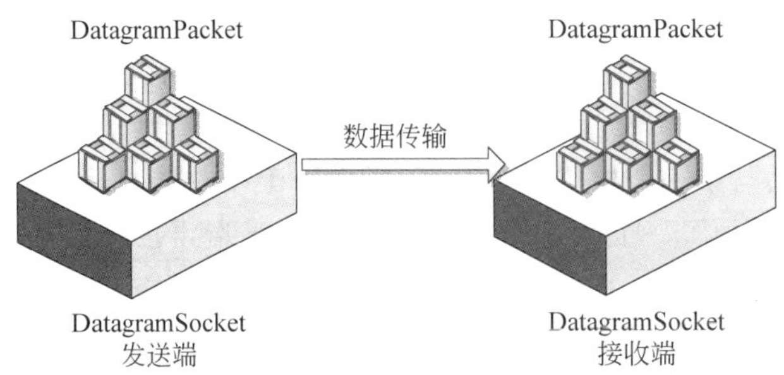

图 10-6 UDP 通信

- DatagramSocket(int port)

  该构造方法既可用于创建接收端的 DatagramSocket 对象,又可以创建发送端的 DatagramSocket 对象,在创建接收端的 DatagramSocket 对象时,必须要指定一个端口号,这样就可以监听指定的端口。
- DatagramSocket(int port,InetAddress addr)

  使用该构造方法在创建 DatagramSocket 时,不仅指定了端口号,还指定了相关的 IP 地址,这种情况适用于计算机上有多块网卡的情况,可以明确规定数据通过哪块网卡向外发送和接收哪块网卡的数据。由于计算机中针对不同的网卡会分配不同的 IP,因此在创建 DatagramSocket 对象时需要通过指定 IP 地址来确定使用哪块网卡进行通信。

上面我们讲解了 DatagramSocket 的构造方法,接下来对 DatagramSocket 类中的常用方法进行详细地讲解,如表 10-3 所示。

表 10-3 DatagramSocket 类中的常用方法

方法声明	功能描述
void receive(DatagramPacket p)	该方法用于将接收到的数据填充到 DatagramPacket 数据包中,在接收到数据之前会一直处于阻塞状态,只有当接收到数据包时,该方法才会返回
void send(DatagramPacket p)	该方法用于发送 DatagramPacket 数据包,发送的数据包中包含将要发送的数据、数据的长度、远程主机的 IP 地址和端口号
void close()	关闭当前的 Socket,通知驱动程序释放为这个 Socket 保留的资源

表 10-3 中,针对 DatagramSocket 类中的常用方法及其功能进行了介绍。其中前两个方法可以完成数据的发送或者接收的功能。

10.2.3 UDP 网络程序

前面两个小节讲解了 DatagramPacket 和 DatagramSocket 的作用,接下来通过一个案例来学习一下它们在程序中的具体用法。要实现 UDP 通信需要创建一个发送端程序和一个接收端程序,很明显,在通信时只有接收端程序先运行,才能避免因发送端发送的数据无法接收,而造成数据丢失。因此,首先需要来完成接收端程序的编写,如例 10-2 所示。

例 10-2 Example02. java

```
import java.net.*;
//接收端程序
public class Example02 {
    public static void main(String[] args) throws Exception {
        byte[] buf=new byte[1024];    //创建一个长度为 1024 的字节数组,用于接收数据
        //定义一个 DatagramSocket 对象,监听的端口号为 8954
        DatagramSocket ds=new DatagramSocket(8954);
        //定义一个 DatagramPacket 对象,用于接收数据
        DatagramPacket dp=new DatagramPacket(buf,buf.length);
        System.out.println("等待接收数据");
        ds.receive(dp);                 //等待接收数据,如果没有数据则会阻塞
        //调用 DatagramPacket 的方法获得接收的信息,包括内容、长度、IP 地址和端口号
        String str=new String(dp.getData(),0,dp.getLength())+"from "
                +dp.getAddress().getHostAddress()+":"+dp.getPort();
        System.out.println(str);    //打印接收到的信息
        ds.close();                   //释放资源
    }
}
```

运行结果如图 10-7 所示。

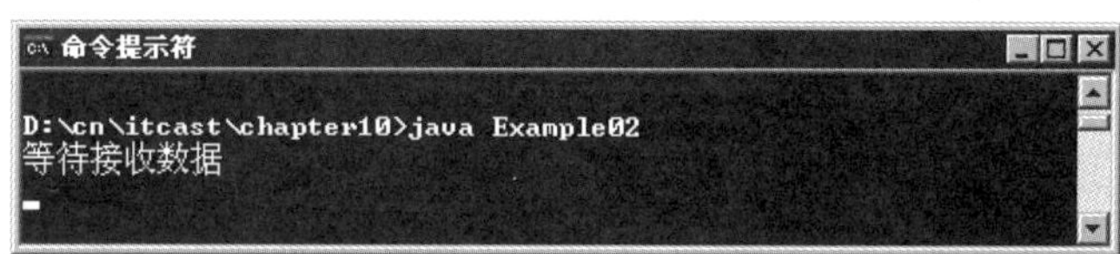

图 10-7 例 10-2 运行结果

例 10-2 创建了一个接收端程序,用来接收数据。在创建 DatagramSocket 对象时,指定其监听的端口号为 8954,这样发送端就能通过这个端口号与接收端程序进行通信。之后创建 DatagramPacket 对象时传入一个大小为 1024 个字节的数组用来接收数据,当调用该对象的 receive(DatagramPacket p)方法接收到数据以后,数据会填充到 DatagramPacket 中,通过 DatagramPacket 的相关方法可以获取接收到的数据信息。

从图 10-7 可以看到,例 10-2 运行后,程序一直处于停滞状态,命令行窗口中光标一直闪动,这是因为 DatagramSocket 的 receive()方法在运行时会发生阻塞,只有接收到发送端程序发送的数据时,该方法才会结束这种阻塞状态,程序才能继续向下执行。

实现了接收端程序之后,接下来还需要编写一个发送端的程序,如例 10-3 所示。

例 10-3 Example03. java

```
import java.net.*;
//发送端程序
```

```
public class Example03 {
    public static void main(String[] args) throws Exception {
        //创建一个 DatagramSocket 对象
        DatagramSocket ds=new DatagramSocket(3000);
        String str="hello world";     //要发送的数据
        /*
         * 创建一个要发送的数据包,包括发送数据,数据长度,接收端 IP 地址以及端口号
         */
         DatagramPacket dp=new DatagramPacket(str.getBytes(),str.getBytes().length(),
                InetAddress.getByName("localhost"),8954);
        System.out.println("发送信息");
        ds.send(dp);                      //发送数据
        ds.close();                       //释放资源
    }
}
```

运行结果如图 10-8 所示。

图 10-8　例 10-3 运行结果

例 10-3 创建了一个发送端程序,用来发送数据。在创建 DatagramPacket 对象时需要指定目标 IP 地址和端口号,而且端口号必须要和接收端指定的端口号一致,这样调用 DatagramSocket 的 send()方法才能将数据发送到对应的接收端。

在接收端程序阻塞的状态下,运行发送端程序,接收端程序就会收到发送端发送的数据而结束阻塞状态,打印接收的数据如图 10-9 所示。

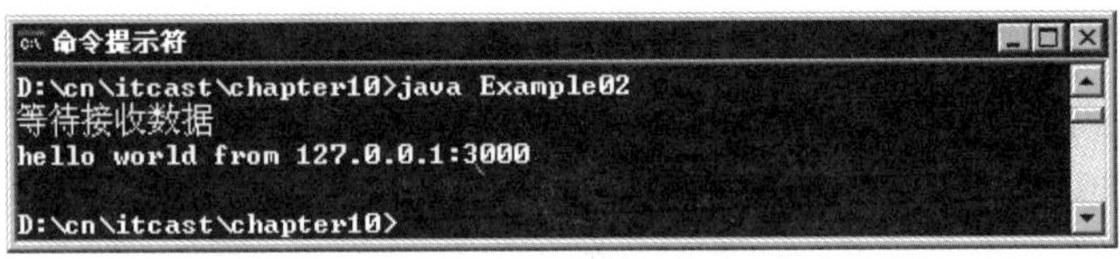

图 10-9　接收端的运行结果

需要注意的时,在创建发送端的 DatagramSocket 对象时,可以不指定端口号,而例 10-3 指定端口号的目的就是,为了每次运行时接收端的 getPort()方法返回值都是一致的,否则发送端的端口号由系统自动分配,接收端的 getPort()方法的返回值每次都不同。

脚下留心

需要注意的是,运行例 10-2,有时会出现一种异常,如图 10-10 所示。

```
命令提示符
D:\cn\itcast\chapter10>java Example02
Exception in thread "main" java.net.BindException: Address alre
ady in use: Cannot bind
        at java.net.TwoStacksPlainDatagramSocketImpl.bind0(Nati
ve Method)
        at java.net.AbstractPlainDatagramSocketImpl.bind(Unknow
n Source)
        at java.net.TwoStacksPlainDatagramSocketImpl.bind(Unkno
wn Source)
        at java.net.DatagramSocket.bind(Unknown Source)
        at java.net.DatagramSocket.<init>(Unknown Source)
        at java.net.DatagramSocket.<init>(Unknown Source)
        at java.net.DatagramSocket.<init>(Unknown Source)
        at UDPReceiver.receive(Example02.java:12)
        at Example02.main(Example02.java:5)
```

图 10-10 端口占用异常

出现图 10-10 所示的情况，是因为在一台计算机中，一个端口号上只能运行一个程序，而我们编写的 UDP 程序所使用的端口号已经被其他的程序占用。遇到这种情况，可以在命令行窗口输入"netstat -anb"命令来查看当前计算机端口占用情况，运行结果如图 10-11 所示。

```
C:\WINDOWS\system32\cmd.exe - netstat -anb
  Proto  Local Address          Foreign Address        State
  TCP    0.0.0.0:135            0.0.0.0:0              LISTENIN
  c:\windows\system32\WS2_32.dll
  C:\WINDOWS\system32\RPCRT4.dll
  c:\windows\system32\rpcss.dll
  C:\WINDOWS\system32\svchost.exe
  C:\WINDOWS\system32\ADVAPI32.dll
  [svchost.exe]

  TCP    0.0.0.0:445            0.0.0.0:0              LISTENIN
  [System]

  TCP    0.0.0.0:3306           0.0.0.0:0              LISTENIN
  [mysqld-nt.exe]

  TCP    127.0.0.1:5037         0.0.0.0:0              LISTENIN
  [adb.exe]

  TCP    127.0.0.1:8700         0.0.0.0:0              LISTENIN
  [eclipse.exe]
```

图 10-11 netstat 命令

图 10-11 中，显示了所有正在运行的应用程序及它们所占用的端口号。想要解决端口号占用的问题，只需关掉占用端口号的应用程序或者为程序分配一个未被占用的端口号即可。

10.2.4 UDP 案例——聊天程序

通过上面的讲解，大家应该掌握了编写 UDP 网络程序的基本过程，下面将多线程和 Swing 的相关知识结合起来实现一个功能完善的聊天程序。

在实现案例之前，首先分析一下功能需求，现在所要编写的 UDP 聊天程序主要是想通过监听指定的端口号，目标 IP 地址和目标端口号，实现消息的发送和接收功能，并把聊天内容显示出来。程序的用户图形界面如图 10-12 所示。

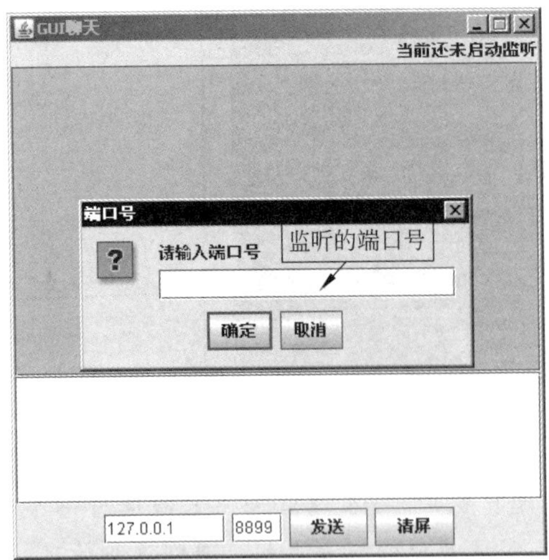

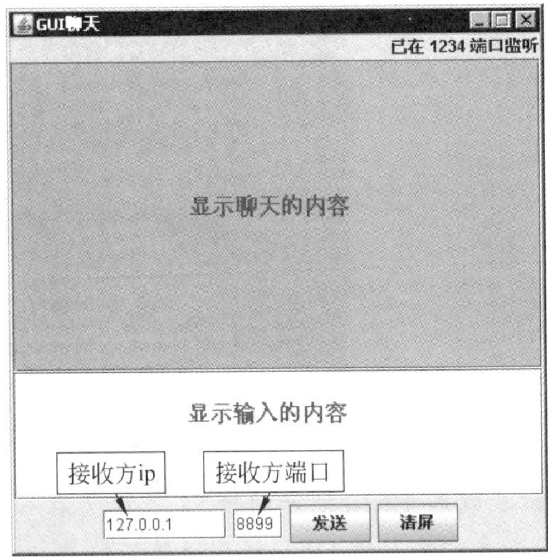

图 10-12　图形界面

在实际开发中，为了使程序条理清晰，通常会将一个大问题分成若干小的问题来解决，这里为了使大家更容易理解，把聊天程序分为以下步骤来实现：

1. 界面实现

对于界面的实现，首先定义一个类 GuiChat 继承自 JFrame 类，类中声明成员变量，成员变量包括组成用户图形界面的各个组件以及 DatagramSocket 等，如例 10-4 所示。

例 10-4　GuiChat.java

```
public class GuiChat extends JFrame {
    private static final int DEFAULT_PORT=8899;
    //把主窗口分为 NORTH、CEMTER 和 SOUTH 三个部分
    private JLabel stateLB;                      //显示监听状态
    private JTextArea centerTextArea;            //显示聊天记录
    private JPanel southPanel;                   //最下面的面板
    private JTextArea inputTextArea;             //聊天输入框
    private JPanel bottomPanel;                  //放置 IP 输入框,按钮等
    private JTextField ipTextField;              //IP 输入框
    private JTextField remotePortTF;             //端口号输入框
    private JButton sendBT;                      //发送按钮
    private JButton clearBT;                     //清除聊天记录按钮
    private DatagramSocket datagramSocket;       //用于后面功能的实现
}
```

接下来在 GuiChat 中定义一个 setUpUI()方法，实现用户图形界面的设置，如例 10-5 所示。

例 10-5 setUpUI()方法

```
1 private void setUpUI() {                                 //初始化 Swing 窗口
2         //初始化窗口
3         setTitle("GUI 聊天");
4         setDefaultCloseOperation(JFrame.EXIT_ON_CLOSE);
5         setSize(400,400);                                //设置窗口的大小
6         setResizable(false);                             //窗口大小不可调整
7         setLocationRelativeTo(null);                     //窗口居中
8         //窗口的 NORTH 部分
9         stateLB=new JLabel("当前还未启动监听");
10        stateLB.setHorizontalAlignment(JLabel.RIGHT);
11        //窗口的 CENTER 部分
12        centerTextArea=new JTextArea();                  //聊天记录显示区域
13        centerTextArea.setEditable(false);
14        centerTextArea.setBackground(new Color(211,211,211));
15        //窗口的 SOUTH 部分
16        southPanel=new JPanel(new BorderLayout());
17        inputTextArea=new JTextArea(5,20);               //内容输入区域
18        bottomPanel=new JPanel(new FlowLayout(FlowLayout.CENTER,5,5));
19        ipTextField=new JTextField("127.0.0.1",8);
20        remotePortTF=new JTextField(String.valueOf(DEFAULT_PORT),3);
21        sendBT=new JButton("发送");
22        clearBT=new JButton("清屏");
23        bottomPanel.add(ipTextField);
24        bottomPanel.add(remotePortTF);
25        bottomPanel.add(sendBT);
26        bottomPanel.add(clearBT);
27        southPanel.add(new JScrollPane(inputTextArea),BorderLayout.CENTER);
28        southPanel.add(bottomPanel,BorderLayout.SOUTH);
29        //添加窗口 NORTH、CENTER、SOUTH 部分的组件
30        add(stateLB,BorderLayout.NORTH);
31        add(new JScrollPane(centerTextArea),BorderLayout.CENTER);
32        add(southPanel,BorderLayout.SOUTH);
33        setVisible(true);
34    }
```

在 setUpUI()方法中，使用 BorderLayout 布局管理器将图形用户界面分为 NORTH(代码的 9～10 行)、CENTER(代码的 12～14 行)、SOUTH(代码的 16～28 行)三部分。NORTH 部分放置一个 JLabel 标签 stateLB，用来显示监听状态信息；CENTER 部分放置了一个 JTextArea 文本域，用来显示聊天内容；SOUTH 部分放置了一个 JPanel 面板 southPanel，在 southPanel 中又放置了一个 JTextArea 文本域 inputTextArea 和一个 JPanel 面板 bottomPanel，inputTextArea 用来显示用户输入的聊天内容，bottomPanel 中

放置四个组件，ipTextField 和 remotePortTF 文本框分别用来填写目标计算机的 IP 地址和端口号，sendBT 和 clearBT 按钮分别用于发送聊天信息和清除 centerTextArea 文本域中显示的聊天内容。

2. 编写事件处理器(发送信息)

界面开发完成后，还需要为界面上的按钮添加监听事件，在 GuiChat 类中，sendBT 和 clearBT 按钮的监听事件封装在 setListencr()方法中，如例 10-6 所示。

例 10-6 setListener()方法

```
private void setListener() {
    //为 sendBT 按钮添加事件监听器
    sendBT.addActionListener(new ActionListener() {
        public void actionPerformed(ActionEvent e) {
            //获取发送的目标 IP 地址和端口号
            final String ipAddress=ipTextField.getText();
            final String remotePort=remotePortTF.getText();
            //判断 IP 地址和端口号是否为空
            if (ipAddress==null || ipAddress.trim().equals("")
                    || remotePort==null || remotePort.trim().equals("")) {
                JOptionPane.showMessageDialog(GuiChat.this,"请输入 IP 地址和端口号");
                return;
            }
            if (datagramSocket==null || datagramSocket.isClosed()) {
                JOptionPane.showMessageDialog(GuiChat.this,"监听不成功");
                return;
            }
            //获得需要发送的内容
            String sendContent=inputTextArea.getText();
            byte[] buf=sendContent.getBytes();
            try {
                //将发送的内容显示在自己的聊天记录中
                centerTextArea.append("我对 "+ipAddress+":"+remotePort
                        +" 说: \n"+inputTextArea.getText()+"\n\n");
                //添加内容后,使滚动条自动滚动到最底端
                centerTextArea.setCaretPosition(centerTextArea.getText()
                        .length());
                //发送数据
                datagramSocket.send(new DatagramPacket(buf,buf.length,
                        InetAddress.getByName(ipAddress),Integer
                            .parseInt(remotePort)));
                inputTextArea.setText("");
            } catch (IOException e1) {
```

```
34                 JOptionPane.showMessageDialog(GuiChat.this,"出错了,发送不成功");
35                 e1.printStackTrace();
36             }
37         };
38     });
39     //为 clearBT 按钮添加事件监听器
40     clearBT.addActionListener(new ActionListener() {
41         public void actionPerformed(ActionEvent e) {
42             centerTextArea.setText("");        //清空聊天记录的内容
43         }
44     });
45 }
```

代码的第 3～38 行为 sendBT 按钮添加点击事件监听器。在监听器中首先分别从文本框 ipTextField 和 remotePort 中获取目标 IP 和端口号,判断它们是否为 null 或者空字符串"",若不为空,则从 inputTextArea 中获取要发送的数据,把数据、IP 地址和端口号封装到 DatagramPacket 数据包,通过 datagramSocket 的 send() 方法发送,同时在 centerTextArea 中显示出发送的内容。

代码的第 40～44 行为 clearBT 按钮添加点击事件监听器,当点击 clearBT 按钮时,会将 centerTextArea 文本域中显示的聊天内容清空。

3. DatagramSocket 的启动监听(接收信息)

UDP 通信时,需要使用 DatagramSocket 启动监听,DatagramSocket 监听的代码定义在 GuiChat 类的 initSocket()方法中,initSocket()方法需要实现两个功能:第一个是接收用户填写程序监听的端口号,如例 10-7 所示。

例 10-7 DatagramSocket 的启动监听

```
private void initSocket() {
    int port=DEFAULT_PORT;
    while (true) {
        try {
            if (datagramSocket !=null && !datagramSocket.isClosed()) {
                datagramSocket.close();
            }
            try { //判断端口号是否在 1~65535 之间
                port=Integer.parseInt(JOptionPane.showInputDialog(this,
                        "请输入端口号","端口号",JOptionPane.QUESTION_MESSAGE));
                if (port<1 || port>65535) {
                    throw new RuntimeException("端口号超出范围");
                }
            } catch (Exception e) {
```

```
15              JOptionPane.showMessageDialog(null,
16                      "你输入的端口不正确,请输入 1~65535 之间的数");
17              continue;                           //端口不正确重新填写
18          }
19          //启动 DatagramSocket
20          datagramSocket=new DatagramSocket(port);
21          startListen();                          //调用 startListen 方法
22          //在 stateLB 中显示程序监听的端口号
23          stateLB.setText("已在 "+port+" 端口监听");
24          break;
25      } catch (SocketException e) {               //端口号被占用重新填写
26          JOptionPane.showMessageDialog(this,"端口已被占用,请重新设置端口");
27          stateLB.setText("当前还未启动监听");
28      }
29    }
30 }
```

例 10-7 中,initSocket()方法使用了 while(true)循环,目的是为了当用户填写的监听端口号不满足要求时,反复地弹出输入窗口,让用户重新输入端口号,其过程如下：首先弹出一个输入窗口,接收用户输入的监听端口号,如果端口号不在 1～65 535 之中,会抛出一个异常,在 catch{}块中捕获异常后,会弹出窗口提示“你输入的端口不正确,请输入 1—65 535 之间的数”的信息,同时执行 continue 语句,重新开始循环;如果用户输入的监听端口号在 1～65 535 之间,就使用该端口号创建 DatagramSocket 对象。本节在“脚下留心”中讲过,如果 DatagramSocket 监听的端口号被其他程序占用,也会抛出一个异常,在 25～28 行的 catch{}代码块中会捕获这个异常,并弹出窗口提示“端口已被占用,请重新设置端口”的信息,然后继续执行循环。只有填写的监听端口号正确并且未被占用时,才会成功创建 DatagramSocket 对象,之后调用 startListen()方法,执行 break 语句退出 while 循环。

initSocket()方法还有一个功能是接收消息,这个功能封装在 startListen()方法中,为了避免在接收消息时 AWT 线程发生阻塞,需要在 startListen()方法中开启一个新的线程,把接收消息的实现放在新线程的 run()方法中,如例 10-8 所示。

例 10-8 startListen()方法

```
private void startListen() {
        new Thread() {
            private DatagramPacket p;
            public void run() {
                byte[] buf=new byte[1024];
                //创建 DatagramPacket
                p=new DatagramPacket(buf,buf.length);
                while (!datagramSocket.isClosed()) {
```

```
                    try {
                        datagramSocket.receive(p);        //接收聊天消息
                        //添加到聊天记录框
                        centerTextArea.append(p.getAddress().getHostAddress()
                                +":"
                                +((InetSocketAddress) p.getSocketAddress())
                                        .getPort()+" 对我说: \n"
                                +new String(p.getData(),0,p.getLength())
                                +"\n\n");
                        //使滚动条自动滚动到最底端
                        centerTextArea.setCaretPosition(centerTextArea
                                .getText().length());
                    } catch (IOException e) {
                        e.printStackTrace();
                    }
                }
            }
        }.start();
    }
}
```

例 10-8 中,startListen()方法很简单,在该方法中开启了一个新的线程,在 run()方法中使用 while 循环,判断 DatagramSocket 对象有没有关闭,如果没有关闭就不停地接收消息,并显示在 centerTextArea 文本域中。

4. 功能测试

至此,所有的功能模块都已实现,在 GuiChat 的构造方法中分别调用 setUpUI()、initSocket()与 setListener()方法,就完成了 UDP 聊天程序,如例 10-9 所示。

例 10-9 GuiChat 的构造方法

```
public class GuiChat {
    public GuiChat() {
        setUpUI();
        initSocket();
        setListener();
    }
    public static void main(String[] args) {
        new GuiChat();
    }
}
```

例 10-9 中,在 GuiChat 类的 main()方法中创建 GuiChat 实例对象,就可以运行这个 UDP 聊天程序。这里启动两个聊天程序的窗口,分别填写对方的 IP 地址和监听的端口号,测试程序的聊天功能,如图 10-13 所示。

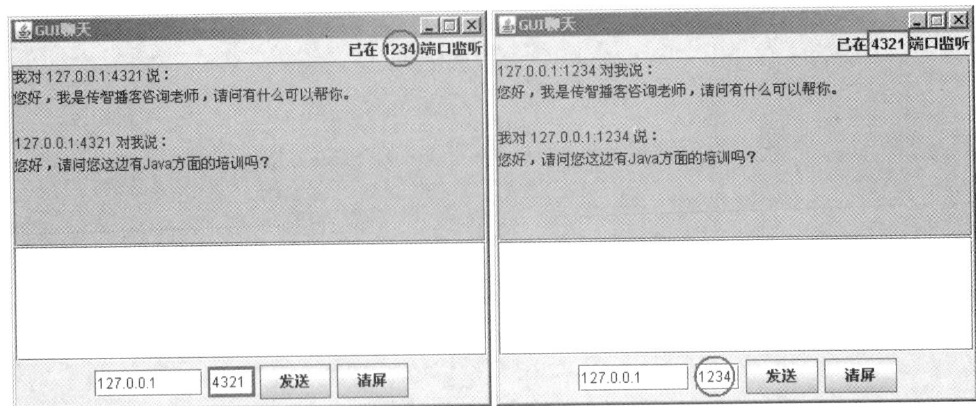

图 10-13 聊天窗口

由于两个聊天程序都在本机启动,从图 10-13 中可以看到,IP 地址填写的都是本地回环地址 127.0.0.1,而且只要保证发送端填写的目标端口号和接收端监听的端口号一致,就能实现两个窗口正常的聊天功能。

10.3 TCP 通信

在上一小节中,学习了如何实现 UDP 通信,这一小节中,将学习在程序中如何实现 TCP 通信。TCP 通信同 UDP 通信一样,都能实现两台计算机之间的通信,通信的两端都需要创建 Socket 对象。区别在于,UDP 中只有发送端和接收端,不区分客户端与服务器端,计算机之间可以任意地发送数据。而 TCP 通信是严格区分客户端与服务器端的,在通信时,必须先由客户端去连接服务器端才能实现通信,服务器端不可以主动连接客户端,并且服务器端程序需要事先启动,等待客户端的连接。

在 JDK 中提供了两个类用于实现 TCP 程序,一个是 ServerSocket 类,用于表示服务器端,一个是 Socket 类,用于表示客户端。通信时,首先创建代表服务器端的 ServerSocket 对象,该对象相当于开启一个服务,并等待客户端的连接,然后创建代表客户端的 Socket 对象向服务器端发出连接请求,服务器端响应请求,两者建立连接开始通信。整个通信过程如图 10-14 所示。

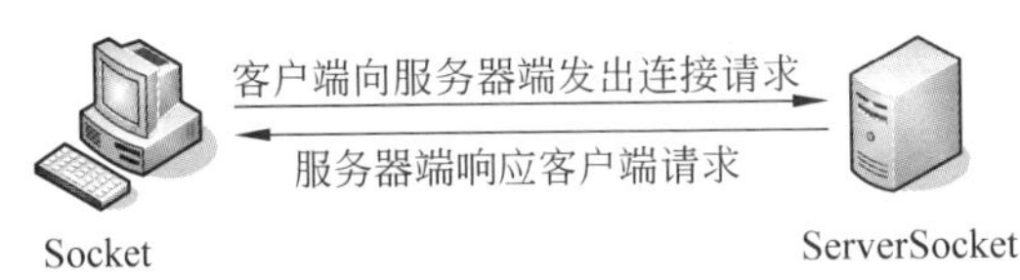

图 10-14 Socket 和 ServerSocket 通信

上面我们了解了 ServerSocket、Socket 在服务器端与客户端的通信过程,接下来针对 ServerSocket 和 Socket 进行详细地讲解。

10.3.1 ServerSocket

通过前面的学习知道，在开发 TCP 程序时，首先需要创建服务器端程序。JDK 的 java.net 包中提供了一个 ServerSocket 类，该类的实例对象可以实现一个服务器端的程序。通过查阅 API 文档可知，ServerSocket 类提供了多种构造方法，接下来就对 ServerSocket 的构造方法进行逐一地讲解。

- ServerSocket()

  使用该构造方法在创建 ServerSocket 对象时并没有绑定端口号，这样的对象创建的服务器端没有监听任何端口，不能直接使用，还需要继续调用 bind(SocketAddress endpoint)方法将其绑定到指定的端口号上，才可以正常使用。

- ServerSocket(int port)

  使用该构造方法在创建 ServerSocket 对象时，就可以将其绑定到一个指定的端口号上(参数 port 就是端口号)。端口号可以指定为 0，此时系统就会分配一个还没有被其他网络程序所使用的端口号。由于客户端需要根据指定的端口号来访问服务器端程序，因此端口号随机分配的情况并不常用，通常都会让服务器端程序监听一个指定的端口号。

- ServerSocket(int port, int backlog)

  该构造方法就是在第二个构造方法的基础上，增加了一个 backlog 参数。该参数用于指定在服务器忙时，可以与之保持连接请求的等待客户数量，如果没有指定这个参数，默认为 50。

- ServerSocket(int port, int backlog, InetAddress bindAddr)

  该构造方法就是在第三个构造方法的基础上，还指定了相关的 IP 地址，这种情况适用于计算机上有多块网卡和多个 IP 的情况，我们可以明确规定 ServerSocket 在哪块网卡或 IP 地址上等待客户的连接请求。显然，对于一般只有一块网卡的情况，就不用专门的指定了。

在以上介绍的构造方法中，第二个构造方法是最常使用的。了解了如何通过 ServerSocket 的构造方法创建对象，接下来学习一下 ServerSocket 的常用方法，如表 10-4 所示。

表 10-4 ServerSocket 的常用方法

方法声明	功能描述
Socket accept()	该方法用于等待客户端的连接，在客户端连接之前一直处于阻塞状态，如果有客户端连接就会返回一个与之对应的 Socket 对象
InetAddress getInetAddress()	该方法用于返回一个 InetAddress 对象，该对象中封装了 ServerSocket 绑定的 IP 地址
boolean isClosed()	该方法用于判断 ServerSocket 对象是否为关闭状态，如果是关闭状态则返回 true，反之则返回 false
void bind(SocketAddress endpoint)	该方法用于将 ServerSocket 对象绑定到指定的 IP 地址和端口号，其中参数 endpoint 封装了 IP 地址和端口号

ServerSocket 对象负责监听某台计算机的某个端口号，在创建 ServerSocket 对象后，需要继续调用该对象的 accept()方法，接收来自客户端的请求。当执行了 accept()方法之后，服务器端程序会发生阻塞，直到客户端发出连接请求，accept()方法才会返回一个 Scoket 对象用于和客户端实现通信，程序才能继续向下执行。

10.3.2 Socket

上一小节中讲解了 ServerSocket 对象可以实现服务端程序，但只实现服务器端程序还不能完成通信，此时还需要一个客户端程序与之交互。为此 JDK 提供了一个 Socket 类，用于实现 TCP 客户端程序。通过查阅 API 文档可知 Socket 类同样提供了多种构造方法，接下来就对 Socket 的常用构造方法进行详细讲解。

- Socket()

  使用该构造方法在创建 Socket 对象时，并没有指定 IP 地址和端口号，也就意味着只创建了客户端对象，并没有去连接任何服务器。通过该构造方法创建对象后还需调用 connect(SocketAddress endpoint)方法，才能完成与指定服务器端的连接，其中参数 endpoint 用于封装 IP 地址和端口号。
- Socket(String host, int port)

  使用该构造方法在创建 Socket 对象时，会根据参数去连接在指定地址和端口上运行的服务器程序，其中参数 host 接收的是一个字符串类型的 IP 地址。
- Socket(InetAddress address, int port)

  该方法在使用上与第二个构造方法类似，参数 address 用于接收一个 InetAddress 类型的对象，该对象用于封装一个 IP 地址。

在以上 Socket 的构造方法中，最常用的是第一个构造方法。了解了 Socket 的构造方法，接下来学习一下 Socket 的常用方法，如表 10-5 所示。

表 10-5 Socket 的常用方法

方法声明	功能描述
int getPort()	该方法返回一个 int 类型对象，该对象是 Socket 对象与服务器端连接的端口号
InetAddress getLocalAddress()	该方法用于获取 Socket 对象绑定的本地 IP 地址，并将 IP 地址封装成 InetAddress 类型的对象返回
void close()	该方法用于关闭 Socket 连接，结束本次通信。在关闭 Socket 之前，应将与 Socket 相关的所有的输入输出流全部关闭，这是因为一个良好的程序应该在执行完毕时释放所有的资源
InputStream getInputStream()	该方法返回一个 InputStream 类型的输入流对象，如果该对象是由服务器端的 Socket 返回，就用于读取客户端发送的数据，反之，用于读取服务器端发送的数据
OutputStream getOutputStream()	该方法返回一个 OutputStream 类型的输出流对象，如果该对象是由服务器端的 Socket 返回，就用于向客户端发送数据，反之，用于向服务器端发送数据

表 10-5 中列举了 Socket 类的常用方法，其中 getInputStream()和 getOutStream()方法分别用于获取输入流和输出流。当客户端和服务端建立连接后，数据是以 IO 流的形式进行交互的，从而实现通信。接下来通过一张图来描述服务器端和客户端的数据传输，如图 10-15 所示。

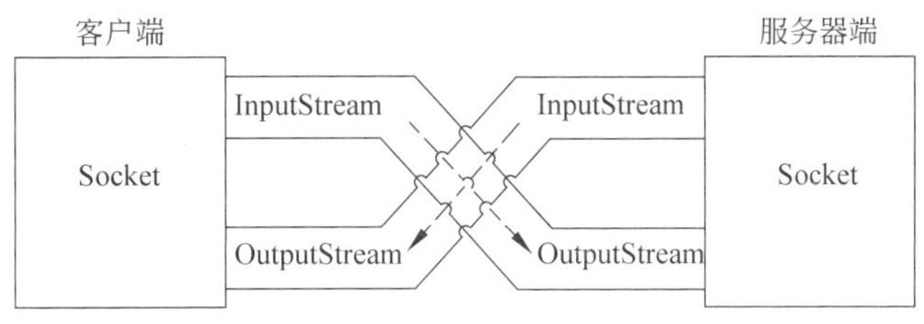

图 10-15 服务器端和客户端通信图

10.3.3 简单的 TCP 网络程序

通过前面两个小节的讲解，了解了 ServerSocket、Socket 类的基本用法，为了让初学者更好地掌握这两个类的使用，接下来通过一个 TCP 通信的案例来进一步学习。

要实现 TCP 通信需要创建一个服务器端程序和一个客户端程序，为了保证数据传输的安全性，首先需要实现服务器端程序，如例 10-10 所示。

例 10-10 Example04.java

```
import java.io.*;
import java.net.*;
public class Example04 {
    public static void main(String[] args) throws Exception {
        new TCPServer().listen();      //创建 TCPServer 对象,并调用 listen()方法
    }
}
//TCP 服务端
class TCPServer {
    private static final int PORT=7788;    //定义一个端口号
    public void listen() throws Exception {    //定义一个 listen()方法,抛出一个异常
        ServerSocket serverSocket=new ServerSocket(PORT);    //创建 ServerSocket 对象
        Socket client=serverSocket.accept();    //调用 ServerSocket 的 accept()方法接收数据
        OutputStream os=client.getOutputStream();           //获取客户端的输出流
        System.out.println("开始与客户端交互数据");
        os.write(("传智播客欢迎你!").getBytes());
        Thread.sleep(5000);                          //模拟执行其他功能占用的时间
        System.out.println("结束与客户端交互数据");
        os.close();
        client.close();
```

```
    }
}
```

运行结果如图 10-16 所示。

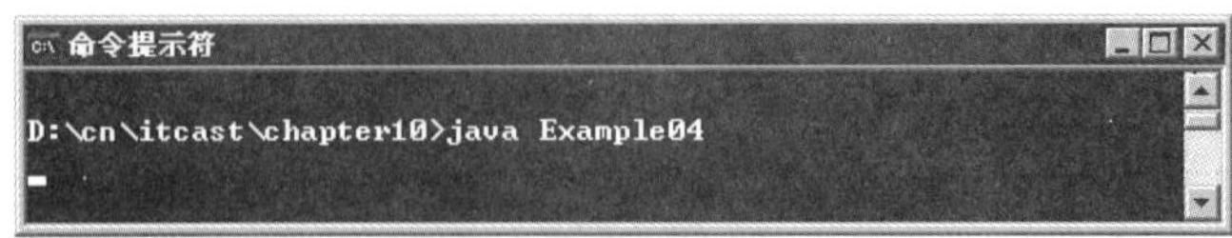

图 10-16 例 10-10 运行结果

例 10-10 中，创建了一个服务器端程序，用于接收客户端发送的数据。在创建 ServerSocket 对象时指定了端口号，并调用该对象的 accept()方法。从运行结果可以看出，命令行窗口中的光标一直在闪动，这是因为 accept()方法发生阻塞，程序暂时停止运行，直到有客户端来访问时才会结束这种阻塞状态。这时该方法会返回一个 Socket 类型的对象用于表示客户端，通过该对象获取与客户端关联的输出流并向客户端发送信息，同时执行 Thread.sleep(5000)语句模拟服务器执行其他功能占用的时间。最后，调用 Socket 对象的 close()方法将通信结束。

例 10-10 完成了服务器端程序的编写，接下来编写客户端程序，如例 10-11 所示。

例 10-11 Example05.java

```
import java.io.*;
import java.net.*;
public class Example05 {
    public static void main(String[] args) throws Exception {
        new TCPClient().connect();        //创建 TCPClient 对象,并调用 connect()方法
    }
}
//TCP 客户端
class TCPClient {
    private static final int PORT=7788;            //服务端的端口号
    public void connect() throws Exception {
        //创建一个 Socket 并连接到给出地址和端口号的计算机
        Socket client=new Socket(InetAddress.getLocalHost(),PORT);
        InputStream is=client.getInputStream();                //得到接收数据的流
        byte[] buf=new byte[1024];                 //定义 1024 个字节数组的缓冲区
        int len=is.read(buf);                      //将数据读到缓冲区中
        System.out.println(new String(buf,0,len));      //将缓冲区中的数据输出
        client.close();                            //关闭 Socket 对象,释放资源
    }
}
```

运行结果如图 10-17 所示。

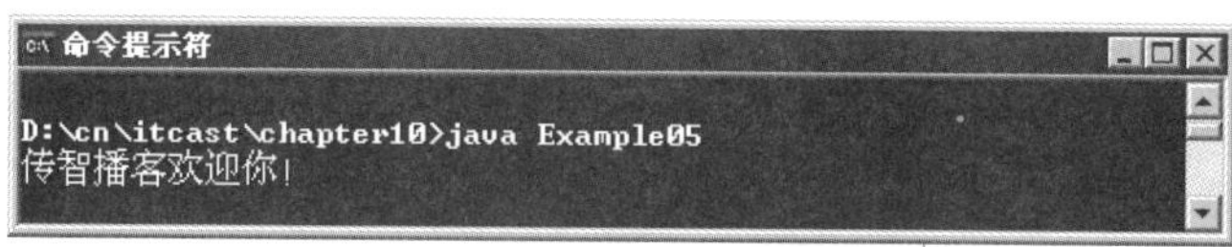

图 10-17 例 10-11 运行结果

例 10-11 中,创建了一个客户端程序,用于向服务器端发送数据。在客户端创建 Socket 对象与服务器端建立连接后,通过 Socket 对象获得输入流读取服务端发来的数据,并打印结果,如图 10-17 所示。同时例 10-10 中的服务端程序结束了阻塞状态,如图 10-18 所示,会打印出“开始与客户端交互数据”,然后向客户端发出数据“传智播客欢迎你”,在休眠 5 秒钟后会打印出“结束与客户端交互数据”,本次通信结束。

图 10-18 服务端的运行结果

10.3.4 多线程的 TCP 网络程序

在例 10-10 和例 10-11 中,分别实现了服务器端程序和客户端程序,当一个客户端程序请求服务器端时,服务器端就会结束阻塞状态,完成程序的运行。实际上,很多服务器端程序都是允许被多个应用程序访问的,例如门户网站可以被多个用户同时访问,因此服务器都是多线程的。下面就通过一个图例来表示多个用户访问同一个服务器,如图 10-19 所示。

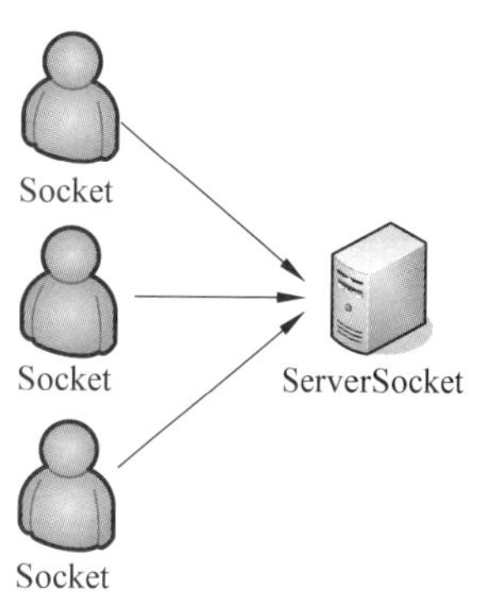

图 10-19 多个客户端访问服务器端

图 10-19 代表的是多个客户端访问同一个服务器端,服务器端为每个客户端创建一个对应的 Socket,并且开启一个新的线程使两个 Socket 建立专线进行通信,接下来根据图 10-19 所示的通信方式对例 10-11 的服务端程序进行改进,如例 10-12 所示。

例 10-12 Example06.java

```
import java.io.*;
import java.net.*;
public class Example06 {
    public static void main(String[] args) throws Exception {
        new TCPServer().listen();      //创建 TCPServer 对象,并调用 listen()方法
    }
```

```
}
//TCP 服务端
class TCPServer {
    private static final int PORT=7788;            //定义一个静态常量作为端口号
    public void listen() throws Exception {
        //创建 ServerSocket 对象,监听指定的端口
        ServerSocket serverSocket=new ServerSocket(PORT);
        //使用 while 循环不停的接收客户端发送的请求
        while (true) {
            //调用 ServerSocket 的 accept()方法与客户端建立连接
            final Socket client=serverSocket.accept();
            //下面的代码用来开启一个新的线程
            new Thread() {
                public void run() {
                    OutputStream os;               //定义一个输出流对象
                    try {
                        os=client.getOutputStream();  //获取客户端的输出流
                        System.out.println("开始与客户端交互数据");
                        os.write(("传智播客欢迎你!").getBytes());
                        Thread.sleep(5000);           //使线程休眠 5000 毫秒
                        System.out.println("结束与客户端交互数据");
                        os.close();                   //关闭输出流
                        client.close();               //关闭 Socket 对象
                    } catch (Exception e) {
                        e.printStackTrace();
                    }
                };
            }.start();
        }
    }
}
```

例 10-12 中,使用多线程的方式创建了一个服务器端程序。通过在 while 循环中调用 accept()方法,不停地接收客户端发送的请求,当与客户端建立连接后,就会开启一个新的线程,该线程会去处理客户端发送的数据,而主线程仍处于继续等待状态。

为了验证服务器端程序是否实现了多线程,首先运行服务器端程序(例 10-12),之后运行三个客户端程序(例 10-11),当运行第一个客户端程序时,服务器端马上就进行数据处理,打印出“开始与客户端交互数据”,再运行第二个和第三个客户端程序,会发现服务器端也立刻做出回应,两个客户端会话结束后分别打印各自结束信息,如图 10-20 所示。这说明通过多线程的方式,可以实现多个用户对同一个服务器端程序的访问。

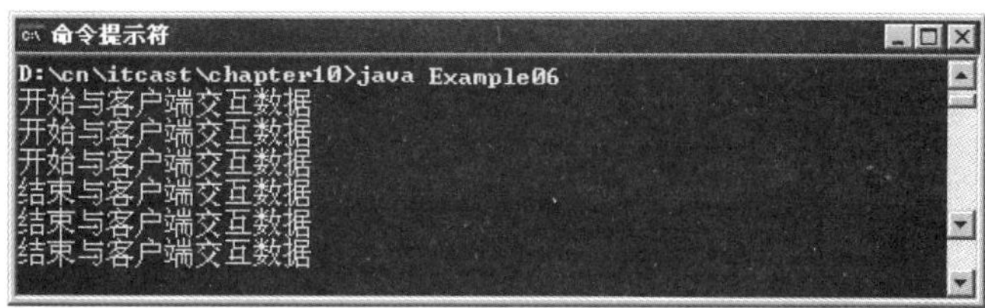

图 10-20 例 10-12 运行结果

10.3.5 TCP 案例——文件上传

目前大多数服务器都会提供文件上传的功能，由于文件上传需要数据的安全性和完整性，很明显需要使用 TCP 协议来实现。接下来通过一个案例来实现图片上传的功能，首先编写服务器端程序，用来接收图片，如例 10-13 所示。

例 10-13 Example07.java

```
import java.io.*;
import java.net.*;
public class Example07 {
    public static void main(String[] args) throws Exception {
        ServerSocket serverSocket=new ServerSocket(10001);        //创建 ServerSocket 对象
        while (true) {
            //调用 accept()方法接收客户端请求,得到 Socket 对象
            Socket s=serverSocket.accept();
            //每当和客户端建立 Socket 连接后,单独开启一个线程处理和客户端的交互
            new Thread(new ServerThread(s)).start();
        }
    }
}
class ServerThread implements Runnable {
    private Socket socket;                        //持有一个 Socket 类型的属性
    public ServerThread(Socket socket) {          //构造方法中把 Socket 对象作为实参传入
        this.socket=socket;
    }
    public void run() {
        String ip=socket.getInetAddress().getHostAddress();     //获取客户端的 IP 地址
        int count=1;                              //上传图片个数
        try {
            InputStream in=socket.getInputStream();
            File parentFile=new File("d:\\upload\\");      //创建上传图片目录的 File 对象
            if (!parentFile.exists()) {                    //如果不存在,就创建这个目录
                parentFile.mkdir();
            }
```

```
28          //把客户端的 IP 地址作为上传文件的文件名
29          File file=new File(parentFile,ip+"("+count+").jpg");
30          while (file.exists()) {
31              //如果文件名存在,则把 count++
32              file=new File(parentFile,ip+"("+(count++)+").jpg");
33          }
34          //创建 FileOutputStream 对象
35          FileOutputStream fos=new FileOutputStream(file);
36          byte[] buf=new byte[1024];                //定义一个字节数组
37          int len=0;                    //定义一个 int 类型的变量 len,初始值为 0
38          while ((len=in.read(buf)) !=-1) {           //循环读取数据
39              fos.write(buf,0,len);
40          }
41          OutputStream out=socket.getOutputStream();  //获取服务端的输出流
42          out.write("上传成功".getBytes());     //上传成功后向客户端写出"上传成功"
43          fos.close();                          //关闭输出流对象
44          socket.close();                       //关闭 Socket 对象
45      } catch (Exception e) {
46          throw new RuntimeException(e);
47      }
48    }
49 }
```

运行结果如图 10-21 所示。

图 10-21　例 10-13 运行结果

例 10-13 中，创建一个 ServerSocket 对象，在 while(true) 无限循环中调用 ServerSocket 的 accept()方法来接收客户端的请求，每当和一个客户端建立 Socket 连接后，就开启一个新的线程和这个客户端进行交互。开启的新线程是通过实现 Runnable 接口创建的，重写的 run()方法中实现了服务器端接收并保存客户端上传图片的功能。在代码的第 24 行，对上传图片的保存目录用一个 File 对象进行封装，如果这个目录不存在就调用 File 的 mkdir()方法创建这个目录。为了避免存放的图片名重复而造成新上传的图片把已存在的图片覆盖，在代码的第 21 行定义了一个整型变量 count，用于统计图片的数目，使用"IP 地址(count).jpg"作为上传图片的名字。在代码的第 30～33 行对表示图片名的 File 对象进行循环判断，如果图片文件名存在，则一直执行 count＋＋。最后将从客户端接收的图片信息写入到指定的目录中，在代码的第 40 行和第 41 行获得服务器端的输出流，向客户端输出"上传成功"信息。通过图 10-21 运行结果可以看出，服务器端进入阻塞状态，等待客户端连接。

完成了服务器端程序的编写，下面来编写客户端上传程序，如例 10-14 所示。

例 10-14 Example08. java

```
1  import java.io.*;
2  import java.net.*;
3  public class Example08 {
4      public static void main(String[] args) throws Exception {
5          Socket socket=new Socket("127.0.0.1",10001);           //创建客户端 Socket
6          OutputStream out=socket.getOutputStream();          //获取 Socket 的输出流对象
7          //创建 FileInputStream 对象
8          FileInputStream fis=new FileInputStream("D:\\1.jpg");
9          byte[] buf=new byte[1024];                 //定义一个字节数组
10         int len;                                   //定义一个 int 类型的变量 len
11         while ((len=fis.read(buf)) !=-1) {         //循环读取数据
12             out.write(buf,0,len);
13         }
14         socket.shutdownOutput();                   //关闭客户端输出流
15         InputStream in=socket.getInputStream();    //获取 Socket 的输入流对象
16         byte[] bufMsg=new byte[1024];              //定义一个字节数组
17         int num=in.read(bufMsg);                   //接收服务端的信息
18         String Msg=new String(bufMsg,0,num);
19         System.out.println(Msg);
20         fis.close();                               //关键输入流对象
21         socket.close();                            //关闭 Socket 对象
22     }
23 }
```

运行结果如图 10-22 所示。

图 10-22　例 10-14 运行结果

例 10-14 中，首先在代码的第 5 行创建 Socket 对象，指定连接服务器的 IP 地址和端口号，然后获取 Socket 的输出流对象。在代码的第 7～13 行，创建 FileInputStream 对象读取图片 1. jpg，并通过 Socket 的输出流对象向服务器端发送图片。发送完毕后调用 Socket 的 shutDownOutput()方法关闭客户端的输出流。需要注意的是，shutDownOutput()方法非常重要，因为服务器端程序在 while 循环中读取客户端发送的数据，当读取到－1 时才会结束循环，如果在客户端不调用 shutDownOutput()方法关闭输出流，服务器端就不会读到－1，而会一直执行 while 循环，同时客户端读取服务器端数据的 read(byte [])方法也是一个阻塞方法，这样服务器端和客户端程序进入了一个"死锁"状态，两个程序都不能结束。

客户端上传图片成功后，会读取服务器端发送的"上传完毕"信息，至此，客户端程序的编写也完成了。为了证实图片是否上传成功，进入 D:\\upload 目录下，在该目录下可以看见一张以 IP+count 编号命名的图片，说明图片上传成功，如图 10-23 所示。

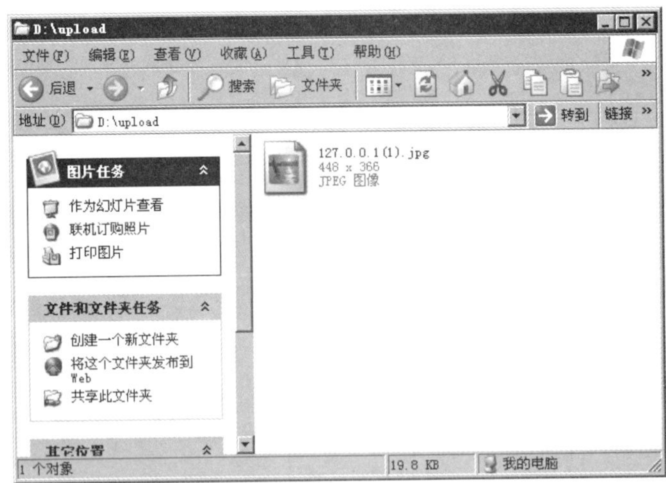

图 10-23 上传图片

10.4 本章小结

本章介绍了 Java 网络编程的相关知识。简要介绍了 TCP 协议和 UDP 协议的区别，以及 IP 地址、端口号和 InetAddress 类。着重介绍了与 UDP 网络编程相关的 DatagramSocket、DatagramPacket 类，与 TCP 网络编程相关的 ServerSocket、Socket 类。通过对本章的学习，大家能够了解网络编程相关的知识，熟练掌握 UDP 网络程序和 TCP 网络程序的编写。

10.5 习题

一、填空题

1. TCP 协议的特点是________，即在传输数据前先在________和________建立逻辑连接。

2. 在计算机中，端口号是用________字节，也就是 16 位的二进制数表示，它的取值范围是________。

3. TCP/IP 协议被分为四个层，分别是________、________、________、________。

4. 在 JDK 中，IP 地址用________类来表示，该类提供了许多和 IP 地址相关的操作。

5. 使用 UDP 协议开发网络程序时，需要使用两个类，分别是________和________。

二、判断题

1. 由于 UDP 是面向无连接的协议，可以保证数据的完整性，因此在传输重要数据时建议使用 UDP 协议。( )

2. 在网络通信中，对数据传输格式、传输速率、传输步骤等作了统一规定，只有通信双方共同遵守这个规定才能完成数据的交互，这种规定称为网络传输协议。(　　)

3. 在创建发送端的 DatagramPacket 对象时，需要指定发送端的目标 IP 地址和端口号。(　　)

4. IPv4 版本的 IP 地址使用 4 个字节来表示，IPv6 版本的 IP 地址使用 8 个字节来表示。(　　)

5. 使用 TCP 协议通信时，通信的两端以 IO 的方式进行数据的交互。(　　)

三、选择题

1. 使用 UDP 协议通信时，需要使用哪个类把要发送的数据打包？(　　)

A. Socket　　B. DatagramSocket
C. DatagramPacket　　D. ServerSocket

2. 以下哪个是 serverSocket 类用于接收来自客户端请求的方法？(　　)

A. accept()　　B. getOutputStream()
C. receive()　　D. get()

3. 以下说法哪些是正确的？(多选)(　　)

A. TCP 连接中必须要明确客户端与服务器端
B. TCP 协议是面向连接的通信协议，它提供了两台计算机之间可靠无差错的数据传输
C. UDP 协议是面向无连接的协议，可以保证数据的完整性
D. UDP 协议消耗资源小，通信效率高，通常被用于音频、视频和普通数据的传输

4. 以下哪个类用于实现 TCP 通信的客户端程序？(　　)

A. ServerSocket　　B. Socket　　C. Client　　D. Server

5. 进行 UDP 通信时，在接收端若要获得发送端的 IP 地址，可以使用 DatagramPacket 的哪个方法？(　　)

A. getAddress()　　B. getPort()　　C. getName()　　D. getData()

6. 以下哪个方法是 DatagramSocket 类用于发送数据的方法？(　　)

A. receive()　　B. accept()　　C. set()　　D. send()

7. 在程序运行时，DatagramSocket 的哪个方法会发生阻塞？(　　)

A. send()　　B. receive()　　C. close()　　D. connect()

8. TCP 协议的"三次握手"中，第一次握手指的是什么？(　　)

A. 客户端再次向服务器端发送确认信息，确认连接
B. 服务器端向客户端回送一个响应，通知客户端收到了连接请求
C. 客户端向服务器端发出连接请求，等待服务器确认
D. 以上答案全部错误

四、思考题

1. 网络通信协议是什么？

2. TCP 协议和 UDP 协议有什么区别？

3. Socket 类和 ServerSocket 类各有什么作用?

4. 简述 TCP/IP 协议的层次结构。

5. 简述你对 IP 地址的认识。

五、编程题

请按照题目的要求编写程序并给出运行结果。

1. 使用 InetAddress 类获取本地计算机的 IP 地址和主机名,甲骨文公司(www.oracle.com)主机的 IP 地址。

提示:

① 通过 InetAddress.getLocalHost();获取本地计算机的 InetAddress 对象。

② 通过 InetAddress.getByName("www.oracle.com");获取 Oracle 公司的 InetAddress 对象。

2. 使用 UDP 协议编写一个网络程序,设置接收端程序监听端口为 8001,发送端发送的数据是"hello world"。

提示:

① 使用 new DatagramSocket(8001)构造方法创建接收端的 DatagramSocket 对象,调用 receive()方法接收数据。

② 发送端和接收端使用 DatagramPacket 封装数据,在创建发送端的 DatagramPacket 对象时需要指定目标 IP 地址和端口号,端口号要和接收端监听的端口号一致。

③ 发送端使用 send()方法发送数据。

④ 使用 close()方法释放 Socket 资源。

3. 使用 TCP 协议编写一个网络程序,设置服务器程序监听端口为 8002,当与客户端建立连接后,向客户端发送"hello world",客户端负责将信息输出。

提示:

① 使用 ServerSocket 创建服务器端对象,监听 8002 端口,调用 accept()方法等待客户端连接,当与客户端连接后,调用 Socket 的 getOutputStream()方法获得输出流对象,输出"hello world"。

② 使用 Socket 创建客户端对象,指定服务器的 IP 地址和监听端口号,与服务器端建立连接后,调用 Socket 的 getInputStream()方法获得输入流对象,读取数据,并打印出来。

③ 在服务器端和客户端都调用 close()方法释放 socket 资源。

第11章 chapter 11

Eclipse 开发工具

本章重点

- Eclipse 的安装和配置
- Eclipse 开发、运行、调试程序
- Eclipse 中 jar 包的导出和导入

本教材中全部使用记事本进行 Java 代码的编写，这样做的目的是为了加深初学者对 Java 代码的熟悉程度，但在实际项目开发过程中程序员很少使用记事本来编写代码，因为这样编码速度很慢且不容易排错，大部分软件开发人员都是使用集成开发工具(IDE，Integrated Development Environment)来进行 Java 程序开发，以提高程序的开发效率。正所谓“工欲善其事，必先利其器”，接下来就为大家介绍一种常用的开发工具 Eclipse。

11.1 Eclipse 概述

Eclipse 是由 IBM 花费巨资开发的一款功能完整且成熟的 IDE 集成开发环境，它是一个开源的、基于 Java 的可扩展开发平台，是目前最流行的 Java 语言开发工具。Eclipse 具有强大的代码编排功能，可以帮助程序开发人员完成语法修正、代码修正、补全文字、信息提示等编码工作，大大提高了程序开发的效率。

Eclipse 的设计思想是“一切皆插件”。就其本身而言，它只是一个框架和一组服务，所有功能都是将插件组件加入到 Eclipse 框架中来实现。Eclipse 作为一款优秀的开发工具，其自身附带了一个标准的插件集，其中包括了 Java 开发工具(JDK)。因此，使用 Eclipse 工具进行 Java 程序开发不需要再安装 JDK 以及配置 Java 运行环境。接下来，就具体为大家讲解 Eclipse 工具的使用。

11.2 Eclipse 的安装与启动

Eclipse 的安装非常简单，仅需要对下载后的压缩文件进行解压即可完成安装操作，接下来分步骤进行详细地讲解。

1. 安装 Eclipse 开发工具

Eclipse 是针对 Java 编程的集成开发环境，大家可以登录 Eclipse 官网 http://www.eclipse.org 免费下载。Eclipse 安装时只需将下载好的 ZIP 包解压保存到指定目录下（例如 D:\Program Files\eclipse）就可以使用了。本教材使用的 Eclipse 版本是 Juno Service Release 2。

2. 启动 Eclipse 开发工具

完成了 Eclipse 的安装，接下来就可以启动 Eclipse 开发工具，具体步骤如下：

（1）Eclipse 的启动非常简单，直接在 Eclipse 安装文件中运行 eclipse.exe 文件即可，接下来会出现如图 11-1 的启动界面。

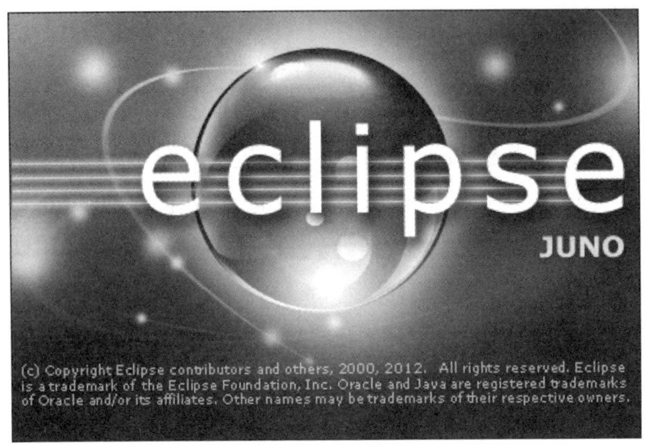

图 11-1　Eclipse 启动界面

（2）Eclipse 启动完成后会弹出一个对话框，提示选择工作空间（Workspace），如图 11-2 所示。

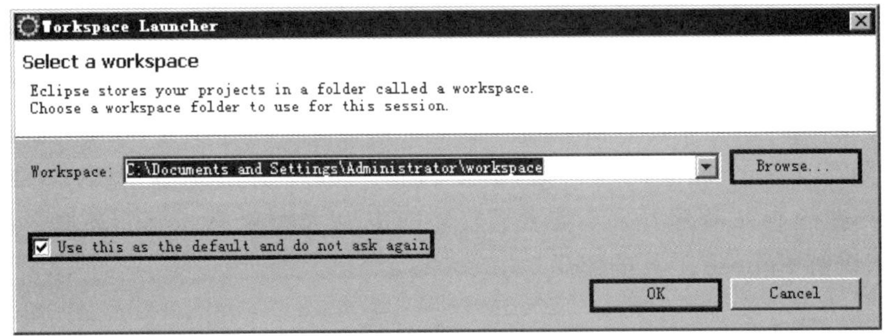

图 11-2　选择工作空间

工作空间用于保存 Eclipse 中创建的项目和相关设置。本教材中使用 Eclipse 提供的默认路径为工作空间，当然，也可以单击【Browse】按钮来更改，工作空间设置完成后，点击【OK】按钮即可。

需要注意的是,Eclipse每次启动都会出现选择工作空间的对话框,如果不想每次都选择工作空间,可以将图11-2中【Use this as the default and do not ask again】复选框选中,这就相当于为Eclipse工具选择了默认的工作空间,再次启动时将不再出现提示对话框。

(3)工作空间设置完成后,由于是第一次打开,会进入Eclipse的欢迎界面,如图11-3所示。

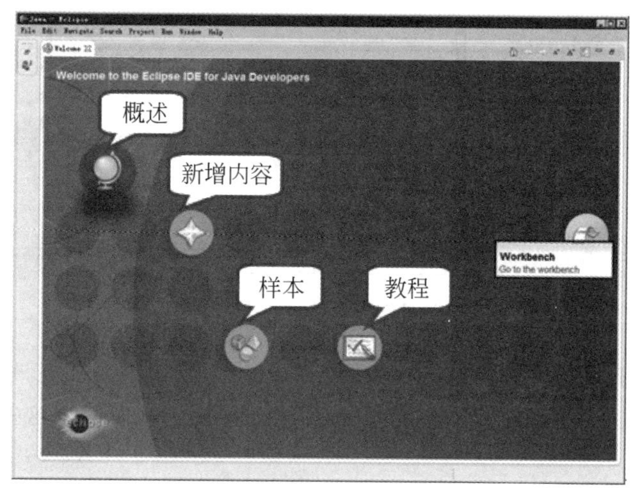

图11-3 Eclipse欢迎界面

图11-3所示的欢迎界面中有五个功能图标,鼠标悬浮在图标上面即会显示这些信息。

11.2.1 Eclipse工作台

图11-3中,在Eclipse欢迎界面单击【Workbench】图标或者关闭欢迎界面窗口,就进入Eclipse工作台界面,Eclipse工作台主要由标题栏、菜单栏、工具栏、透视图四部分组成,如图11-4所示。

从图11-4可以看到,工作台界面上有包资源管理视图、文本编辑器视图、大纲视图等多个模块,这些视图大多都是用来显示信息的层次结构和实现代码编辑,下面是Eclipse工作台上的几种主要视图的作用:

- Package Explorer(包资源管理器视图):用来显示项目文件的组成结构。
- Editor(文本编辑器):用来编写代码的区域。
- Problems(问题视图):显示项目中的一些警告和错误。
- Console(控制台视图):显示程序运行时的输出信息、异常和错误。
- Outline(大纲视图):显示代码中类的结构。

视图可以有自己独立的菜单和工具栏,它们可以单独出现,也可以和其他视图叠放在一起,并且可以通过拖动随意改变布局的位置。

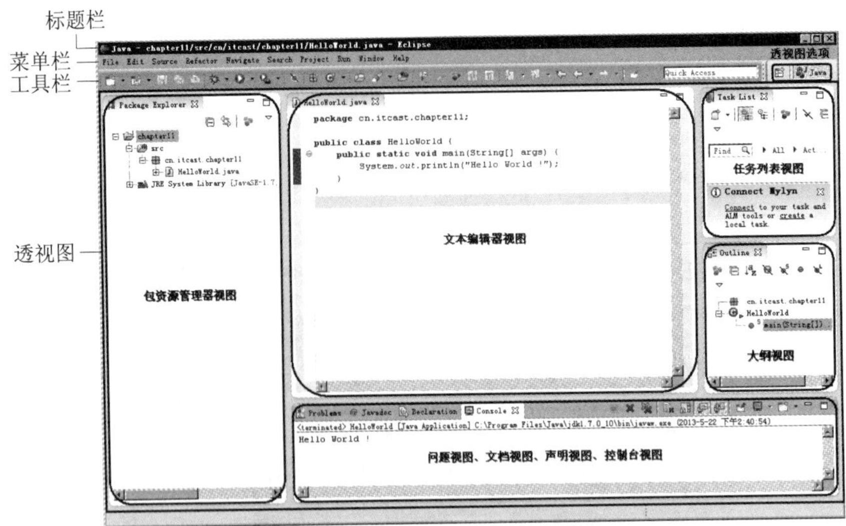

图 11-4　Eclipse 工作台

图 11-4 中处于中间位置的是文本编辑器(editor),代码编写要在该区域中完成,文本编辑器具有代码提示、自动补全、撤销(undo)等功能,关于如何使用这些功能将在后面进行详细讲解。

11.2.2　Eclipse 透视图

透视图(Perspective)是比视图更大的一种概念,用于定义工作台窗口中视图的初始设置和布局,目的在于完成特定类型的任务或使用特定类型的资源,如图 11-4 所标注的界面就是一个透视图。在 Eclipse 的开发环境中提供了几种常用的透视图,如 Java 透视图、资源透视图、调试透视图、小组同步透视图等。用户可以通过透视图按钮 在不同的透视图之间切换,选择要进入的视图,也可以在菜单栏中选择【Window】→【Open Perspective】→【Other】打开其他视图,如图 11-5 所示。

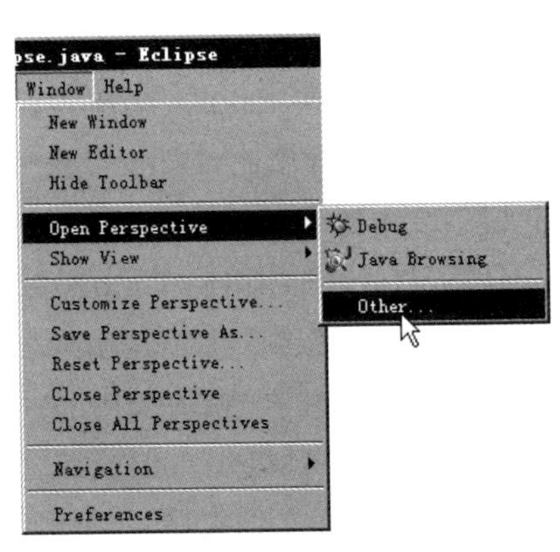

图 11-5　Open Perspective

在弹出的【Open Perspective】对话框中选择用户要打开的透视图,如图 11-6 所示,但是同一时刻只能有一个透视图是活动的,该活动的透视图可以控制哪些视图显示在工作台界面上,并控制这些视图的大小和位置,在透视图中的设置更改不会影响编辑器的设置。

如果一不小心错误的操作了透视图,比如关闭了透视图中的包资源管理视图,这时可以重置透视图,步骤如下:在菜单栏选择【Window】→【Reset Perspective】,如图 11-7 所示,这样就可以恢复到原始状态。

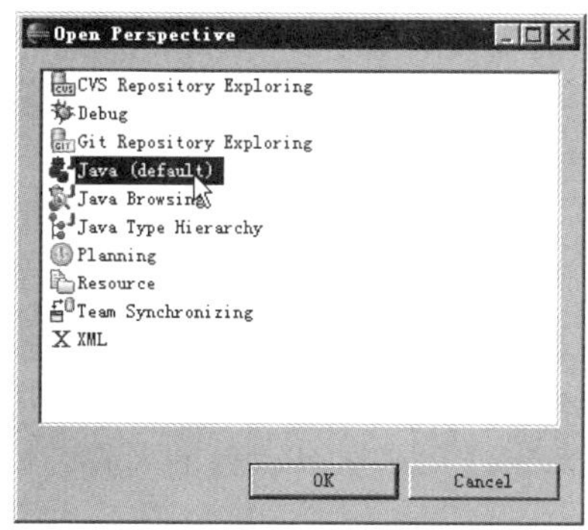

图 11-6 【Open Perspective】对话框

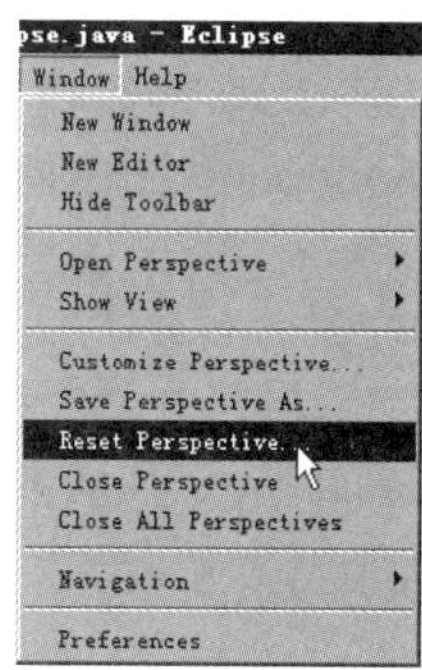

图 11-7 Reset Perspective

11.3 Eclipse进行程序开发

通过前面的学习,大家对 Eclipse 开发工具应该有了一个基本的认识,本小节将学习如何使用 Eclipse 完成程序的编写和运行。接下来通过 Eclipse 创建一个 Java 程序,并实现在控制台上打印“Hello Eclipse!”,具体步骤如下。

1. 创建 Java 项目

在 Eclipse 窗口中选择菜单【File】→【New】→【Java Project】,或者在 Package Explorer 视图中点击鼠标右键,然后选择菜单【New】→【Java Project】,会出现一个【New Java Project】对话框,如图 11-8 所示。

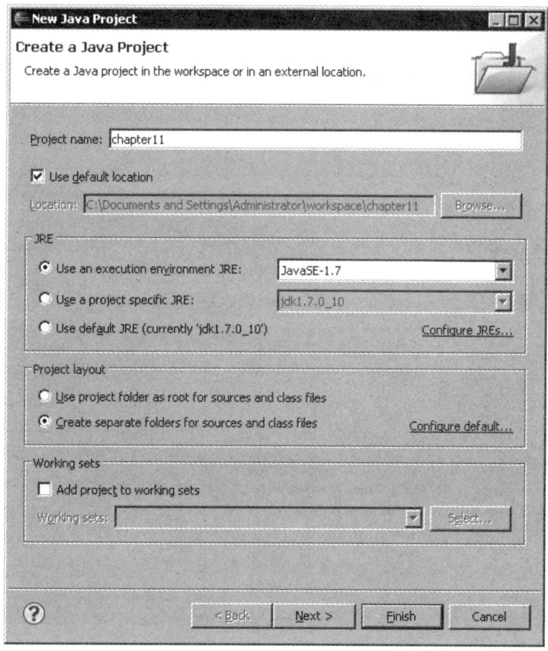

图 11-8 【New Java Project】对话框

图 11-8 对话框中【Project name】文本框表示项目的名称，这里将项目命名为 chapter11，其余选项保持默认，然后单击【Finish】按钮完成项目的创建。这时，在 Package Explorer 视图中便会出现一个名称为 chapter11 的 Java 项目，如图 11-9 所示。

2. 在工程下创建包

在 Package Explorer 视图中，鼠标右键单击 chapter11 项目下的 src 文件夹，选择【New】→【Package】，会出现一个【New Java Package】对话框，如图 11-10 所示，其中【Source folder】文本框表示项目所在的目录，【Name】文本框表示包的名称，这里将包命名为"cn. itcast. chapter11"，如图 11-10 所示。

图 11-9 Package Explorer

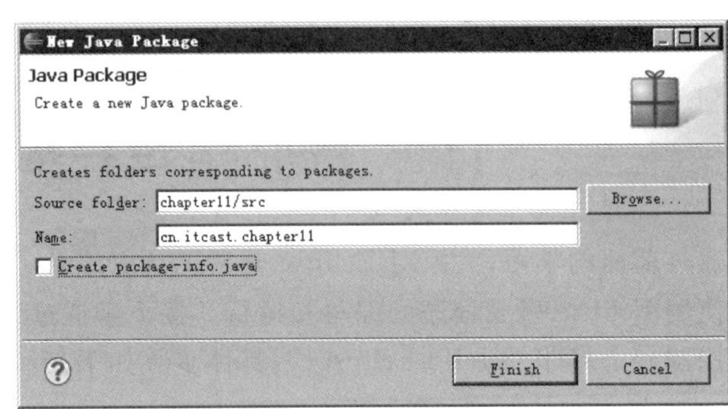

图 11-10 【New Java Package】对话框

3. 创建 Java 类

接下来创建 Java 类，鼠标右键点击包名，选择【New】→【Class】，会出现一个【New Java Class】对话框，如图 11-11 所示。

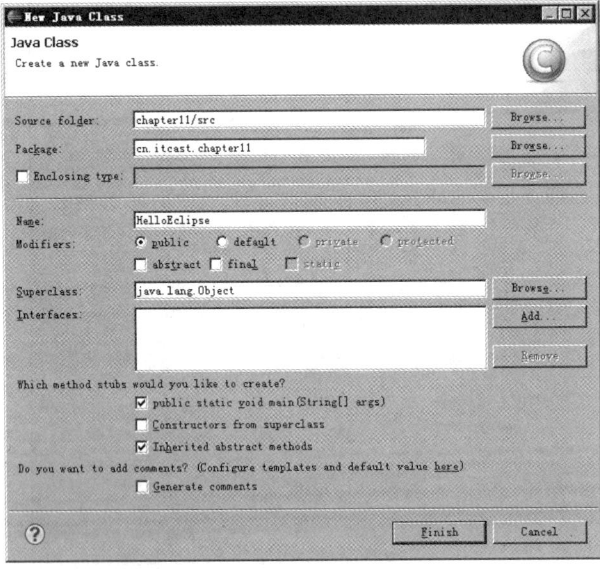

图 11-11 【New Java Class】对话框

图 11-11 对话框中【Name】文本框表示类名，这里创建一个 HelloEclipse 类，然后选中【public static void main(String[] args)】复选框（创建类时会自动生成 main()方法），单击【Finish】按钮，就完成了 HelloEclipse 类的创建。这时，在“cn. itcast. chapter11”包下就出现了一个 HelloEclipse. java 文件，如图 11-12 所示。

创建好的 HelloEclipse. java 文件会在编辑区域自动打开，在 HelloEclipse 类中 main()方法已经自动生成，如图 11-13 所示。

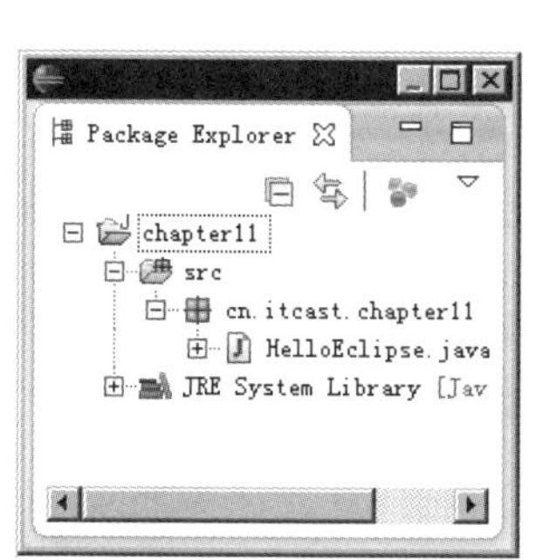

图 11-12 Package Explorer

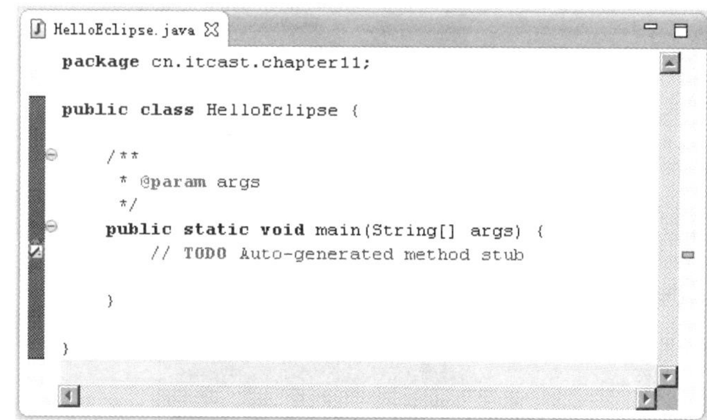

图 11-13 HelloEclipse. java

4. 编写程序代码

创建好了 HelloEclipse 类，接着就可以在图 11-13 文本编辑器里完成代码的编写，在这里只写一条输出语句，“System. *out*. println("Hello Eclipse!");”如图 11-14 所示。

```
*HelloEclipse.java
package cn.itcast.chapter11;
public class HelloEclipse {
    public static void main(String[] args) {
        System.out.println("Hello Eclipse !");
    }
}
```

图 11-14 HelloEclipse. java

5. 运行程序

程序编辑完成之后，鼠标右键单击 Package Explorer 视图中的 HelloEclipse. java 文件或者文本编辑器，选择【Run As】→【Java Application】运行程序，如图 11-15 所示。

也可以直接点击工具栏上的按钮运行程序。程序运行完毕后，会在 Console 视图中看到运行结果，如图 11-16 所示。

至此，我们就完成了在 Eclipse 中创建 Java 项目，以及在项目下编写和运行程序。

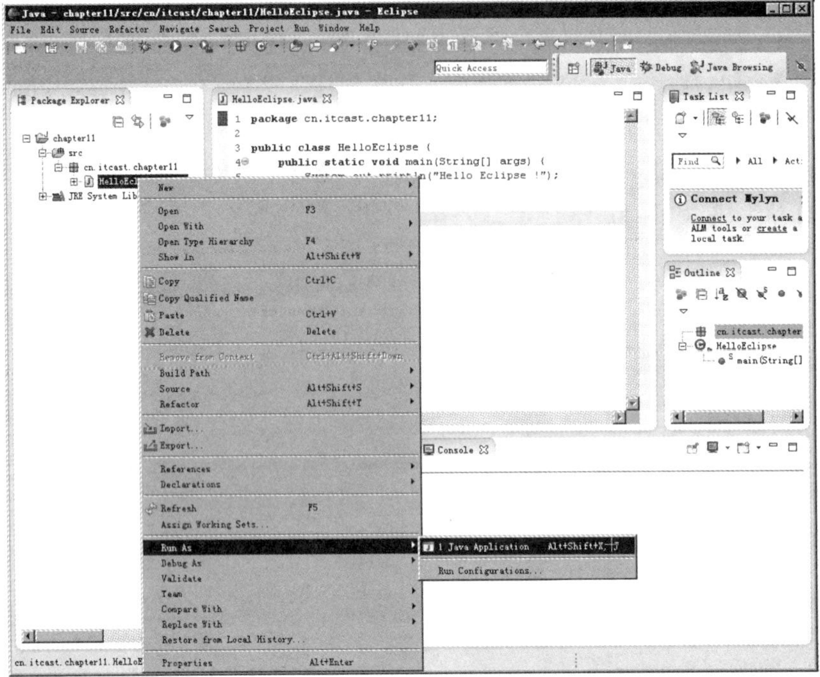

图 11-15　运行程序

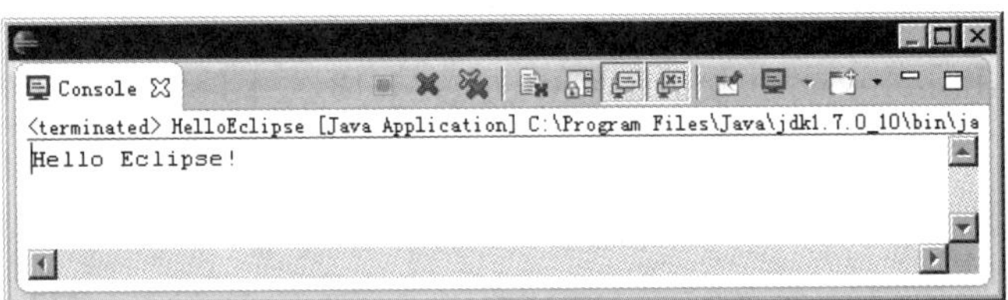

图 11-16　运行结果

11.4　Eclipse 程序调试

程序开发中避免不了各种各样的错误，为了尽快找到出现错误的原因，在 Eclipse 中提供了 Java 程序调试功能，这是 Eclipse 最强大的特性之一，通过 Eclipse 的调试器，可以检查不同位置变量或表达式的值，从而很容易分析代码的运行情况以及定位代码出错的原因。

为了方便调试代码，可以在编辑器的左侧单击鼠标右键，在弹出的快捷键菜单中选择【Show Line Numbers】菜单项，显示代码行号，如图 11-17 所示。

显示代码行号可以很方便的定位程序出错的行数，接下来通过一个案例来学习如何使用 Eclipse 进行 Java 程序的调试，首先创建一个 DebugTest 程序，代码如图 11-18 所示。

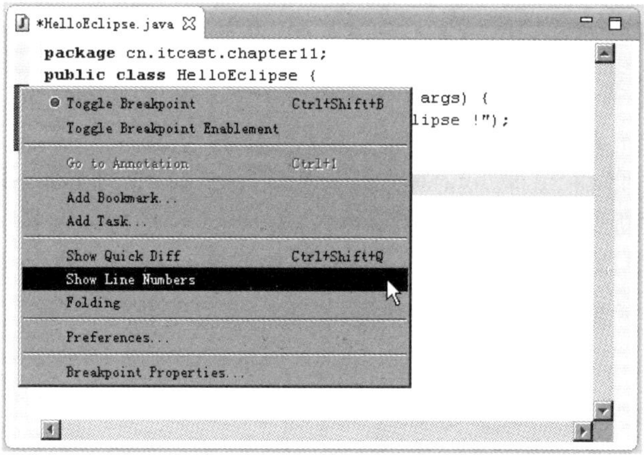

图 11-17 显示行号

```java
1  package cn.itcast.chapter11;
2  class DebugTest{
3      private String day;
4      public void schedule(){
5          if(day.equals("weekday")){
6              System.out.println("go to work");
7          }else{
8              System.out.println("on holiday");
9          }
10     }
11     public static void main(String[] args) {
12         new DebugTest().schedule();
13     }
14 }
15
```

图 11-18 DebugTest.java

运行结果如图 11-19 所示。

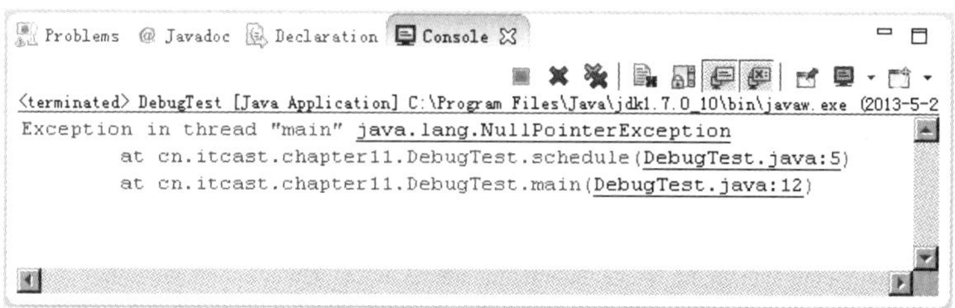

图 11-19 运行结果

图 11-19 中，通过错误提示信息很容易知道在 DebugTest.java 代码的第 5 行出现了空指针异常，然而，具体是哪个对象引发的空指针异常就无从所知(本例很好判断，因为只有一个对象)。下面就通过 Eclipse 的 Debug 调试器来观察一下 DebugTest 程序运行的情况，步骤如下所示。

1. 为程序添加断点

为了准备调试，需要在代码中设置一个断点，Eclipse 的 Debug 调试器每次遇到设置的断点后，就把程序暂停到断点处，否则程序会从头执行到尾，没有机会调试。从图 11-34 运行结果可以看出 DebugTest 程序第 5 行出现空指针异常，那么就需要在该行中添加断点。添加断点很简单，只需在编辑器左侧灰色边缘处双击鼠标左键或者单击鼠标右键，在菜单项中选择【Toggle Breakpoint】，删除断点的方式也是同样的。此时可以看到第 5 行代码会显示一个蓝色的小圆点，表示一个活动的断点，如图 11-20 所示。

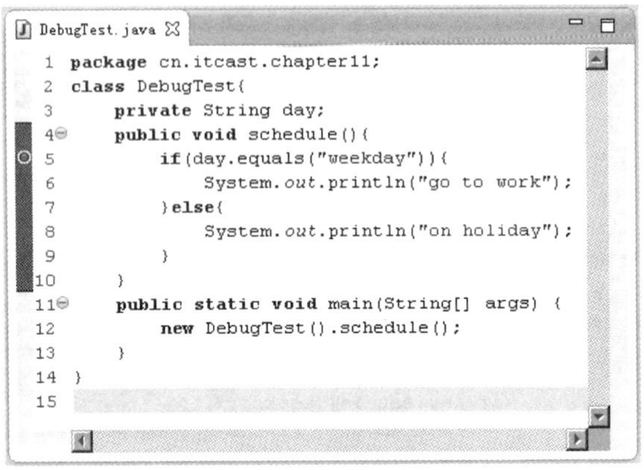

DebugTest.java

```
1  package cn.itcast.chapter11;
2  class DebugTest{
3      private String day;
4      public void schedule(){
5          if(day.equals("weekday")){
6              System.out.println("go to work");
7          }else{
8              System.out.println("on holiday");
9          }
10     }
11     public static void main(String[] args) {
12         new DebugTest().schedule();
13     }
14 }
15
```

图 11-20 添加断点

2. 进入 Debug 透视图

鼠标右键单击 Package Explorer 视图中的 DebugTest.java 文件或者文本编辑器，会发现【Run As】选项下面有一个【Debug As】选项，选择【Debug As】→【Java Application】命令，Eclipse 将会启动程序，切换到调试透视图，在断点处暂停执行，如图 11-21 所示。

3. 在 Debug 透视图中调试程序

从图 11-21 的 Debug 视图中可以看出，程序的运行暂时停止在设置断点的第 5 行代码处。这时，可以通过工具栏上的调试按钮执行相应的调试操作，如继续、停止等，调试按钮如图 11-22 所示。

图 11-22 中所标注按钮的功能如下：

- Resume：表示重新开始执行 debug，直到遇到下一个断点，快捷键为 F8。
- Terminate：表示中断整个进程，快捷键为 Ctrl+F2。
- Step Into：表示进入当前方法，快捷键为 F5。
- Step Over：表示运行下一行代码，快捷键为 F6。
- Step Return：表示退出当前方法，返回到调用层，快捷键为 F7。
- Skip All Breakpoints：忽略所有的断点。

单击 Step Over 按钮会执行第 5 行代码，这时程序的运行继续停止在第 6 行代码处，同时变量视图(Variables)中出现了 day 变量，如图 11-23 所示。

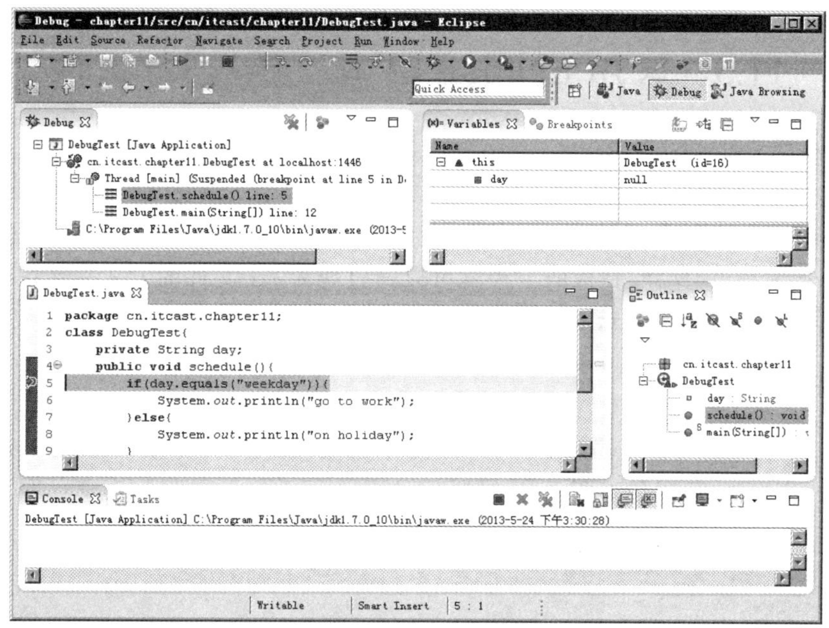

图 11-21 Debug 透视图

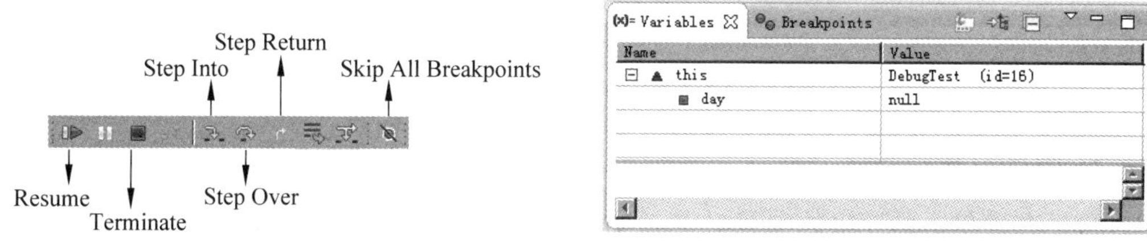

图 11-22 调试按钮

图 11-23 变量视图

通过上面的程序调试过程可以知道，day 变量值为 null 并没有赋值，在使用 if 条件判断时，调用了变量 day 的 equals()方法，这样程序会抛出空指针异常就不难理解了。针对这样的错误，解决办法就是为变量 day 进行赋值，将图 11-20 中所示代码的第 3 行代码修改一下，代码如下：

```
private String day="weekday";
```

再次运行程序，程序就能正常运行，运行结果如图 11-24 所示。

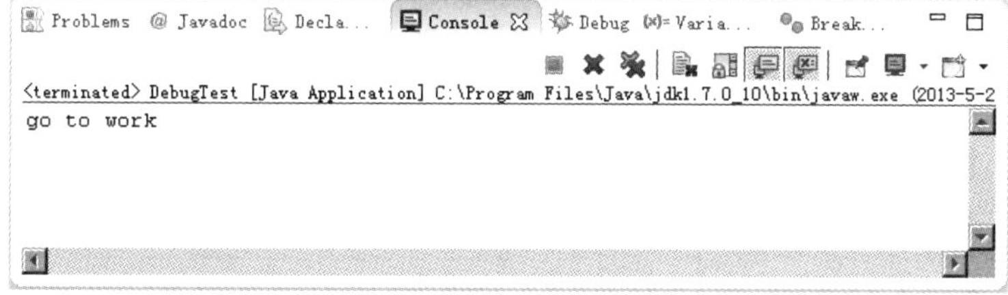

图 11-24 运行结果

11.5 使用 Eclipse 导出、导入 jar 文件

11.5.1 使用 Eclipse 工具导出 jar 文件

为了使 Eclipse 中编写的 Java 程序可以在其他程序中使用，可以将整个 Java 项目以 jar 文件的形式导出，这样，其他的工程就可以通过导入 jar 文件的方式来使用事先编写的程序，接下来就为大家演示 Eclipse 工具如何导出 jar 文件，具体步骤如下：

1. 创建 Java 项目

创建一个 Java 项目 tool，在 src 文件夹下创建 cn. itcast. utils 包，包中定义一个 ToolDemo. java 类，代码如下所示：

```
package cn.itcast.utils;
public class ToolDemo {
    public static void run(){
        System.out.println("The ToolDemo is runing...");
    }
}
```

2. 选择导出的文件

鼠标右键单击要导出的项目 tool，在弹出的菜单中选择【Export】，如图 11-25 所示。

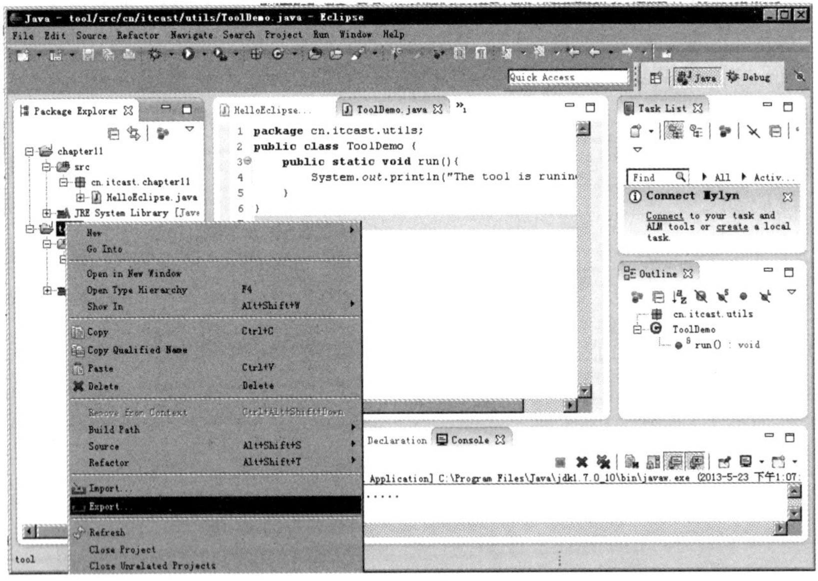

图 11-25 选择导出的文件

3. 选择导出文件的格式

在弹出的【Export】对话框中选择要导出的文件格式，这里选择Java文件夹下的JAR file，如图11-26所示，然后单击【Next】按钮。

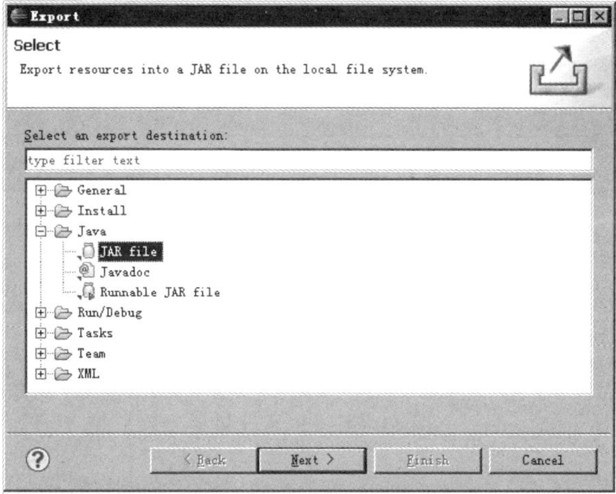

图11-26 选择导出文件格式

4. 定义导出文件的路径和名称

进入【JAR Export】对话框，在【Select the resources to export】区域中选择要导出的工程，并在【JAR file】文本框中填写导出项目的目标路径和文件名称。这里把导出的jar文件命名为tool.jar，保存在电脑的桌面上，如图11-27所示。

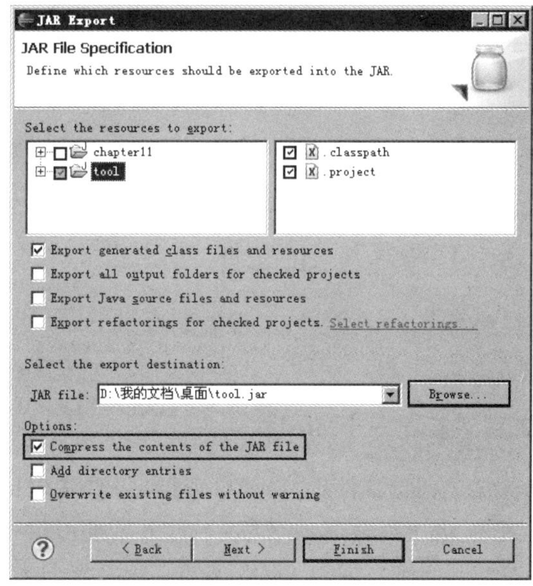

图11-27 导出文件的路径和名称

5. 项目导出完成

单击【Finish】按钮，将会在桌面上创建一个 tool. jar 文件，jar 文件中的目录如图 11-28 和图 11-29 所示

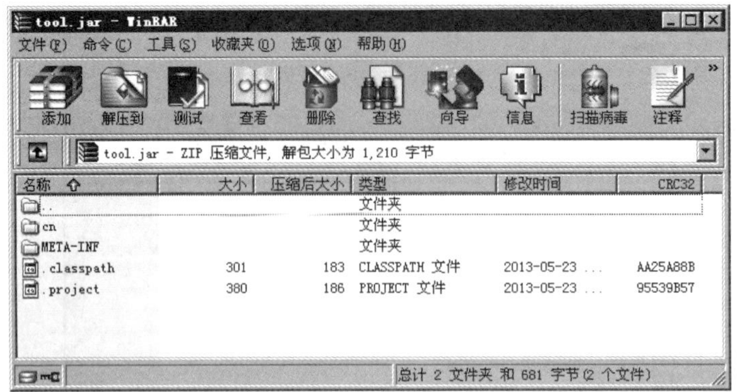

图 11-28 jar 文件目录

图 11-29 jar 文件目录

图 11-29 中，可以看出 jar 包中只有编译好的 ToolDemo. class 文件，并没有 Tool. java 源文件。

11.5.2 使用 Eclipse 工具导入 jar 文件

使用 Eclipse 工具在编写 Java 程序时，经常需要将一个 jar 文件导入到当前 Java 项目中。接下来为大家演示如何导入上一节中生成的 tool. jar 文件，具体步骤如下。

1. 在 chapter11 工程下新建一个“lib”文件夹

鼠标右键单击 chapter11 项目文件，选择菜单项【New】→【Folder】创建文件夹，然后把文件夹命名为“lib”（当然，也可以是其他名称，不过大家都习惯把存放 jar 文件的文件夹命名为“lib”，即 libraries 的简称），如图 11-30 所示。填写好目录名称后，单击【Finish】按钮就完成新建目录的工作。

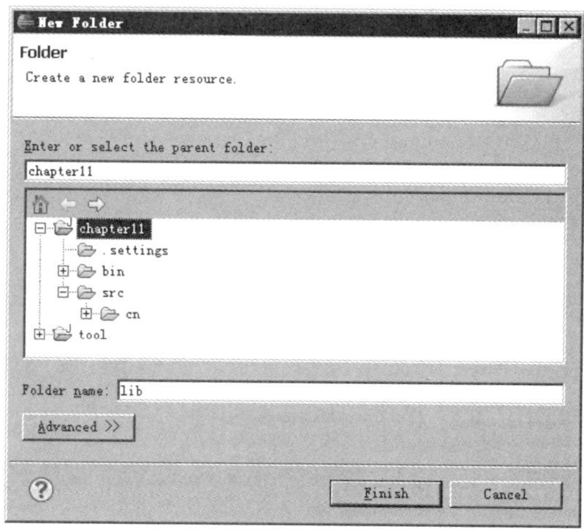

图 11-30 创建 lib 文件夹

2. 把 tool.jar 添加到 chapter11 工程中

把 tool.jar 复制到 lib 文件夹下，鼠标右键单击 tool.jar 文件，选择菜单项【Build Path】→【Add to Build Path】，如图 11-31 所示。

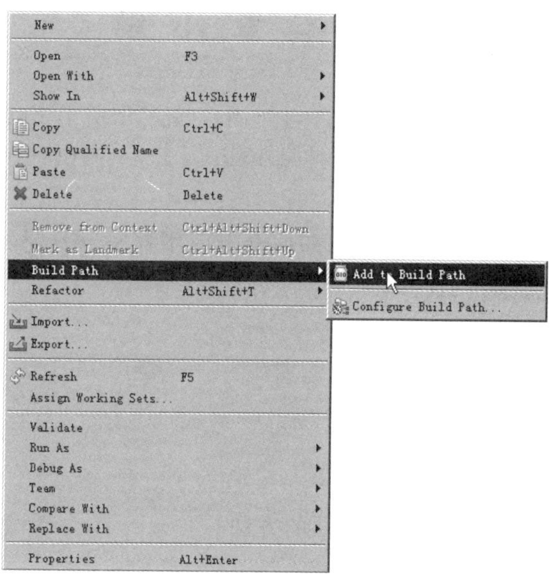

图 11-31 添加 jar 文件

这样在 chapter11 工程下创建了一个"Referenced Libraries"(引用库)文件，"Referenced Libraries"文件产生后，接下来测试一下文件是否导入成功。

3. 在当前项目中使用 jar 文件中的类

在 chapter11 的"cn.itcast.chapter11"包下创建一个类 ImportJarTest.java，使用

ToolDemo 中的 run()方法,代码如下所示:

```
import cn.itcast.utils.ToolDemo;
public class ImportJarTest {
    public static void main(String[] args) {
        ToolDemo.run();
    }
}
```

ImportJarTest 类在 Eclipse 的文本编辑器中没有报错,说明 tool.jar 导入成功。运行该程序,在 Console 视图中可以看到运行结果如图 11-32 所示。

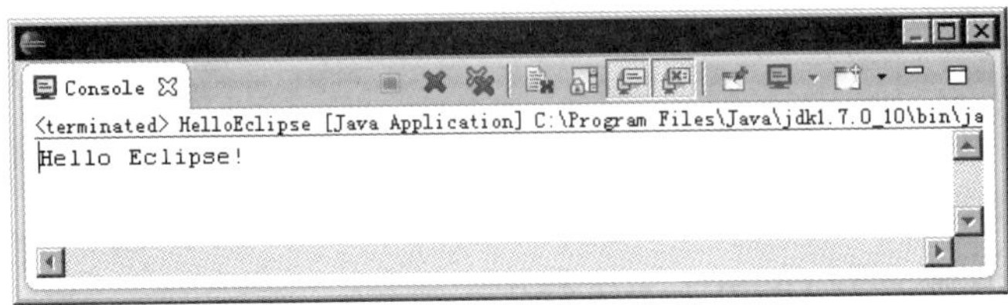

图 11-32 运行结果

11.6 本章小结

本章主要介绍了 Eclipse 工具的安装与使用。首先介绍了 Eclipse 工具的下载与安装,然后介绍了 Eclipse 工作台以及如何使用 Eclipse 开发、调试程序,最后介绍了 Eclipse 中 jar 文件的导入与导出。

通过本章的学习,需要掌握 Eclipse 如何开发应用程序、调试程序,了解 Eclipse 各个透视图的作用以及 jar 文件的使用。

11.7 习题

思考题

请说说你所知道的 Eclipse 安装插件的方法?